本书由以下项目资助

国家自然科学基金重大研究计划"黑河流域生态-水文过程集成研究"培育项目和延续支持项目
"荒漠植被不同尺度水分利用效率及调控机制"（91025026）
"黑河下游荒漠植被生态过程及水文驱动研究"（91325104）
中国科学院战略性先导科技专项专题"生态系统碳氮循环及气候效应"（XDA2005010202）

"十三五"国家重点出版物出版规划项目

国家出版基金项目
NATIONAL PUBLICATION FOUNDATION

黑河流域生态-水文过程集成研究

C₄植物生物学
—— 荒漠植物生理生态适应性

苏培玺　著

科学出版社　龙门书局

北京

内 容 简 介

本书重点介绍了 C_4 荒漠植物的形态、生理和生态适应性。全书共 9 章，系统介绍和阐述了 C_4 植物的发现，特别是 C_4 木本植物的发现，植物特征（尤其针对 C_4 植物）的研究方法，C_4 荒漠草本和木本植物的形态适应性和花环结构特征，C_4 植物的稳定碳同位素特征、光合酶活性、光合作用和蒸腾作用等生理适应性，荒漠植物需水规律及水分利用效率，植物叶片功能性状及其相互关系，C_3 和 C_4 荒漠植物种间结合的相互作用关系，植物适应干旱环境的类型划分和 C_4 植物生态适应性，我国荒漠气候特征、荒漠地区的 C_4 草本和木本植物种类分布及其与气候的关系。

本书可供高等院校植物生物学、植物生态学、植物生理学、林学、农学及环境科学等专业的高年级大学生、研究生、教师，以及科研人员、技术人员和管理工作者阅读参考。

图书在版编目（CIP）数据

C_4 植物生物学：荒漠植物生理生态适应性 ∕ 苏培玺著 . —北京：龙门书局，2019.9

（黑河流域生态−水文过程集成研究）

国家出版基金项目 "十三五"国家重点出版物出版规划项目

ISBN 978-7-5088-5634-6

Ⅰ．①C⋯ Ⅱ．①苏⋯ Ⅲ．①荒漠−植物生理学−适应性−研究 Ⅳ．①X17

中国版本图书馆 CIP 数据核字（2019）第 191387 号

责任编辑：李晓娟 ∕ 责任校对：樊雅琼
责任印制：肖 兴 ∕ 封面设计：黄华斌

科学出版社 龍門書局 出版

北京东黄城根北街 16 号
邮政编码：100717
http://www.sciencep.com

中国科学院印刷厂 印刷
科学出版社发行 各地新华书店经销

*

2019 年 9 月第 一 版 开本：787×1092 1/16
2019 年 9 月第一次印刷 印张：20 3/4 插页：2
字数：500 000

定价：268.00 元
（如有印装质量问题，我社负责调换）

《黑河流域生态-水文过程集成研究》编委会

主　编　程国栋

副主编　傅伯杰　宋长青　肖洪浪　李秀彬

编　委　（按姓氏笔画排序）

于静洁　王　建　王　毅　王忠静

王彦辉　邓祥征　延晓冬　刘世荣

刘俊国　安黎哲　苏培玺　李　双

李　新　李小雁　杨大文　杨文娟

肖生春　肖笃宁　吴炳方　冷疏影

张大伟　张甘霖　张廷军　周成虎

郑　一　郑元润　郑春苗　胡晓农

柳钦火　贺缠生　贾　立　夏　军

柴育成　徐宗学　康绍忠　尉永平

颉耀文　蒋晓辉　谢正辉　熊　喆

《C$_4$植物生物学——荒漠植物生理生态适应性》
撰写委员会

主　笔　苏培玺

副主笔　周紫鹃　李善家

成　员　（按姓氏笔画排序）

丁新景　严巧娣　张海娜　陈映全

侍　瑞　徐当会　高　松　解婷婷

总　序

20 世纪后半叶以来，陆地表层系统研究成为地球系统中重要的研究领域。流域是自然界的基本单元，又具有陆地表层系统所有的复杂性，是适合开展陆地表层地球系统科学实践的绝佳单元，流域科学是流域尺度上的地球系统科学。流域内，水是主线。水资源短缺所引发的生产、生活和生态等问题引起国际社会的高度重视；与此同时，以流域为研究对象的流域科学也日益受到关注，研究的重点逐渐转向以流域为单元的生态−水文过程集成研究。

我国的内陆河流域占全国陆地面积 1/3，集中分布在西北干旱区。水资源短缺、生态环境恶化问题日益严峻，引起政府和学术界的极大关注。十几年来，国家先后投入巨资进行生态环境治理，缓解经济社会发展的水资源需求与生态环境保护间日益激化的矛盾。水资源是联系经济发展和生态环境建设的纽带，理解水资源问题是解决水与生态之间矛盾的核心。面对区域发展对科学的需求和学科自身发展的需要，开展内陆河流域生态−水文过程集成研究，旨在从水−生态−经济的角度为管好水、用好水提供科学依据。

国家自然科学基金重大研究计划，是为了利于集成不同学科背景、不同学术思想和不同层次的项目，形成具有统一目标的项目群，给予相对长期的资助；重大研究计划坚持在顶层设计下自由申请，针对核心科学问题，以提高我国基础研究在具有重要科学意义的研究方向上的自主创新、源头创新能力。流域生态−水文过程集成研究面临认识复杂系统、实现尺度转换和模拟人−自然系统协同演进等困难，这些困难的核心是方法论的困难。为了解决这些困难，更好地理解和预测流域复杂系统的行为，同时服务于流域可持续发展，国家自然科学基金 2010 年度重大研究计划"黑河流域生态−水文过程集成研究"（以下简称黑河计划）启动，执行期为 2011~2018 年。

该重大研究计划以我国黑河流域为典型研究区，从系统论思维角度出发，探讨我国干旱区内陆河流域生态−水−经济的相互联系。通过黑河计划集成研究，建立我国内陆河流域科学观测−试验、数据−模拟研究平台，认识内陆河流域生态系统与水文系统相互作用的过程和机理，提高内陆河流域水−生态−经济系统演变的综合分析与预测预报能力，为国家内陆河流域水安全、生态安全以及经济的可持续发展提供基础理论和科技支撑，形成干旱区内陆河流域研究的方法、技术体系，使我国流域生态水文研究进入国际先进行列。

为实现上述科学目标，黑河计划集中多学科的队伍和研究手段，建立了联结观测、试验、模拟、情景分析以及决策支持等科学研究各个环节的"以水为中心的过程模拟集成研究平台"。该平台以流域为单元，以生态—水文过程的分布式模拟为核心，重视生态、大气、水文及人文等过程特征尺度的数据转换和同化以及不确定性问题的处理。按模型驱动数据集、参数数据集及验证数据集建设的要求，布设野外地面观测和遥感观测，开展典型流域的地空同步实验。依托该平台，围绕以下四个方面的核心科学问题开展交叉研究：①干旱环境下植物水分利用效率及其对水分胁迫的适应机制；②地表—地下水相互作用机理及其生态水文效应；③不同尺度生态—水文过程机理与尺度转换方法；④气候变化和人类活动影响下流域生态—水文过程的响应机制。

黑河计划强化顶层设计，突出集成特点；在充分发挥指导专家组作用的基础上特邀项目跟踪专家，实施过程管理；建立数据平台，推动数据共享；对有创新苗头的项目和关键项目给予延续资助，培养新的生长点；重视学术交流，开展"国际集成"。完成的项目，涵盖了地球科学的地理学、地质学、地球化学、大气科学以及生命科学的植物学、生态学、微生物学、分子生物学等学科与研究领域，充分体现了重大研究计划多学科、交叉与融合的协同攻关特色。

经过连续八年的攻关，黑河计划在生态水文观测科学数据、流域生态—水文过程耦合机理、地表水—地下水耦合模型、植物对水分胁迫的适应机制、绿洲系统的水资源利用效率、荒漠植被的生态需水及气候变化和人类活动对水资源演变的影响机制等方面，都取得了突破性的进展，正在搭起整体和还原方法之间的桥梁，构建起一个兼顾硬集成和软集成，既考虑自然系统又考虑人文系统，并在实践上可操作的研究方法体系，同时产出了一批国际瞩目的研究成果，在国际同行中产生了较大的影响。

该系列丛书就是在这些成果的基础上，进一步集成、凝练、提升形成的。

作为地学领域中第一个内陆河方面的国家自然科学基金重大研究计划，黑河计划不仅培育了一支致力于中国内陆河流域环境和生态科学研究队伍，取得了丰硕的科研成果，也探索出了与这一新型科研组织形式相适应的管理模式。这要感谢黑河计划各项目组、科学指导与评估专家组及为此付出辛勤劳动的管理团队。在此，谨向他们表示诚挚的谢意！

2018 年 9 月

前　　言

植物按光合作用途径区分为 C_3、C_4 和 CAM 植物三大类。C_3-C_4 中间植物，分析其稳定碳同位素组成属于 C_3 途径。C_4 途径被认为是植物在高温、强光和干旱环境下优势生存的碳同化途径，另外，C_3 和 C_4 荒漠植物联生有助于 C_3 植物生长，提高群落水分利用效率。植物光合途径除由遗传特性决定外，适应极端环境的进化改变也是一个很重要方面。光合途径的改变是植物适应逆境的根本变化。梭梭属（Haloxylon）植物通过光合器官的改变及光合途径从 C_3 转变为 C_4 来适应严酷环境。梭梭属种类均为 C_4 植物，为灌木或小乔木，其生活型随环境条件而异，适宜环境下可长成小乔木甚至乔木。植物在主动适应环境的同时，总是通过自身的生命活动来影响和改变环境条件。环境改变策略，结构决定功能。

在干旱缺水和高温炎热的极端环境下，梭梭和沙拐枣为什么比其他同域荒漠植物长势旺盛、生物量大，这激起了作者的浓厚兴趣，认识它们的想法油然而生，遂将其与同一立地条件下的 C_3 植物柠条和花棒进行了对比研究。以前人们熟知 C_4 植物玉米、高粱、甘蔗，认为 C_4 植物只发生在草本植物，木本植物中没有 C_4 植物，通过系统研究，查阅历史资料，于第 1 章介绍了 C_4 乔木的发现和 C_4 荒漠植物研究，从花环结构、$\delta^{13}C$ 值、光合速率、光饱和点、CO_2 补偿点、光合酶活性等方面系统揭示了荒漠植物梭梭和沙拐枣为典型 C_4 木本植物，研究方法介绍见第 2 章。有什么样的功能，就有什么样的结构，对梭梭和沙拐枣的光合器官进行解剖结构观察，发现它们都具有 C_4 植物的典型结构——花环结构（Kranz anatomy），与其他草本植物解剖结构的对比介绍在第 3 章，即 C_4 植物形态结构适应特征。花环结构是 C_4 植物的充分但不必要条件，明显高的 $\delta^{13}C$ 值是 C_4 植物的必要条件。开展了 C_4 植物 CO_2 交换、叶绿素荧光、光合酶、稳定碳同位素、抗氧化代谢与碳同化物分配等方面的研究，归纳为第 4 章，C_4 植物生理适应特征。C_4 植物的水分利用效率显著高于 C_3 植物，第 5 章介绍了 C_3 和 C_4 荒漠植物需水规律及水分利用效率。物种被认为是功能性状的集合，植物功能性状可以最大限度地提供和表征有关植物生长和对环境适应的重要信息，反映植物种所在生态系统的功能特征，第 6 章介绍了植物叶片功能性状及其相互关系。C_4 荒漠植物除了自身具有的逆境适应和资源高效利用能力外，还有助长作用，第 7 章 C_3 和 C_4 荒漠植物种间相互作用关系，介绍了 C_3 植物红砂和 C_4 植物珍珠联生在不同生境下的作用机制。根据植物对干旱胁迫环境的适应机理和策略，可将其分为避旱型（drought avoidance）、抗旱型（drought resistance）、御旱型（drought defence）和耐旱型（drought tolerance）四大类，分别对应的典型植物是短命植物、退化叶植物、旱生叶植物和肉质叶植物，介绍见第 8 章，C₄ 植物生态适应对策。第 9 章阐述了我国荒漠地区 C₄ 草本植物和木本植物发生的种类、数量、分布及其与气候的关系。

人们一直关注如何在紧抓学科发展前沿的同时保证教学水平，既提供给求学者重要的基础知识和认知思路，又便于教学者和研究者掌握更多的最新研究成果和研究方法，本书应势而生，总结和凝练了作者及所带领团队长期研究荒漠植物的成果。作者的"沙地葡萄园土壤水势动态及葡萄需水规律研究""荒漠植物梭梭和沙拐枣光合作用及水分利用效率研究""我国荒漠地区 C₄ 木本植物地理分布及其与气候的关系"等一系列研究，为持续系统开展 C₄ 荒漠植物研究打下了坚实基础。围绕荒漠植物和如何将荒漠植物研究成果应用于绿洲节水农业选题和试验，团队成员严巧娣博士、高松博士、丁松爽博士、解婷婷博士、周紫鹃博士、张海娜博士、李善家博士、陈宏彬硕士、张岭梅硕士和徐当会博士后等的学位论文和出站报告都是围绕 C₄ 植物基础理论和应用方面开展的研究。作者先后负责完成了多项与 C₄ 荒漠植物有关的国家自然科学基金项目，丰富和发展了 C₄ 植物生物学。

为加深对 C₄ 荒漠植物的认识，本书将其他 C₄ 植物和一些高寒植物的研究成果也进行了对比。书中的植物中文名和拉丁名以《中国植物志》全文电子版为依据进行了统一，如蒺藜科霸王属的霸王，原拉丁名为 *Zygophyllum xanthoxylon*，修订后的拉丁名为 *Sarcozygium xanthoxylon*。大戟科的 *Euphorbia antiquorum*，中文名大部分叫霸王鞭，书中叫火殃勒。豆科的 *Hedysarum scoparium*，一般叫花棒，中文学名为细枝岩黄耆。*Haloxylon aphyllum* 我国没有，中文学名定为黑梭梭。其他书中出现的植物拉丁名，我国没有或暂未收录，就没有给出中文名，也没有在植物名录中列出。另外，正文中表述的有些数据及范围，是对对应图表中数据进行四舍五入的结果。

提供写作资料的人员及其内容如下：中国科学院西北生态环境资源研究院周紫鹃，第 2 章、第 4 章、第 5 章、第 7 章部分内容；兰州理工大学李善家，第 2 章第 4 节、第 6 章部分内容；兰州大学徐当会，第 4 章第 6 节；甘肃农业大学解婷婷，第 8 章第 6 节、第 7 节；台州学院高松，第 4 章第 4 节、第 7 节、第 8 节，第 5 章第 4 节；台州学院严巧娣，第 3 章第 3 节、第 4 节；南昌工程学院张海娜，第 2 章第 5 节、第 3 章第 3 节、第 4 章第 4 节、第 6 章第 2 节；兰州城市学院陈映全，第 2 章第 12 节、第 8 章部分内容；中科院西北生态环境资源研究院侍瑞，第 2 章第 7 节。此外，周紫鹃、侍瑞、丁新景在资料查阅、文献核对、最后书稿的通读方面做了大量工作和辛勤付出。

老子曰"上善若水"，春雨润物细无声，程国栋院士睿智的点拨、无言的关怀，以及关键时候的精神鼓励，助我克服一些自己无力独自克服的困难，使我在科研的道路上不断向前。感谢中国科学院西北生态环境资源研究院临泽内陆河流域研究站各位同仁在长期野外工作中的相伴和各位研究生的积极努力，感谢中国科学院寒旱区陆面过程与气候变化重点实验室提供的科研工作环境。感谢中国科学院原兰州沙漠研究所杨喜林高级工程师，兰州大学蒲训教授和西北师范大学陈学林教授，在我开展工作的不同阶段，克服严寒酷暑，战胜野外疲劳，一起进行生态调查，鉴定植物。感谢国家自然科学基金重大研究计划"黑河流域生态–水文过程集成研究"专家组的北京林业大学安黎哲教授和北京师范大学李小雁教授，他们在项目实施和研究总结方面提出了许多建设性意见。

尽管作者一以贯之，以敬畏之心和认真负责的态度，努力保证每一章节在写作上更加清晰，内容体系组织更加缜密，最后统稿中对关键环节进行细致推敲和校对，但是书中的疏漏和不妥之处在所难免，还敬请有关专家、学者和广大读者批评指正。

苏培玺

2019 年 3 月于兰州

目　　录

第1章 | C₄植物的发现

1.1 导 言

植物是具有叶绿素、可以进行光合作用，将无机物同化为有机物的自养生物。植物按光合途径区分为 C_3、C_4 和 CAM 植物三大类，在高温、强光及干旱的环境下，C_4 植物的光合速率和水分利用效率远高于 C_3 植物，CAM 植物具有最高的水分利用效率。C_4 植物以其高光能利用效率和水分利用效率，以及喜热耐旱等抗逆性较强而备受人们关注。

全球绝大部分植物是 C_3 光合途径，C_4 和 CAM（crassulaceae acid metabolism）光合途径是超过 C_3 光合途径的进化提升，在特殊环境条件下具有较高的碳获取能力（Ehleringer et al.，1997）。韩家懋等（2002）认为，自从地球上出现陆生植物以来，很长时间内所有种属均采用 C_3 光合作用途径，直到新生代晚期，这一情况才有所改变，新的 C_4 光合作用途径被某些植物采用。C_4 植物的出现和随后的扩展，是发生在新生代晚期的重大事件，该事件是晚新生代全球环境演化的产物。C_4 植物的出现对中新世以来全球环境变化和现代环境格局形成过程具有特殊的指示意义。

C_3 植物和 C_4 植物对环境因子的需求不同，所以这两种类型的植物对气候变化、人类干扰以及养分供应的改变都有着不同的响应。具有 C_4 光合作用机制的植物在高温、强光和低水分条件下具有珍贵的竞争优势（Moore，1994）。C_3 植物与 C_4 植物在地理分布上的区别及其与特定生境的关系使资源的利用在时间和空间上具有分隔性，增加了资源的利用效率和物种的共存概率。因此，明确不同植物种的光合途径在植物生理生态学研究中是非常必要的。

植物光合途径除由遗传特性决定外，适应极端环境的进化改变也是一个很重要方面（Ehleringer et al.，1997；Pyankov et al.，1999）。由于 C_4 光合途径具有高光合能力，自20世纪60年代以来，人们试图利用 C_4 光合特性来改进 C_3 植物的光合效率，希望通过 C_3 植物与 C_4 植物杂交，将 C_4 植物同化 CO_2 的高效特性转移到 C_3 植物中去，目前尚未取得令人满意的结果。但却从 C_3 植物中筛选出有磷酸烯醇式丙酮酸羧化酶（PEPCase）及 C_4 途径表达较高的变异株，并加以遗传改进，从而提高 C_3 植物的光合效率。有关 C_3 植物中 C_4 途径的发现，以及没有花环结构的 C_4 植物的发现，为通过基因工程改造培育新品种和高产农作物提供了理论依据。

1.2 C₄植物的发生

C_4 植物一方面是维管植物（vascular plant）某些分类群固有的遗传种类，另一方面是从 C₃植物进化而来的适应极端环境的高光效种类。对古土壤（fossil soil）和来自化石牙釉质上的古食物进行的古植被研究表明，在 700 万～500 万年以前的旧大陆和新大陆 C₄植物生物量迅速扩增（Cerling et al., 1993）。新大陆和旧大陆 C₄生态系统扩展意味着全球环境在变化，不是局部发展而是逐渐扩充到世界。Cerling 等（1993）推断全球 C₄植物扩增与低的大气 CO_2 浓度有关，因为在低的大气 CO_2 浓度下 C₄光合作用比 C₃光合作用更有利。藻青菌类、藻类和一些植物对光合作用 CO_2 限制的重要适应就是进化形成了 CO_2 浓缩机制（CO_2-concentrating mechanisms，CCM）（Leegood et al., 2000）。现代生态系统中显著存在的 C₄生物量是新近纪到现在的一个显著特征。晚中新世 C₄草地在全球的扩展归因于大气 CO_2 浓度大范围地减少，但这个驱动机制存在争议，C₄植物的扩张驱动因素很可能是有关地质构造变化引起的低海拔干旱或季节降雨模式在全球尺度的改变；干旱程度越高，C₄植物能达到的海拔也越高（Pagani et al., 1999；Sage et al., 1999）。

现代全球生态系统 C₄植物成分显著，主要在热带稀树草原（tropical savanna）、温带草原（temperate grassland）和半荒漠灌木丛林地（semidesert scrubland）。目前已有 1700 多种植物被鉴定为具有 C₄光合途径，一些研究者估计全世界有 5000～6000 种 C₄植物，包括半数的禾本科植物和 1000 多种双子叶植物（dicotyledonous plant）（Ehleringer et al., 1997）。

环境条件可以引起 C₃、C₄光合途径间的相互转化，光合途径的改变是植物适应逆境的根本变化。Pyankov 等（1999）通过对黑梭梭（*Haloxylon aphyllum*）和白梭梭（*H. persicum*）的研究表明，这两种植物的同化枝完全具有 C₄光合作用特征，而种子萌发后的幼小子叶则通过 C₃途径进行光合作用，它们通过光合器官的改变及光合途径从 C₃转变为 C₄来适应严酷的环境。

1.3　C₄光合途径的发现

1954 年，C₄现象首先以简报的形式出现在夏威夷食糖种植协会试验站的年报上（Hatch，2002），1965 年发表的《甘蔗叶片中 CO_2 的固定》一文清晰地展示出当甘蔗叶片在光下同化了 $^{14}CO_2$ 后被标记的苹果酸（malate）和天冬氨酸（aspartic acid），以及随后阶段的 3-磷酸甘油酸，由此，研究者得出了甘蔗的碳同化过程与大多数植物不同（Kortschak et al.，1965）。1966 年，澳大利亚的 Hatch 和 Slack 发表了《甘蔗叶片的光合作用：一种新的羧化反应和糖形成途径》，阐述了甘蔗的光合作用过程，提出了 C₄-二羧酸途径（Hatch and Slack，1966）。C₄光合途径的 CO_2 受体是叶肉细胞细胞质中的磷酸烯醇式丙酮酸（phosphoenolpyruvate，PEP），在 PEPCase 的催化下，固定 HCO_3^-（CO_2 溶解于水），生成最初产物草酰乙酸（oxaloacetic acid，OAA）。草酰乙酸是含四个碳原子的二羧酸，所以这个反应途径被称为四碳双羧酸途径，也被称为哈奇-斯莱克途径，简称 C₄途径。草酰乙酸经过苹果酸脱氢酶或天冬氨酸转氨酶作用，进一步还原为苹果酸或天冬氨酸被运送到维管束鞘细胞中，释放 CO_2 进入卡尔文循环（Calvin，1989）。

2001 年，Voznesenskaya 等通过对 C₃植物盘果碱蓬（*Suaeda heterophylla*）和 C₄植物落

叶松状猪毛菜（*Salsola laricina*）的比较研究，发现了在单一光合细胞内进行 C$_4$ 光合作用的植物异子蓬（*Borszczowia aralocaspica*），它们同属于藜科，有 C$_4$ 植物光合特征，但是没有花环结构，这种植物的 C$_4$ 光合作用，是在绿色组织细胞（叶肉细胞）质中，通过光合酶在空间上的分隔、两种类型叶绿体（chloroplast）的分离和其他细胞器（organelle）在不同的位置来完成（Voznesenskaya et al.，2001）的。

　　C$_4$植物 CO$_2$ 同化的最初产物不是 C$_3$ 植物光合碳循环中的三碳化合物 3- 磷酸甘油酸（3-phosphoglyceric arid，PGA），而是四碳化合物草酰乙酸（OAA），如玉米、甘蔗等。C$_3$ 植物又称三碳植物，C$_4$ 植物又称四碳植物。C$_4$ 植物能利用强日光下产生的三磷酸腺苷（ATP）推动 PEP 与 CO$_2$ 的结合，提高强光、高温下的光合速率，在干旱时可以部分地收缩气孔孔径，减少蒸腾失水，但光合速率降低的程度相对较小，从而提高水分利用效率。

1.4　C$_4$乔木的发现

　　最早报道在 1975 年，Pearcy 和 Troughton 通过叶片稳定碳同位素分析和解剖结构观察，在美国夏威夷的热带雨林（rainforest）中的大戟科（Euphorbiaceae）大戟属（*Euphorbia*）植物中发现了 C$_4$乔木，其中 C$_4$乔木 *Euphorbia forbesii* 和 *Euphorbia rockii* 高 6～8m。进一步分析证明夏威夷群岛上大戟属的 18 个种和变种全部具有 C$_4$ 光合途径，这些植物从匍匐小灌木、灌木到乔木都有，生长在雨林和沼泽环境，C$_4$ 植物是对极端环境的一种适应（Pearcy and Troughton，1975）。

　　之后，澳大利亚学者 Winter（1981）用稳定碳同位素技术研究，在报道了一些 C$_4$灌木的同时，报道了可以长成乔木的黑梭梭（*Haloxylon aphyllum*）具有 C$_4$光合特征，树高超过 10m，胸径达到 1m。在土库曼斯坦阿什哈巴德植物园（Ashkhabad Botanical Garden），C$_4$乔木状沙拐枣（*Calligonum arborescens*）和 *Calligonum eriopodum* 树高可达 5～8m；两种猪毛菜属的 C$_4$ 木本植物 *Salsola richteri* 和 *S. paletzkiana* 在中亚可以长到 3m（Winter，1981）。

1.5　C$_4$植物的花环结构

　　C$_4$ 植物叶片解剖结构的典型特征是，维管束（vascular bundle，VB）周围有两种不同类型的细胞，靠近维管束的内层细胞是维管束鞘细胞（bundle sheath cell），其中含有许多较大的叶绿体，叶绿体没有基粒或基粒发育不良，叶绿体内有淀粉粒；在维管束鞘细胞的外侧，有一层与维管束鞘细胞接触紧密、呈环状或近似环状排列的栅栏细胞（palisade cell），其中的叶绿体内有基粒，但不含淀粉，这层细胞通过大量的胞间连丝与维管束鞘细胞紧密相连。这两层细胞以同心圆形式排列，组成了花环结构（Kranz anatomy，K），这种结构是 C$_4$植物叶片所特有的。

　　相对而言，C$_3$ 植物的维管束鞘细胞比较小，不含或很少含有叶绿体，维管束鞘细胞周围的叶肉细胞排列疏松，叶片内没有花环结构。C$_4$植物的卡尔文循环是在维管束鞘细胞中进行的，所以 C$_4$ 植物进行光合作用时，只有维管束鞘细胞中形成淀粉，而栅栏细胞中不形成淀粉；相反，C$_3$ 植物通过光合作用产生的淀粉只存在于叶肉细胞中，维管束鞘细胞中则没有淀粉。

Carolin 等（1978）将 C$_4$ 植物的花环结构分为滨藜属类（Atriplecoid）、地肤属类（Kochioid）、碱蓬属类（Suaedoid）、猪毛菜属类（Salsoloid）、黍属类（Panicoid）、三芒草属类（Aristidoid）和虎尾草属类（Chloridoid）等七种类型（Pyankov et al., 2000）。

Smith 和 Brown（1973）认为，植物叶片高的 δ^{13}C 值可以作为花环结构的指示，δ^{13}C 值为 −16‰ ~ −9‰ 说明植物有花环结构，为 −32‰ ~ −23‰ 说明无花环状结构。现在看来，δ^{13}C 值为 −16‰ ~ −9‰ 不一定有花环结构。以前认为花环结构是 C$_4$ 植物所必需的，后来的研究表明，并非所有的 C$_4$ 植物都具有花环结构（Voznesenskaya et al., 2001），如异子蓬（*Borszczowia aralocaspica*）没有花环结构，但是是 C$_4$ 植物。花环结构是 C$_4$ 植物的充分但不必要条件。

1.6　C$_4$ 荒漠植物

1.6.1　沙生植物与荒漠植物

生活在以沙粒为基质的沙区植物称为沙生植物（sand plant），可进一步将其划分为抗风蚀、抗沙埋、耐沙打沙割、抗日灼、耐干旱、耐贫瘠等生态类型。这些植物由于长期生活在风沙大、雨水少、冷热多变的严酷气候下，形成了一套适应严酷环境的机制，生成了种种奇特的形态和适应性表观，如植株矮小、干枯枝条和生活枝条伴生、形成不定根、枝条硬化成刺状、叶完全变成针刺状、叶片退化由同化枝进行光合作用、根系具有沙套等。沙生植被是指在沙区由具有特殊适应能力的沙生植物所构成的植物群落的总称，具有抵抗沙土埋没、固定流沙、防止风蚀等功能。

生活在荒漠地区的地带性植物称为荒漠植物（desert plant）。荒漠（desert）是大型地貌组合，有岩漠、砾漠、沙漠、泥漠和盐漠等。荒漠地区包括典型荒漠地区和半荒漠地区，相对应的是典型干旱区和半干旱区；典型荒漠地区年降水量稀少，在 200mm 以下；半荒漠地区年降水量为 200 ~ 400mm。干旱半干旱区荒漠分为砾质荒漠（gravel desert）、沙质荒漠（sand desert）和壤质荒漠（silt desert）三大类，即戈壁、沙漠和壤质荒漠（详见 9.4）。沙漠植物是指在沙漠环境下能生存的植物，也叫沙生植物。复苏植物（resurrection plant）是指具有十分独特的耐脱水基因，能适应严酷干旱条件的一类植物。复苏植物可以在沙漠或岩缝中生活，在缺水季节萎缩，在失水 90% 的情况下依然活着，遇水便迅速生长。沙生植物、复苏植物属于荒漠植物。旱生植物（xerophyte）是指适于在干旱环境中生长，能较长时间忍受干旱胁迫、维持水分平衡并正常生长发育的植物。荒漠植物属于旱生植物，二者的区别在于强调地带性和非地带性，旱生植物的表述范围更广。

1.6.2 地带性植被与非地带性植被

地带性植被又称显域植被或显性植被，是指在地球表面，与水热条件相适应，呈带状分布的植被，能充分反映一个地区的气候特点。如以梭梭（*Haloxylon ammodendron*）、沙拐枣（*Calligonum mongolicum*）等 C_4 植物为群落优势种的植被，以白刺（*Nitraria tangutorum*）、合头草（*Sympegma regelii*）等 C_3 植物为群落优势种的植被，以及以红砂（*Reaumuria songarica*）、珍珠（*Salsola passerina*）等 C_3 植物和 C_4 植物为群落共同优势种的植被等。

非地带性植被又称隐域植被，是指在一定的气候带或大气候区内，因受地下水、地表水、地貌部位或地表组成物质等非地带性因素影响而生长发育的植被类型。如荒漠河岸林植被、湖泊湿地植被等。

地带性植被所在的天然生态系统消耗降水，非地带性植被所在的天然生态系统以消耗径流和地下水为主、降水为补充，处于地带性与非地带性的交错过渡带植被以消耗降水为主、径流为补充。

1.6.3 C₄荒漠植物的发现

20 世纪 80 年代，Winter（1981）对苏联和以色列等国家在干旱地区分布的藜科和蓼科中的 C_4 植物进行研究，通过测定植物叶片的 $\delta^{13}C$ 值来判断是否具有 C_4 光合途径，材料来源于干燥的植物标本和一些植物园中的植物。他测定了梭梭和黑梭梭以及沙拐枣属植物的 $\delta^{13}C$ 值，发现它们都在 C_4 植物范围之内，具有 C_4 光合特征。Gamaley 和 Shirevdamba（1988）报道沙拐枣具有花环结构，沙拐枣属种类具有类似的花环结构，像猪毛菜属类型（salsoloid type）。Pyankov 等（1999）在乌兹别克斯坦撒马尔罕沙漠（Samarkand desert）收集梭梭属（*Haloxylon*）植物黑梭梭和白梭梭（*Haloxylon persicum*）的种子，在温室培育，对它们的子叶（cotyledon）和同化枝（assimilating shoot）进行解剖结构观察，同时进行酶活性分析和 $\delta^{13}C$ 值测定。研究结果表明，黑梭梭和白梭梭子叶为 C_3 光合途径，同化枝为 C_4 光合途径，且完全具有 C_4 植物特性。因为梭梭属植物种子缺乏胚乳（endosperm），自萌发后约 1 个月长的时间靠子叶维持生长。由此得出，梭梭属植物 CO_2 固定途径及器官的变化，是它们在极端荒漠条件下得以生存、生长和繁殖的重要因素。

20 世纪 80 年代初的同一时期，中国学者李正理和李荣敖（1981）描述，白梭梭栅栏组织细胞"再里面则为一些近乎方形的细胞所组成的细胞层"。赵翠仙和黄子琛（1981）对腾格里沙漠主要旱生植物抗旱性结构的研究表明，沙拐枣和梭梭的解剖构造别具一格，2~3 层排列整齐的栅栏组织包围着贮水组织和输导组织，在栅栏层下有一层由砖形黏液细胞组成的内皮层。刘家琼等（1982）描述，在梭梭同化枝解剖结构中，栅栏细胞往里为"一圈长方形细胞，该细胞富含树胶物质"。罗秀英和邓彦斌（1986）对白梭梭解剖结构的描述为，栅栏组织内为一层近方形的含树胶细胞，排列整齐紧密。黄振英等（1997）观察到梭梭栅栏层为 1~2 层。侯彩霞和周培之（1997）在研究梭梭的解剖结构时，用电子显微镜观察发现，梭梭的胶质细胞中充满叶绿体，叶绿体基粒不发达。这些研究都不同程度观察到了梭梭、白梭梭和沙拐枣同化枝解剖结构的特殊性，并对这一细胞进行了描述。但由于缺乏其他资料佐证，未能明确这一层细胞是维管束鞘细胞，它们具有 C$_4$ 光合特征。

20 世纪 90 年代初，李美荣（1993）在《C$_4$ 光合作用植物名录》中，根据 Winter（1981）在中东和苏联的研究等收录了一些 C$_4$ 荒漠植物。唐海萍和刘书润（2001）根据测定和已发表的 δ^{13}C 值判定了内蒙古地区的 C$_4$ 植物，其中有一些分布在荒漠地区。2004 年，苏培玺等在对梭梭和沙拐枣进行解剖结构观察、稳定碳同位素分析，以及对光饱和点、CO$_2$ 补偿点和光合能力测定后，阐述了梭梭和沙拐枣的花环结构和 C$_4$ 光合特征，并与同域的柠条（*Caragana korshinskii*）、细枝岩黄耆（*Hedysarum scoparium*）等 C$_3$ 植物进行了比较（Su et al.，2004；苏培玺等，2005）。

环境条件决定着不同光合途径植物的地理分布，C$_4$ 荒漠植物能生长在相对于 C$_3$ 植物来说更严酷的高温和干旱地区。我国西北广大荒漠地区为冬季寒冷、夏季炎热、常年干旱的典型大陆性气候，各区域具有明显不同的气候和植被特征（朱震达等，1980）。由于冬季极端的低温，CAM 植物缺乏，草本植物是植被的次要组分，难以形成优势种。因此，木本植物，特别是 C$_4$ 灌木显得尤为重要。

第 2 章 | 植物特征研究方法

2.1 导　　言

C₄植物以花环结构、高 $\delta^{13}C$ 值和低 CO_2 补偿点为主要判断依据，具有高的固碳能力和生物量，适应高温强光环境，光饱和点、光合速率、光能利用效率及水分利用效率等都高是其显著特征。

植物光合途径的鉴定按以下方法进行。

1）光合器官 $\delta^{13}C$ 值分析。将采集的植物叶片或同化枝带回实验室用烘箱在 80℃烘干 24h，制成供试样品，用 MAT-252 质谱仪测定稳定碳同位素比率，对 $\delta^{13}C$ 值在高值范围和有争议的植物材料，重复制样测定 2～3 次。C₄植物的 $\delta^{13}C$ 值明显高，CAM 植物的 $\delta^{13}C$ 值高于 C₃植物。明显高的 $\delta^{13}C$ 值是 C₄植物的必要条件。

2）光合器官解剖结构观察。在野外选取叶片或同化枝，用 FAA 固定液固定，石蜡切片法制片，用 Nikon 1671-CHR 型光学摄影显微镜等观察摄影，有花环结构，就是 C₄植物；无花环结构，也有可能是 C₄植物，花环结构是 C₄植物的充分但不必要条件。

3）CO_2 补偿点测定。利用 LI-6400 光合作用测定系统及 CO_2 钢瓶，或其他光合仪器，在低 CO_2 浓度（≤70μmol/mol）下，测定光合速率对不同 CO_2 浓度的响应过程，绘制 CO_2 响应曲线，根据低 CO_2 浓度对应的净光合速率线性回归方程求得。C₄植物的 CO_2 补偿点 <10μmol/mol，C₃植物的 CO_2 补偿点在 30～70μmol/mol。

4）光合酶活性测定。磷酸烯醇式丙酮酸羧化酶（PEPCase）和核酮糖-1,5-二磷酸羧化酶（RuBPCase）都是光合作用的关键酶，酶的提取及活性测定利用组织捣碎机和液体闪烁分析仪。PEPCase/RuBPCase 大于 1 时有 C₄光合特征，小于 1 时为 C₃植物。

5）气体交换特性测定。利用 LI-6400 光合作用测定系统或其他光合仪器，测定净光合速率（P_n）和蒸腾速率（T_r），计算得到水分利用效率（WUE），C₄植物 P_n 和 WUE 高于 C₃植物；测定不同光照强度下的净光合速率，根据光响应曲线得出光饱和点，C₄植物无光饱和点或光饱和点明显高。

6）根据同属植物特征，结合他人研究成果判定。

2.2 稳定碳同位素组成

2.2.1 同位素效应及其应用

原子由质子、中子和电子组成，构成物质基本单位的原子的总和为元素（罗耀华和林光辉，1992）。同一种元素中所有原子均具有相同数目的质子及原子序数，但是原子之间常有不同数目的中子和原子质量，质子数相同而中子数不同的同一元素称为同位素（isotope）。同位素分为两大类：放射性同位素（radioactive isotope）和稳定同位素（stable isotope）。稳定同位素指无可测放射性的同位素，大部分是天然的稳定同位素，即自核合成以来就保持稳定的同位素，如 ^{13}C 和 ^{12}C、^{18}O 和 ^{16}O、^{34}S 和 ^{32}S 等；有一小部分是放射性同位素衰变的最终稳定产物，如 ^{206}Pb 和 ^{87}Sr 等，称为放射成因同位素（radiogenic isotope）（林光辉，2013）。由同位素质量差所引起的物理和化学性质上的差异，称为同位素效应（isotope effect）。

碳（C）是自然界中最常见的元素之一，它广泛分布在地幔、地壳、水圈、生物圈及大气圈中，是地球上生命赖以存在的基础，是生物圈最重要的元素，是植物有机化合物的重要组分。C 以各种价态存在于地球中，其存在形式有自然碳（金刚石、石墨）、氧化碳（CO_3^{2-}、HCO_3^-、CO_2 和 CO 等）和还原碳（煤、甲烷、石油等有机化合物）。C 有两种稳定同位素，它们的丰度 ^{12}C = 98.89%，^{13}C = 1.11%（林植芳，1990）。由于两者质量上的微小差异而引起其物理化学性质有细小差别，因此物质反应前后存在同位素组成的不同。植物对较重的碳同位素 ^{13}C 的吸收利用要比 ^{12}C 的吸收利用少，不同植物的碳同位素比率明显不同。此外，还有核反应形成的 ^{14}C，具 β 放射性。

碳同位素分析的国际标准物质为 PDB（Pee Dee Belemnite），为美国南卡罗来纳州白垩纪皮狄组层位中的拟箭石化石。其"绝对"碳同位素比值 $^{13}C/^{12}C$ = （11237.2±90）× 10^{-6}（Hayes，1982），定义其 $\delta^{13}C$ = 0‰。尽管 PDB 标准样品已经用完，但对任何样品的碳同位素组成测定结果仍以 PDB 为标准进行报道。

目前常用的国际参考标准有：①NBS-18（碳酸岩），$\delta^{13}C$ = −5.01‰；②NBS-19（大理岩），$\delta^{13}C$ = +1.93‰；③NBS-20（灰岩），$\delta^{13}C$ = −1.06‰；④NBS-22（石油），$\delta^{13}C$ = −29.7‰；⑤USGS24（石墨），$\delta^{13}C$ = −16.1‰。

中国国家参考标准有：①GBW04416（大理岩），$\delta^{13}C$ = +1.61‰；②GBW04417（碳酸岩），$\delta^{13}C$ = −6.06‰。

自 1939 年 Nier 和 Gulbransen 首次观察到植物对轻、重同位素 ^{12}C 和 ^{13}C 的利用效率不同以来，人们已经越来越多地应用稳定碳同位素组成（$\delta^{13}C$）来研究植物的生理和生态特征；在 20 世纪 70 年代稳定碳同位素技术被成功地引入到生态学研究的多个领域，如光合途径的区别、植物水分利用效率、生物量的变化和环境分析等方面（Ehleringer，1991；罗耀华和林光辉，1992；Lajtha and Michener，1994）。^{13}C 方法包括 ^{13}C 自然丰度和 ^{13}C 加富标记两种方法。

植物光合作用是一个 CO_2 转化成有机物的过程，在这个物理化学过程中，不同碳同化途径植物的稳定碳同位素辨别力（carbon isotope discrimination）是产生 $\delta^{13}C$ 分异的本质。Bender（1968；1971）及 Smith 和 Epstein（1971）最早提出用稳定碳同位素技术区分植物的光合途径。在区别植物的光合途径方面 $\delta^{13}C$ 被认为是一个灵敏、准确、有效的方法，并得到广泛的应用。C₃ 植物的 $\delta^{13}C$ 值为 −32‰ ~ −23‰，C₄ 植物为 −19‰ ~ −6‰，CAM 植物为 −22‰ ~ −10‰；C₃-C₄ 中间植物为 −31‰ ~ −22‰，属 C₃ 植物范围（Farquhar et al.，

1982；Hattersley，1982；Farquhar，1983）。

光合作用过程中对稳定碳同位素的辨别力主要是由不同的 CO_2 扩散阻抗和羧化反应速率引起的，也就是轻、重同位素的反应速率不同而引起的同位素分馏作用，一是 CO_2 穿过细胞壁进入叶绿体的扩散作用过程中，$^{12}CO_2$ 和 $^{13}CO_2$ 扩散速率不同，植物优先吸收 $^{12}CO_2$；二是光合作用过程中，在 RuBPCase 作用下，$^{12}CO_2$ 和 $^{13}CO_2$ 反应速率常数不同，$^{12}CO_2$ 优先被固定在初级光合产物中（Medina and Minchin，1980；Berry，1989）。

同时，植物叶片 $\delta^{13}C$ 值的大小能够很好地反映与植物光合、蒸腾强度相关联的水分利用效率。植物叶片 $\delta^{13}C$ 值可以用来间接指示植物的长期水分利用效率，植物对 $^{13}CO_2$ 判别能力的大小是植物水分利用效率的有效指标（Farquhar and Richards，1984；Schuster et al.，1992；Marshall and Zhang，1994），植物叶片的 $\delta^{13}C$ 值与其水分利用效率呈一定程度的正相关，$\delta^{13}C$ 值越大，植物水分利用效率越高（Farquhar and Richards，1984；严昌荣等，1998；苏波等，2000）。

另外，稳定碳同位素技术在其他方面也得到广泛应用。大量的研究表明，植物体内各种含碳组分及其通过不同的生化途径衍生的化合物之间的 $\delta^{13}C$ 的差别与植物的生理特征和环境条件密切相关。分析不同类型植物材料 $\delta^{13}C$ 的差别已成为研究植物生理活动特征的指标和研究生态系统中种间关系、化合物能量移动规律的有效手段。植物代谢物中碳同位素比反映了与生物合成途径有关的对碳同位素的辨别力，比较不同成分的碳同位素比可确定其代谢位置，揭示不同物质的生化途径。利用 $\delta^{13}C$ 值可预测新育成品种的产量，Wright 等（1988）发现花生不同品种间的总干物质重量与其对 ^{13}C 的辨别力的相关性 r 为 -0.98 ~ -0.80。同时，应用稳定碳同位素比方法可以研究食物链，如对古代人骨胶原组织的 $\delta^{13}C$ 值分析，可得到当时人类食用来自陆地和海洋食物的相对数量的资料，甚至可追踪北美印第安人不同部落引种玉米的时间等。利用 ^{13}C 方法分析头发，可辨别因飞机、轮船等失事造成受难者的大致国籍，美洲人食用较多的玉米，头发的 $\delta^{13}C$ 值较高，欧洲人食用较多小麦和马铃薯，相应的 $\delta^{13}C$ 值较低。研究草原昆虫和食草动物胃中食物的 $\delta^{13}C$ 值，则可了解这些动物的食物习性，人为地选择最佳饲料（Tieszen et al.，1979；Boutton et al.，1980）。利用树木年轮的 $^{13}C/^{12}C$ 可研究大气 CO_2 浓度的变化。

影响植物稳定碳同位素分馏的外部因素如下所示。

（1）C 的来源

陆生植物主要从大气摄入 C，20 世纪 70 年代初，$\delta^{13}CO_2 = -7‰$（Smith and Epstein，1971）。21 世纪初采样测定的空气 $\delta^{13}CO_2$ 见表 2-1，沙漠的 $\delta^{13}CO_2$ 值最大，兰州的 $\delta^{13}CO_2$ 值最小。秋季的 CO_2 浓度最接近全年的平均水平，沙漠地区受人类活动的直接干扰少，$\delta^{13}CO_2$ 值为 -9.2‰，可近似代表当时空气的稳定碳同位素比率。$\delta^{13}CO_2$ 随着 CO_2 浓度的不断升高，也在相应地发生变化。当 CO_2 浓度最小时，$\delta^{13}C$ 最高，相当于海洋上空大气 CO_2 值（Keeling，1958）。工业革命以来大气 CO_2 的 $\delta^{13}C$ 呈现下降趋势，1750 ~ 1980 年，$\delta^{13}C$ 下降了 1.5‰ ~ 2‰。大气 CO_2 浓度以 1850 年为界，在此之前为 250 ~ 260 μmol/mol，工业革命后至 20 世纪 70 年代末为 330 ~ 350 μmol/mol（Stuiver，1978），21 世纪初大气 CO_2 浓度在 10m 高处为 366 μmol/mol（苏培玺等，2002a），CO_2 浓度的升高主要是由于化石燃料

的燃烧。植物化石燃料（煤、石油等）中的 $\delta^{13}C$ 值与 C_3 植物接近，在燃烧过程中贫 ^{13}C 的 $^{13}CO_2$ 释放，致使大气中 CO_2 的 $\delta^{13}C$ 值随 CO_2 浓度上升而逐渐下降。海洋生物吸收溶解 C，$\delta^{13}C_{HCO_3^-}=0‰$，而大陆上的水一般贫 ^{12}C，所以淡水植物相对于海生植物贫 ^{13}C，特别是在细菌活动强烈，又与外界混合不好的还原盆地的水中，溶解 C 的 $\delta^{13}C$ 负数很小，即 $\delta^{13}C$ 值很小，所以不同湖泊中植物的 $\delta^{13}C$ 也各不相同。但是，内陆蒸发盆地的水富集 ^{13}C。

表 2-1　2001 年秋季采样测定的大气 CO_2 稳定碳同位素比率（$\delta^{13}CO_2$）（苏培玺等，2003）

地点	位置	海拔/m	$\delta^{13}C_{空气}$/‰
沙漠	39°21′N，100°09′E	1380	−9.23±0.12
西部乡政府驻地（平川）	39°20′N，100°06′E	1368	−10.17±0.10
西部县政府驻地（临泽）	39°08′N，100°10′E	1441	−10.40±0.23
兰州	36°03′N，103°51′E	1501	−11.63±0.21
北京	39°54′N，116°23′E	44	−10.69±0.27
东部沙地（黄河下游故道）	37°08′N，116°40′E	26	−10.70±0.23
东部乡政府驻地（辛店）	37°06′N，116°41′E	23	−10.73±0.13
东部县政府驻地（禹城）	36°56′N，116°38′E	195	−11.06±0.29

（2）呼吸的影响

夜间，光合作用停止时，植物呼出 CO_2 的 $\delta^{13}C$ 接近植物组织（$\delta^{13}C$ 值很小），这种 CO_2 与周围空气混合也可改变 CO_2 的 $\delta^{13}C$。植物种类不同，则呼吸速率不同，因而对周围大气 CO_2 浓度的影响程度也不同。光照时间的长短直接影响光合强度、CO_2 同化速率以及富 ^{13}C 的 CO_2 产生速率。

（3）大气 CO_2 同位素组成变异

大气 CO_2 的同位素组成有区域性变异。例如，草原和森林区域的 CO_2 浓度要比都市和工业区附近低，$\delta^{13}C$ 也不同。$\delta^{13}C$ 还有日变化和年变化，与植物的新陈代谢有关。白天由于 $^{12}CO_2$ 优先被植物同化，所以大气中 CO_2 浓度最低，$\delta^{13}C$ 最高；晚间由于呼吸作用释放 CO_2，空气的 $\delta^{13}C$ 降低。$\delta^{13}C$ 年变化也受植物光合作用强度的影响。春天树叶生长，日照长，光合速率快，地区性大气 CO_2 的 $\delta^{13}C$ 值增大，秋季则相反。

（4）温度效应

温度既影响植物的生长和 CO_2 同化速率，又影响 CO_2（气）和 CO_2（溶液）-水溶 HCO_3^- 间的平衡，但这个影响一般为 $2‰ \sim 3‰$。Troughton 等（1974）发现 C_3 植物的碳同位素比率在 $14 \sim 40℃$ 变化甚小。

2.2.2　稳定氢氧同位素测定样品采集和计算

（1）降水样品采集

降水开始前放置干净的大口接收容器或者洗干净的雨量采集桶，准备好塑料水样瓶，将采集到的雨水直接装入塑料水样瓶。为防止蒸发,水样采集以后,用蜡等物熔化密封,并保存在低温条件下,运回冻结并在冻结状态下保存以用于分析。

(2) 植物水样品采集

方法 1:采集同化枝或叶片,装入事先洗干净并干燥的 1000mL 广口瓶,用橡皮塞塞紧,用蜡密封,冷藏保存运回实验室并冷冻保存。采用 Sternberg 等(1986)的蒸馏方法,并根据实验条件加以改进,提取植物水。将植物样品放入锥形瓶中,并将锥形瓶固定于水浴锅中(此时水浴锅中水已开)(图 2-1),先排一会空气,然后用装有离心管及冷凝管的橡胶塞塞住锥形瓶瓶口,打开冷凝装置,此时便可由离心管收集到蒸馏出来的水了。收集得到的离心管中的水最好是满的,以防发生同位素交换。

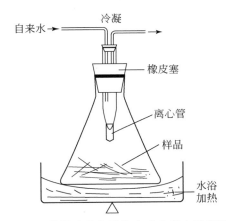

图 2-1 蒸馏法收集植物水或土壤水示意图

方法 2:将同化枝或叶片研磨提取汁液,然后通过离心机离心提取上清液,用于氢氧稳定同位素测定。

方法 3:将植物样品装入试管,橡皮塞塞住,蜡封口,冷冻保存。蒸馏时用与真空系统相连的针刺破橡皮塞,将试管抽空排气,100℃下加热,在液氮温度(-196℃)下冻结离析的水,用于分析。

(3) 土壤水样品采集

采集根系集中分布层土壤或按分析要求划分的土层土壤,用蜡密封装入在事先洗干净并干燥的广口玻璃瓶中,冷冻保存,带回实验室用蒸馏冷凝的方法获得土壤水(图 2-1)。

(4) $\delta^{18}O$ 及 δD 值测定计算和水源分析

分析前一天,把降水、提取的土壤水等冻结样品从低温室或低温箱取出,在室温下融化,在 MAT-252 气体质谱仪(MAT-252 Mass Spectrometer, Finnigan Mat, Germany)或 Delta-Plus 型气体稳定同位素比质谱仪(Delta Plus Isotope Ratio Mass Spectrometer, Finnigan Mat, Germany)上进行测定。氧同位素分析结果用相对于标准平均大洋水(standard mean ocean water, SMOW)标准的千分差表示:

$$\delta^{18}O \ (‰) = \left[(R_{样品} - R_{SMOW})/R_{SMOW} \right] \times 10^3 \qquad (2\text{-}1)$$

式中,$R_{样品}$ 为样品中 $^{18}O/^{16}O$ 的值;R_{SMOW} 为 SMOW 中 $^{18}O/^{16}O$ 的值。

D/H 值采用金属铀法，用 MAT-253 同位素质谱仪测定，采用实测氢同位素比值相对于 SMOW 比值计算 δD，δD 也就是 $\delta^2 H$。

由于不同的水源具有不同的 $\delta^{18}O$ 及 δD 值，通过分析对比植物枝叶水的 $\delta^{18}O$ 及 δD 值与各种水源的相应值，可以确定植物对不同水源的利用情况。

2.2.3 稳定碳同位素比率测定和计算

在野外自然状况下采样，采样时将样品表面的尘土等杂质用毛刷刷净，按种和生境分别采集植物的光合器官，每个样品在 3 ~ 5 个不同的个体上采集混合而成。样品带回实验室用烘箱在 80℃烘干 24h，然后粉碎，过 80 目筛后制成供试样品，封存于密封塑料袋内以备分析用。用 MAT-252 质谱仪测定碳同位素比率，仪器灵敏度为 1000mol/ion，测定误差为±0.05‰。取前期处理好的样品 3 ~ 5mg 封入真空的燃烧管，加入催化剂和氧化剂，在 850℃下气化，燃烧产生的 CO_2 经结晶纯化后，用质谱仪测定稳定碳同位素比率，用下面公式计算：

$$\delta^{13}C(‰) = \left[(R_{样品} - R_{标准}) / R_{标准} \right] \times 10^3 \qquad (2-2)$$

式中，$R_{样品}$ 和 $R_{标准}$ 分别表示样品和标样的碳同位素比值，结果以美洲拟箭石（PDB）为标准表示。

空气样用 1000mL 真空玻璃细颈瓶采集（Keeling，1958；Schlesor and Jayaseken，1985），CO_2 通过一个真空分离线提纯后在质谱仪上测定。

稳定碳同位素辨别力（stable carbon isotope discrimination，Δ）用下面公式计算（Kloeppel et al.，1998）：

$$\Delta = (\delta_{空气} - \delta_{植物}) / (1 + \delta_{植物}) \qquad (2-3)$$

Δ 计算中消除了不同区域空气 $\delta^{13}C$ 值变化的影响，可集中于生物学问题的分析，能够直接进行不同海拔样品的比较（Farquhar and Richards，1984；Körner et al.，1991；Kloeppel et al.，1998）。空气的 $\delta^{13}C$ 值是相对稳定的，2001 年计算时 $\delta_{空气}$ 取 −9.23‰（苏培玺等，2003）。

2.3 生态化学计量

2.3.1 样品采集

不同植物种类和同一种类不同生境植物生态化学计量特征比较时，每个物种或者生境选取 3 ~ 5 株标准植株，在其冠层东、南、西、北 4 个方位和上中下不同部位选取枝条，每个枝条采摘 5 片完整叶片，将采摘叶片混合后采用四分法取样。将植物样品带回实验室，用蒸馏水反复冲洗至无泥土为止，并将其中的杂质挑出，后及时晾晒使其自然风干，待样品完全风干后，在 80℃恒温条件下烘干至恒重，对其使用球磨粉碎机进行粉碎处理，研磨成

0.15mm 的粉末以供测定其全 C、全 N、全 P、全 K 等含量，用占干重的百分比（%）表示。

2.3.2　测定分析方法

植物叶片 C 和 N 含量测定：以仪器测定为主要手段，每个样品称取 5~6mg 干粉末，全 C、全 N 含量用 Vario MACRO cube 元素分析仪（Elementar, Germany）测定。以常规经典方法为辅助手段，C 含量用重铬酸钾氧化–外加热法测定，在外加热条件下，用一定浓度的重铬酸钾–硫酸溶液氧化植物样品有机碳，剩余的重铬酸钾量用硫酸亚铁溶液滴定，根据重铬酸钾的消耗量计算有机碳含量（苏培玺等，2018）。N 用凯氏定氮法测定。

植物叶片 P 含量测定：先将样品粉末采用 H_2O_2–H_2SO_4 凯氏法消解，然后用钼蓝比色法测量，也可用硝酸–高氯酸消煮–钼锑抗分光光度法测定。

2.4　叶片水分测定

2.4.1　叶片含水量

按照 Cornelissen 等（2003b）的方法（也是通用方法），测定叶片含水量。称取叶片鲜重（m_1, g），在黑暗条件下在去离子水中完全浸泡 24h 直至饱和，取出后迅速用吸水纸吸去叶片表面的水分，在电子天平上称取叶片饱和鲜重（m_2, g），将叶片放入称量瓶中，105℃杀青后 70~80℃烘干 24h 至恒重，然后取出放入干燥器中冷却至室温，称重得到叶片干重（m_3, g）。每种植物 3 个重复。按以下公式计算叶片水分含量。

叶片总含水量（total water content, T_w, %），也叫含水量，鲜重含水量：

$$T_w(\%) = \frac{m_1 - m_3}{m_1} \times 100 \tag{2-4}$$

叶片干重含水量（dry weight water content, D_w, %）：

$$D_w(\%) = \frac{m_1 - m_3}{m_3} \times 100 \tag{2-5}$$

叶片相对含水量（relative water content, R_w, %）：

$$R_w(\%) = \frac{m_1 - m_3}{m_2 - m_3} \times 100 \tag{2-6}$$

叶片饱和含水量（saturated water content, S_w, %）：

$$S_w(\%) = \frac{m_2 - m_3}{m_2} \times 100 \tag{2-7}$$

叶片干物质含量（leaf dry matter content, D_m, %）：

$$D_m(\%) = \frac{m_3}{m_2} \times 100 \tag{2-8}$$

$$水分亏缺（\%）=\frac{m_2-m_1}{m_2-m_3}\times100 \tag{2-9}$$

2.4.2 比叶面积和比叶体积

采用扫描仪扫描，用软件计算叶面积。将新鲜植物叶片平整置于扫描仪上，叶片较小的每组测定取多个叶片，叶片之间不能互相重叠。盖上扫描仪盖板，使叶片完全平整地展开，利用扫描仪（Canon Scan Lide 110，Canon，Japan）扫描植物叶片后，采用 Image J 软件（version 1.47v，Wayne Rasband National institues of Health，USA）精确计算植物叶面积（S，cm²）（Abràmoff et al.，2004；Juneau and Tarasoff，2012）。

采用排水法测定叶片体积。将测定完面积的植物叶片，用盛一定体积去离子水的量筒测定叶片体积（V，cm³）。然后如同前面 2.4.1 烘干称重得到叶片干重（m，g）。每种植物重复 3 次。按以下公式计算比叶面积和比叶体积。

比叶面积（specific leaf area，SLA，cm²/g）：

$$SLA=\frac{S}{m} \tag{2-10}$$

比叶体积（specific leaf volume，SLV，cm³/g）：

$$SLV=\frac{V}{m} \tag{2-11}$$

2.4.3 导水率

采用高压流速仪（high pressure flow meter，HPFM，Dynamax，USA）进行植物不同器官导水率测定。HPFM 测定时压力比率每秒达 3~7kPa，对植物组织注射水分并持续增压到大约 500kPa 时，根据去气水流速和压力随时间的变化关系，反映植物内部阻力和导水率随时间的变化关系，其曲线斜率表示导水率，即流速与压力之间的比值（Tyree et al.，1993）。

HPFM 测定植物导水率的方法有瞬时法和半稳定流速法，其中瞬时法更适合测定导水率较低的植物，结果更准确，并且瞬时法是在压力较低的条件下测定植株的导水率，不会由于枝条损伤而发生水流的遗漏现象，同时还具有快速和方便的优点（Tyree et al.，1995）。由于干旱区荒漠植物的水分传输与作物相比较慢，因此荒漠植物采用瞬时法测定其导水率。

（1）叶、茎导水率

由于荒漠植物的叶柄短小或退化，不能直接测定叶片的导水率，依据水分在植物体内运输时遇到的全阻力等于各部分阻力之和，以及阻力与导度的倒数关系计算出植物各器官的导水率（杨启良等，2007）。

在不同生境中选择代表性植株各 5 株，于凌晨在每株植物树冠阳面中上部枝条先端剪取带叶枝条 3 枝，长 10~15cm，立即用黑塑料袋封包带到实验室，测定时模拟枝条生长使其竖直放置。用瞬时法测定每个带叶枝条的导水率；然后将叶片剪除，测定剩余茎干部分的导水率，根据阻力关系分别换算出枝条和叶片的导水率。剪下的叶片扫描并计算出叶面积（LA），然后装入信封在80℃下烘干测得叶片干重（LW）。叶导水率 $[K_L, kg/(s \cdot MPa)]$ 还可以用叶面积导水率（K_{LA}）和叶重导水率（K_{LW}）表示。茎导水率（K_S）还可以用茎叶面积导水率（K_{SLA}）和茎叶重导水率（K_{SLW}）表示。

叶面积导水率 [leaf area hydraulic conductivity，K_{LA}，$kg/(s \cdot cm^2 \cdot MPa)$]：

$$K_{LA} = \frac{K_L}{LA} \tag{2-12}$$

叶重导水率 [leaf weight hydraulic conductivity，K_{LW}，$kg/(s \cdot g \cdot MPa)$]：

$$K_{Lw} = \frac{K_L}{LW} \tag{2-13}$$

茎叶面积导水率 [hydraulic conductivity of stem hydraulic conductivity to leaf area ratio，K_{SLA}，$kg/(s \cdot cm^2 \cdot MPa)$]：

$$K_{SLA} = \frac{K_S}{LA} \tag{2-14}$$

茎叶重导水率 [hydraulic conductivity of stem hydraulic conductivity to leaf weight ratio，K_{SLW}，$kg/(s \cdot g \cdot MPa)$]：

$$K_{SLW} = \frac{K_S}{LW} \tag{2-15}$$

（2）根系导水率

测定幼苗或小植株全根系导水率时，将选定的植株沿地面以上5cm左右剪切，挖掘植物全根系。用黑色塑料袋遮光带回实验室，用水冲洗掉根系表面的泥土残渣。剪切点以下测定全根系导水率，然后取其部分细根（$d<2mm$）测定细根导水率（Wilcox，2004）。将全部根系用0.5%的甲基蓝染色12h，用根系分析系统（WinRHIZO）扫描根系，获得根长（RL，cm）、根直径（RD，cm）、根表面积（RSA，cm^2）等形态参数。将扫描后的根系用信封分装，80℃烘干至恒重，测得根系干重（RW，g）。根长与根重的比值为比根长（SRL，cm/g），根表面积与根重的比值为比表面积（SRSA，cm^2/g）。全根导水率（K_R）还可以用根重导水率（K_{TRW}）表示。细根导水率分别用根长导水率（K_{RL}）、根重导水率（K_{RW}）和根表面积导水率（K_{RSA}）表示。

根长导水率 [root length hydraulic conductivity，K_{RL}，$kg/(s \cdot cm \cdot MPa)$]：

$$K_{RL} = \frac{K_R}{RL} \tag{2-16}$$

根重导水率 [root weight hydraulic conductivity，K_{RW}，$kg/(s \cdot g \cdot MPa)$]：

$$K_{RW} = \frac{K_R}{RW} \tag{2-17}$$

根表面积导水率 [root surface area hydraulic conductivity，K_{RSA}，$kg/(s \cdot cm^2 \cdot MPa)$]：

$$K_{RSA} = \frac{K_R}{RSA} \tag{2-18}$$

2.4.4　叶片水势

利用美国 Decagon 公司生产的 WP4-T 露点水势仪测定叶水势，开机后预热 30min，测定前用 1mol/L 氯化钾溶液（水势为 -4.5MPa）进行校准，每个样品测定时间不超过 5min，重复 3 次。8:00 开始，每隔 2h 采集一次植物光合器官材料，装于仪器专用水势测定样品盒，每种植物每次重复采样 3 个，将样品盒装入密封聚乙烯塑料袋，放入冰壶中，带回室内测定。

2.4.5　叶片离体失水速率

采用自然干燥法测定荒漠植物的离体失水速率。摘取植物叶片或同化枝后，立即用 1/1000 电子天平称取重量初值 W_0（g），记录起始时间 T_0（h）。然后将叶片平放于不受阳光直射处的实验台架上，因部分荒漠植物叶片较小，无法垂直悬挂，因此统一采用平放晾干，使其自然脱水失重，称重时间间隔随失水速率的变化而变化，前期间隔时间短，后期间隔时间长，3 次重复。称量精度为 0.001g，记录叶片称重值及相对应的时间，直到叶片重量相差不大时停止称重 W_t（g），记录时间 T_t（h），然后在 80℃烘干称重 W_d（g）。

按下式计算失水速率（g/h）：

$$D_t = \frac{W_0 - W_t}{T_t - T_0} \tag{2-19}$$

按下式计算失水率（%）：

$$D = \frac{W_0 - W_t}{W_0 - W_d} \times 100 \tag{2-20}$$

2.5　解剖结构观察

2.5.1　光学显微镜下解剖结构分析

采用石蜡切片法制片。

1）取样、固定：选取正常植株的叶片或同化枝，用锋利的刀片截取适当大小，同化枝从嫩枝中部切取 5mm 或根据研究目的确定切取部位，放入装有 FAA 固定液（70% 乙醇：福尔马林：冰醋酸 = 90：5：5）的小瓶中进行固定。

2）整体染色：70% 乙醇（Ac）—50% Ac—35% Ac—水中各 1h，然后至 0.1% 番红染液（蒸馏水配制）中染 40h 后，用流水冲至无染液流下。

3）脱水：蒸馏水—35% Ac—50% Ac—70% Ac—83% Ac—95% Ac（每级 1h）—100% Ac（1 次）—100% Ac（2 次）—100% Ac（3 次）每次 1h，保证脱水完全。

4）透明、透蜡：1/2 二甲苯与 1/2 纯乙醇混合液 1h，二甲苯（1）1h，二甲苯（2）1h 进行透明，1/2 二甲苯+1/2 纯蜡渗透（37℃，26～40h，混合液呈微凝状态）；换纯蜡渗透 1h（中间换两次），此时温度为 56～60℃。

5）纯蜡包埋。

6）修块：转动切片机（Rotary Microtome）切片（8～10μm）。

7）展片：蜡带基本完全展开后，倾斜载玻片，去掉多余水分（没有水再滴下或凝成水滴，可用滤纸吸掉多余水分），放在 45℃左右的热台上等蜡带基本粘贴在载玻片上不移动，即可取下在桌面上晾干。烘烤时间长容易起气泡。

8）脱蜡及固绿对染：切片在二甲苯（1）中脱蜡 15min（中间可取出几张片子看看脱蜡的情况），转入二甲苯（2）中 5min（蜡脱干净即可，太长了材料容易脱落），然后至 1/2 二甲苯与 1/2 纯乙醇混合液 2min—100% Ac（1）30s—100% Ac（2）30s—95% Ac 15s—0.1% 固绿染液（用 95% 乙醇配制）20s。

9）脱水、透明、封藏：切片在 95% Ac 中冲洗 3～5s—100% Ac（1）10s—100% Ac（2）25s—1/2 二甲苯+1/2 纯乙醇 1min—二甲苯（1）2min—二甲苯（2）3min，再用阿拉伯树胶封片。

10）解剖结构的观察：采用 Nikon 1671-CHR 型光学摄影显微镜观察摄影，或用 Motic 数码显微镜（Motic B5 Professional Series）及图像分析系统（Motic Images Advanced 3.0）观察分析。

2.5.2　扫描电子显微镜分析

选取正常植株的叶片或同化枝，同化枝用锋利刀片从其中部快速横截，切取 3～5mm 长的材料，采用戊二醛-锇酸双固定法、冷冻干燥法和离子溅射镀膜法导电处理，然后在 JSM-5600LV 扫描电子显微镜（JEOL, Japan）下进行观察并照相，在其装配的能谱仪（Kevex Energy Dispersive X-ray detector, Kevex X-Ray Inc., USA）下用 X 射线能量色散谱进行观察分析。

2.6　叶绿素与酶活性等测定

2.6.1　叶绿素含量

（1）丙酮液提取法测定

称取鲜叶 0.5g，剪碎置研钵中，加入少许细石英砂研成糊状，用 80% 丙酮水溶液分批提取叶绿素，直到残渣无色为止。过滤、定容，用 UV-751 或 754 型紫外可见分光光度计在波长 663nm 和 645nm 下比色，所得的光密度（optical density, OD）值代入下列公式可计算出溶液中叶绿素 a、b 的量（中国科学院上海植物生理研究所等，1999）。

$$C_a = 12.7 \times OD_{663} - 2.69 \times OD_{645} \tag{2-21}$$

$$C_b = 22.9 \times OD_{645} - 4.86 \times OD_{663} \tag{2-22}$$

$$C_{a+b} = 8.02 \times OD_{663} + 20.20 \times OD_{645} \tag{2-23}$$

式中，C 为叶绿素浓度，用 μg/mL 或 mg/g 表示。

（2）乙醇浸提法测定

称取鲜叶 0.2g 加入 95% 乙醇和少许石英砂及 $CaCO_3$ 研磨，过滤，用 95% 乙醇定容至 25mL，利用分光光度计分别测定波长 665nm、649nm 和 470nm 处的吸光度（absorbance，A），光密度是入射光强度与透射光强度之比的常用对数值，吸光度就是光密度。叶绿素含量根据 Lichtenthaler（1987）的方法计算。

$$C_a = 13.95 A_{665} - 6.88 A_{649} \tag{2-24}$$

$$C_b = 24.96 A_{649} - 7.32 A_{665} \tag{2-25}$$

$$C_{ar} = \frac{1000 A_{470} - 2.05 C_a - 114.8 C_b}{245} \tag{2-26}$$

式中，C_a 为叶绿素 a 含量；C_b 为叶绿素 b 含量；C_{ar} 为类胡萝卜素含量；A_{665}、A_{649} 和 A_{470} 分别是波长在 665nm、649nm 和 470nm 处的吸光度。

2.6.2 光合酶活性

磷酸烯醇式丙酮酸羧化酶（PEPCase）和核酮糖-1,5-二磷酸羧化酶（RuBPCase）都是光合作用的关键酶，酶的提取及活性测定利用组织捣碎机和液体闪烁分析仪进行（中国科学院上海植物生理研究所，1999）。

PEPCase 是 C_4 光合途径的关键酶，RuBPCase 是 C_3 光合途径的关键酶。PEPCase/RuBPCase 大于 1 时可能具有 C_4 光合途径，小于 1 时为 C_3 植物。

核酮糖-1,5-二磷酸羧化酶活性通过测定从 $NaH^{14}CO_3$ 生成酸稳定的 [$1-^{14}C$]-3-PGA 的速度来进行，也可以用酶偶联法将 3-PGA 的变化转变为 NADH 的变化来测定。

磷酸烯醇式丙酮酸羧化酶活性利用苹果酸脱氢酶偶联方法在 340nm 处测定 NADH 光吸收值的变化来测定（中国科学院上海植物生理研究所，1999）。

2.6.3 可溶性蛋白含量

可溶性蛋白是重要的渗透调节物质和营养物质，它们的增加和积累能提高细胞的保水能力，对细胞的生命物质及生物膜起保护作用，是植物抗逆性筛选的重要指标之一。可溶性蛋白溶于细胞质，是区别于细胞膜蛋白与骨架蛋白的一类沉淀蛋白。可溶性蛋白含量的测定参照 Bradford（1976）的方法，用考马斯亮蓝 G-250 做显色剂，在波长 595nm 处测定 OD 值，以牛血清白蛋白为标准计算蛋白质含量。

2.6.4　游离氨基酸含量

氨基酸以两种形式存在于细胞中，游离态和结合态，游离态以游离状态存在于细胞中，可被检测出；结合态和其他物质结合在一起，不容易分离出。游离氨基酸含量的测定采用茚三酮显色法。取 0.5g 植物叶片加入 5mL 10% 的乙酸提取，过滤并定容到 50mL。取 1mL 提取液加入 1mL 蒸馏水、3mL 茚三酮和 0.1mL 乙酸。沸水浴 15min 后在 570nm 处测定吸光度。

2.6.5　脯氨酸含量

取 0.15g 叶样，用 3% 磺基水杨酸溶液研磨提取，在具塞玻璃试管中沸水浴提取 10min，室温下 3000×g 离心 5min。2mL 提取液加 2mL 冰醋酸和 2mL 酸性茚三酮（1.25g 水合茚三酮溶于 30mL 冰醋酸和 20mL 6mol/L 磷酸中，70℃ 加热溶解），沸水浴加热 30min，冷却后加入 6mL 甲苯，摇荡充分萃取，然后甲苯和水相分离，取甲苯相读取 520nm 波长处的吸光度值，用甲苯作空白对照。以 L-脯氨酸做标准曲线，计算样品脯氨酸含量（mg/g）。

2.6.6　丙二醛含量

丙二醛（MDA）是膜脂过氧化最重要的产物之一，会引起蛋白质、核酸等生命大分子的交联聚合，具有细胞毒性，能加剧膜的损伤，是植物抗性生理的一个常用指标。

取 0.5g 植物叶片或同化枝冻样加入 5mL 5% 的硫代巴比妥酸，研磨后，置于 100℃ 的水浴锅中温育 30min，待试管冷却后以 5000×g 离心 10min，取上清液测 450nm、532nm 和 600nm 处的吸光度值（Aravind and Prasad，2003）。MDA 含量按如下公式计算：

$$C = 6.45 \times (D_{532} - D_{600}) - 0.56 \times D_{450} \qquad (2-27)$$

式中，C 为 MDA 的含量（μmol/L）；D_{450}、D_{532} 和 D_{600} 分别代表 450nm、532nm 和 600nm 下的吸光度值。再根据植物材料的质量计算所测样品中 MDA 的含量。

2.6.7　过氧化氢酶活性

过氧化氢酶（CAT）广泛存在于植物的所有组织中，能将过氧化氢分解成氧和水，使机体免受过氧化氢的毒害作用。

酶液的提取，称取 0.5g 植物叶片或同化枝于预冷的研钵中，加入 10mL 50mmol/L 的磷酸盐缓冲液（phosphate buffered saline，PBS）（pH 为 7.8），4℃ 冰浴上研磨，5000×g 离心 20min，取上清液用于酶活性测定。

CAT 活性的检测，在 3mL 50mmol/L PBS（pH 为 7.0）缓冲液中加入 50μL 酶液，在 25℃ 温育 5min 后，加 15mmol/L H_2O_2 启动反应，在 240nm 处以 30s 为间隔作 4min 时间扫

描（Aebi，1984）。以每分钟内 OD_{240} 值变化 0.1 为一个酶活性单位。

2.6.8　超氧化物歧化酶活性

超氧化物歧化酶（SOD）是 1969 年 McCord 和 Fridovich 首次在牛红细胞中发现的。它广泛存在于一切好气生物中，是防御超氧阴离子自由基对细胞伤害的抗氧化酶，有 CuZn-SOD、Mn-SOD 和 Fe-SOD 三种类型（中国科学院上海植物生理研究所等，1999）。

SOD 活性的测定采用氮蓝四唑（NBT）光化还原法（Giannopolitis and Ries，1977）。利用 SOD 抑制 NBT 在光下的还原作用来确定酶活性的大小。在有氧物质存在下，核黄素可被光还原，被还原的核黄素在有氧条件下极易再氧化而产生超氧阴离子（O_2^-），O_2^- 可将 NBT 还原为蓝色的甲腙，后者在 560nm 处有最大的光吸收。而 SOD 可消除 O_2^-，从而抑制了甲腙的形成。于是光还原反应后，反应液蓝色越深，说明酶活性越低，反之酶活性越高。据此可以计算出酶活性的大小。3mL 反应混合液中含有 1.5mL 50mmol/L Na-PBS（pH 为 7.8），0.3mL 0.1mmol/L Na_2 EDTA，0.3mL 130mmol/L 甲硫氨酸，0.3mL 0.02mmol/L 核黄素，0.3mL 0.75mmol/L NBT 和 5μL 粗酶液。2 个对照中不加酶液。1 个对照置于暗处，其他于 5000lx 日光下反应 15min。反应结束后，用分光光度计测定 560nm 处的吸光值，以未照光的酶液作为空白对照。SOD 活性单位以抑制 NBT 光还原的 50% 为一个酶活单位来表示。SOD 活性大小被表示成 U/mg 蛋白质。

2.6.9　过氧化物酶活性

过氧化物酶（POD）活性的测定采用愈创木酚法（Rao et al.，1996）。在 POD 催化下，愈创木酚被氧化成茶褐色产物，此产物在 470nm 处有最大光吸收，故可通过测定 470nm 下的吸光度的变化来测定 POD 的活性。测定时以每分钟内 A_{470} 变化 0.01 为一个酶活单位，以每毫克蛋白酶活单位来表示 POD 的活性。反应混合液中含有 50mL 0.1mol/L Na-PBS（pH 为 6.0），28μL 愈创木酚和 19μL 30% H_2O_2。反应体系为 1mL 的反应混合液用 0.2mL 粗酶液启动反应。POD 活性大小被表示成 U/mg 蛋白质。

2.6.10　碳水化合物含量

碳水化合物是所有植物以及菌类的主要成分。某些植物组织中碳水化合物的含量可高达干重的 80%~90%。碳水化合物的种类也极为丰富，有各种储藏性多糖如淀粉、果聚糖等，也有各种寡糖及游离的单糖如葡萄糖、果糖等。非结构糖含量为可溶性糖和淀粉含量之和。植物组织中常见的可溶性糖有葡萄糖、果糖、麦芽糖、蔗糖，单糖、寡糖都是可溶性糖。各种碳水化合物性质不同，测定方法也各异。

称 50mg 植物干样，加入 3mL 80% 乙醇（V/V），80℃ 水浴振荡提取 30min，离心，取上清液。然后重复提取 2 次，合并 3 次提取上清液，合并上清液。在上清液中加 10mg 活性炭，80℃水浴脱色30min，定容到10mL，此液体为乙醇提取液，过滤后取滤液根据蒽酮–硫酸比色法测定可溶性糖含量。

将提取可溶性糖后的残渣转移到25mL试管中，加入2.5mL乙酸缓冲液（0.2mol/L，pH为4.5），在沸水浴上放置1h，冷却后，加入2mL乙酸缓冲液和1mL α-葡糖苷酶（0.5%），55℃放置8h，溶液用Waterman GF/C过滤后定溶到10mL，如上用蒽酮–硫酸比色法测定淀粉含量。

2.7 叶片气体交换测定

2.7.1 光合速率和气孔导度

利用美国拉哥（LI-COR）公司制造的开放式气体交换LI-6400便携式光合作用测定系统（Portable Photosynthesis System，LI-COR，Lincoln，NE，USA），在树冠阳面外围中上部选择有代表性的成熟光合器官（叶片或同化枝），叶片使用2cm×3cm的标准叶室进行测定；同化枝选择4~6个，用胶布在两头将其均匀固定在一个平面上，做好标记，采用面积2cm×6cm叶室（LI-6400 narrow leaf chamber），活体测定，每次测定部位要求相同，重复3~5次。为了和其他植物比较，使用底部不透明的2cm×6cm狭长叶室，单独研究可采用底部透明的2cm×6cm狭长叶室。日变化测定从8:00开始，到18:00结束，每隔1h观测一次净光合速率（P_n）、蒸腾速率（T_r）等生理指标，同时得到胞间CO_2浓度（C_i）、气孔导度（G_s）、气温（T_a）、叶温（T_l）、环境CO_2浓度（C_a）、空气相对湿度（RH）、光合有效辐射（PAR）、光量子通量密度（photon flux density，PFD）等参数。季节变化观测，在中温带地区从6月开始，到10月结束，每月在中旬选择3~5天晴朗的代表性天气，在9:30~10:30观测。在各种条件具备下，也可连续观测。

测定结束后，采集测定植物叶片或同化枝，用LI-3100叶面积仪（LI-COR，Lincoln，NE，USA）或扫描仪扫描（详见2.4.2），测量出精确的叶面积后，输入LI-6400主机重新计算数据。

气孔限制值（L_s）按Berry和Downton（1982）的方法计算：

$$L_s = 1 - C_i/C_a \tag{2-28}$$

式中，C_i为胞间CO_2浓度；C_a为环境CO_2浓度，也叫空气CO_2浓度。

2.7.2 光补偿点和光饱和点

当光合作用同化的CO_2量与呼吸作用释放的CO_2量相等时，此时的光量子通量密度（光照强度）称为光补偿点（LCP）。这里的呼吸作用包括光呼吸（photorespiration），光呼吸是植物的绿色细胞依赖光照，吸收O_2和放出CO_2的过程。

在光补偿点以上增加光强会增强光合作用，表明光合作用受电子传递速率限制。但是，电子传递速率的大小又会受到获得光量多少的限制，光补偿点以上有一段光量子通量密度和光合速率之间保持线性关系。随着光合作用的继续增强，酶活性和代谢成为主要限制因素。一般来说，阳生植物的光补偿点为 $10 \sim 20 \mu mol/(m^2 \cdot s)$，阴生植物的光补偿点则为 $1 \sim 5 \mu mol/(m^2 \cdot s)$。

光合速率随着光量子通量密度（光照强度）的增加而继续增大，当光照强度增加到某一数值后，光合速率不再增加甚至开始减小时的光照强度，称为光饱和点。光饱和点之所以产生，是电子传递反应、核酮糖-1,5-二磷酸羧化酶活性或磷酸丙糖代谢在该时成为限制因子，CO_2 代谢不能与吸收光能同步。

C_3 植物的光饱和点约为全日照的一半或者更低，即 $1000 \mu mol/(m^2 \cdot s)$ 或者以下，荒漠植物及特殊环境生存的 C_3 植物例外。C_4 植物接近全日照〔约 $2000 \mu mol/(m^2 \cdot s)$〕或者无光饱和点。

光补偿点和光饱和点可通过光响应曲线求得。在使用非标准叶室测定时，采用不同厚度纱布调节光强。在使用标准叶室测定时，采用 LI-6400 便携式光合作用测定系统自带的红蓝光源（LI-6400-02 Led source）调节光强。采用 LI-6400 自带的自动测定程序，光合光量子通量密度（photosynthetic photon flux density，PPFD）依次设定为 $2000 \mu mol/(m^2 \cdot s)$、$1800 \mu mol/(m^2 \cdot s)$、$1500 \mu mol/(m^2 \cdot s)$、$1200 \mu mol/(m^2 \cdot s)$、$1000 \mu mol/(m^2 \cdot s)$、$800 \mu mol/(m^2 \cdot s)$、$600 \mu mol/(m^2 \cdot s)$、$400 \mu mol/(m^2 \cdot s)$、$200 \mu mol/(m^2 \cdot s)$、$150 \mu mol/(m^2 \cdot s)$、$120 \mu mol/(m^2 \cdot s)$、$80 \mu mol/(m^2 \cdot s)$、$50 \mu mol/(m^2 \cdot s)$、$20 \mu mol/(m^2 \cdot s)$、$0 \mu mol/(m^2 \cdot s)$。测定时环境 CO_2 浓度设定为当前浓度，如 $380 \mu mol/mol$，叶片温度根据研究需要设定，如 $25℃$。

植物光补偿点通过低光量子通量密度〔$\leqslant 200 \mu mol/(m^2 \cdot s)$〕对应的 P_n 线性回归求得，该直线的斜率 $dP_n/dPFD$ 为表观光合量子效率（von Caemmerer and Farquhar，1981）。表观光合量子效率也叫光合量子效率或光合效率。

植物光饱和点通过高光量子通量密度〔$> 200 \mu mol/(m^2 \cdot s)$〕对应的 P_n 模拟方程得到（Su et al.，2007）。光补偿点和光饱和点也可以用光响应模型求得（详见 2.7.3）。暗呼吸速率由光合有效辐射为 0 时的速率确定（Forseth et al.，2001）。

$400 \sim 700nm$ 波长范围内的太阳光能被植物利用来进行光合作用，这部分辐射被称为光合有效辐射（photosynthetic active radiation，PAR）。阳光直射时，在茂密林冠层的顶部，PAR 约为 $2000 \mu mol/(m^2 \cdot s)$，用能量单位表示为 $900 W/m^2$。但在林冠层的底部，因为上部叶片对 PAR 的吸收，PAR 仅为 $10 \mu mol/(m^2 \cdot s)$，用能量单位表示为 $4.5 W/m^2$。

2.7.3 光响应模型

光合作用光响应模型研究的是植物净光合速率与光合有效辐射之间的关系，是认识植物光化学效率的重要手段，最常用的模型有非直角双曲线模型、指数模型、直角双曲线模型、直角双曲线修正模型等。

（1）非直角双曲线模型

非直角双曲线模型的表达式为（Thornley，1976）：

$$P_n(I) = \frac{\alpha I + P_{max} - \sqrt{(\alpha I + P_{max})^2 - 4\theta\alpha I P_{max}}}{2\theta} - R_d \qquad (2\text{-}29)$$

式中，$P_n(I)$ 为净光合速率；α 为初始量子效率；I 为入射到叶片上的光合有效辐射；P_{max} 为最大净光合速率；θ 为光响应曲线曲角，反映光响应曲线弯曲程度，其取值范围为 $0<\theta\leq1$；R_d 为暗呼吸速率。

由于式（2-29）是一个没有极值的函数，所以无法用它直接估算植物的光饱和点（I_m）（叶子飘和于强，2008），得出的是光饱和的起始点，也称半饱和光强，反映植物对强光的耐受能力。光补偿点（I_c）表达式为

$$I_c = \frac{(R_d P_{max} - \theta R_d^2)}{\alpha(P_{max} - R_d)} \qquad (2\text{-}30)$$

（2）指数模型

Bassman 和 Zwier（1991）给出的指数方程表达式为

$$P_n(I) = P_{max}(1 - e^{-\alpha I / P_{max}}) - R_d \qquad (2\text{-}31)$$

Prado 和 de Moraes（1997）提出的指数方程表达式为

$$P_n(I) = P_{max}[1 - e^{-b(I - I_c)}] \qquad (2\text{-}32)$$

式（2-31）和式（2-32）中，$P_n(I)$、P_{max}、α、I 和 R_d 的定义与式（2-29）相同；I_c 为光补偿点；b 为方程拟合得到的常数。

式（2-31）和式（2-32）两个指数方程都是一条渐近线，都无法拟合植物在达到饱和光强后随光合有效辐射的增加光合速率开始下降这一段的光响应曲线。

（3）直角双曲线模型

直角双曲线模型的表达式为（Baly，1935）：

$$P_n(I) = \frac{\alpha I P_{max}}{(\alpha I + P_{max})} - R_d \qquad (2\text{-}33)$$

式中，参数定义同式（2-29），可采用以下表达式来计算光补偿点：

$$I_c = \frac{R_d P_{max}}{\alpha(P_{max} - R_d)} \qquad (2\text{-}34)$$

（4）直角双曲线修正模型

直角双曲线修正模型的表达式为（叶子飘和于强，2008）：

$$P_n(I) = \alpha \frac{1 - \beta I}{1 + \gamma I} I - R_d \qquad (2\text{-}35)$$

式中，β 为修正系数，称为抑制系数；γ 称为饱和系数，$\gamma = \alpha/P_{max}$；其他参数的意义同式（2-29）。采用以下公式可以计算光饱和点、光补偿点和最大净光合速率：

$$I_m = \frac{\sqrt{(\beta+\gamma)/\beta} - 1}{\gamma} \qquad (2\text{-}36)$$

$$I_c = \frac{\alpha - \gamma R_d - \sqrt{(\gamma R_d - \alpha)^2 - 4\alpha\beta R_d}}{2\alpha\beta} \qquad (2\text{-}37)$$

$$P_{max} = \alpha\left(\frac{\sqrt{\beta+\gamma} - \sqrt{\beta}}{\gamma}\right)^2 - R_d \qquad (2\text{-}38)$$

非直角双曲线模型和直角双曲线模型由于函数本身不存在极值，无法直接计算光饱和点，无法拟合植物在光饱和点以后光合速率随光强的增加而降低的响应数据，所计算的光饱和点远小于实测值。相比较而言，直角双曲线修正模型最大的优点是其本身具有极值，可以直接计算出光饱和点，能拟合光抑制条件下净光合速率随光强上升而出现下降的趋势，且计算值更接近实测值。

所有模型参数的求解均可采用 LI-6400 自带的光合助手拟合，但光合助手计算的光合参数与实测值有较大的差异，尤其是光饱和点的差异较大，因此可以结合 SPSS 和 DPS 等软件比较光响应数据，选择合适的植物光合–光响应模型。

2.7.4 CO_2 补偿点和 CO_2 饱和点

植物的 CO_2 补偿点是区分植物光合作用途径的重要生理指标。C_4 植物在气孔关闭的条件下，还能利用细胞间隙中含量很低的 CO_2 进行光合作用，能在外界 CO_2 浓度较低的情况下，保持较高的碳同化效率。

植物进行光合作用时，随着环境 CO_2 浓度的降低，叶片或同化枝的光合速率逐步降低，当光合速率降低到光合吸收的 CO_2 量等于呼吸放出的 CO_2 量，即净光合速率为零时，空气中的 CO_2 浓度就是 CO_2 补偿点。当空气中 CO_2 浓度增高时，光合速率随之增加，但到达一定程度时，再增加 CO_2 浓度，光合速率不再增加，这时的 CO_2 浓度称为 CO_2 饱和点。

利用 LI-6400 便携式光合作用系统，该系统带有 CO_2 注射器，注射器安装在主机上，采用随意使用的 CO_2 小钢瓶，可对叶室提供稳定可调的 CO_2 浓度，提供浓度可达 $2000\mu mol/mol$。在测定 P_n–CO_2 响应时，通过设定浓度，由仪器所备软件自动调节。CO_2 浓度 $\leqslant 50\mu mol/mol$ 时 P_n 的响应曲线，采用设定 $50\mu mol/mol$、$40\mu mol/mol$、$30\mu mol/mol$、$20\mu mol/mol$、$10\mu mol/mol$、$5\mu mol/mol$ 等不同浓度的方式，由于不同低浓度调整到设定值的时间不同，当仪器将 C_a 调到设定值附近且稳定后手动记录，读数 3 次。CO_2 浓度 $> 50\mu mol/mol$ 时 P_n 的响应曲线，采用设定 $50\mu mol/mol$、$100\mu mol/mol$、$200\mu mol/mol$、$400\mu mol/mol$、$600\mu mol/mol$、$800\mu mol/mol$、$1000\mu mol/mol$ 等不同浓度的方式，由仪器所备软件自动调节测定。

根据低 CO_2 浓度对应的 P_n 线性回归方程求得 CO_2 补偿点，$P_n = 0$ 对应的 CO_2 浓度为 CO_2 补偿点，该直线的斜率即为羧化效率（Nijs et al., 1997）。

CO_2 饱和点由高 CO_2 浓度（$>50\mu mol/mol$）对应的 P_n 拟合的二次多项式方程得到（Su et al., 2004）。测定结束后，采集叶片或同化枝，剪取叶室测定部分，同 2.4.2 和 2.7.1 计算光合测量面积。

2.8 群体气体交换测定

2.8.1 群体光合作用测定原理及计算

植物群体光合速率的准确测量，是深入探讨植物群体环境适应性和 CO_2 同化能力的前提。联合红外气体分析仪的同化箱法是测定植物群体光合作用的重要方法之一（Fang and Moncrieff，1998；Burkart et al.，2007；Niinemets，2007），但同化箱的使用不可避免地限制了与大气的能量交换，导致温室效应，伴随而来的就是箱体内气温的升高，而温度的升高显著影响了有效测量时间的长度及测量数据的质量（Medhurst et al.，2006；Müller et al.，2009）。无制冷措施的同化箱，测量时间通常少于 3min，有效测量时间则更短，特别是在干旱区，受高温强光环境的影响，测量时间更短，否则会引起雾滴，造成较大的误差（Steduto et al.，2002）。

（1）测定原理

配合红外气体分析仪使用的同化箱能够测量植物冠层的 CO_2 和水蒸气的通量，但一般同化箱主要存在以下缺点。

1）同化箱的使用在一定程度上影响了冠层的微气象条件，增加了温度和水蒸气压差，易造成测定结果的偏差。

2）未考虑土壤呼吸对测定结果的影响，影响了测定结果的准确性。

3）使用的材料透光率不够高，操作性和可靠性都较差。

4）不能自动测量，易造成大量时间和精力的浪费。

有制冷措施的群体光合作用测定系统的工作原理如图 2-2 所示，在测量开始后，同化箱内的气体经混合风扇混匀后，通过出气口进入 LI-8100 内部的红外气体分析仪（IRGA）中，测量 CO_2 和 H_2O 的浓度后再通过进气口返回到同化箱中，构成闭路系统（Gao et al.，2010）。

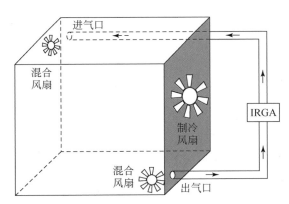

图 2-2　群体光合作用测定系统示意图

（2）土壤 CO_2 释放速率计算

根据质量守恒定律，可以得出以下方程（LI-COR，2004）：

$$v \frac{\partial \rho_c^c}{\partial t} = sf_c - c_c u \tag{2-39}$$

$$v \frac{\partial \rho_c^w}{\partial t} = sf_w - w_c u \tag{2-40}$$

式中，v 是 LI-8100 土壤 CO_2 和 H_2O 测定系统总体积；s 是测量室内土壤表面积；ρ_c^c 是测量

室内 CO_2 的密度；ρ^w 是测量室内水蒸气密度；f_c 是土壤中 CO_2 释放速率；f_w 是土壤中 H_2O 蒸发速率；c_c 是测量室内 CO_2 摩尔分数；w_c 是测量室内水蒸气摩尔分数；u 是空气流速；t 为时间。

根据式（2-39）和式（2-40），计算土壤 CO_2 释放速率公式为（LI-COR，2004）：

$$F_c = \frac{10VP_0\left(1-\dfrac{W_0}{1000}\right)}{RS(T_0+273.15)} \frac{\partial C'}{\partial t} \tag{2-41}$$

式中，F_c 是实际土壤 CO_2 释放速率（soil CO_2 efflux rate）[$\mu mol/(m^2 \cdot s)$]；V 是土壤测定系统总体积（cm^3），为 8100-103 测量室底部距地面高度所占体积与测量室体积（4823.9cm^3）之和，还包括测定系统泵和测量回路体积；S 是 103 测量室覆盖的土壤表面积（317.8cm^2）；P_0 是测量初始测量室内的大气压（kPa）；W_0 是测量初始测量室内的水蒸气摩尔分数（mmol/mol）；T_0 是测量初期测量室气温（℃）。这些参数在测量时由仪器自动记录并计算给出。R 是气体常数 [8.314J/(mol·K)]；$\partial C'/\partial t$ 是测量初始经过水分修正的干燥 CO_2 摩尔分数变化速率 [$\mu mol/(mol \cdot s)$]，由 LI-8100 附带的软件 FV8100 根据下式计算得出：

$$C'(t) = C'_x + (C'_0 - C'_x)\, e^{-a(t-t_0)} \tag{2-42}$$

式中，$C'(t)$ 是某一时间测量室内经过水分修正的瞬时干燥 CO_2 摩尔分数（$\mu mol/mol$）；C'_0 是测量室关闭时的干燥 CO_2 摩尔分数（$\mu mol/mol$）；C'_x 是渐近线（$\mu mol/mol$）；a 是拟合曲率（1/s）；t_0 为初始时间。

当 $t = t_0$ 时，

$$\frac{\partial C'}{\partial t} = a\,(C'_x - C'_0) \tag{2-43}$$

（3）群体光合速率计算

根据 LI-8100 测定原理和土壤 CO_2 释放速率计算公式，考虑同化箱测定和土壤测量室测定转换系数，群体光合速率计算公式为（苏培玺等，2013）：

$$CAP = -\frac{10V_A P_{A0}\left(1-\dfrac{W_{A0}}{1000}\right)}{RA(T_{A0}+273.15)}\left(\frac{\partial C'_A}{\partial t} - n\frac{\partial C'}{\partial t}\right) \tag{2-44}$$

由于 $\dfrac{W_{A0}}{1000}$ 很小，接近于 0，所以式（2-44）简写为

$$CAP = -\frac{10V_A P_{A0}}{RA(T_{A0}+273.15)}\left(\frac{\partial C'_A}{\partial t} - n\frac{\partial C'}{\partial t}\right) \tag{2-45}$$

当同化箱用支架支撑离开地面直接测定时 [见图 2-3（b）]，$\partial C'/\partial t = 0$，所以式（2-45）简化为

$$CAP = -\frac{10V_A P_{A0}}{RA(T_{A0}+273.15)}\frac{\partial C'_A}{\partial t} \tag{2-46}$$

式中，CAP（canopy apparent photosynthetic rate）是群体光合速率 [$\mu mol\ CO_2/(m^2 \cdot s)$]；$V_A$ 是群体光合作用测定系统的总体积（cm^3），为同化箱底部距地面高度所占体积与同化

箱体积（125 000cm³）之和，还包括测定系统泵和测量回路体积，这些参数在测量时由仪器自动记录；A 是同化箱内测定的总叶面积，即植物冠层的总叶面积（cm²）；P_{A0} 是测量初期同化箱内的大气压（kPa）；W_{A0} 是测量初期同化箱内的水蒸气摩尔分数（mmol/mol）；T_{A0} 是测量初期同化箱内的气温（℃）；这些参数在 LI-8100 测量时自动记录并计算给出。$\partial C'_A/\partial t$ 是测量初期同化箱内经过水分修正的干燥 CO_2 摩尔分数变化速率 [μmol/(mol·s)]；$\partial C'/\partial t$ 是测量初期土壤测量室内经过水分修正的干燥 CO_2 摩尔分数变化速率 [μmol/(mol·s)]；n 是转化系数，表示将 8100-103 测量室测得的土壤 $\partial C'/\partial t$ 转换为同化箱所覆盖的土壤面积和群体光合作用测定系统总体积内由土壤呼吸所引起的 CO_2 变化速率，计算公式如下（Gao et al.，2010）：

$$n = \frac{V \, S_A}{S \, V_A} \tag{2-47}$$

式中，S_A 是同化箱覆盖的土壤表面积（2500cm²）。

LI-8100 自动记录大气压 P_{A0} 和同化箱内的空气温度 T_{A0}。测量结束后，采集测量树冠光合器官（叶片或同化枝），用 LI-3100 叶面积仪（LI-COR，美国）测量出精确的叶面积 A，或用 2.4.2 的方法得出叶面积，$\partial C'_A/\partial t$ 和 $\partial C'/\partial t$ 由 LI-8100 附带的软件 FV8100 计算得到。

2.8.2 群体光合作用测定

群体光合作用测量系统由 LI-8100 土壤 CO_2 通量自动测量系统和改进同化箱组成（图 2-3）。LI-8100 是美国 LI-COR 公司生产的用于土壤碳通量测量的仪器，采用红外气体分析仪测量 CO_2 和 H_2O 的浓度。同化箱根据仪器测量原理和自动控制系统设计，采用透光率在 95% 以上的亚克力材料制作，长、宽、高均为 50cm；箱体内外的温度由两个温度传感器实时检测，箱体一侧的内壁上加装了制冷风扇，自动控制可使密封测量过程中的箱内温度与外界气温基本保持一致；箱体上下边缘均由密封条密封以保证气密性；上盖和箱体的内侧壁用一个小型气缸连接，气缸由小型压缩机驱动运行，以控制上盖的打开和关闭，测量间隔期上盖开放使箱内处于自然状态。同化箱由 LI-8100 控制，设置好测量参数后，仪器自动连续测量。

同化箱放置基座为特制的正方形不锈钢框，内部边长 49cm，外部边长 51cm，高 3cm。测量前 1 天，将同化箱基座埋置在待测植物处 [图 2-3（a）]，在基座外围与地面空隙处回填土壤并压实，保证基座与土壤接触部分的气密性。测量时将同化箱放置于基座上，与 LI-8100 连接构成闭路系统，回填剩余土壤使同化箱与基座结合处密闭。启动测量时，同化箱内的气体通过出气口进入 LI-8100 内部的红外气体分析仪中，测量 CO_2 和 H_2O 的浓度后，通过进气口返回到同化箱中，构成闭路系统。按昼夜测量记录，测定间隔 1h，测量时间为 4min，重复 3 次取平均值。

采用上述同化箱，能够有效地控制箱体内空气温度的升高，因此有效测量时间可达到 210s，减小了试验的偶然性，从而保证了数据的质量。

土壤测量室（8100-103）的体积小，无效测量时间为 30s；同化箱的体积大，气体混合均匀需要时间较长，无效测量时间为 120s。

(a) 矮小植株群体测定

(b) 高大植株群体测定

图 2-3　群体光合作用测量

测量较大的植物群体水平气体交换时如图 2-3（b），选择植物冠层阳面上部代表性区域，将同化箱用支架支撑至合适位置，使部分植冠自然置于同化箱内，底部使用聚酯薄膜等密封。支架为特制的铁制框架，顶部为测量基座，支撑同化箱，支架的腿由一大一小两根套管组成，在侧面每隔 20cm 钻一小孔，选择合适的孔插入铁栓即可调节高度。支架的脚部插入铁钎加固，以保证整套系统在风力较大的情况下仍能正常工作。在 8:00 ~ 18:00 进行观测，测定间隔 1h，每次测量时间为 4min，重复 3 次取平均值。不需测量土壤呼吸速率，群体光合速率按 2.8.1 中式（2-46）计算。

2.8.3　土壤呼吸测定

土壤呼吸是土壤中生命活动的表征，是一个受生物和非生物因素控制的非常复杂的过程，具有很大的时空变异性，对研究植物群体光合速率和估算生态系统碳平衡都是必不可少的。土壤呼吸是全球碳循环的重要组成部分，也是陆生植物固定的 CO_2 返回大气的主要途径，大气中近 10% 的碳由土壤产生，其微小变化就可能对全球碳平衡产生重要影响。

使用 LI-8100 土壤 CO_2 通量自动测量系统（LI-COR，USA），以及与其配置的 20cm 便携测量室（8100-103）进行测定（图 2-4）。在植冠投影下选择土壤表面均匀一致的位置，代表植物下土壤呼吸。在测定前 1 天将测量室专用土壤环嵌入土壤中，上沿高出地面 2 ~ 3cm。土壤环是直径 20cm、高 11.4cm 的聚氯乙烯（PVC）管，嵌入土壤的过程中使土壤环保持竖直，尽量减少对土壤结皮和土壤结构的扰动。经过一昼夜的平衡后，土壤呼吸速率会恢复到放置土壤环之前的水平。测定日设置好测量时间、间隔时间等参数，开始对土壤 CO_2 释放进行自动连续测量。按昼夜测量记录，间隔 1h，测量时间为 2min，重复 3 次取平均值。20cm 深处土壤温度用 8100-201 土温探头，土壤水分用 Decagon 公司的 ECH_2O 土壤水分探头，二者均连接于 LI-8100，测定时自动记录。远离植物，测定无植物覆盖的土壤 CO_2 释放速率，代表裸地土壤呼吸。

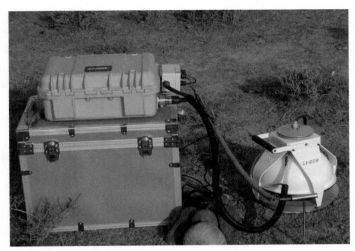

图 2-4　土壤呼吸作用测量

2.9　叶绿素荧光测定

叶绿素荧光技术在分析叶片光合作用过程方面具有独特作用，与气体交换参数相比，叶绿素荧光参数能够反映内在光系统对光能的吸收、传递、耗散、分配等特点（Waldhoff et al.，2002）。活体叶绿素荧光是光合作用研究的有效探针。

2.9.1　光反应和暗反应

叶绿体是植物进行光合作用的主要细胞器。光反应是指叶绿体吸收光能，将光能转化为活跃的化学能，贮存在三磷酸腺苷（ATP）和还原型烟酰胺腺嘌呤二核苷酸磷酸（也叫还原型辅酶 II，NADPH）两种化合物中。光反应中发生 H_2O 的光解、O_2 的释放、ATP 和 NADPH 的生成。光反应发生在叶绿体的类囊体膜，即光合膜上进行，需要光。

暗反应是指叶绿体利用 ATP、NADPH 固定 CO_2，生成一系列碳水化合物，将活跃的化学能转化为稳定的化学能贮存其中。暗反应发生在叶绿体基质中，不需要光。

2.9.2　叶绿素荧光测定

叶绿素主要有叶绿素 a 和叶绿素 b 两种。当叶绿素分子吸收光量子后，就由最稳定的、最低能量的基态（常态）上升到一个不稳定的、高能状态的激发态。由于激发态极不稳定，停留时间一般不超过几纳秒（10^{-9} s），迅速向较低能状态转变，能量有的以热形式消耗，有的以光形式消耗。从第一单线态回到基态所发射的光称为叶绿素荧光。

脉冲–振幅–调制（pulse-amplitude modulation，PAM）叶绿素荧光仪简称调制荧光仪，是利用调制技术与饱和脉冲法来检测植物活体叶绿素荧光的仪器。利用德国 WALZ 公司生产的 PAM-2100 便携式调制叶绿素荧光仪（PAM-2100，Walz GmbH，Effeltrich，Germany）（图 2-5），或者英国 Hansatech 公司生产的 FMS-2 荧光仪（FMS-2，Hansateck Company，Cambridge，UK）测定。PAM-2100 荧光仪中作为光化光源的红色发光二极管（LED）会发出波峰为 650nm 的红光，远红光源是一个波峰为 730nm 的 LED，该波长的光几乎全部用于激发光系统 I（PS I），可以引起光系统 II（PS II）受体侧的再氧化。

图 2-5　叶绿素荧光参数测量

在自然条件下，活体叶片经暗适应 25～30min（Seppänen and Colemman，2003；Su et al.，2007），用弱测量光测定得到初始荧光（F_o），然后给一个饱和脉冲光 [6000μmol/（m²·s）] 测得最大荧光（F_m），从而得到 PS II 最大光化学效率（F_v/F_m）和潜在活性（F_v/F_o）。

样品经充分暗适应后，所有的 PS II 反应中心处于开放态，此时得到的荧光称为最小荧光，即 F_o。当 PS II 所有反应中心都处于关闭态时，得到的荧光称为 F_m。在 PAM-2100 按 "F_m" 键打开饱和脉冲，可以使所有反应中心都关闭，从而得到 F_m。

光适应测定得到光下最小荧光（F_o'）、光下最大荧光（F_m'）、光下稳态荧光（F_s）、PS II 实际光化学效率（Yield）、相对光合电子传递速率（ETR）、光化学荧光猝灭系数（qP）和非光化学荧光猝灭系数（qN）。气体交换测定时，在相同植株上测定叶绿素荧光参数。打开光化光待荧光稳定后测得 F_s，再打开饱和脉冲测得光适应下 F_m'。关闭光化光，打开远红光，测量光适应下 F_o'。F_o' 对估计光合作用中能量耗散的调节情况是很重要的。要正确计算 qP 和 qN，就要求 F_o' 模式下的远红光足够引起 PS II 受体侧的再氧化。为此，就必须激活 PS I 的受体侧，而暗适应的样品是无法激活的。因此只有诱导光合作用进行（照光约 2min）后 F_o' 模式才起作用。同一片叶子先测暗适应，再测 F_o' 和光适应。

F_m' 是光适应状态下打开饱和脉冲时得到的最大荧光，F_m' 小于 F_m。得到 F_m' 或 F_m 时 PS II

反应中心的光化学能量转换是零。最大荧光的猝灭就被定义为非光化学猝灭，用 qN 或 NPQ 表示。

快速叶绿素荧光动力学曲线就是指植物叶片暴露在光下的最低荧光（O 点）到最高峰值（P 点）荧光的变化过程，其时间在 2s 以内。

荧光成像技术的发展大大加深了人们对光合作用的理解，并且可以呈现活体植物光合生理的异质性。

2.9.3 叶绿素荧光参数含义及计算

植物叶片吸收的光能可分为三部分，一是天线热耗散的能量（D），二是用于光化学反应的能量（P），三是反应中心非光化学反应耗散的能量（E）（Depuydt et al., 2009）。

最常用来反映植物遭受环境胁迫程度的生理指标有叶绿素荧光的变化、气体交换参数和可溶性糖含量等（Osório and Pereira, 1994）。叶绿素荧光技术可直接反映植物光系统的光能吸收利用、传递效率和耗散状况。光合作用过程的各个步骤密切偶联，任何一步的变化都会影响到 PS II，从而引起荧光变化。叶绿素荧光检测几乎可以探测所有光合作用过程的变化，因而被视为植物光合作用与环境关系的内在探针，可以灵敏快速地了解植物光合作用对外界环境因子的响应（Schreiber et al., 1994；Maxwell and Johnson, 2000），与"表观性"的气体交换指标相比，叶绿素荧光参数更具有反映"内在性"的特点。

荒漠植物叶片细小、肉质、球形及枝条短缩等，气体交换测定难度大，叶室密封要求高；叶绿素荧光测定接触面小，叶片形状和大小的影响小，与气体交换测定相比，叶绿素荧光检测更方便于荒漠植物研究，二者结合能够很好地揭示其光合作用机理。

叶绿素荧光变量或常数值如下所示。

1）初始荧光（F_o）：理论上指反应中心恰未能发生光化学反应时的叶绿素荧光，是 PS II 反应中心完全开放时的荧光，与叶绿素浓度有关，反映通过 PS II 的电子传递情况。强光下 F_o 升高则表明了对光合机构，特别是 PS II 反应中心有一定的破坏；F_o 降低表明天线的热耗散增加。在干旱胁迫下 F_o 增加可能是植物叶片 PS II 反应中心出现可逆的失活或出现不易逆转的破坏，也可能是植物叶片类囊体膜受到损伤。F_o 增加量越多，说明类囊体膜受损程度越严重。

2）最大荧光（F_m）：理论上指反应中心光化学反应达到饱和时的叶绿素荧光，是 PS II 反应中心处于完全关闭时的荧光，即指非光化学猝灭最小（qN=0）状态下（通常指暗适应状态）的荧光。强光下 F_m 降低是光抑制的一个特征。

3）暗适应下可变荧光（F_v）：

$$F_v = F_m - F_o \tag{2-48}$$

4）PS II 潜在光化学活性（F_v/F_o）：暗适应下测得的叶片荧光诱导动力学参数 F_v/F_o，代表 PS II 的潜在光化学活性。

5）PS II 最大光化学效率（F_v/F_m）：有时简称 PS II 光化学效率，也叫 PS II 原初光能转化效率，PS II 最大光能转换效率，PS II 最大量子产量，反映了暗适应下植物叶绿体 PS II

质体醌库的最大容量（capacity of the plastiquinone pool）。由于 F_v/F_m 是比值，因此不受样品与光纤间的距离、叶绿素浓度和样品大小等的影响。F_v/F_m 对植物的光抑制现象（详见4.4.7）具有重要的指示意义，F_v/F_m 的降低说明植物的 PS Ⅱ 原初光能转换效率以及潜在活性降低，进而影响光合电子传递的正常进行。健康无胁迫植物叶片的 F_v/F_m 一般为0.8 ~ 0.9。

6）PS Ⅱ 实际光化学效率 [Yield，Y 或 Y（Ⅱ）]：也叫实际量子产量，反映 PS Ⅱ 反应中心在有部分关闭情况下的实际原初光能捕获效率。Yield 小，说明用于光化学反应的激发能少。

7）实际荧光产量（F_t）：光下任意时间实际荧光产量。

8）光下最大荧光（F_m'）：光下任意时间最大荧光产量。

9）光适应下可变荧光（F_v'）：

$$F_v' = F_m' - F_o' \tag{2-49}$$

10）光适应下 PS Ⅱ 最大光化学效率（F_v'/F_m' 或 ØPS Ⅱ）：也叫 PS Ⅱ 实际光能转换效率，反映 PS Ⅱ 反应中心在有部分关闭情况下的实际原初光能捕获效率，是在叶片没有经过暗适应而在光下直接测到的，是 PS Ⅱ 反应中心光化学效率的表征。植物正常情况下的 F_v'/F_m' 一般维持在 0.80 左右，F_v'/F_m' 降低，说明 PS Ⅱ 反应中心受到影响。

11）光化学荧光猝灭系数（qP）：由光合作用引起的荧光猝灭，反映光适应状态下 PS Ⅱ 进行光化学反应的能力；是 PS Ⅱ 天线色素分子吸收光能后，用于光化学电子传递的份额，也就是被开放的 PS Ⅱ 中心捕获并转化为化学能的那部分能量；同时 qP 也反映 PS Ⅱ 初级电子受体（Q_A）氧化还原状态的变化。要保持高的光化学猝灭，就要使 PS Ⅱ 反应中心处于开放状态。

12）非光化学荧光猝灭系数（qN 或 NPQ）：PS Ⅱ 天线色素吸收的光能不能用于光合电子传递而以热的形式耗散的光能，反映了由于内囊体膜内基质酸化而引起的内囊体膜能化的能量耗散，反映植物的光保护能力（Gilmore，1997；Maxwell and Johnson，2000）。qN 常与跨膜质子梯度的变化及热耗散有关（Horton et al.，1996），qN 升高表明非光化学能量耗散的加强，暗示植物已启动了光保护反应以避免过量光伤害（Demmig-Adams et al.，1996）。

光化学荧光猝灭可以被一种短饱和脉冲光暂时完全抑制，剩余的荧光猝灭就是非光化学猝灭。qN 的增大和 qP 的降低证明胁迫使叶绿体吸收的光能用于有效的光化学转换的比例减少，而用于非光化学反应的耗散能量的比例增大。

qP 和 qN 的变化范围为 0 ~ 1，它们的在线计算需要预先测量 F_o 和 F_m，随后在每次打开饱和脉冲时都会自动计算 qP 和 qN。在 F_o' 模式下，qP 和 qN 的计算是根据 F_o' 而不是 F_o。

NPQ 一般不会超过 10，在 PAM-2100 荧光仪按 shift+com 键调出菜单选择 qN/NPQ。采用 NPQ 时注重于由天线系统中的热耗散引起的非光化学荧光猝灭，因此 NPQ 是"过量光能"的有效探针，而且 NPQ 的测定不需要测量 F_o'。另外，NPQ 对与 qN 值为 0 ~ 0.5 时偶联的非光化学荧光猝灭不敏感，这部分 qN 与类囊体膜的能态化密切相关。类囊体膜能态化是一种重要的光合作用调节机制。

13）光合电子传递速率（ETR）（Van Kooten and Snel，1990）：

$$ETR = Yield \times PAR \times 0.5 \times 0.84 \qquad (2-50)$$

式中，ETR 的单位是 μmol 电子/$(m^2 \cdot s)$；Yield 为 PS II 实际光化学效率；PAR 为光合有效辐射 $[\mu mol$ 电子/$(m^2 \cdot s)]$。

2.10　植物光能利用效率计算

光能利用效率（light use efficiency，LUE）是植物利用太阳能同化 CO_2 的效能，是提高生态系统生产力的关键。叶片水平 LUE 的研究主要采用光量子效率法，用单位光量子的 CO_2 净同化量来表示。群体水平 LUE 主要采用箱式法测定，定义为群体光合速率与光合有效辐射的比率（Garbulsky et al.，2011）。生态系统水平 LUE 采用涡度相关法测定，指植被所吸收的碳与入射的光合有效辐射之比（Yuan et al.，2014）。

2.10.1　叶片光能利用效率

叶片水平光能利用效率（LUE_l，mol CO_2/mol 电子）的计算公式如下：

$$LUE_l = P_n / PPFD \qquad (2-51)$$

式中，P_n 为净光合速率 $[\mu mol \ CO_2/(m^2 \cdot s)]$；PPFD 为光合光量子通量密度 $[\mu mol$ 电子/$(m^2 \cdot s)]$；或用 PAR，光合有效辐射 $[\mu mol$ 电子/$(m^2 \cdot s)]$。

采用 LI-6400 便携式光合作用测定系统自带的红蓝光源（LI-6400-02）和 CO_2 注入装置测定得到植物的光响应曲线（详见 2.7.2），通过光响应机理模型构建的光能利用效率模型可得到植物叶片的最大光能利用效率（LUE_{Lmax}）和与之对应的饱和光强（I_{sat}）（Ye et al.，2013），计算公式如下：

$$LUE_{Lmax} = \alpha \frac{1 - \beta I_{sat}}{1 + \gamma I_{sat}} - \frac{R_d}{I_{sat}} \qquad (2-52)$$

式中，α 是光响应曲线的初始斜率；β 和 γ 分别为抑制系数和饱和系数；R_d 为暗呼吸速率。

2.10.2　群体光能利用效率

利用 LI-8100 土壤碳通量自动测定系统和北京力高泰科技有限公司设计制作的同化箱组成的自动测量系统测定，计算群体光合速率，详见 2.8.1 和 2.8.2。

群体水平光能利用效率（LUE_c，mol CO_2/mol 电子）的计算公式如下：

$$LUE_c = CAP / PAR \qquad (2-53)$$

式中，CAP 为植物群体净光合速率 $[\mu mol \ CO_2/(m^2 \cdot s)]$；PAR 为光合有效辐射 $[\mu mol$ 电子/$(m^2 \cdot s)]$。

2.10.3　生态系统光能利用效率

涡度相关法测定计算生态系统光能利用效率的公式如下：

$$LUE_e = \frac{NEE}{PAR} \tag{2-54}$$

$$或\ LUE_e = \frac{GPP}{PAR} \tag{2-55}$$

式中，LUE_e 为生态系统光能利用效率（mol CO_2/mol 电子）；NEE 为净生态系统 CO_2 交换量 [μmol CO_2/（m^2·s）]；GPP 为总初级生产力 [μmol CO_2/（m^2·s）]；PAR 同式（2-53）。

$$GPP = NEE + R_{eco} \tag{2-56}$$

式中，R_{eco} 为生态系统呼吸速率 [μmol CO_2/（m^2·s）]。

2.11　植物水分利用效率测定

2.11.1　叶片水分利用效率

叶片水分利用效率（WUE）目前大多采用红外气体分析仪测定计算。叶片水平的 WUE 指水分的生理利用效率或蒸腾效率，是植物消耗水分形成干物质的基本效率，在个体、种群、群落和生态系统等不同尺度水分利用效率中处基础地位。叶片水平水分利用效率有瞬时水分利用效率（WUEt）、内在水分利用效率（WUEg）或内禀水分利用效率、综合水分利用效率（WUEi）（Field and Mooney，1983；Poni et al.，2009）和长期水分利用效率（WUE₁）（Sun et al.，1996）之分。

WUEt 是叶片同化的 CO_2 量与蒸腾量之比，即叶片净光合速率（P_n）与蒸腾速率（T_r）的比值。WUEt 不易与植物的最终生产力和水分利用效率联系起来，通常用来说明植物的性能和对环境因子的反应。

WUEg 是植物叶片净光合速率与气孔导度（g_s）的比值，由于 WUEg 对瞬时环境条件的变化依赖较小，因此与植物生理特性的联系更为紧密，反映了叶片碳吸收和水分耗散的内在调控情况。当 g_s 成为植物叶片气体交换的主导限制因子时，用 WUEg 来描述植物光合作用过程的水分利用状况较为适宜（Penuelas et al.，1998）。如果 T_r 与 g_s 呈极显著正相关，导致叶片 WUEt 与 WUEg 也呈极显著正相关，这样以叶片 WUEt 和 WUEg 表示植物的水分利用状况就差别不大。Osmond 等（1980）认为，环境水蒸气压变化对蒸腾速率有较大影响而对光合速率的影响较小，用光合速率和蒸腾速率之比计算的单叶水分利用效率在各种植物之间进行比较时有一定缺陷。用光合速率和 g_s 计算的 WUEg 对各种植物进行比较，发现在干旱引起气孔关闭时高的内在水分利用效率特别重要。叶片水平水分利用效率的研究可以揭示植物内在的需水机制。

WUEi 是整株植物净总固碳量与总耗水量的比值，WUEi 的计算公式为（Farquhar et al.，1989a）：

$$WUEi = \frac{A(1-\Phi_c)}{E(1+\Phi_w)} \tag{2-57}$$

式中，A 为光合作用的净碳同化量；Φ_c 为非光合组织和夜间呼吸消耗的固碳量占净碳同化量的比率；E 为蒸腾作用耗水量；Φ_w 为非光合组织或夜间气孔张开所散失的水分占蒸腾耗水量的比率。

当 Φ_c 不包括非光合组织和夜间呼吸消耗的固碳量，即 $\Phi_c=0$；Φ_w 不包括非光合组织或夜间气孔张开所散失的水分，即 $\Phi_w=0$ 时，表示的是整株植物叶片光合作用期间的综合水分利用效率，即单株冠层叶片群体的水分利用效率。相应地扩展就表示种群和群落的群体水分利用效率。当 Φ_c 包括土壤呼吸释放的碳量，Φ_w 包括土壤蒸发量时，可用以表示生态系统水平的水分利用效率。

WUE_l 用稳定碳同位素比率 $\delta^{13}C$ 值评价，$\delta^{13}C$ 值越大，植物长期水分利用效率越高，可以和其他方法测定结果比较，进行定量评价。

用稳定碳同位素法可以很好地认识植物短期和长期水分利用效率。植物叶片的 $\delta^{13}C$ 值能够很好地反映与其光合、蒸腾强度相关联的水分利用效率。植物叶片 $\delta^{13}C$ 是植物生长期的一个综合值，可以用来间接指示植物的长期水分利用效率（Farquhar et al.，1989a）。测量时仅需要小部分叶片干物质样，并且测量精确，可以在植物生长的任何阶段进行采样测定。$\delta^{13}C$ 值不仅可以很好地反映植物的水分利用状况，而且可以综合反映植物的生理特征，是目前植物叶片长期 WUE 研究的最佳方法。但是，由于其测定所需设备昂贵，样品的制作和分析成本费用较高，因此限制了其广泛使用。

近年来，许多研究者都试图寻求碳同位素比率的替代指标用于研究植物叶片水分利用效率，主要的替代指标包括：灰分含量，钾（K）、硅（Si）、氮（N）浓度和比叶重等。在 C_3 植物中，植物叶片的矿物质或灰分含量越高，蒸腾效率或稳定碳同位素比率越低，$\delta^{13}C$ 与 K 和 Si 浓度均呈负相关关系（Masle et al.，1992；Merah et al.，2001）。但是利用单一矿物质，如 K 和 Si 作为 $\delta^{13}C$ 的替代指标来评价时，与总矿物质或者灰分含量相比，它们显示较低的相关性。植物叶片 $\delta^{13}C$ 和 N 浓度间有正相关关系（Sparks and Ehleringer，1997），这主要是由于在高 N 浓度下，光合能力较强，造成 C_i/C_a 值下降，从而导致 $\delta^{13}C$ 值的增大；但 Tsialtas 等（2001）发现，$\delta^{13}C$ 与叶片 N 浓度呈负相关，且每年随着季节变化也显著不同。比叶重与叶片厚度、水分利用效率以及 $\delta^{13}C$ 值均呈正相关关系。高寒植物研究表明，比叶体积越大，植物抗逆性越强（Su et al.，2018）。水分利用效率与植物功能性状之间的关系具有复杂性，替代 $\delta^{13}C$ 的指标还需要进一步探索。

2.11.2 群体水分利用效率

群体水分利用效率有不同的测定和计算方法。用同化箱法测定计算的冠层水分利用效率（WUEc）为，WUEc=冠层净光合速率（P_n）/蒸散发（ET），单位为 μmol CO_2/g H_2O（Singh et al.，1987）；更准确应为，WUEc=冠层净 CO_2 同化速率/冠层蒸腾速率，单位为 mmol CO_2/mol H_2O（Poni et al.，2009）。

用收获法测定计算的群体水分利用效率（WUEb）为，WUEb=干物质量/蒸散量，单位为 g/kg H_2O（Cooper et al.，1987）；或者，WUEb=积累的干物质量/同季节用水量；或者，WUEb=总植物干物质重/同期总用水量；更准确的表达式为，植物生长季水分利用效率=植物积累的干重/整个生长季除去土壤蒸发的每日失水量总和。

田间直接测定法通过测定植物生物量与蒸腾所消耗的水分之比作为整个植物的水分利用效率，田间测定时难以将蒸腾和蒸发分开，因而多在盆栽条件下进行。田间测定需要大量细致烦琐的工作，花费也很昂贵，此方法多用于农作物和树木优良品种、变种的选择，适用于控制实验。但是从理论上来说，它是测定水分有效性对干物质生产影响最准确的方法。

通常通过布置与所需测量种群或群落样地相同种类及生长势植物的蒸渗仪（lysimeter），来计算群落蒸散发，由收获法来获得地上生物量，从而得到种群或群落水平水分利用效率。此方法根据水量平衡法计算蒸散量：

$$ET = \sum_{i=1}^{n} (LW_i - LW_{i+1} + W_{si} + P_i + S_{si}) \tag{2-58}$$

式中，ET 是蒸散量；LW_i 是第 i 次蒸渗仪称重；LW_{i+1} 是第（$i+1$）次蒸渗仪称重；W_{si} 是其间施水量（water supply）；P_i 是其间降水量；S_{si} 是其间积沙量（sediment sand）；单位均为 kg，精确到小数点后 3 位。最后根据蒸渗仪表面积折算 ET 单位为 mm。

S_{si} 是其间积沙量，在沙区利用蒸渗仪观测计算蒸散量时必须考虑，但在其他区域可以不考虑，即 $S_{si}=0$（Su et al.，2016）。

自制小型蒸渗仪，植入种群或群落样地相应位置原状土体，定期更换土壤，保持蒸渗仪中土壤与自然土壤的一致性，用感量 0.1g 的电子天平定时称重，降雨后加测，计算土壤蒸发量。这样可以将种群或者群落的蒸腾量和蒸发量分开。

2.11.3　生态系统水分利用效率

生态系统生产力测定用传统的生物量调查方法，即通过测定植物群落中所有植物的地上、地下生物量在一定时间间隔的增长量，估算生态系统的净初级生产力。年生物量的测定采用收获法（详见 2.12.4），每年在生长末期至霜降前进行。草本植物将地上部分割下，灌木、半灌木摘其叶子及当年生嫩枝进行称重，然后在 80℃烘干至恒重称得干重。

生物量调查及收获法的破坏性较大，费工费时，涡度相关法避免了这一缺点。涡度相关测量系统由 LI-7500 红外气体分析仪和 HS-50 超声风速仪组成，安装于植冠层上方 2m 处，可获取风速、温度、CO_2 和 H_2O 密度的变化值，通过 CO_2 和 H_2O 通量计算生态系统水分利用效率，公式如下：

$$WUE_e = \frac{NEE}{ET} \tag{2-59}$$

$$或 WUE_e = \frac{GPP}{ET} \qquad\qquad (2-60)$$

式中，WUE_e 为生态系统水分利用效率（mmol CO_2/mol H_2O）；NEE 和 GPP 同式（2-54）、式（2-55）和式（2-56）；ET 为蒸散量 $[mmol\ H_2O/(m^2 \cdot s)]$。

2.12　植物群落调查和生物量测定

2.12.1　植物生活型和生活型谱

（1）生活型

植物生活型（life form）是植物对综合环境条件的长期适应，在外貌上反映出来的植物类型。生活型的形成是不同植物对相同环境条件趋同适应的结果。

生长型（growth form）是指植物对一定生活环境适应的一种表现形式。生长型有时和生活型通用，按植物体态划分的生活型一般叫生长型。

植物生活型分类目前运用最为广泛的是丹麦植物学家 Raunkiaer 创立的分类系统，以温度和湿度作为揭示生活型的基本因素，以植物度过严寒时期对恶劣环境的适应方式作为分类的基础，具体就是以休眠芽或复苏芽所处的位置高低以及保护的方式为依据，把高等植物分为高位芽植物（phanerophytes）、地上芽植物（chamaephytes）、地面芽植物（hemicryptophytes）、地下芽植物（geophytes）和一年生植物（therophytes）五大生活型类群。高位芽植物的更新芽位于距地表 25cm 以上，如乔木、灌木和一些生长在热带潮湿气候条件下的草本等；地上芽植物的更新芽高度在 25cm 以下，多为小灌木、半灌木（茎仅下部木质化）或草本，高寒区垫状植物属于地上芽植物；地面芽植物在生长不利季节，地上部分全部死亡，更新芽位于地面，被土壤或残落物保护，高寒区丛生、半莲座状、莲座状植物属于地面芽植物；地下芽植物的更新芽埋在地表以下或位于水体中，包括根茎（如芦苇、白茅）、鳞茎（如洋葱、百合）、块茎（如阳芋、菊芋）、块根（如蓖麻、何首乌）地下芽植物，沼泽植物和水生植物属于地下芽植物；一年生植物在不良季节，地上、地下器官全部死亡，以种子形式适应不良环境（图 2-6）。

植物生活型按植物体态分为以下 6 类，也叫生长型。

1）草本：包括多年生草本植物和一年生草本植物。多年生草本植物又可分为：丛生草、根茎草和杂类草等；也可分为：禾草类（grass）、莎草类（sedge）、杂草类（forb）和水草类（aquatic）等。

2）半灌木：半木本植物，具有木质茎干。

3）小灌木：木本植物，高<1m，包括匍匐和直立小灌木。

4）灌木：无明显主干，高≥1m，包括匍匐和直立灌木。

5）小乔木：具有明显主干，高<5m。

6）乔木：具有明显主干，高≥5m。

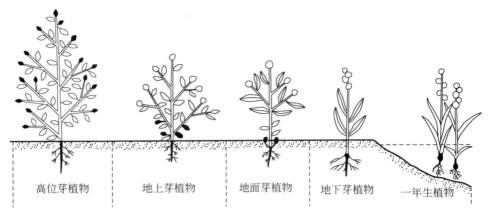

高位芽植物　　地上芽植物　　地面芽植物　　地下芽植物　　一年生植物

图 2-6　Raunkiaer 生活型图解

（2）生活型谱

某一地区或某一植物群落内各类生活型的数量对比关系，称为生活型谱。通过生活型谱，可以分析一定地区或某一植物群落中植物与生境，特别是与气候的关系。

制定生活型谱的方法，首先要弄清整个地区（或群落）的全部植物种类，列出植物名录，确定每种植物的生活型，然后把同一生活型的种类归到一起，计算如下：

某一生活型的百分率＝（该地区该生活型的植物种数/该地区全部植物的种数）×100%

从不同地区或不同群落生活型谱的比较，可以看出各个地区或群落的环境特点，特别是对于植物有重要作用的气候特点。一般情况下，温热多湿地区，高位芽植物占优势；具较长严寒季节的地区，地面芽植物占优势；而地下芽植物占优势的地区，环境比较冷湿；一年生植物占优势的地区气候较为干旱。

2.12.2　植物生态型和生态类型

植物生态型（ecotype）是指同种植物的不同个体由于生长在不同环境条件下，长期经受综合生态条件的影响，在生态适应过程中，发生了不同个体群之间的变异和分化，并且这些变异在遗传上被固定下来，分化成不同的个体群类型，这种不同的个体群称为生态型，是同种植物对不同环境趋异适应的结果，是种内分化定型过程形成的产物。生态型的形成可以由于地理因素、生物因素或人为的引种驯化所引起，生态型分化与地理分布幅度呈正相关，生态分布区域越广的种类，产生的生态型越多；而具有很多生态型的种，则能更好地适应广泛的环境变异，反之亦然。

根据形成生态型的主导因子类型的不同，可以把生态型划分为气候生态型（climate ecotype）、土壤生态型（edaphic ecotype）和生物生态型（biotic ecotype）。气候生态型是指长期受气候因子影响所形成的生态型。不同的气候生态型在形态、生理、生化特性上有差异，如对光周期、温周期和低温春化等都有不同反应。分布在南方的生态型一般表现为短日照类型，北方的生态型则表现为长日照类型。海洋性生态型要求较小的昼夜温差，大陆性生态型则要求较大的昼夜温差。南方的生态型种子发芽对低温春化没有明显要求，北方的生态型如不经低温春化，就不能打破休眠。在生化方面，如乙醇酸氧化酶的活性随气候类型，特别是温度而有所差异，大陆性生态型的酶活性随气温增加而加强的程度比海洋性生态型明显。这些反应都明显地与其所在地区的气候特点相关。

土壤生态型是指长期在不同土壤条件作用下分化而形成的生态型。头状吉利草（*Gilia capitata*）可分化出耐蛇纹岩和不耐蛇纹岩两个土壤生态型；羊茅（*Festuca ovina*）具有广布而不耐铅类型、中度耐铅类型和高度耐铅类型等。

生物生态型是指在生物因子作用下形成的生态型。有的生物生态型是由于缺乏虫媒授粉昆虫，限制了种内基因的交换，从而导致植物种内分化为不同的生物生态类型。有的植物长期生活在不同植物群落中，由于植物竞争关系不同，也可分化为不同的生态型。例如稗（*Echinochloa crusgalli*），生长在稻田中的与生长在其他地方的形成不同的变种，则是不同的生物生态型。前者秆直立，常与水稻同高，差不多同熟；后者秆较矮，花期也迟早不同。水稻在长期自然选择和人工培育下，形成许多适应于不同地区、不同季节、不同土壤的品种生态型，这种品种生态型实际上是人为因素影响下形成的生态型。人为因素对植物的影响最大，作物或果树的许多品种都是在人为因素影响下所形成的不同的生态型。

一种植物对一定地区的环境条件具有相应的遗传适应性和生态适应性，具有相似适应性的植物种类群称为植物生态类型。根据植物对水分的不同需求和适应性划分的生态类型称为水分生态类型。将植物水分生态类型划分为 6 类：旱生植物（xerophytes）、旱中生植物（xeromesophytes）、中生植物（mesophytes）、湿中生植物（hygromesophytes）、湿生植物（hygrophytes）和水生植物（hydrophytes）。

2.12.3　荒漠生境分类

生境（habitat）又称栖息地，指生物的个体、种群或群落生活地域的环境，包括必需的生存条件和其他对生物起作用的生态因素。

荒漠地区生境分为以下 7 类。

1）湿润草地、河流和湖泊浅滩以及绿洲等。

2）干燥草地。

3）沙漠或沙漠化土地。

4）戈壁。

5）龟裂土及轻度盐漠化土地。

6）岩石山地。

7）盐沼地。

在一定生境下，植物在群落中的成员类型分为优势种（dominant species）、建群种（constructive species）、常见种（common species）、偶见种（occasional species）和稀有种（rare species）等。

在群落中盖度和密度最大，地位最为重要，作用最大的种类就是群落的优势种。优势种对群落结构和群落环境的形成具有明显的控制作用。亚优势种（subdominant species）是指在群落中地位和作用仅次于优势种，优势度较高的种类。群落的不同层次有各自不同的优势种，优势层中的优势种，称为建群种，在建造群落和改造环境方面作用最突出，决定着整个群落的基本性质。常见种是指在群落中出现频率较高的种类，但其数量不一定有优势。偶见种是在群落中出现频率很低的种类，可能是由于环境的改变偶然侵入的种类，或者是群落中衰退的残遗种类。稀有种指在群落中零星分布，很容易陷入濒危或绝灭的种类。在植物群落调查中偶见种和稀有种常混在一起。

不同生境植物种的个体数量用多度表示，分五级：Ⅰ. 极多，植物地上部分郁闭；Ⅱ. 多；Ⅲ. 数量不多而分散；Ⅳ. 数量很少而稀疏；Ⅴ. 个别或单株。

我国分布有八大沙漠和四大沙地，分别是塔克拉玛干沙漠、古尔班通古特沙漠、库姆塔格沙漠、柴达木盆地沙漠、巴丹吉林沙漠、腾格里沙漠、乌兰布和沙漠、库布齐沙漠、毛乌素沙地、浑善达克沙地、科尔沁沙地和呼伦贝尔沙地。划分为八大荒漠区，分别是：Ⅰ. 塔里木盆地荒漠区，Ⅱ. 准噶尔盆地荒漠区，Ⅲ. 新疆东部荒漠区，Ⅳ. 柴达木盆地荒漠区，Ⅴ. 河西走廊荒漠区，Ⅵ. 阿拉善高原荒漠区，Ⅶ. 鄂尔多斯高原荒漠区，Ⅷ. 东北西部及内蒙古东部荒漠区（朱震达等，1980）。

2.12.4　生物量测定

生物量（biomass）是指某一时刻单位面积内实际生活的有机物质总量，广义生物量包括生活生物量和枯死生物量，可以是鲜重或干重，通常用干重表示，单位为 kg/m² 或 t/hm²。生物产量（biological yield）是指单位面积上所生产的全部有机物质的总量，一般指一年或者一个生长季，相对于经济产量（economic yield）而言。经济产量是指生物产量中有经济价值的那一部分总量，亦即按栽培目的收获的主产品的干物质总量。较高的生物产量变成较高的经济产量，存在同化物的运输分配问题。

（1）根系分级

根系分级按直径（d）大小划分，多数研究简单地把根系分为细根（$d<2mm$）和粗根（$d \geqslant 2mm$）两类（Pregitzer et al., 1997；2002）。细根主要起吸收水分、养分的功能，粗根主要起运输水分、养分的功能。细根约占全球陆地净初级生产力的30%，其重要性常与植物的叶相比拟。

也有学者通过对根系呼吸作用的测定认为，直径5mm以下根系的呼吸明显高于5mm以上根系，提出用5mm直径作为细根和粗根的区分标准，比用2mm作为区分标准更为合理。

通常把根系分为直径 $d<2mm$ 的细根、$2mm \leqslant d<5mm$ 的粗根、$5mm \leqslant d<10mm$ 的壮根和 $d \geqslant 10mm$ 的大根四个等级。

可以采用挖掘法和根钻法进行地下生物量测定，根钻法在细根生物量的测定中常用。利用根钻（$d=8cm$）采集地下生物量，每10cm为一层，取样深度视根系分布情况而定，一般为50～60cm，同层样品混合在一起。然后将土样置于纱网中用水冲洗，获取根系。

在植物生长末期，在样带各样地内选取有代表性的荒漠植物个体，测定记录它们的基径、株高、幅度（长冠幅和短冠幅）等，地上部分生物量采用收获法，地下部分生物量采用全根法，记录根幅、根深，称量地上生物量和地下生物量鲜重，并分别采集样品，带回实验室，在 80℃烘干 8h，分别计算它们的干鲜比，然后计算各植株的地上生物量和地下生物量干重。

（2）植物混生群落根系生物量的比例计算

种间竞争对生物量分配的影响，可以简单地用地下与地上生物量之比（root to shoot ratio，R/S 或者 root to top ratio，R/T），也叫根冠比来判断，植物混生 R/S 值低于单生，说明地下生长受到影响；如果 R/S 值接近，说明受到的种间竞争影响较小。

混生群落的根系，有的可以根据颜色进行视觉鉴定分开，有的则不能，就得用同位素信息进行分开，混生群落根的碳同位素比率可用于计算属于何种生物量的百分比（%），如 C_3 植物的百分比用下列公式计算（Saunders et al.，2006）：

$$C_3（\%）=（\delta^{13}C_{样品}-\delta^{13}C_{C_4}）/（\delta^{13}C_{C_3}-\delta^{13}C_{C_4}）\times100 \tag{2-61}$$

式中，$\delta^{13}C_{样品}$ 是给定生物量样品的同位素比率；$\delta^{13}C_{C_3}$ 是纯的 C_3 植物生物量的同位素比率；$\delta^{13}C_{C_4}$ 是纯的 C_4 植物生物量的同位素比率。纯的 C_3 植物生物量收集自纯的 C_3 植物种群，纯的 C_4 植物生物量收集自纯的 C_4 植物种群。

根系动态用取根器定期取样分析，根据根系动态和混生群落中种的生物量百分比可以得出混生群落不同种的根系生物量动态变化。

2.13 气候分析

根据大气温度（年平均气温和年生长积温）和水分条件（年降水量和干燥度），对 C_4 植物的地理分布及其所处的气候分区进行划分，将 C_4 植物在各荒漠区的分布数量与大气温度和大气降水之间的关系进行比较分析。

气候资料包括：年降水量、生长期降水量、年平均温度、空气相对湿度、干燥指数、$\geq10℃$ 的年活动积温、7 月的平均气温、1 月的平均气温、极端最高气温、极端最低气温。

用干燥度和湿润指数两种方法表示干燥程度，以便与不同文献比较。干燥度用平均气温 $\geq10℃$ 期间积温和降水量表征干湿状况，用下列公式计算（北京林学院，1983）：

$$K=0.16\frac{\sum t}{r} \tag{2-62}$$

式中，K 为干燥度；$\sum t$ 为日平均气温 $\geq10℃$ 期间内的积温（℃）；r 为日平均气温 $\geq10℃$ 期间内的降水量（mm）。

该式假定秦岭、淮河一线的可能蒸发量等于降水量，即 $K=1$。K 值小于 1 时，说明降水量多于可能蒸发量，降水有余，水分条件湿润；K 值大于 1 时，说明降水量小于可能蒸发量，降水量不足。K 值越大，水文条件越干旱。

湿润指数（也叫湿润度）是利用年平均气温和降水，用下列公式计算：

$$I = \frac{P}{T+10} \tag{2-63}$$

式中，I 是湿润指数；P 是年降水量（mm）；T 是年平均气温（℃）。

湿润指数小于 10，表明严重干旱，农作物需要人工灌溉；湿润指数为 10 ~ 30，表明中等干旱，植被类型为草原；湿润指数大于 30，表明气候湿润，植被类型为森林。

两种表示干燥程度的计算方法不同，但都是反映一个地区干燥或湿润状况的指标，与式（2-62）干燥度计算比较，式（2-63）湿润指数计算简单，而且资料容易获取，只需要年平均降水量和年平均气温即可（Pyankov et al.，2000）。

从反映我国荒漠区的干湿程度来看，湿润指数比较粗糙，干燥度更准确，但湿润指数计算简单，干燥度计算相对烦琐。

10℃ 是一个比较重要的农业界限温度，当日平均气温稳定升至 10℃ 以上时，喜凉作物开始迅速生长，喜温作物开始播种。当日平均气温降至 10℃ 以下时，喜凉作物和某些多年生作物光合作用显著减弱，喜温作物也停止生长。日平均气温 ≥10℃ 的起讫日期与无霜期的起讫日期相差不大，可以把 ≥10℃ 的天数大致视为生长期（中国科学院《中国自然地理》编辑委员会，1984）。

| 第3章 | C₄ 植物形态结构适应特征

3.1 导　言

植物是环境变化的指示器，叶片是植物的光合器官，也是对环境变化较为敏感的营养器官。环境变化会导致植物生长策略的改变，植物为了适应不断变化的外界环境，利于自身快速健康的成长，就会对自身结构做出调整。植物对环境胁迫最直观的反映表现在形态上，但往往滞后于生理反应，一旦造成伤害，则很难恢复。在干旱胁迫下，植物的形态结构变化有利于水分吸收和传导，从而提高水分利用效率。

植物为适应环境的变化，从形态、生理、生化等多方面做出了有利于生存的改变。在植物长期进化过程中，生长在不同环境中的植物形成了各自独特而完善的适应机制。荒漠植物可以经受高光强、极端温度、盐渍化、干旱、养分匮乏等多种复合环境因子的胁迫，采用多种策略适应和抵抗逆境，维持自身的生存和生长发育。荒漠植被对维持荒漠生态系统的稳定、改善生态环境起着重要作用。

3.2　植物逆境适应性

对植物的生存和发展来说，非生物环境条件如光照、温度、水分等因子是决定植物生存和发展的基本条件，对植物的生长、发育以及生理代谢机制能产生重要的影响。在全球范围内，干旱（土壤和大气水分亏缺），以及相伴而生的高温和强辐射，构成了植物生存和作物产量最重要的环境制约。

自然界中，植物或遭受持续而缓慢的缺水状态（几天、几周或数月），或面临短期水分亏缺（几小时到几天）。在持续而缓慢的缺水状态中，植物可以通过缩短其生命周期或通过驯化响应来优化其长期资源获取方式从而逃避脱水。在快速脱水的情况下，植物或通过最大限度地减少水分损失或表现出代谢保护，来防止脱水及同时产生的氧化胁迫所带来的破坏性影响。

植物经常遇到环境条件的剧烈变化，其幅度超过了适于植物正常生命活动的范围，这些对植物生命活动不利的环境条件统称为逆境（environmental stress），又称为环境胁迫。狭义的逆境是指对植物产生伤害的环境。逆境种类很多，包括物理的、化学的和生物的，常见的逆境有干旱、寒冷、高温、盐渍等。逆境会伤害植物，主要表现在细胞脱水、膜系统受破坏，酶活性下降，细胞代谢紊乱，严重时会导致植物死亡。

在逆境胁迫下，不同植物可通过增加潜在光合能力、提高水分利用效率、增加有效光合积累与合理分配光合产物、自我调节蒸腾速率与气孔导度、选择有利时间快速光合以充分利用有限资源等多种方式，有效地应对特殊环境给生长发育带来的不利影响（牛书丽等，2003；许皓和李彦，2005）。

适应性是指生物体与环境之间相适合的现象。如果某个个体因反复暴露于新的环境条件而提高了对该环境的适应性，并且这些应答不需要新的遗传修饰，这种应答就是一种驯化（acclimation），被称为表型可塑性（phenotypic plasticity）。表型可塑性代表了物种生理和形态上的非持久变化，这些变化是暂时的，通常是可逆但不可遗传的。

植物的适应性是植物对外界环境长期适应的结果，它不但与植物内部的生理生化活动有关，而且取决于其自身的形态结构特征。植物逆境适应能力是在形态、结构、生理和生化等多方面对胁迫环境适应的结果。植物根系生物地理格局和进化组织方式表明，从热带雨林到荒漠，植物吸收根直径整体在变细，倾向于更加灵活的构建方式，对共生真菌依赖性降低。通过该方式，植物单位碳投资获取养分的效率得以优化，从而能够高效地捕获稍纵即逝的养分和水分资源，增强了植物物种对环境的适应与存活能力（Ma et al.，2018）。荒漠河岸林树种胡杨卵圆形叶比披针形叶光合效率高，通过叶形的变化适应大气干燥环境（苏培玺等，2003）。C₃植物细枝岩黄耆（*Hedysarum scoparium*），叶片随着生境水分条件变差而减少，在水分条件较好的绿洲边缘叶大而繁茂，在荒漠里叶小而衰退，以减少受光面积防止蒸腾失水，此状况下花棒主要依靠细长的叶轴进行光合作用（Su et al.，2009）。

在长期适应极端环境的演化过程中，荒漠植物形成了自身特有的形态解剖结构和生理生化机理。环境的轻微影响最直接冲击植物的生理特性，表现在植物的生理特征上，其次才是形态特征上。

荒漠植物防止水分损失可通过关闭或最小化气孔，通过卷叶、表皮毛反射和改变叶片角度来减少光吸收，或通过降低生长速率和老叶脱落来减少树冠叶面积等途径实现（Chaves et al.，2003）。能在干旱生境下存活的叶片，与足水下的植物同龄叶片相比，常常表现出较高的光合作用速率，单位叶面积核酮糖-1,5-二磷酸羧化酶含量较高（David et al.，1998）。与足水下的植物叶片相比，生长于干旱条件下的植物叶片，通常在叶形较小时已达到成熟阶段。小叶片能很好地适应干旱区的强光和高温环境，产生更大的热耗散，以及通过气孔关闭有效控制水分损失。

植物形态和解剖特征在不同生境的生存中是很重要的。根据植物对水分的利用将其分为节水型和耗水型两类。节水型植物叶片形态结构特征与水分保持有关：①低渗透势，细胞壁硬且弹性高；②木质部导管直径小，以便在低温和缺水时形成气穴和木栓；③气孔的有效调节，可防止植物体内水分的过度丧失。

而耗水型植物叶片特征则与节水型相反（Dong and Zhang，2001）。藜科的C₄多汁植物具有较高的渗透压和叶片吸水力，大约是禾本科C₄草本植物的2倍，藜科多汁植物的这些特性保证了它们的光合器官有稳定的水分状况和小的水分亏缺，特别是梭梭属、猪毛菜属和戈壁藜属的灌木决不减少它们的水分含量到致死的水平。

一些灌木物种，通过植株根系与地上部分的形态调节，使水分供应与需求之间的平衡得以维持（Donovan and Ehleringer，1994；Li et al.，2005）。一方面，在根系周围土壤水分耗竭或降水后水分恢复的过程中，浅土层内吸收根可以持续地进行有效调节；另一方面，地上部分的形态调节可以表现为萎缩，一部分光合器官随根系周围水分耗竭而脱落，或在土壤水分恢复时老叶伸展和新叶萌生。荒漠灌木可以调节根系向着最优（最有利）表现型发展，从而最大程度地获取水分（Schwinning and Ehleringer，2001）。另外，根据生态最优化理论，植物趋向于优化光合器官密度以适应环境水分有效性（Eagleson，1982）。荒漠 C$_4$ 木本植物在光合器官优化方面强于 C$_3$ 植物。

3.3 植物物候与形态特征

3.3.1 植物物候

植物与环境因子变化相适应而形成的植物生长发育节律，即为物候（phenology）。植物的物候决定着植物生长发育的循环过程，是反映植物形态和决定植物功能的主要特征指标。物候期（phenological phase）是指植物的生长发育规律与变化对季节气候的反映，正在产生这种反映的时期称为物候期。高等植物的物候期包括萌芽期、展叶期、叶片旺盛生长期、现蕾期、开花期、落花期、果实形成期、果实膨大期、果实成熟期、落叶期和休眠期等。

不同植物物候期的表示方式因生物学特性和季相不同而异，比如灌木为萌芽期、展叶期、初花期、盛花期、结果期、秋季叶变色期、落叶期。草本为萌芽期/返青期、开花期、结实期、种子散布期、枯黄期。

3.3.2 植物叶片及数量特征

叶片是植物进行光合作用与蒸腾作用的主要器官，植物对环境的适应较多反映在叶片的形态和结构上。叶是植物最具可塑性的营养器官，可分为膜质、革质、肉质、草质等。世界上找不出完全相同的两片叶子。叶子不光形状不同，各种形状的边缘也不同。

较大的叶面积为光合作用产物的生产提供有效的表面，但在胁迫条件下不利于作物生长和生存。大叶片和总叶面积较大，为水分蒸发蒸腾提供大的表面，有利于降低叶片温度，但导致土壤水分的快速或过度消耗，影响太阳能的吸收。植物可通过减少叶片细胞分裂和生长，改变叶片形态、衰老落叶等方式减少它们的叶面积。

（1）叶片形态

叶片形态（简称叶形）是植物分类的重要根据之一。不同的植物，叶形的变化很大。常见的叶形有针形、披针形、倒披针形、条形、剑形、圆形、矩圆形、椭圆形、卵形、倒卵形、匙形、扇形、镰形、心形、倒心形、肾形、提琴形、盾形、箭头形、戟形、菱形、三角形、鳞形等（图 3-1）。

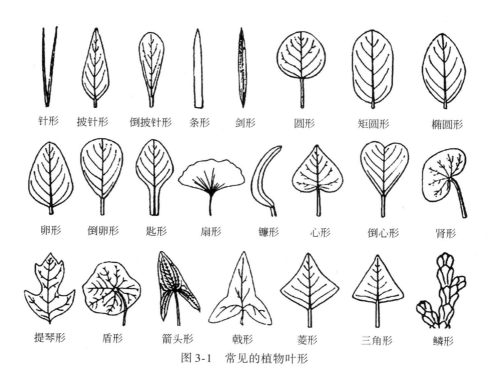

图 3-1　常见的植物叶形

叶片作为植物进化过程中对环境变化敏感且可塑性强的器官，在不同选择压力下已经形成各种适应类型，其形态结构特征最能体现环境因子的影响或植物对环境的适应。长期的水分胁迫可导致细胞体积减小和叶面积缩小，而且可使细胞壁增厚或者细胞组成发生变化。

许多荒漠植物的叶片很小，这会在叶表面（边界层）形成较薄的静止空气。薄的边界层（低边界层阻力）便于热量从叶子上转移到空气中。这是因为小叶片的边界层阻力小，即使蒸腾作用大大降低，也能够使叶片表面温度维持在接近空气温度水平，避免过热。相比较，大叶片有比较高的边界层阻力，减缓热量向空气中转移。

荒漠植物叶片大致分为 3 种类型：旱生叶、肉质叶和退化叶。肉质叶植物具有较高的相对含水量，而旱生叶植物相对含水量最低。C₄退化叶植物与C₃肉质叶植物具有较高的水势。肉质叶植物保水力较高，在24h 内失水速率普遍低于50%；而旱生叶植物失水速率较快，保水力较差。

退化叶植物以同化枝进行光合作用，同化枝属于一种特殊的光合器官，它常出现在适应干旱环境的植物中，是荒漠植物适应干旱的主要特征之一。此类旱生植物的叶片退化为膜质鳞片，减少了蒸腾面积，节约利用有限的水分；当年生嫩枝肉质特化，呈绿色，代叶进行光合作用，故称为"同化枝"（王勋陵和王静，1989）。同化枝介于叶与茎之间，有着自己独特的结构特点。梭梭（*Haloxylon ammodendron*）、白梭梭（*Haloxylon persicum*）和沙拐枣（*Calligonum mongolicum*）只有当年新生的嫩枝才能进行光合作用，而前一年的老枝只是起支撑和运输水分及养分的作用，不再具有同化功能。

荒漠植物的生长环境极其恶劣，常年干旱，日照强烈，往往具有多种旱生结构特征，叶片较小或退化，叶片及角质层较厚，复层表皮，气孔下陷，以减小蒸腾失水；叶表面有表皮毛、腺毛、瘤状或乳状突起，以反射过多的光；叶肉较厚，栅栏组织发达，细胞排列紧密，海绵组织退化，栅栏组织细胞数/海绵组织细胞数的值高，构成等面叶，以提高对光能的接受和转换能力；植物叶片常常与直射光成一定的角度，叶绿体沿径向细胞壁排列，以尽量减少接收过量的太阳辐射；贮水组织发达，贮水组织厚度/叶厚的值高，形成肉质叶；叶片不同组织中多有含晶细胞、黏液细胞存在；具维管束鞘和纤维细胞等。

表皮毛是叶片表面的毛发状表皮细胞，密集的表皮毛通过反射辐射光，起到降温和减少蒸腾的作用。有些荒漠植物的叶片表面呈银白色，是由于密集的表皮毛反射了大量的光。沙漠灌木白色扁果菊（*Encelia farinosa*）在一年中不同时期叶片形态不同，春季是绿色近无毛的叶片，夏季是银白色有软毛的叶片（宋纯鹏等，2015）。夏季这种银白色的叶片要比缺乏表皮毛的叶片叶温低几度，这是由于它能反射导致过热的红外射线。但是，有软毛的叶片在较低温度的春天也存在一定的缺陷，因为毛状体也反射光合作用所需的可见光。所以，扁果菊在春季长出没有毛状体的叶片，减少光反射以适应低温环境。

角质层（cuticle）是一种多层的蜡状物，附着在叶表皮的外层细胞壁上。角质层与表皮毛类似，可以反射光线，降低叶片热负荷。角质层能限制水和气体的扩散，以及病原体的侵入。在植物长期的进化过程中，一些植物生长出厚厚的角质层，以减少蒸腾作用，防止水分亏缺。尽管植物表面蒸发仅占叶片蒸腾总量的 5%~10%，但在极端环境条件下，减少植物表面蒸发显得尤为重要。

对荒漠地区混生的 C₃植物红砂和 C₄植物珍珠的叶表皮扫描可以看出，红砂叶表面覆有厚厚的突兀不平的角质层，远轴面角质层呈脊状隆起；近轴面相对平滑，角质层瘤状突起呈花瓣状 [图 3-2（a）、（b）]。气孔深陷，并分布有腺孔，在电镜下，可以看到粒粒盐斑。

珍珠叶的远轴面覆盖着浓密的柳叶状表皮毛，由中心凹下去的部分固定在叶表皮上，两端卷起；近轴面部分表皮覆有角质层，隆起褶皱，其中分布有泡状的凹陷 [图 3-2（c）、（d）]。叶表皮及表皮毛上分布有方粒状盐晶体。

（2）荒漠植物光合器官类型及组织数量特征

将荒漠植物光合器官（叶片或同化枝）形状分为叶状和轴状两大类型，叶状为叶片厚度远小于长或宽，呈片状；轴状为叶片厚度与长或宽相近，无法区分，包括同化枝、圆柱形叶等。两种光合器官横切面各组织结构见图 3-3。轴状光合器官的 δ¹³C 值高于叶状光合器官，说明轴状光合器官具有较高的水分利用效率，对荒漠环境具有更强的适应性（张海娜等，2013）。

植物叶片、表皮越厚，越有利于保存体内水分，厚角质层限制了水分蒸腾和防止过强光照对内部结构的灼伤；贮水组织为周围细胞提供湿润的小环境，通过渗透调节保证生理代谢的正常进行，同时透明状的贮水组织能减弱植物内部的遮光效应，增加光能利用率，此组织在轴状光合器官中普遍存在。

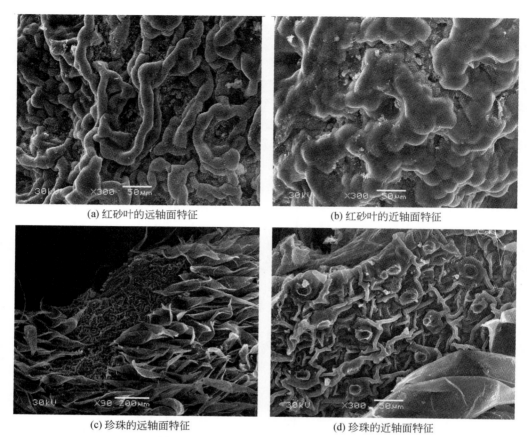

(a) 红砂叶的远轴面特征　　　　　　　　　(b) 红砂叶的近轴面特征

(c) 珍珠的远轴面特征　　　　　　　　　　(d) 珍珠的近轴面特征

图 3-2　红砂和珍珠叶表皮的扫描电镜图

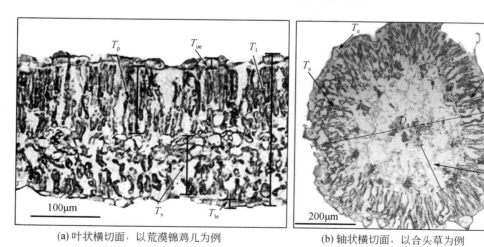

(a) 叶状横切面, 以荒漠锦鸡儿为例　　　　　(b) 轴状横切面, 以合头草为例

图 3-3　荒漠植物不同类型光合器官 (叶片或同化枝) 横切面各组织结构示意图

图中 T_1 为叶状光合器官厚度, 简称叶厚度; D_a 为轴状光合器官直径, 简称轴直径; T_e 为表皮厚度; T_p 为栅栏组织厚度; T_{ue} 为上表皮厚度; T_{le} 为下表皮厚度; T_s 为海绵组织厚度; T_a 为贮水组织厚度

荒漠植物光合器官的厚度变化范围很大，为$230 \sim 1590 \mu m$，不同种之间差异显著。大多数轴状光合器官植物的轴状直径高于叶状光合器官植物的叶片厚度（表3-1）。可以将叶片厚度或者轴状光合器官直径作为植物水分利用效率的形态表征，光合器官越厚或者直径越大，水分利用效率越高。

荒漠植物不同类型光合器官各组织厚度及其在整个组织中所占比例相差较大。角质层的主要功能是减少水分散失，是植物水分蒸发的屏障。比较我国河西走廊黑河流域荒漠植物优势种，角质层厚度变化范围为$1.0 \sim 5.6 \mu m$，红砂最厚，在其叶片中所占比例最高，籽蒿次之（表3-1）。

表皮细胞具有保水作用，有利于增强植物的水分调节能力。黑河流域荒漠植物优势种的表皮厚度变化范围较广，在$7.2 \sim 79.1 \mu m$，最大值约为最小值的11倍，在整个器官中所占比例的变化幅度为$2.1\% \sim 11.8\%$。C₃植物黄毛头（*Kalidium cuspidatum* var. *sinicum*）和合头草（*Sympegma regelii*）的表皮厚度大于红砂，而角质层厚度低于红砂。相关性分析表明，表皮厚度和角质层厚度与$\delta^{13}C$值均呈正相关，但表皮厚度与$\delta^{13}C$值的相关性较高，这说明表皮厚度对$\delta^{13}C$值的影响高于角质层厚度。这可能是由于叶片的表皮厚度与植物的吸水器官根系有关的缘故，根系较浅，水分吸收能力弱，需要通过加厚叶片表皮来减少水分蒸腾，使叶肉细胞保持更多水分来维持高的渗透势；反之，根系发达，水分吸收和传输能力较强，防止水分蒸腾不是关键，因此不只是通过增加表皮厚度来保持水分（Ma et al.，2012）。

植物叶肉组织中栅栏组织、海绵组织特征最能反映植物对光照的适应，贮水组织主要起渗透调节作用。在叶状光合器官中，栅栏组织为正常型或全栅型，如柠条（*Caragana korshinskii*）、荒漠锦鸡儿（*Caragana roborovskyi*）、骆驼刺（*Alhagi sparsifolia*）等为正常型，紫菀木（*Asterothamnus alyssoides*）为全栅型。轴状光合器官的栅栏组织属于环栅型，是植物适应干旱环境的高级形式，如梭梭、沙拐枣、珍珠等。荒漠植物的叶肉组织向着提高光合效能的方向发展，高度发达的栅栏组织既可避免强光对叶肉细胞的灼伤，又可以有效利用衍射光进行光合作用。也就是说，栅栏组织越厚，细胞越小，排列越紧密，则植物利用光能的效率越高；但是光合作用加强的同时会加剧对叶肉细胞中CO_2的竞争，使CO_2供应不足，而且高度发达的栅栏组织会产生荫蔽效应并阻碍叶肉中CO_2的横向扩散，使光合作用受到限制（Mediavilla et al.，2001）。

黑河流域荒漠植物优势种栅栏组织厚度的变化范围为$41.3 \sim 166.5 \mu m$，在整个器官中所占比例为$8.2\% \sim 55.2\%$，大多数C₃植物的栅栏组织厚度和所占比例要高于C₄植物，C₄植物的栅栏组织厚度较小。

海绵组织在某些植物中退化，尤其在部分轴状光合器官的植物中没有海绵组织的分化，如叶片退化的梭梭和沙拐枣同化枝全为栅栏组织。黄毛头与合头草的海绵组织细胞呈短棒状，比较小，排列不整齐；二者海绵组织厚度分别为$178.2 \mu m$和$144.6 \mu m$，在黑河流域荒漠植物优势种中居于前两位，但在整个叶肉组织中分布的区域远远小于栅栏组织，处于退化状态，有被栅栏组织取代的趋势。

表 3-1 荒漠植物光合器官不同组织的数量特征

类型	植物种类	叶或同化枝(1 或 a) T_1 或 D_a/μm	角质层(c) T_c/μm	角质层(c) R_c/%	表皮(e) T_e/μm	表皮(e) R_e/%	栅栏组织(p) T_p/μm	栅栏组织(p) R_p/%	海绵组织(s) T_s/μm	海绵组织(s) R_s/%	贮水组织(a) T_a/μm	贮水组织(a) R_a/%
叶状	紫苑木	305.46±19.09	3.16±0.14	1.03	15.07±1.01	9.87	84.34±5.11	55.22	—	—	—	—
	籽蒿	298.26±25.20	5.28±0.12	1.77	15.76±0.25	10.57	102.49±8.29	34.36	89.84±6.4	30.12	—	—
	泡泡刺	642.37±54.83	3.49±0.05	0.54	12.96±1.05	4.03	166.50±12.17	51.84	—	—	—	—
	柠条	230.97±19.32	2.08±0.07	0.90	9.80±0.30	8.49	70.40±5.16	30.48	66.72±5.60	28.89	—	—
	骆驼刺	334.48±28.30	0.96±0.05	0.29	7.19±0.90	4.30	59.35±3.10	17.74	85.23±7.11	25.48	—	—
	荒漠锦鸡儿	257.27±21.69	2.54±0.20	0.99	9.68±0.13	7.53	96.41±7.04	37.47	122.29±11.94	47.54	—	—
	柽柳	254.09±21.23	2.92±0.12	1.15	13.68±0.30	10.77	74.03±5.75	29.14	51.32±5.46	20.20	—	—
轴状	红砂	579.35±71.86	5.59±0.13	1.93	19.55±0.50	6.75	84.92±6.54	29.32	—	—	111.15±8.86	38.37
	黄毛头	1339.06±117.92	1.91±0.15	0.28	79.07±2.25	11.81	109.47±9.96	8.18	178.24±12.18	13.31	388.00±25.40	57.95
	合头草	699.17±51.05	4.95±0.08	1.42	23.24±1.27	6.65	160.59±13.22	22.97	144.64±12.20	20.69	185.25±14.20	52.99
	梭梭(C₄)	985.47±58.09	2.39±0.15	0.49	10.09±1.71	2.05	41.25±4.53	8.37	—	—	216.57±18.41	43.95
	珍珠(C₄)	979.94±43.30	2.58±0.12	0.53	20.55±1.21	4.19	60.18±6.95	12.28	—	—	279.54±23.22	57.05

注：植物种类中 C₄ 植物已注明，其余为 C₃ 植物。表中数据是平均值±标准误差。不同组织厚度用 T 表示，叶厚度和轴直径分别用 T_1 和 D_a 表示。不同组织厚度与叶厚度或轴直径的比值用 R 表示。柽柳为非地带性植物，在荒漠地区广泛分布，作为对比

具有贮水组织的荒漠植物具有较强的抗旱能力，主要是由于贮水组织的水势较栅栏组织以及表皮细胞高，当植物受到干旱胁迫时，贮水组织向栅栏组织等提供水分，使叶肉细胞保持一定的渗透压，维持正常代谢。此外，贮水组织除了阻碍 CO_2 扩散外，还会溶解部分的 CO_2，减小叶片细胞间隙 CO_2 浓度。较之叶状光合器官，轴状光合器官中有贮水组织分化，在整个光合器官中的比例高的可达58%，远远超过栅栏组织所占比例，部分轴状光合器官植物的贮水组织中有黏液细胞和含晶细胞分布，如沙拐枣、红砂、珍珠等。贮水组织有利于提高植物的水分利用效率。

3.3.3 植物茎结构

木质茎的结构由外向内依次为：树皮（包括表皮和韧皮部）、形成层、木质部和髓。表皮起保护作用，韧皮部包括筛管（运输有机物）和韧皮纤维（有韧性），木质部包括导管（运输水和无机盐）和木纤维（坚硬），形成层的细胞能不断地进行分裂，向外形成韧皮部，向内形成木质部。其中树皮里的韧皮部与形成层和木质部构成维管束，木本植物维管束排列呈筒状。

导管是死细胞。导管是植物木质部内把根部吸收的水分和无机盐由下而上输送到植株各处的管状结构。导管是一串管状死细胞，即由只有细胞壁的细胞构成的，死的细胞才有利于形成毛细管状的导管，有利于水分运输。

筛管是活细胞。筛管是植物韧皮部内运输有机物的管道，由许多管状活细胞上下连接而成，相邻两细胞的横壁上有许多小孔，称为"筛孔"，有机物的运输需要能量，活细胞才能产生供其运输的能量，叶制造的有机物由筛管向下运输。

草本植物茎包括表皮、薄壁细胞、维管束，其中维管束由韧皮部和木质部组成，没有形成层。草本植物维管束散生在薄壁细胞中。

3.3.4 植物形态适应与根系

不同植物种，在形态结构上，往往以不同的形式去适应大致相同的环境条件。同种植物，由于要适应生长在不同生态因子综合的生境中，其形态结构表现出明显的趋异现象，如沙拐枣在不同荒漠区的生态型。同一株植物，处于不同发育年龄和局部生境位置不同的同一器官，其形态结构，也呈现趋异现象。阳地植物的形态结构，主要不是对光的直接适应，而是适应于与强光条件相伴随的湿度因子的不足。

根系是植物吸收水分和养分的重要器官，其正常生长是地上部光合作用与地下部根系吸收水分、养分相统一的系统过程。强大的根系促进地上部的光合作用，而充足的光合产物又会为根系的生长提供必需的营养物质。根系活动的范围随土壤水分的改变，在分布上发生相应的形态适应性。降水多的年份，更多吸收根在浅土层萌生，并得以支持更多光合器官的正常气体交换，表现为光合表面积的增加。吸收根面积及供水能力的下降伴随着光合器官面积的下降，即同化枝枯死脱落，这种形态调节避免了根系供水与地上部分需水之间平衡的进一步恶化，并维持了存活光合器官的光合能力。光合器官脱落和根系配额的增加，表面上是水分胁迫导致的不可避免的结果，实际上，它们是个体形态调节的两个方面。通过个体形态水平的交易和权衡（trade-off），在一定时期内，植株生存得以维持，同时根系得以接近新的水源。

在自然生态系统中，特别是养分贫乏的生境中，植物养分竞争能力取决于植物的形态特征和生理特性，形态特征更为重要（Aerts and Chapin，1999）。根系形态对于植物体的生长、土壤水分的再分配及化学物质在土壤中的运移都有着重要的作用。植物根系作为吸收水分的重要器官，是最早、最直接感知水分胁迫的器官，植物长期处在干旱环境中，根系通过改变形态特征来维持体内水分平衡。

土壤局部小环境的变化或者有其他根系出现时，植物就会通过调节其形态和生理来适应环境的变化。在局部养分富集的区域，侧根往往会增加，这种增加包括根的数量、根的分布或者二者都有。

对于特定的生态系统类型来说，优势植物根系形态和分布在很大程度上决定了该生态系统的碳循环过程、水分平衡以及矿质元素的生物地球化学循环。在古尔班通古特沙漠南缘红砂为浅根系植物，主要利用 0～80cm 土壤水分，对降水变化的响应极为显著；在黑河中游红砂可通过根系伸长生长利用 185cm 以下土壤水分维持其生命活动（余绍文等，2012）。在不同生境条件下红砂可调节根系形态特征而利用不同水源来适应其胁迫环境。

3.3.5 C₄植物梭梭和沙拐枣特征

荒漠植物生长在夏季高温强光和常年干旱的严酷环境中，它们特殊的形态和生理功能经常减少水分的散失和减轻强光对光合机构的损害。在形态适应的同时，生理上也必然发生一系列变化。

梭梭和沙拐枣为地带性旱生荒漠木本植物，广泛分布于我国荒漠地区，俄罗斯、蒙古国、伊朗、以色列等国都有分布（Winter，1981），由于长期适应炎热和干旱环境，其叶片退化，由同化枝进行光合作用，缩小了受光面积，以减少水分散失。我国荒漠地区广泛分布的 C₄植物梭梭和沙拐枣及其同属的其他种类，是我国干旱荒漠区的重要植被组分，在很多生境下为优势种群。

梭梭是一种旱生灌木或小乔木，由于长期适应干旱环境，叶片退化为鳞片状短三角形，基部宽，先端钝；依靠当年生嫩枝（又称同化枝）进行光合作用。梭梭不仅能忍受干旱和极端气温，其抗盐性也很强，可以忍耐含盐 4%～6% 的土壤及 pH 为 9 的土壤碱，属旱生盐生植物。

梭梭具有庞大的根系，其主根发达，垂直根可达 9m 以上，水平根可以分布到 10m 以外，吸收水分和养分的范围很广，具有极强的耐旱能力。梭梭是我国西北荒漠区的优势建群植物和造林先锋树种，也是该区生态建设和经济发展的重要资源植物，具有很高的生态和经济价值。但近年来，由于水分条件、过度放牧、鼠害，尤其是人为破坏的影响，梭梭生境遭到严重破坏，我国已将其定为国家Ⅲ级保护植物，并列入《中国珍稀濒危植物名录》。

梭梭是一种典型的 C$_4$ 木本植物，素有"沙漠卫士"之称，具有较高的耐土壤贫瘠能力，在荒漠、固定和半固定沙丘、沙地、戈壁、洪积扇与淤积平原上分布广泛，以含有一定量盐分的土壤或沙地生长最好。梭梭是古地中海区系的重要荒漠植被成分，由梭梭构成的荒漠区系是亚洲荒漠中分布最广泛的荒漠植被类型（Pyankov et al.，1999）。荒漠植物的生长发育受到水分有效性的严格制约，降水量和蒸发量的巨大反差决定了其在生长发育的各个阶段都面临着水分匮缺。应对水分胁迫，荒漠植物具有高效的自我调节与适应能力，梭梭的形态调节和较强的气孔控制使其维持较高的光合能力（李彦和许皓，2008）。

梭梭当年生枝条粗短，开展，味咸。白梭梭当年生嫩枝细长，在幼年植株上直立，在年老植株上常下垂，味苦。二者比较，白梭梭耐旱性强，但抗盐性不及梭梭（分布见 9.9.2）。

沙拐枣（*Calligonum mongolicum*）瘦果宽椭圆形，直或稍扭曲；老枝灰白色，分枝短、"之"形弯曲；果实（包括刺）宽椭圆形，刺毛常为每棱 3 排，有 1 排发育不好（分布见 9.9.2）。甘肃沙拐枣（*C. chinense*）瘦果向右扭曲，同化枝簇生、易折断，老枝淡灰色；刺毛每棱 3 排、粗硬。河西沙拐枣（*C. potanini*）瘦果向右扭曲，老枝淡褐色，刺毛每棱两排。戈壁沙拐枣（*C. gobicum*）瘦果向左扭曲，老枝褐色，刺毛每棱两排。

沙拐枣属植物具有耐旱、生长快、易繁殖、抗风蚀和抗沙埋的特点，是优良的防风固沙先锋植物，在荒漠化防治中发挥着积极的作用。在形态上具有极其明显的旱生适应特征，如沙拐枣的枝条多呈灰白色，有反射强光的作用；红皮沙拐枣（*C. rubicundum*）老枝的皮为紫褐色或红褐色，能反射大部分灼热的红光，免于高温灼烧。

沙拐枣属植物枯枝宿存现象十分普遍，有的甚至占植冠的 2/3 以上，这对大风、强光和高温等不良环境因子具有积极的减弱、适应作用。沙拐枣所处的环境极端严酷，土壤水分缺乏，地下水位极低，强大的根系，是沙拐枣的很重要适应特征；地下部分生长迅速，根系的分布广度、深度和土壤各层水分实际含量的变化有着密切的依存关系；沙质荒漠因较深层土壤中水分缺乏，所以沙拐枣横向扩散的根系比较发达，表层根系较多，以尽可能吸取降水或凝结水，60cm 土层以下根系很少。

3.3.6 C$_4$植物木本猪毛菜和猪毛菜特征

木本猪毛菜（*Salsola arbuscula*）为小灌木，叶半圆柱形，肉质。生于山麓、砾质荒漠、沙丘、干旱山坡。

猪毛菜（*S. collina*）为一年生草本植物，叶丝状圆形，伸展或微弯曲，顶端有刺状尖。在耕地、荒地和绿洲的边缘均有生长，单生或者群生，喜潮湿肥沃的土壤和充足的阳光；但又抗旱耐贫，即使在干旱贫瘠的地方，细弱的植株也能正常开花结实（高松等，2009）。

二者比较，木本猪毛菜在水分条件差的戈壁荒漠分布较多，猪毛菜在水分条件较好的绿洲及其边缘分布较多。但在水分条件适宜时，猪毛菜在戈壁荒漠也能正常生长发育，与木本猪毛菜混生。

木本猪毛菜和猪毛菜的叶表皮均由一层细胞组成，细胞排列紧密，具有较厚的角质层。较厚的角质层是荒漠植物对干旱环境适应的表征之一，这样能有效地减少水分蒸腾，防止病菌侵害。木本猪毛菜与猪毛菜叶片的形态特征差异明显，木本猪毛菜的叶片具有更厚的角质层；猪毛菜叶片表皮上具表皮毛，把气孔和表皮细胞覆盖起来，形成保护结构，减少了较强光照条件和较高温度下叶的蒸腾作用，增强了抗旱能力。

3.4 C₄植物的解剖结构

3.4.1 C₄植物梭梭和沙拐枣的花环结构

结构是功能的基础，植物结构的变化必然影响到生理生态功能的改变。叶片的缩减是荒漠旱生植物特有的普遍现象之一。梭梭属（*Haloxylon*）和沙拐枣属（*Calligonum*）植物的叶片极度退化，当年生嫩枝为光合器官。

扫描电镜下梭梭、白梭梭和沙拐枣的同化枝表面角质膜突起，呈褶皱状，气孔器均有不同程度下陷（图3-4）。梭梭气孔器深度下陷 [图3-4（b）]。白梭梭气孔器凹陷，程度较深，凹陷在周围突起的角质膜中 [图3-4（d）]，保卫细胞的细胞壁较厚。沙拐枣同化枝表面角质膜突起呈直条形，并近似平行排列；气孔器下陷，程度较浅 [图3-4（e）、（f）]。三者比较，梭梭和白梭梭的气孔器下陷程度较深，沙拐枣气孔器下陷程度较浅。

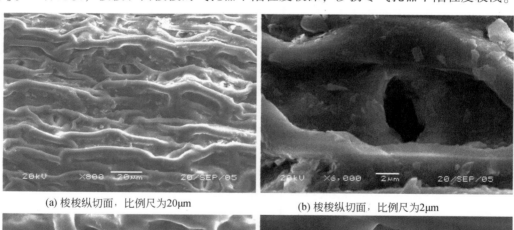

(a) 梭梭纵切面，比例尺为20μm   (b) 梭梭纵切面，比例尺为2μm

(c) 白梭梭纵切面，比例尺为10μm   (d) 白梭梭纵切面，比例尺为2μm

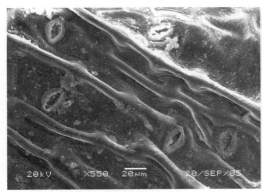
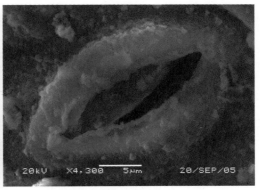

(e) 沙拐枣纵切面，比例尺为20μm　　　　　　(f) 沙拐枣纵切面，比例尺为5μm

图 3-4　梭梭、白梭梭和沙拐枣同化枝纵切面在扫描电镜下的图像

（1）梭梭的解剖结构

梭梭同化枝呈圆柱形，角质层厚，表皮细胞排列整齐。其下为一层下皮细胞，下皮细胞以内环生一层栅栏细胞，排列紧密，其内含叶绿体。栅栏细胞之间有含晶细胞散生，这种含晶细胞形状巨大，深入下皮层，内含晶簇。栅栏细胞以内是维管束鞘细胞，其内同样含有叶绿体，且淀粉粒较多。维管束鞘以内是贮水组织，占有较大比例。贮水细胞由外向里逐渐变小。在贮水组织与维管束鞘细胞之间，以及贮水组织内部，有许多小维管束。中央维管束较大，同化枝中部中央维管束外面为一圈纤维细胞所包围［图3-5（b）］。髓部不发达，髓射线较窄，髓薄壁细胞中往往为晶体充满。

梭梭同化枝顶部与中部相比较，晶体明显少。当基部切片为同化枝节间部分时，可以看出同化枝两边对生的鳞片状退化叶，退化叶中也含有晶体，退化叶的基部并合，形成一个短鞘围绕着节间基部。

梭梭具有大量含晶细胞，随同化枝年龄的增加，其数量也不断增多（罗秀英和邓彦斌，1986），该细胞的出现是干旱影响的结果（刘家琼，1982）。梭梭含晶细胞中的物质，具有通过提高渗透压，即降低渗透势来提高植物的保水性与吸水力的作用。

（2）白梭梭的解剖结构

白梭梭同化枝呈圆柱形，解剖结构与梭梭相似，表皮细胞排列整齐，2层，为复表皮；外层细胞有较厚的角质层，内层细胞壁薄，较小（图3-6，图3-7）。表皮层里面则是薄壁的下皮细胞，细胞核多靠近内壁［图3-7（b）］；下皮细胞中间分布有含晶细胞。下皮细胞以内环生一层形状细长的栅栏细胞，排列紧密，位于同化枝周围，其内富含叶绿体。栅栏细胞之间有含晶细胞散生，这种含晶细胞形状巨大，并深入到下皮层［图3-6（e），图3-7（b）］。栅栏细胞以内是维管束鞘细胞，也叫花环细胞，其内同样含有叶绿体，且淀粉粒较多。维管束鞘以内是贮水组织，占有较大比例，靠近维管束鞘细胞的贮水组织中也有一些含晶细胞，而且有的形状特别巨大［图3-6（e）］。较大的维管束位于同化枝中央，贮水组织内及近维管束鞘处还分布有许多小维管束［图3-6（d）、（e），图3-7（b）］。髓不发达，髓射线狭窄。在同化枝中部贮水组织内可见有两束大的纤维细胞，其内可见细

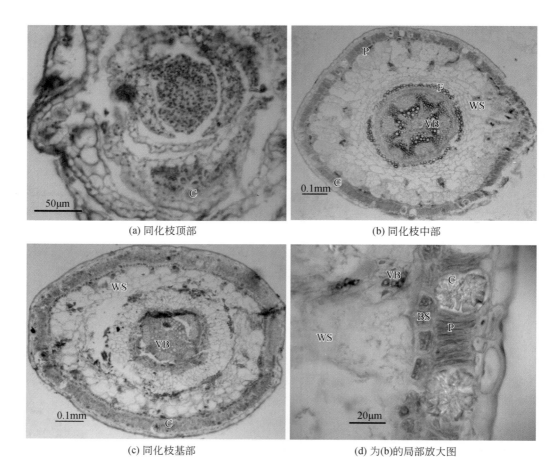

(a) 同化枝顶部   (b) 同化枝中部

(c) 同化枝基部   (d) 为(b)的局部放大图

图 3-5 梭梭同化枝不同部位横切面

图中 F 为纤维细胞；P 为栅栏细胞；BS 为维管束鞘细胞；WS 为贮水组织；VB 为维管束；C 为含晶细胞

胞核，是生活细胞［图 3-7（a）］。其和梭梭一样，栅栏细胞、维管束鞘细胞和维管束组成了花环结构。

梭梭的同化枝中部中央维管束外围有一圈生活的纤维细胞，白梭梭同化枝中部中央维管束外围有两大束生活的纤维细胞，这是它们在解剖结构上的根本区别。

（3）沙拐枣的解剖结构

沙拐枣同化枝横切面近圆形，一层表皮细胞，其内是 1~2 层栅栏组织细胞，许多细胞富含黏液，着色深［图 3-8（d）、(e)，图 3-9］。再里面为一圈维管束鞘细胞，其内层分布有小维管束。维管束鞘细胞以内的贮水组织较为发达，散布有小维管束，许多细胞富含黏液。黏液细胞具有保水能力，从而为其周围的细胞提供一个较湿润的小环境。在栅栏组织和贮水组织中含有少量的含晶细胞，这些含晶细胞都含有大的晶簇，几乎充满整个细胞腔隙。髓较为发达，有较宽的髓射线。同样，栅栏细胞、维管束鞘细胞和维管束组成了花环结构［图 3-8（d）、(e)，图 3-9］（苏培玺等，2005；严巧娣等，2008）。沙拐枣同化枝顶部的晶体较大，中部和基部要稍小一些。

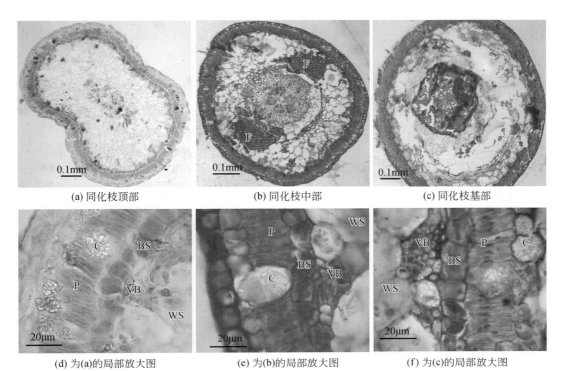

(a) 同化枝顶部　　　　　　　(b) 同化枝中部　　　　　　　(c) 同化枝基部

(d) 为(a)的局部放大图　　　　(e) 为(b)的局部放大图　　　　(f) 为(c)的局部放大图

图 3-6　白梭梭同化枝不同部位横切面

图中 F 为纤维细胞；P 为栅栏细胞；BS 为维管束鞘细胞；WS 为贮水组织；VB 为维管束；C 为含晶细胞

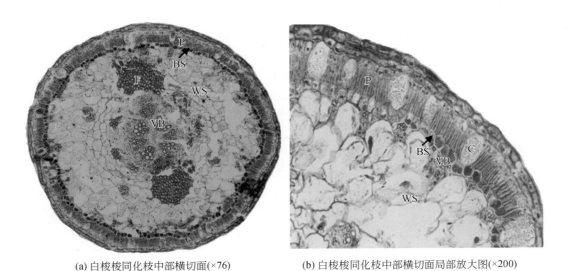

(a) 白梭梭同化枝中部横切面(×76)　　　　(b) 白梭梭同化枝中部横切面局部放大图(×200)

图 3-7　白梭梭同化枝中部横切面

图中 F 为纤维细胞；P 为栅栏细胞；BS 为维管束鞘细胞；WS 为贮水组织；VB 为维管束；C 为含晶细胞

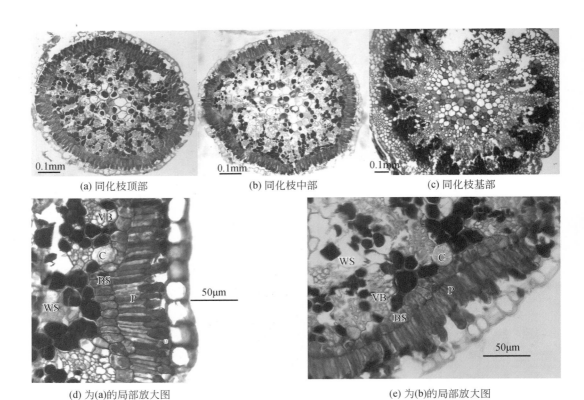

(a) 同化枝顶部　　　　　(b) 同化枝中部　　　　　(c) 同化枝基部

(d) 为(a)的局部放大图　　　　　　　　(e) 为(b)的局部放大图

图 3-8　沙拐枣同化枝不同部位横切面

图中 P 为栅栏细胞；BS 为维管束鞘细胞；WS 为贮水组织；VB 为维管束

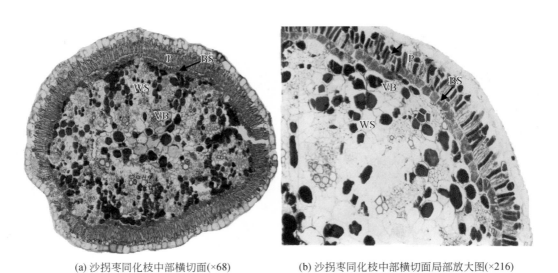

(a) 沙拐枣同化枝中部横切面(×68)　　　(b) 沙拐枣同化枝中部横切面局部放大图(×216)

图 3-9　沙拐枣同化枝中部横切面

图中 P 为栅栏细胞；BS 为维管束鞘细胞；WS 为贮水组织；VB 为维管束

比较梭梭、白梭梭和沙拐枣同化枝解剖结构，梭梭同化枝的不同部位都具有厚角质层、下皮层和栅栏组织；不同部位比较，梭梭同化枝基部含晶细胞最多，中部次之，顶部较少。白梭梭同化枝不同部位均有较厚的角质层、下皮细胞及与梭梭相似的栅栏组织和贮水组织；然而其同化枝的顶部含晶细胞数量较多，中部及基部含晶细胞较少；顶部贮水组织中的纤维细胞束较小。

沙拐枣同化枝的不同部位皆有相似的表皮层和维管组织，而其同化枝的顶部与基部黏液细胞较多，中部较少；基部几乎没有栅栏组织，且散生在贮水组织中的小维管束较多，具有发达的维管组织，因此其主要是运输与支撑作用，而非光合作用。

梭梭同化枝从中部到顶部解剖结构的变化显示了同化枝的发育过程，白梭梭贮水组织中的纤维细胞的变化与其次生组织的形成有关，沙拐枣同化枝的基部已主要起支撑和运输的作用。梭梭、白梭梭和沙拐枣只有当年的嫩枝才能进行光合作用，而前一年的老枝则只是起茎的支撑及运输水分及养分的作用，和其他植物的枝条一样，不再具有同化功能。

比较梭梭、白梭梭和沙拐枣同化枝中部解剖结构，发现它们的共同点是：都具有长柱形叶肉细胞，即栅栏组织细胞；叶肉细胞以内是维管束鞘细胞；薄壁贮水组织占有较大比例。不同点是：白梭梭为复表皮，而沙拐枣为单表皮；梭梭在栅栏组织之间具有大量含晶细胞，而沙拐枣只在贮水组织中靠近维管束鞘有少量含晶细胞，其栅栏细胞多富含黏液，同时许多贮水细胞也富含黏液。C₄木本植物梭梭、白梭梭和沙拐枣的这种特殊细胞，具有改善光合细胞水环境的功能。梭梭和沙拐枣在高温强光下，干旱胁迫导致出现光抑制，增加空气湿度或者土壤湿度均能够减轻或消除光抑制，提高水分和光能利用效率（苏培玺和严巧娣，2006）。

通过透射电镜观察可以看出（图3-10），梭梭同化枝栅栏组织细胞中的叶绿体与维管束鞘细胞中叶绿体的区别为：栅栏组织细胞的叶绿体较小，其中具有基粒（granum，G），无淀粉粒；而维管束鞘细胞的叶绿体较大，其中不具基粒，只有基质片层，但有丰富的淀粉粒（starch grain，SG）[图3-10（a）、（b）]，具有典型C₄植物双相叶绿体的特征。

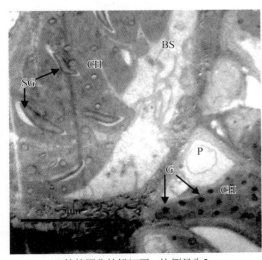

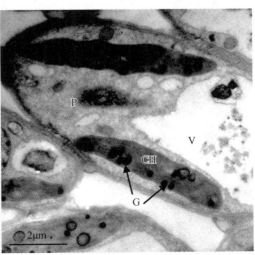

(a) 梭梭同化枝横切面，比例尺为5μm　　　　(b) 梭梭同化枝横切面，比例尺为2μm

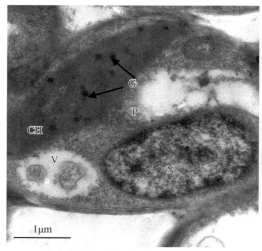

(c) 白梭梭同化枝横切面，比例尺为1μm

(d) 白梭梭同化枝横切面可见晶体，比例尺为1μm

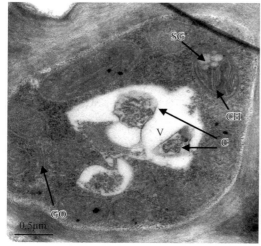

(e) 白梭梭同化枝横切面，比例尺为0.5μm

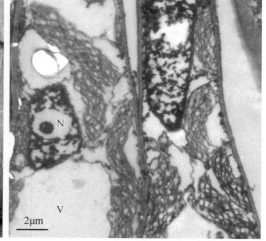

(f) 沙拐枣同化枝横切面，比例尺为2μm

图 3-10 梭梭、白梭梭和沙拐枣同化枝横切面在透射电镜下的图像

图中 P 为栅栏细胞；BS 为维管束鞘细胞；CH 为叶绿体；G 为基粒；SG 为淀粉粒；V 为液泡；C 为晶体；WS 为贮水细胞；GO 为高尔基体；N 为细胞核

　　白梭梭同化枝中的栅栏组织细胞，细胞核清晰，液泡（vacuole，V）中有内含物，为较小的晶体，叶绿体具有基粒，无淀粉粒［图 3-10（c）］。图 3-10（d）显示的是白梭梭同化枝的维管束鞘细胞和其相邻的贮水组织细胞，其中贮水组织细胞的液泡巨大，几乎充满了整个细胞，细胞核和一些细胞器被挤到边缘。图 3-10（e）为图 3-10（d）中维管束鞘细胞的放大，其含有叶绿体、高尔基体等细胞器，液泡位于中央，含有较小晶体；其叶绿体无基粒，基质片层明显，有淀粉粒。白梭梭同梭梭一样，也具有双相叶绿体的特征。

　　图 3-10（f）所示为沙拐枣同化枝中的栅栏组织细胞，其中可见细胞核（nucleus，N）

和核仁, 有较大的液泡。

3.4.2　C₄植物猪毛菜和木本猪毛菜的花环结构

猪毛菜叶片的横切面近圆形 [图 3-11 (a)], 角质层相对较薄, 表皮细胞排列整齐紧密, 有的向外突起, 有表皮毛 (epidermal hair, EH)。环生的栅栏组织由 1 层排列紧密的长形细胞组成, 内含叶绿体。栅栏组织内为维管束鞘细胞, 再向内是发达的贮水组织, 由薄壁细胞组成, 这些细胞的主要特点是细胞壁不同程度地向外形成突起, 从而增大了细胞

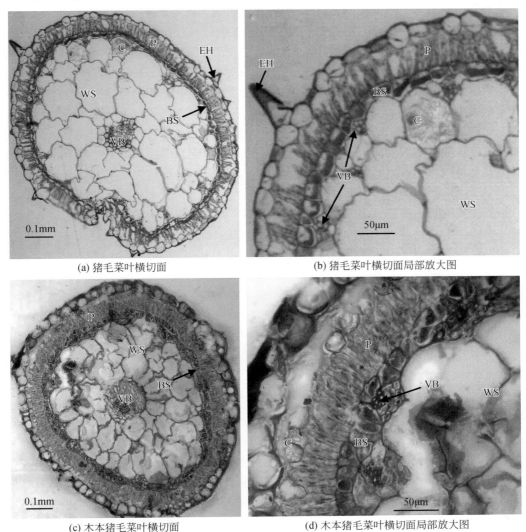

(a) 猪毛菜叶横切面　　　　　　　　　(b) 猪毛菜叶横切面局部放大图

(c) 木本猪毛菜叶横切面　　　　　　　(d) 木本猪毛菜叶横切面局部放大图

图 3-11　猪毛菜和木本猪毛菜叶的横切面

图中 EH 为表皮毛; P 为栅栏组织; BS 为维管束鞘细胞; C 为含晶细胞; VB 为维管束; WS 为贮水组织

的吸收面积。在贮水组织中偶尔可见晶簇。维管束分布在贮水组织外围及中心，中央的维管束较大 [图3-11 (a)、(b)]。栅栏组织、维管束鞘和维管束组成了花环结构（高松等，2009）。

木本猪毛菜叶横切面呈圆形 [图3-11 (c)]，具有较厚的角质层，表皮细胞多近椭圆形，大小不一，有的向外突出，其下为1层下皮细胞，其内的栅栏组织排列紧密。在栅栏组织细胞层内，为环生的维管束鞘细胞，它与分布其中的小维管束和其外的叶肉细胞构成了花环结构 [图3-11 (c)、(d)]。中央为大型薄壁细胞和中央维管束。在栅栏组织和表皮细胞之间分布有含晶细胞 [图3-11 (d)]。

木本猪毛菜和猪毛菜叶片解剖结构的明显区别是，木本猪毛菜表皮细胞角质层较厚，有一层下皮细胞，可减少水分的损失；栅栏组织细胞较长且排列更紧密，可在干旱时阻止水分蒸发，在水分适宜时，增加植物的蒸腾效率。猪毛菜有表皮毛，贮水组织所占比例较大。表皮毛把气孔和表皮细胞覆盖起来，形成保护结构，减少了较强光照条件和较高温度下叶的蒸腾作用。二者的旱生结构不同，木本猪毛菜具有更显著的荒漠植物特征。

木本猪毛菜和猪毛菜都有较大的维管束，位于叶片中央，还有一些小维管束散布于贮水组织和近维管束鞘处。散生在贮水组织和近维管束鞘的小维管束，具有提高水分、无机盐和有机物运输效率的功能。二者都具有大量的薄壁细胞，可提高水分的蓄存能力，有利于细胞吸水和持水；有些薄壁细胞中含有晶体等，可提高细胞的渗透压和保水性，以利于适应干旱少雨的环境条件。

猪毛菜族的假木贼属（*Anabasis*）、盐生草属（*Halogeton*）、戈壁藜属（*Iljinia*）、绒藜属（*Londesia*）、小蓬属（*Nanophyton*）、叉毛蓬属（*Petrosimonia*）、猪毛菜属（*Salsola*）和合头草属（*Sympegma*），碱蓬族的碱蓬属（*Suaeda*），樟味藜族的雾冰藜属（*Bassia*）、樟味藜属（*Camphorosma*）、地肤属（*Kochia*）和绒藜属（*Londesia*）等，这些族属的C₄植物是多汁植物，贮水组织占据了圆柱形叶片内部的很大部分，许多种在表皮下面有一层下皮细胞，以减少水分损失。

3.5　C₄植物的含晶细胞和晶体

将可以产生晶体并专事于这种功能的细胞称作含晶异细胞（crystal idioblast），简称含晶细胞（crystal cell）（Foster，1956）。含晶细胞的特征包括：一个增大的核，特化的质体，增多的内质网，高水平的rRNA以及独特的液泡成分。高钙聚集能力的含晶细胞通常含有丰足的内质网，并且内质网网络贯穿整个含晶细胞的细胞质（Kostman et al.，2003）。

含晶细胞的广泛存在暗示含晶细胞具有重要的生理功能。荒漠植物中的含晶细胞被认为是其抗旱结构特征之一，它们与荒漠植物适应干旱和盐碱环境有关。晶体由来自环境中的钙和生物体合成的草酸形成（Nakata，2003）。植物草酸钙晶体被认为是最早通过光学显微镜观察而被报道的草酸钙晶体，之后陆续在自然界各处都找到了草酸钙晶体。所有五界生命中，即原核生物界（kingdom monera）、原生生物界（kingdom protista）、真菌界（kingdom fungi）、植物界（kingdom plantae）和动物界（kingdom animalia）中都有草酸钙晶体。

大多数植物含晶细胞中晶体的主要成分是草酸钙，一些植物或组织中可能含有除草酸钙晶体之外的其他晶体类型，如 $CaCO_3$ 晶体等。产生草酸的植物可聚积 3%~80%（w/w）干重的草酸，植物中大概有 90% 的钙可以在草酸盐中发现。植物的任何组织中都可观察到晶体，无论是在哪个组织中发现的晶体，大部分通常聚积在特化细胞——含晶细胞的液泡中（严巧娣和苏培玺，2006）。

C₃植物花棒的小叶中没有含晶细胞，叶轴中的晶体一般只出现在韧皮部纤维束外层的细胞中，此层中的含晶细胞多呈菱形。

C₄植物梭梭、白梭梭栅栏细胞中有大量含晶细胞，这些含晶细胞也都含有一个大的晶簇，几乎充满整个细胞腔隙。C₄植物沙拐枣贮水细胞中有大量黏液细胞、栅栏组织和贮水组织中含有少量的含晶细胞。C₄植物木本猪毛菜的晶体主要分布在栅栏组织和表皮细胞之间，而 C₄植物猪毛菜只在贮水组织中偶可见晶簇。梭梭、白梭梭、沙拐枣和木本猪毛菜的同化枝或叶片中所含的晶体成分为草酸钙。

3.5.1　草酸钙晶体的形成与发育

晶体的形成可能与某种膜系统相关，草酸钙晶体通常以一种特定的形态在特定的空间位置形成。草酸盐生物合成的途径包括：草酸乙酰盐水解、乙醇酸盐/乙醛酸盐的氧化或 L-抗坏血酸的氧化分解等（Nakata，2003）。用放射性标记前体进行的生化测定证明抗坏血酸的 C2/C3 分裂是草酸盐产生的主要途径，草酸盐主要源自 L-抗坏血酸的分解，抗坏血酸是草酸产生的前体。

作为细胞骨架元件的微管，具有在细胞生长时调节细胞形状的功能。含晶细胞（如针晶体和柱状晶）在晶体生长时会有所延长，推测微管可能作用于调节晶体和细胞的生长（Nakata，2003）。成熟的含晶细胞中，晶体为类似细胞壁的物质包围（Franceschi and Horner，1980）。

比较不同土壤水分条件下盆栽梭梭同化枝横切面解剖结构图时发现，在土壤湿润条件下，梭梭同化枝中含晶细胞的尺寸要比干旱条件下的大一些，并且晶体充满了含晶细胞腔，说明含晶细胞内晶体大小与水分条件存在一定联系。

3.5.2　植物草酸钙晶体的形态

植物中草酸钙晶体的形态和大小各异。常见的草酸钙晶体形态大致可以分为 5 类。

1）针晶体，狭长延伸的针状晶体束。

2）柱状晶，一个有锐利末端的延伸的晶体，可能延伸成立方体。

3）棱柱晶，多种形状。

4）晶体砂，单个细胞中由很多微小的、单独的晶体组成的结晶块。

5）晶簇，一个单独的球形晶体集合。

其他形状是这些形态的变异或中间体。有时数个形态的晶体有可能在同一植物的同一或不同组织或器官中并行产生，而在其他一些种或属甚至目中，只有一种形态的晶体存在。植物中不同晶体类型的存在与否可作为一些类群分类的有用性状（Prychid and Rudall, 1999）。

3.5.3 植物草酸钙晶体的存在形式

植物中的草酸钙主要以两种水合状态存在，即一水合物 $CaC_2O_4 \cdot H_2O$（水草酸钙石）和多水合物 $CaC_2O_4 \cdot (2+x) H_2O$（草酸钙石）；两者具有不同的结构，一水合物属于单斜晶系，而多水合物属于四方晶系（Wyssling, 1981）。晶体的形态与草酸钙晶体的水合状态有关。草酸钙晶体的一水合物状态很稳定，而多水合物状态则呈现为亚稳态；两者属于不同的结晶系，多水合物不能直接转变为一水合物，必须经过多水合物的溶解过程。

钙与草酸的相对浓度可影响形成晶体的水合形式。在中性环境中，Ca^{2+} 和草酸根离子形成两种水合物的微晶体沉淀，而随着 Ca^{2+} 浓度的降低，多水合物会慢慢消减甚至消失。当 Ca^{2+} 加入浓缩的草酸溶液中时则较多形成一水合物晶体；当草酸混入浓缩的 Ca^{2+} 溶液中时则形成多水合物（Wyssling, 1981）。在植物中，这两种水合状态下都发现了相同的晶体形态。从两种草酸钙水合物的形成条件和稳定性来看，多水合物较易在温带植物中出现，而一水合物在热带植物中更为丰富。

3.5.4 草酸钙晶体的功能

一般认为，旱生植物中含晶细胞的出现是植物体内多余盐碱的一种积累方式，它可以减少植物体内的有害物质，对植物的抗盐碱有着特殊作用。梭梭同化枝表皮层下发达的栅栏组织细胞和贮水组织间，分布着由栅栏组织和贮水组织细胞分泌出的盐结晶粒，这些发达的泌盐显微结构和薄壁贮存组织内的高含盐量的细胞液，可导致梭梭体内的水势始终低于土壤水势。同时，结晶盐的存在，维持了细胞间较低的水势，对向空气中蒸腾失去的水分也会产生较强的拉力，从而减弱水分子由细胞间隙逸出的数量，起到了抗旱的作用。这些沙生、旱生植物中的含晶细胞具有较强的吸水能力，从而在外界环境水分状况较好，导管中水分输导良好时，吸收并保存水分；在外界环境干旱，导管中水分输导受阻而不能正常供给体内各部所需水分时，可为其周边细胞提供一个较为湿润的小环境，从而起到提高抗旱性的作用。

草酸钙功能涉及钙调节，离子平衡（如 Na^+，K^+），植物防御，组织支撑和植物硬度保持，重金属的解毒以及光的聚集和反射等，草酸钙晶体的形成主要是一种钙调节机制（Volk et al., 2002）。

（1）钙调节

Ca 是一种重要的基本植物营养元素，植物对其需求是以离子形式表现出来的。Ca^{2+} 是从单细胞细菌到复杂神经细胞的细胞信号转导中最常见的元素。细胞信号转导是指细胞通过胞膜或胞内受体感受信息分子的刺激，经细胞内信号转导系统转换，从而影响细胞生物学功能的过程。作为胞质第二信使，Ca^{2+}连接一定范围内的外界刺激与生理反应。在Ca^{2+}信号转导途径中，其中心环节是调节胞质Ca^{2+}水平以响应胞内外的信号，因此，Ca^{2+}水平在细胞内以亚微摩尔水平被精确控制（韩宁等，2005）。大多数植物通过特殊的细胞器如内质网、液泡、叶绿体和线粒体的吸收来调节胞质Ca^{2+}水平，或主动将Ca^{2+}泵入质外体中。

一般认为，含晶细胞的主要功能是一个局部钙库，可减少毗邻细胞周围的质外体中Ca^{2+}浓度，草酸钙晶体的大小及数量随着植物生长环境中Ca^{2+}浓度的变化而变化，草酸钙的形成对Ca^{2+}浓度调节发挥重要作用（Monje and Baran，2002）。外源Ca^{2+}的供应可诱导大量草酸钙晶体的快速生成，通过对水生植物大藻（*Pistia stratiotes*）中聚积的针晶和晶簇的研究，认为针晶和晶簇的形成有着不同但相关的作用，针晶的形成可能有双重功效：一是Ca^{2+}调节，二是植物防御；而球形晶簇的形成则只与Ca^{2+}调节有关（Volk et al.，2002）。晶簇的形成是动态的，与Ca^{2+}水平的波动相互响应。当Ca^{2+}水平高时晶簇的大小和数量迅速增长；而当Ca^{2+}受限制时，晶簇的大小和数量减少，以此推测其分解出Ca^{2+}可便于植物利用。晶体的这种主动生长以及当组织中Ca^{2+}匮乏时晶体消失的现象在很多植物中都存在。另外，Volk等（2002）用草酸钙氧化酶抗体识别出了一种推定的酶，该酶可能在释放草酸钙过程中起重要作用；这种酶在含晶细胞处于Ca^{2+}受限制的植物生长条件时是丰富的，而当处于Ca^{2+}可用性高的植物生长条件时就会减少。

（2）植物保护和防御

在瞪羚（*Gazella dorcas*）食草性的研究中（Ward et al.，1997），作者注意到石蒜科全能花属植物*Pancratium sickenbergeri*只有其叶片的尖端受到啃食。用显微镜观察叶片时，明显可看到叶片的尖端是整个叶片中唯一全无针晶的部分。通过对三个不同地方（Ardon 山谷，Neqarot 峡谷和 Machmal 山谷）的*Pancratium sickenbergeri*进行观察，发现生长在放牧最多的地方的植物含有的晶体最多，而生长在放牧最少的地方的则晶体积聚较少或没有晶体。晶体的形成可能是出于对取食压力的选择。

某些植物的草酸钙晶体有倒钩和凹槽，有倒钩的晶体突出物能通过刺激食草动物的黏膜起到防止被其取食的威慑作用，凹槽的存在会使一些化学刺激物（如一类有毒的蛋白水解酶或葡糖苷）进入动物伤口来防止动物取食。

（3）重金属的解毒

植物可利用有机酸（如柠檬酸、苹果酸或草酸）与游离的重金属离子结合为非活性态，以增强其对重金属的耐受性。草酸是很多植物的主要有机酸，在离子平衡中起特殊作用。有些植物利用草酸来解除环境中有害金属的毒性，如铅、铝、锶和镉等。此类植物与生长环境中的重金属结合，通常形成草酸盐晶体。草酸解除铝毒的机制可归为两类，即外部斥铝和内部解毒；前者是指植物通过根系分泌草酸到环境中与铝络合而使铝失活；后者是指植物将铝以无毒形式——草酸铝储存于液泡中，降低细胞质中的游离铝离子浓度。荞麦类植物，这两种解毒铝的机制都有。

3.5.5　C₄荒漠植物的含晶细胞

C₄荒漠植物普遍具有含晶细胞。对 4 种典型 C₄木本荒漠植物梭梭、白梭梭、沙拐枣、木本猪毛菜及 C₄草本植物猪毛菜的含晶细胞数量、大小、形态和分布位置进行解剖结构观察及比较分析发现，梭梭和白梭梭的同化枝普遍具有含晶细胞；沙拐枣的含晶细胞很少，一般只分布在贮水组织或靠近栅栏组织处；木本猪毛菜的含晶细胞也不多，主要分布在栅栏组织和表皮细胞之间；猪毛菜的含晶细胞更少，仅在贮水组织中偶尔可见晶簇。比较梭梭、白梭梭和沙拐枣同化枝不同部位的解剖结构发现，梭梭同化枝含晶细胞从基部向顶部逐渐减少。白梭梭同化枝顶部含晶细胞反而多于中部和基部，与梭梭相反。沙拐枣同化枝只有少量的含晶细胞，但同化枝顶部与基部的黏液细胞较多，中部较少。

综合晶体的酸碱溶解性及硝酸银组化分析结果，并参照能谱仪的分析结果得知，梭梭、白梭梭、沙拐枣和木本猪毛菜的同化枝或叶片中所含晶体的主要成分为草酸钙。

梭梭、白梭梭和沙拐枣同化枝横切面的扫描电镜图像如图 3-12 所示，在白梭梭和梭梭的同化枝中，含有大量的含晶细胞。在梭梭同化枝的贮水组织中，晶体像似一成长中的晶簇［图 3-12（a）、（d）］。在白梭梭同化枝的栅栏组织中，晶体呈晶体砂状，即由很多微小的、单独的晶体组成了结晶块［图 3-12（b）、（e）］。沙拐枣的含晶细胞则明显少，一般只分布在贮水组织或靠近栅栏组织处。沙拐枣同化枝在靠近维管束鞘的贮水组织细胞中，晶体似为钟乳体和晶体砂的混合体，或为晶簇的前体［图 3-12（c）、（f）］。

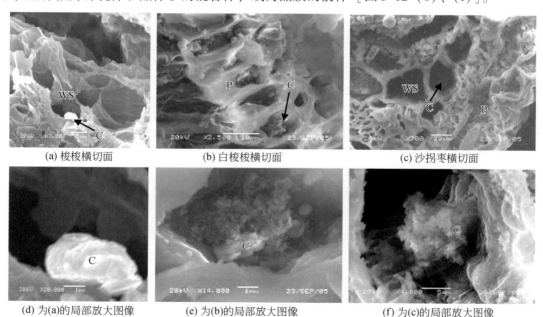

(a) 梭梭横切面　　　　　(b) 白梭梭横切面　　　　　(c) 沙拐枣横切面

(d) 为(a)的局部放大图像　　(e) 为(b)的局部放大图像　　(f) 为(c)的局部放大图像

图 3-12　梭梭、白梭梭和沙拐枣同化枝横切面在扫描电镜下的图像

图中 C 为晶体；P 为栅栏组织；WS 为贮水组织

晶体成分分析，用能谱仪对晶体优势元素进行测定。对梭梭和沙拐枣同化枝横切面进行 X 射线能量色散谱扫描，扫描靶点分别如图 3-12（d）、（e）和（f）所示，检测同化枝含晶细胞中元素的分布，结果表明梭梭和沙拐枣含晶细胞中除 C 和 O 元素外，Ca 是含晶细胞中的优势元素。由能谱分析结果看，所选靶点的 Ca 元素含量较高，说明该点有较多的钙沉积，晶体主要成分是某种钙盐，可能是草酸钙或碳酸钙。

进一步进行组织化学分析。经 AgNO₃ 处理的切片，其含晶细胞中的晶体都呈黑色（图 3-13）。AgNO₃ 是一种可溶性银盐，若遇到氯离子、溴离子和碘离子等会发生反应，生成不溶于水的氯化银（白色沉淀）、溴化银（淡黄色沉淀）和碘化银（黄色沉淀）等。几种植物的晶体经处理后均呈黑色（图 3-13），说明这几种植物的晶体含有相同的成分，初步判断黑色物质可能是草酸银或碳酸银。

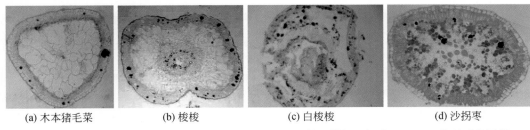

(a) 木本猪毛菜　　　(b) 梭梭　　　(c) 白梭梭　　　(d) 沙拐枣

图 3-13　木本猪毛菜叶、梭梭、白梭梭和沙拐枣同化枝的横切面切片经 AgNO₃ 处理后的图像

接着进行晶体的酸碱溶解性实验，结果显示，浓 HCl 和浓 NaOH 中含有晶体的切片完全脱落，1mol/L NaOH 中有部分切片也出现脱落现象，晶体在 36% 乙酸、1mol/L NaOH 和 pH 为 12~13 的 NaOH 中不溶解，在 2mol/L HCl 和 pH 为 2~3 的 HCl 中，第一天部分溶解，第二天完全溶解，即晶体不溶于 NaOH 和乙酸，而溶于稀盐酸。因为碳酸钙既溶于稀盐酸又溶于乙酸，草酸钙则不溶于乙酸只溶于盐酸，因此排除晶体是碳酸钙的可能。

结合能谱分析，并综合晶体的酸碱溶解性及硝酸银组化分析结果，判定梭梭、白梭梭、沙拐枣和木本猪毛菜的同化枝或叶片中，晶体的主要成分为草酸钙（严巧娣等，2008）。

第4章 | C₄植物生理适应特征

4.1 导 言

生态环境对植物的长期作用影响了植物的形态建成和生理特性，使植物形成了适应环境的形态结构和生理调节特性。植物光合生理对逆境反应非常敏感。研究植物对环境胁迫的光合作用、蒸腾作用等生理反应，不但有助于揭示植物适应逆境的生理机制，更有利于生产上采取切实可行的技术措施，提高植物的抗逆性，保护植物免受伤害，为植物的生长创造有利条件。

水分是影响荒漠植物生长发育的主导因子，能够引起植物一系列的生理生化响应。当植物对水分的需求超过水分供应时，植物必须对有限的水分采取更为有效的利用方式来减小水分胁迫，满足植物基本的生理代谢。不同荒漠植物的结构与生理特点不同，适应荒漠逆境的方式也不相同，形成了适应方式的多样性。过去对植物逆境反应的研究以人工胁迫处理较多，但是，人工胁迫并不能完全代替自然环境的胁迫，它们侧重于植物对短期逆境胁迫的响应，不能完全阐明植物在自然胁迫下的适应机制，所以研究荒漠植物在自然环境胁迫下的反应对人们彻底了解植物对逆境的适应性，具有重要的意义。

逆境生理（stress physiology）是研究植物在逆境条件下的生理反应及其适应与抵抗逆境机理的科学。在胁迫下植物体发生的生理生化变化称为胁变（strain）。胁变的程度不同，程度轻而解除胁迫以后又能恢复的胁变称弹性胁变，程度重而解除胁迫以后不能恢复的胁变称塑性胁变。植物的抗逆性可用胁迫与胁变的比值表示，即植物抗逆性的强弱取决于外界的胁迫强度和植物对胁迫的反应程度，同样胁迫程度下植物胁变的程度取决于遗传潜力和抗性锻炼的程度（Rieger et al., 2003）。原生植物（native plant）已经适应的非生物条件可能会对外来植物产生生理胁迫。

C₄植物与C₃植物相比，具有较强固碳能力、较高生物量、适应高温强光环境等特点，有一大部分C₄植物在沙漠、戈壁和盐碱地生长良好。植物的光合碳同化途径在生活史中并不是固定不变的，植物在不同生长期可能具有不同的光合途径（Pyankov et al., 1999）。C₄光合作用的发生机制是藜科植物在荒漠地区广泛分布和适应干旱条件的生理基础（Pyankov et al., 2000）。C₄植物对高温、水分胁迫的忍耐，低蒸腾比以及潜在的高生长速率，不仅取决于其自身的生理生化特性，同时还受到环境因子的限制。

4.2 C₄植物的光合酶

C₄植物催化固定CO₂的酶为磷酸烯醇式丙酮酸羧化酶（PEPCase），与C₃植物的核酮糖-1,5-二磷酸羧化酶（RuBPCase）相比，PEPCase 对 CO_2 的亲和力更高。C₄植物 PEPCase 在栅栏细胞中催化固定 CO_2，生成草酰乙酸（oxaloacetic acid，OAA），OAA 在 NADP 苹果酸脱氢酶催化下还原为苹果酸，有些 C₄植物的 OAA 转变为天冬氨酸。苹果酸或天冬氨酸通过胞间连丝进入维管束鞘细胞，脱羧放出 CO_2，释放出的 CO_2 被位于维管束鞘细胞内的 RuBPCase 催化，进入卡尔文循环（Calvin-benson cycle）。这种 CO_2 的浓缩机制（CO_2-concentrating mechanisms，CCM）导致了维管束鞘细胞内高浓度的 CO_2，一方面提高 RuBPCase 的羧化能力，另一方面又大大抑制了 RuBPCase 的加氧活性，降低了光呼吸，从而使 C₄植物保持高的光合效率（photosynthetic efficiency）。

4.3　稳定碳同位素特征

4.3.1　C₃和 C₄植物的稳定碳同位素分馏

光合作用是不同碳素代谢途径的植物产生碳同位素分异的本质。根据植物碳同位素分馏经典模式（Farquhar et al.，1982；Francey and Farquhar，1982），植物叶片 $\delta^{13}C$ 与细胞内外 CO_2 浓度比（C_i/C_a）有如下关系：

$$\delta^{13}C_{植物} = \delta^{13}C_{空气} - a - (b-a)C_i/C_a \tag{4-1}$$

式中，$\delta^{13}C_{空气}$ 为空气 CO_2 的 $\delta^{13}C$ 值；a 为气孔扩散作用对 ^{13}C 的辨别力；b 为光合羧化酶对 ^{13}C 的辨别力。C₃、C₄植物的区别就在于 b 的不同（Farquhar et al.，1982）。

C₃植物的碳同位素比率用下式表示（Farquhar，1983）：

$$\delta^{13}C_{植物} = \delta^{13}C_{空气} - a - (b_3-a)p_i/p_a \tag{4-2}$$

式中，a 是大气 CO_2 扩散到叶肉细胞间时所发生的碳同位素分馏；b_3 是 C₃植物内 CO_2 被 RuBPCase 羧化作用所发生的碳同位素分馏；a 和 b_3 为常数，在 25℃条件下，$a=4.4‰$，$b_3=27.0‰$；p_i 和 p_a 分别是叶片细胞间 CO_2 分压和大气 CO_2 分压。

C₄植物的碳同位素比率用下式表示（Farquhar，1983）：

$$\delta^{13}C_{植物} = \delta^{13}C_{空气} - a - (b_4+b_3\Phi-a)p_i/p_a \tag{4-3}$$

式中，a、b_3、p_i 和 p_a 同式（4-2）；b_4 是 C₄植物内 CO_2 被磷酸烯醇式丙酮酸固定过程中所发生的总的碳同位素分馏；$b_4=-5.7‰$；Φ 为 C₄植物维管束鞘细胞中 CO_2 泄漏大小。

所有的植物吸收 ^{12}C 优先于吸收 ^{13}C（Martinelli et al.，1991）。不同光合途径因光合羧化酶及发生羧化的时间和空间上的差异，对 ^{13}C 有不同的识别和排斥，C₄植物对 ^{13}C 的辨别力比 C₃植物要复杂，它们的碳同位素组成不仅取决于胞间 CO_2 分压和大气 CO_2 分压的比率，而且还取决于 Φ。在 C₄光合过程中，在维管束鞘细胞内四碳二羧酸释放的部分 CO_2 因未被核酮糖-1,5-二磷酸羧化而又泄漏返回到叶肉细胞中，这部分 CO_2 所占整个四碳二羧酸释放的 CO_2 的比例即为 Φ。

C₄植物根据运入维管束鞘细胞的 C₄化合物和脱羧反应的不同，分为 3 种类型，分别为 NADP 苹果酸酶类型（NADP-ME 型）、NAD 苹果酸酶类型（NAD-ME 型）和 PEP 羧化激酶类型（PEP-CK 型）。不同 C₄ 植物维管束鞘细胞脱羧放出的 CO_2 泄漏到叶肉细胞的差别是很显著的，NADP-ME 型的单子叶植物的 CO_2 泄漏最小，如玉米、甘蔗、高粱等；NAD-ME 型的禾本科草和 NAD-ME 型与 PEP-CK 型的双子叶植物的 CO_2 泄漏最大，如狗尾草、马齿苋、千穗谷等；PEP-CK 型的禾本科草和 NADP-ME 型的双子叶植物居中，如非洲鼠尾粟、羊草等（Farquhar，1983）。另外，樟味藜属（*Camphorosma*）、地肤属（*Kochia*）和雾冰藜属（*Bassia*）的 C₄ 植物种为 NADP-ME 型，所有的滨藜属（*Atriplex*）和碱蓬属（*Suaeda*）的 C₄ 植物种为 NAD-ME 型。C₄ 途径的 3 种类型（NADP-ME 型、NAD-ME 型及 PEP-CK 型）对 CO_2 泄漏的不同导致 $\delta^{13}C$ 值有所不同，$\delta^{13}C$ 值能够反映出 CO_2 泄漏数量的变化，NADP-ME 型平均为 $-11.35‰$；NAD-ME 型的 $\delta^{13}C$ 值最小，平均为 $-12.7‰$；PEP-CK 型平均为 $-11.95‰$，介于二者中间。

Farquhar 和 Richards（1984）及 Körner 等（1988）用式（4-2）的 a 和 b_3 值，得出 C₃ 植物稳定碳同位素辨别力（Δ）的计算公式为

$$\Delta = (4.4 + 22.6\ p_i/p_a) \times 10^{-3} \qquad (4-4)$$

式中，p_i 和 p_a 同式（4-2）。

随着海拔的增加，p_i/p_a 降低，Δ 也降低（Körner et al.，1988）。不同的植物，不同的气候条件下，Δ 值随着海拔的变化不同（Körner et al.，1988；Marshall and Zhang，1994）。随海拔的升高我国西北祁连山区优势树种青海云杉（*Picea crassifolia*）的 Δ 值降低很明显。

植物叶片的解剖结构通过对叶片内部 CO_2 导度产生影响，进而影响到植物的 $\delta^{13}C$ 值（Masle et al.，1992）。栅栏组织发达，多层，排列紧密，其中大量的叶绿素可促进光合作用，加强对叶肉中 CO_2 的竞争，使 CO_2 供应不足，但同时，这种结构的遮阴效应以及阻碍 CO_2 扩散的效应均会减弱植物的光合作用（Mediavilla et al.，2001）；相反，栅栏组织中一定距离的范围内存在大的胞间隙，会更利于 CO_2 的扩散和对光能的利用，海绵组织的分化也有利于 CO_2 扩散。

环境条件不同，同一植物的 $\delta^{13}C$ 值不同。Ehleringer 等（1986）研究亚热带森林中生长于三个不同地点的 10 种植物的 $\delta^{13}C$ 值，并据此计算叶片的 C_i 浓度，结果证明生长于郁蔽和开放条件下的植物间的 $\delta^{13}C$ 值和 C_i 有明显的差别，郁蔽森林中的种类 $\delta^{13}C$ 值较低，C_i 较高。

胡杨（*Populus euphratica*）叶片 $\delta^{13}C$ 值在地下水位高处比地下水位低处可高出 $2.9‰$。C₃ 荒漠植物红砂 $\delta^{13}C$ 值在我国内陆黑河下游戈壁上比中游摞荒地上高出 $3.8‰$，芦苇 $\delta^{13}C$ 值在干旱生境下与较湿生境下相比高出 $2.2‰$，黑果枸杞严重衰退的植株 $\delta^{13}C$ 值要比生长旺盛的高出 $3.9‰$。C₄ 荒漠植物珍珠 $\delta^{13}C$ 值在沙漠上比在摞荒地上高出 $1.9‰$，衰退梭梭的 $\delta^{13}C$ 值比长势较好的高出 $1.3‰$，衰退沙拐枣的 $\delta^{13}C$ 值比长势较好的高出 $1.7‰$。C₃ 荒漠植物比 C₄ 荒漠植物在不同生境下 $\delta^{13}C$ 值的变化要大。在内陆河流域，不论是山区植物、荒漠 C₃ 和 C₄ 植物，还是荒漠河岸林树种胡杨，都证明同种植物过高的 $\delta^{13}C$ 值指示着植物的衰退和生境的严重胁迫。

4.3.2 植物叶片或同化枝 $\delta^{13}C$ 值与光合途径

C_4植物除以叶片解剖结构、$\delta^{13}C$ 值和 CO_2补偿点为主要分析判据外，光合速率、光饱和点、水分利用效率、叶绿素 a/b、磷酸烯醇式丙酮酸羧化酶（PEPCase）活性、生物产量等与同域 C_3植物相比也特征明显。Winter（1981）将植物 $\delta^{13}C$ 值分为类 C_4植物 $\delta^{13}C$ 值（-15.6‰）和类 C_3植物 $\delta^{13}C$ 值（-23.6‰）两大类，类 C_4植物 $\delta^{13}C$ 值可以作为 C_4光合作用植物或肉质植物中叶片和茎干晚上固定 CO_2的 CAM（crassulacean acid metabolism）植物的象征。$\delta^{13}C$ 值为-16‰～-9‰指示是 C_4植物，在-32‰～-23‰指示是 C_3植物，CAM 植物 $\delta^{13}C$ 值为-22‰～-10‰（Farquhar et al.，1982；Hattersley，1982）。到目前为止，还没有发现 C_4植物光合器官的 $\delta^{13}C$ 值不在 C_4植物范围之内。

梭梭和沙拐枣同化枝的 $\delta^{13}C$ 值与玉米相近，玉米的 $\delta^{13}C$ 值为-14.7‰（甘肃河西走廊，2001 年）（表4-1）（苏培玺等，2003）；Smith 和 Epstein（1971）得出玉米的 $\delta^{13}C$ 值为-14.0‰（美国加利福尼亚，1971 年）。从上述研究结果可以看出玉米 $\delta^{13}C$ 值 2001 年比 1971 年小 0.7‰，一方面是由于空气 $\delta^{13}C$ 不同，Smith 和 Epstein 他们测定时的 $\delta^{13}C_{空气}$ 为-7.0‰，本书作者测定时的 $\delta^{13}C_{空气}$ 为-9.2‰；另一方面是由于其他环境因子不同所致。$\delta^{13}C_{空气}$ 随着 CO_2浓度的不断升高，也在相应地发生变化。当 CO_2浓度最小时，$\delta^{13}C$ 最高，相当于海洋上空大气 CO_2值（Keeling，1958）。工业革命以来，大气 CO_2的 $\delta^{13}C$ 呈现下降趋势，1750～1980 年，$\delta^{13}C$ 下降了 1.5‰～2‰（郑永飞和陈江峰，2000）。CO_2浓度的升高主要是由于化石燃料（煤、石油等）的燃烧，植物化石燃料中的 $\delta^{13}C$ 值与植物接近（-25‰），在燃烧过程中贫 ^{13}C 的 CO_2释放，致使大气中 CO_2的 $\delta^{13}C$ 值随 CO_2浓度上升而逐渐下降。Farquhar 等（1982）报道，1982 年时 $\delta^{13}C_{空气}$ 为-7.8‰；Schleser 和 Jayasekera（1985）报道，1985 年时 $\delta^{13}C_{空气}$ 为-8.8‰。Smith 和 Epstein（1971）测定的银白杨的 $\delta^{13}C$ 值为-28.4‰，2001 年测定的同为杨属的二白杨和胡杨，其 $\delta^{13}C$ 分别比它小 0.8‰和 1.3‰（表4-1）。

表4-1 不同植物生长后期（8 月下旬）叶片或同化枝的稳定碳同位素比率（$\delta^{13}C$）和辨别力（Δ）

植物种	$\delta^{13}C$/‰	Δ/‰
梭梭（*Haloxylon ammodendron*）	-14.31[A]	5.15[A]
玉米（*Zea mays*）	-14.74[A]	5.59[A]
沙拐枣（*Calligonum mongolicum*）	-14.82[A]	5.67[A]
柠条（*Caragana korshinskii*）	-25.75[B]	16.96[B]
泡泡刺（*Nitraria sphaerocarpa*）	-25.79[B]	16.99[B]
细枝岩黄耆（*Hedysarum scoparium*）	-26.38[B]	17.61[B]

植物种	$\delta^{13}C/‰$	$\Delta/‰$
棉花 (*Gossypium hirsutum*)	-27.52^C	18.80^C
红砂 (*Reaumuria songarica*)	-28.05^C	19.36^C
沙枣 (*Elaeagnus angustifolia*)	-28.08^C	19.40^C
二白杨 (*Populus gansuensis*)	-29.18^D	20.54^D
胡杨 (*Populus euphratica*)	-29.71^D	21.11^D

注：$\delta^{13}C_{空气}=-9.23‰$，在相同的列中，不同的大写字母表示差异达到极显著水平（$P<0.01$）

2001 年梭梭同化枝的 $\delta^{13}C$ 值为 $-14.3‰$，Winter（1981）用伊朗标本测定的 $\delta^{13}C$ 值为 $-14.0‰$，Pyankov 等（1999）测定生长在俄罗斯叶卡特琳堡附近的白梭梭同化枝的 $\delta^{13}C$ 值为 $-13.1‰$，培育在美国华盛顿州立大学温室里的白梭梭同化枝的 $\delta^{13}C$ 值为 $-14.3‰$。梭梭和白梭梭在不同生境下的 $\delta^{13}C$ 值没有显著差异，表示它们并没有光合途径的变化。

20 世纪 80 年代初，用果实的木质果皮测定沙拐枣属一些种的稳定碳同位素组成得到，泡果沙拐枣（*Calligonum junceum*）、白皮沙拐枣（*C. leucocladum*）、头状沙拐枣（*C. caput-medusae*）和乔木沙拐枣（*C. arborescens*）的 $\delta^{13}C$ 值分别为 $-12.7‰$、$-12.3‰$、$-12.5‰$和 $-12.1‰$（Winter，1981）。2001 年测定得到，沙拐枣同化枝的 $\delta^{13}C$ 值为 $-14.8‰$，生长在缓平沙坡和丘间低地两种生境下的沙拐枣，整个生长期同化枝 $\delta^{13}C$ 值的平均值之间无显著差异，表示它们没有光合途径的变化。从生殖器官和光合器官两种材料分析得出，沙拐枣属植物均为 C₄ 植物。

4.3.3　梭梭和沙拐枣同化枝的稳定碳同位素特征

（1）梭梭和沙拐枣同化枝 $\delta^{13}C$ 值及其与同域其他植物的比较

梭梭和沙拐枣的稳定碳同位素比率与玉米之间无显著差异。柠条、泡泡刺、细枝岩黄耆（花棒）和红砂等荒漠植物，以及绿洲防护林树种沙枣、二白杨和绿洲内部胡杨等的 $\delta^{13}C$ 值与棉花比较接近，$\delta^{13}C$ 值为 $-30‰ \sim -25‰$。通过多重比较得出，梭梭和沙拐枣与柠条、泡泡刺、花棒、红砂、沙枣、二白杨和胡杨等之间的 $\delta^{13}C$ 值存在极显著差异。

研究区 2002 年空气 CO_2 的 $\delta^{13}C$ 值为 $-9.23‰\pm0.12‰$，计算的植物稳定碳同位素辨别力（Δ）见表 4-1，它们之间的显著性检验结果与 $\delta^{13}C$ 值相同，与 C₄ 作物玉米相近的梭梭和沙拐枣的 Δ 值为 $5‰ \sim 6‰$，其他植物的 Δ 值为 $16‰ \sim 22‰$，C₃ 作物棉花的 Δ 值为 $18.8‰$。由此可见，$\delta^{13}C$ 值越大，Δ 值越小，反之亦然。

（2）梭梭和沙拐枣及同域几种主要荒漠植物同化枝或叶片 $\delta^{13}C$ 值的季节变化

在生长季节，梭梭、沙拐枣、柠条、泡泡刺和花棒同化枝或叶片的 $\delta^{13}C$ 值在不同月份各不相同，但总体来看，从生长初期到生长后期呈现降低趋势（表 4-2），梭梭、沙拐枣、柠条和泡泡刺各自同化枝或叶片的 $\delta^{13}C$ 值在生长月份上存在显著差异，而花棒在不同月份的样品间$\delta^{13}C$值差异不显著。进一步多重比较结果见表4-2。

表4-2 不同月份荒漠植物叶片或同化枝的$\delta^{13}C$值 （单位：‰）

植物种	6 月	7 月	8 月	9 月	10 月
梭梭（Haloxylon ammodendron）	−14.46[a]	−15.40[b]	−14.31[a]	−14.60[a]	−15.83[b]
沙拐枣（Calligonum mongolicum）	−13.76[a]	−14.64[b]	−14.82[b]	−14.77[b]	−14.98[b]
柠条（Caragana korshinskii）	−25.05[a]	−25.73[b]	−25.75[b]	−26.44[c]	−27.46[d]
泡泡刺（Nitraria sphaerocarpa）	−25.13[a]	−25.38[a]	−25.79[a]	−26.80[b]	−27.11[b]
花棒（Hedysarum scoparium）	−26.16[a]	−26.83[a]	−26.38[a]	−27.18[a]	−27.27[a]

注：在同一行中，不同的小写字母表示差异达到显著水平（$P<0.05$）

植物的生长与其生境密切相关，生长在土壤湿度较高生境下的沙拐枣较干旱生境下的沙拐枣同化枝的$\delta^{13}C$值略低一些，丘间低地沙拐枣同化枝的$\delta^{13}C$值均小于缓平沙坡，丘间低地6～10月$\delta^{13}C$值平均为−14.79‰，缓平沙坡上为−14.59‰。对不同生境下沙拐枣在不同月份的$\delta^{13}C$值分别进行季节变化分析，缓平沙坡上生长的沙拐枣6月同化枝$\delta^{13}C$值与7月、8月、9月、10月之间存在显著差异，7月、8月、9月、10月之间不存在显著差异；丘间低地生长的沙拐枣同化枝$\delta^{13}C$值在不同月份均不存在显著差异。

高温强光的7月，比较土壤水分高低两种状况下的$\delta^{13}C$值。土壤水分指0～100cm土层平均质量含水量，梭梭在高、低水分状态下的$\delta^{13}C$值分别为−4.8‰和−1.3‰，沙拐枣为−5.7‰和−1.6‰。在土壤水分从高到低两种状况下，梭梭和沙拐枣两种植物的$\delta^{13}C$值都呈现增高的趋势，但均不存在显著差异。

4.4 C₄植物叶片光合作用

4.4.1 光合作用及其途径

光合作用是地球上最重要的化学反应，是最大规模将太阳能转化为化学能的方式，是一切生命活动的基础。植物利用太阳光能裂解水释放出地球上绝大多数生命活动所需的氧气，将无机物合成有机物，把太阳能转化为化学能，蓄积在所合成的有机化合物中，为人类生存和活动提供能量来源。

叶片是植物体暴露在环境中总面积最大的器官。在植物的进化过程中，叶片对环境变化的反应较敏感且可塑性较大（Galmés et al., 2007），其光合生理特征最能体现环境因子对植物的影响或植物对环境的适应。叶片是植物进行光合作用的主要器官，简称光合器官，叶绿体（chloroplast）是进行光合作用的主要细胞器，植物利用它将光能转化为化学能，贮存在三磷酸腺苷（ATP）和还原型烟酰胺腺嘌呤二核苷酸磷酸（NADPH）两种化合物中，分别作为能源和还原的动力将CO_2固定。

光是植物的一种重要的环境信号分子,植物能精确感受光的各种参数来调控其生长和发育,这种调控作用贯穿植物的整个生命周期。植物对环境的适应沿着有利于光合作用的方向发展。

据估计,地球上的自养植物(autophyte)每年约同化 2×10^{11} t 碳素,其中 40% 是由浮游植物同化的,60% 是由陆生植物同化的。绿色植物合成的有机物,可以直接或间接作为人类和全部动物界的食物,以及某些工业的原料。

光合作用调节气候,保护环境。据估计,全世界生物呼吸和燃料燃烧对氧气的消耗平均为 10 000t/s,以这样的消耗速度计算,大气中的氧气在 3000 年前后就会用完,然而,广泛分布在地球上的绿色植物不断地进行光合作用,吸收 CO_2 和放出 O_2,使得大气中的 O_2 和 CO_2 含量比较稳定。据计算,地球上的植物每年放出 5.35×10^{11} t 氧气(潘瑞炽,2001)。大气中一部分氧气转化为臭氧(O_3),在大气上层形成一屏障层,滤去太阳光中对生物有强烈破坏作用的紫外线,使生物可在陆地上活动和繁殖。

随着人类社会经济的快速发展,CO_2、甲烷(CH_4)、一氧化氮(NO)、一氧化二氮(N_2O)、氮氧化物(NO_x)、氨气(NH_3)、二硫化碳(CS_2)、二甲基硫(DMS)、氧硫化碳(COS)、氟氯烃(CFC_s)、一氧化碳(CO)等温室气体的增加,对生存环境的破坏不断加剧,主要温室气体 CO_2 浓度升高导致全球气候变暖和自然灾害的频繁发生。据国际气象组织预测,到 2030 年,由于 CO_2 及其他温室气体的增加,地表温度将上升 1.5 ~ 4.5℃,海平面上升 20 ~ 140cm。减少 CO_2 源、增加 CO_2 汇的研究成为国际社会关注的热点。

光合作用是植物对环境变化最敏感的生理过程之一,是不同碳素代谢途径的植物产生碳同位素分异的本质(Medina and Minchin,1980;Farquhar et al.,1989b)。不同生态条件的植物具有不同的光合特性。植物按光合作用途径区分为 C_3、C_4 和 CAM 三大类,也有学者提出 C_3-C_4 中间植物,但这类植物从稳定碳同位素比率分析归为 C_3 植物。

陆生植物中绝大多数是 C_3 植物,C_3 植物在光合细胞中通过核酮糖-1,5-二磷酸(ribulose 1,5-bisphosphate,RuBP)羧化酶/加氧酶(carboxylase/oxygenase,Rubisco)直接固定大气 CO_2。

C_4 植物的光合作用过程是在叶肉细胞(mesophyll cell)和维管束鞘细胞(bundle sheath cell)中分开进行的。在叶肉细胞中,CO_2 受体是细胞质中的磷酸烯醇式丙酮酸(phosphoenolpyruvate,PEP),通过磷酸烯醇式丙酮酸羧化酶固定 CO_2,生成草酰乙酸(oxaloacetic acid,OAA)。在叶肉细胞叶绿体中草酰乙酸在苹果酸脱氢酶催化下被还原为苹果酸(malate);在有些植物中,其草酰乙酸与谷氨酸在天冬氨酸转氨酶作用下,形成天冬氨酸,这一过程是在叶肉细胞的细胞质中进行的。苹果酸(或天冬氨酸)通过胞间连丝进入维管束鞘细胞,脱羧放出 CO_2,释放出的 CO_2 进入卡尔文循环,形成光合产物(photosynthetic product)(图 4-1)。光合产物主要是糖类,包括单糖(葡萄糖和果糖)、双糖(蔗糖)和多糖(淀粉),其中以蔗糖和淀粉最为普遍。磷酸丙糖是光合作用合成的最初糖类,也是光合产物从叶绿体运输到细胞质的主要形式。它既可形成淀粉,暂时贮藏在叶绿体中,又可被运到细胞质基质中合成蔗糖,蔗糖又可运到非光合组织中去。

叶肉细胞从解剖结构观察为栅栏状,也叫栅栏细胞。CO_2 气体从外部到维管束鞘细胞

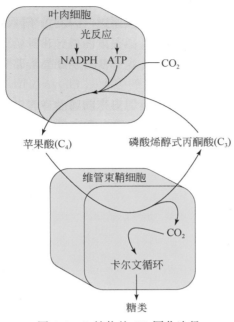

图 4-1　C₄植物的 CO₂同化途径

具体分为以下 5 个步骤。

1）在叶肉细胞中，PEPCase 催化磷酸烯醇式丙酮酸的羧化反应，固定 HCO_3^-（CO₂溶解于水），生成 OAA。这个最初产物 OAA 是含四个碳原子的二羧酸，所以这个反应途径称为四碳双羧酸途径，简称 C₄途径。OAA 被 NADP-苹果酸脱氢酶还原成苹果酸，或者和谷氨酸进行转氨基作用变成天冬氨酸。

2）将四碳酸苹果酸或者天冬氨酸转运到维管束鞘细胞。

3）苹果酸或者天冬氨酸脱羧产生的 CO₂，进入卡尔文循环还原成糖类。不同类型的 C₄植物有不同的脱羧酶，NADP 苹果酸酶类型依赖 NADP 苹果酸酶，NAD 苹果酸酶类型依赖 NAD 苹果酸酶，PEP 羧化激酶类型依赖 PEP 羧化激酶，它们从不同的有机酸中截取 CO₂，这种作用通过提高 CO₂/O₂ 而有效地减少 Rubisco 加氧酶反应。

4）由脱羧基反应产生的三碳酸丙酮酸或丙氨酸运回叶肉细胞。

5）HCO_3^-受体再生。丙氨酸从维管束鞘细胞输出，在丙氨酸转氨酶作用下脱氨形成丙酮酸。在丙酮酸磷酸二激酶催化和 ATP 作用下，丙酮酸产生 PEP，PEP 又可作为 CO₂的受体，使反应循环进行。

C₄光合途径运行较 C₃光合途径需要更多的光能，C₄植物的光饱和点明显高于 C₃植物，在光强超过 C₃植物饱和强度的时候，C₄植物的光合作用才占有绝对优势。C₄植物往往占据那些光、温资源丰富而水分条件相对较差、C₃植物不宜生长的环境。C₄植物对高温和水分胁迫的忍耐，低蒸腾以及潜在的高生长速率，不仅取决于其自身的生理生化特性，同时还受到环境因子的限制。一般来讲，在不考虑其他影响光合速率的因素时，C₄植物比 C₃植物的光合速率可以高出 50%（Osmond et al.，1982）。

CAM 植物晚上气孔开放，通过 C_4 途径固定大气 CO_2，白天通过 C_3 途径进一步形成光合产物（Winter and Smith，1996；Voznesenskaya et al.，2001）。

植物的光合途径在一生中并不是固定不变的。植物光合途径除由遗传特性决定外，适应极端环境的进化改变也是一个很重要的方面（Ehleringer et al.，1997；Pyankov et al.，1999）。人们试图利用 C_4 光合特性来改进 C_3 植物的光合效率，希望通过 C_3 植物与 C_4 植物杂交，将 C_4 植物同化 CO_2 的高效特性转移到 C_3 植物中去，但尚未取得令人满意的结果。植物在不同生长期可能具有不同的光合途径；由于季节性的干旱或高温，一些植物的光合作用途径可能发生季节性的转变，由 C_3 转变为 CAM 或 C_4；另外，通过人工水分胁迫、盐胁迫等方法也可以诱导某些具有改变其光合途径潜力的植物发生光合途径的变化。

4.4.2　叶绿素含量

光合色素有 3 类：叶绿素、类胡萝卜素和藻胆素。叶绿素是高等植物和其他所有能进行光合作用的生物体所含有的一类绿色色素。叶绿素主要有叶绿素 a（Chl a）和叶绿素 b（Chl b）两种，叶绿素 b 由叶绿素 a 演变而来。它们不溶于水，但能溶于乙醇、乙醚和丙酮等有机溶剂。在颜色上，叶绿素 a 呈蓝绿色，叶绿素 b 呈黄绿色。叶绿素含量的变化直接影响植物叶片的光合能力。

叶绿体中的类胡萝卜素有胡萝卜素和叶黄素两种。类胡萝卜素不溶于水，但能溶于有机溶剂。在颜色上，胡萝卜素呈橙黄色，叶黄素呈黄色。类胡萝卜素既有收集光能的作用，还有防护多余光照伤害叶绿素的功能。

藻胆素是某些藻类进行光合作用的主要色素，在蓝藻、红藻等藻类中常与蛋白质结合为藻胆蛋白。根据颜色的不同，藻胆蛋白可分为藻红蛋白和藻蓝蛋白，藻红蛋白呈红色，藻蓝蛋白呈蓝色。藻蓝蛋白是藻红蛋白的氧化产物，它们可以吸收光能和传递光能（潘瑞炽，2001）。

植物叶子呈现的颜色是叶子各种色素的综合表现，其中主要是绿色的叶绿素和黄色的类胡萝卜素两大类色素之间的比例。一般来说，正常叶子的叶绿素和类胡萝卜素的分子比例约为 3∶1，叶绿素 a 和叶绿素 b 也约为 3∶1，叶黄素和胡萝卜素约为 2∶1（潘瑞炽，2012）。由于绿色的叶绿素比黄色的类胡萝卜素多，占优势，所以正常的叶子总是呈现绿色。秋季气温下降或叶片衰老时，叶绿素的数量逐渐减少，而类胡萝卜素比较稳定，所以叶片逐渐呈现黄色。低温抑制叶绿素的形成，一般来说，叶绿素形成的最低温度是 2℃ 左右，最适温度在 30℃ 左右，最高温度为 40℃。

（1）荒漠绿洲过渡带沙拐枣叶绿素含量变化

植物叶片中铁的含量与叶绿体的含量有很好的相关性，在植物叶片中 80% 的铁定位在叶绿体中，铁是光合作用必需的元素。C_4 植物在生长过程中相比 C_3 植物需要更多的铁才能达到最佳的生长状态（Smith et al.，1984）。

类胡萝卜素/叶绿素（Car/Chl）值升高，类胡萝卜素在总色素中的比例增加，有利于保护光合机构，防止叶绿素的光氧化破坏。叶绿素 b 含量的提高有利于提高叶片吸收利用弱光及散光的能力。

荒漠绿洲过渡带沙拐枣生长中后期 8 月和 9 月叶绿素 a、叶绿素 b、叶绿素 a+b 和类胡萝卜素 c+x 含量的变化见表 4-3。8 月 A3、A4 样地叶绿素 a、叶绿素 b 含量较高，分别约为 0.52mg/g DM 和 0.17mg/g DM；A1、A2 和 A5 样地叶绿素 a、叶绿素 b、叶绿素 a+b 和类胡萝卜素 c+x 含量低于 A3 和 A4，出现中间高两边低的趋势。荒漠绿洲过渡带土壤含水量变化复杂，总体随着远离绿洲而降低。荒漠绿洲过渡带地下水位由于受绿洲灌溉影响，特别是农田冬灌和绿洲边缘防护体系灌溉的影响，随着远离绿洲而降低，包括空气湿度在内的小气候随着远离绿洲而变干燥。但是，土壤水分过高不利于沙拐枣生长，使其自然更新能力降低，这从 A1 样地可以明显看出。

表 4-3　荒漠绿洲过渡带沙拐枣同化枝 8 月和 9 月叶绿素 a、叶绿素 b、
叶绿素 a+b 和类胡萝卜素 c+x 含量变化　　（单位：mg/g DM）

样地	叶绿素 a		叶绿素 b		叶绿素 a+b		类胡萝卜素 c+x	
	8 月	9 月	8 月	9 月	8 月	9 月	8 月	9 月
A1	0.435^a	0.573^c	0.160^b	0.192^b	0.595^a	0.765^b	0.073^a	0.098^b
A2	0.472^a	0.539^b	0.160^b	0.196^b	0.631^a	0.735^b	0.077^{ab}	0.100^b
A3	0.522^b	0.569^c	0.174^b	0.189^b	0.696^b	0.758^b	0.088^b	0.112^c
A4	0.523^b	0.560^c	0.168^b	0.190^b	0.690^b	0.751^b	0.085^b	0.108^c
A5	0.501^a	0.437^a	0.148^a	0.151^a	0.648^b	0.589^a	0.084^b	0.081^a

注：A1~A5 分别为距绿洲由近到远的样地，A1 距绿洲 20m，A2 距绿洲 250m，A3 距绿洲 500m，A4 距绿洲 750m，A5 距绿洲 1000m。同一列中不同的小写字母表示不同样地之间含量差异显著

生长后期 9 月的变化没有明显趋势（表 4-3），9 月各样地之间土壤含水量与叶绿素 a、叶绿素 b、叶绿素 a+b 和类胡萝卜素 c+x 含量之间的相关性不大，这一时期各样地土壤含水量都不同程度提高，尤其是土壤表层含水量的提高幅度较大。

（2）荒漠不同地形生境下沙拐枣叶绿素含量变化

流动沙丘、半固定沙丘、固定沙丘、缓平沙坡和丘间低地等不同地形生境下生长的沙拐枣叶绿素含量变化不显著，总体表现为，8 月土壤含水量越高，叶绿素 a 含量越高。9 月，土壤含水量和叶绿素 a 含量之间的关系不大。叶绿素与类胡萝卜素 8 月和 9 月含量平均值见表 4-4，不同地形生境下变化没有明显的规律；相比较缓平沙坡上生长的沙拐枣叶绿素 a 含量最高，约达到 0.58mg/g DM；叶绿素 a+b 含量也最高，这种地形是沙拐枣生长的适宜地形，也是沙拐枣造林较好的立地条件。丘间低地生长的沙拐枣由于受地下水位影响，导致植株有明显衰退现象，可以看出叶绿素 a 含量也低（表 4-4）。沙拐枣在流动沙丘上长势也受到抑制，表现在叶绿素 a 含量也较低，叶绿素 b 含量明显低，叶绿素 a+b 含量最低。

表 4-4 荒漠不同地形生境下沙拐枣同化枝叶绿素 a、叶绿素 b、叶绿素 a+b 和类胡萝卜素 c+x 含量变化 （单位：mg/g DM）

类别	叶绿素 a	叶绿素 b	叶绿素 a+b	类胡萝卜素 c+x
流动沙丘	0.554	0.189	0.743	0.095
半固定沙丘	0.552	0.207	0.759	0.099
固定沙丘	0.557	0.200	0.757	0.094
缓平沙坡	0.576	0.201	0.778	0.091
丘间低地	0.546	0.203	0.749	0.090

类胡萝卜素 c+x 含量在不同地形生境下变化不大，都接近于 0.1mg/g DM。无论是 8 月还是 9 月，土壤含水量与类胡萝卜素 c+x 含量的关系也不大，可能是土壤含水量还没有达到影响类胡萝卜素 c+x 含量变化的临界值。

在荒漠不同地形生境下沙拐枣个体长势不同，叶绿素 a+b 含量的高低基本反映了这一现象，正常生长发育的沙拐枣同化枝叶绿素 a+b 含量大致在 0.78mg/g DM。沙拐枣同化枝中叶绿素含量与 0～20cm 表层土壤含水量有密切关系，而与 20～100cm 土层土壤含水量关系不大。

（3）荒漠不同地形生境下梭梭叶绿素含量变化

不同地形和年龄梭梭同化枝 8 月和 9 月叶绿素与类胡萝卜素含量见表 4-5。8 月叶绿素 a 在固定沙丘阴坡中龄梭梭同化枝中含量最高，约达 0.75mg/g DM；9 月，叶绿素 a 在固定沙丘阳坡中龄梭梭同化枝中含量最高；8 月和 9 月相比较，叶绿素 a 在固定沙丘上部中龄、沙丘阳坡中龄和沙丘上部成龄增加明显，在固定沙丘阴坡中龄含量显著下降。8 月叶绿素 b 在固定沙丘阴坡中龄同化枝中含量也最高，为 0.20mg/g DM；含量最低的是固定沙丘上部中龄梭梭。9 月叶绿素 b 含量最低的也是固定沙丘上部中龄梭梭，约为 0.12mg/g DM；含量最高的是固定沙丘阳坡中龄，约为 0.19mg/g DM。与 8 月相比，9 月梭梭同化枝叶绿素 b 含量在固定沙丘阴坡中龄显著下降，在其他 4 种地形下都不同程度升高。8 月，叶绿素 a+b 含量最小的是固定沙丘上部中龄，仅为 0.45mg/g DM 左右；含量最高的是固定沙丘阴坡中龄，约为 0.97mg/g DM，这主要是 8 月叶绿素 a 含量很高所致。

无论是 8 月还是 9 月，类胡萝卜素 c+x 在不同地形不同年龄梭梭同化枝中的含量差异很大。8 月，含量最低的是固定沙丘上部中龄，约为 0.45mg/g DM；最高的是固定沙丘阴坡中龄，高达 0.95mg/g DM。9 月，固定沙丘上部中龄梭梭同化枝中类胡萝卜素 c+x 含量明显增加，但同样最低；固定沙丘阳坡中龄类胡萝卜素 c+x 含量最高。与 8 月相比，9 月梭梭同化枝中类胡萝卜素 c+x 含量除在固定沙丘阴坡中龄下降外，在其他 4 种地形生境下都呈上升趋势，上升最大的是固定沙丘上部成龄（表 4-5）。

表 4-5   荒漠不同地形生境下梭梭同化枝 8 月和 9 月叶绿素 a、叶绿素 b、叶绿素 a+b

和类胡萝卜素 c+x 含量变化　　　　　　　　　（单位：mg/g DM）

类别	叶绿素 a		叶绿素 b		叶绿素 a+b		类胡萝卜素 c+x	
	8 月	9 月	8 月	9 月	8 月	9 月	8 月	9 月
缓平沙坡幼龄	0.530	0.590	0.137	0.166	0.666	0.753	0.667	0.756
固定沙丘阴坡中龄	0.749	0.561	0.201	0.159	0.965	0.723	0.950	0.720
固定沙丘上部中龄	0.331	0.507	0.115	0.124	0.447	0.632	0.446	0.632
固定沙丘阳坡中龄	0.611	0.704	0.175	0.194	0.789	0.856	0.787	0.898
固定沙丘上部成龄	0.477	0.667	0.135	0.189	0.612	0.854	0.612	0.856

梭梭同化枝平均的叶绿素 a、叶绿素 b 和叶绿素 a+b 含量分别为 0.57mg/g DM、0.16mg/g DM 和 0.73mg/g DM，类胡萝卜素 c+x 含量平均为 0.73mg/g DM。

不同地形、不同年龄梭梭同化枝 8 月和 9 月叶绿素 a、叶绿素 b、叶绿素 a+b 和类胡萝卜素 c+x 含量在固定沙丘上部中龄最低。将不同地形、不同年龄梭梭同化枝叶绿素 a、叶绿素 b、叶绿素 a+b 和类胡萝卜素 c+x 含量与土壤含水量之间进行分析表明，它们与土壤含水量之间没有显著的相关性，可能空气湿度对梭梭同化枝叶绿素含量的影响更大。

（4）不同光合途径和叶片类型叶绿素含量比较

不同光合途径的荒漠植物叶绿素 a、叶绿素 b 和类胡萝卜素（Car）含量之间存在显著差异（$P<0.05$）（图 4-2），C₃植物具有较高的叶绿素 a、叶绿素 b 和类胡萝卜素含量，平均值分别为 1.00mg/g FW、0.48mg/g FW 和 0.20mg/g FW。河西走廊黑河流域荒漠优势种植物叶绿素 a、叶绿素 b 和类胡萝卜素含量的范围分别为 0.25～1.80mg/g FW、0.15～0.85mg/g FW 和 0.05～0.35mg/g FW。叶绿素 a/b（Chl a/Chl b）的值在两种不同光合途径的植物中差异不显著，但 C₄植物叶绿素 a/b 的值略高于 C₃植物。

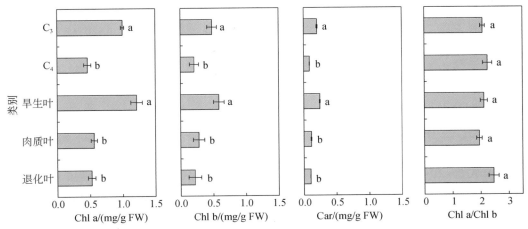

图 4-2　C₃和 C₄光合途径及不同叶片类型荒漠植物叶绿素含量比较

同一列同一类别之间比较，不同的小写字母表示差异显著（$P<0.05$）

从叶片类型上来说，旱生叶植物相比于肉质叶和退化叶植物具有较高的叶绿素含量，旱生叶植物叶绿素 a，叶绿素 b 和类胡萝卜素含量均与退化叶和肉质叶植物之间存在显著差异。旱生叶植物柠条叶片的叶绿素含量较高，叶绿素 a、叶绿素 b 和类胡萝卜素含量分别为 1.77mg/g FW、0.82mg/g FW 和 0.35mg/g FW；肉质叶植物黄毛头叶片的叶绿素较低，相应值分别为 0.28mg/g FW，0.17mg/g FW 和 0.04mg/g FW。同样，不同叶片类型之间叶绿素 a/b 的值差异不显著（图 4-2）（Zhou et al.，2014）。

（5）不同生境下红砂叶绿素含量变化

山前荒漠、山前戈壁和中游戈壁 3 种不同生境下红砂叶片叶绿素含量变化见图 4-3，叶绿素 a 含量为 0.68 ~ 0.88mg/g FW，平均值为 0.79mg/g FW。叶绿素 b 含量为 0.35 ~ 0.47mg/g FW，平均值为 0.41mg/g FW。类胡萝卜素含量为 0.14 ~ 0.19mg/g FW，平均值为 0.16mg/g FW。山前荒漠、山前戈壁和中游戈壁土壤质量含水量 0 ~ 20cm 分别为 4.8%、1.6% 和 1.1%，20 ~ 40cm 分别为 4.0%、2.7% 和 1.2%，40 ~ 60cm 分别为 5.5%、2.3% 和 1.1%。随着土壤含水量的降低，红砂叶片叶绿素含量呈逐渐升高的趋势。中游戈壁叶绿素 a、叶绿素 b 和类胡萝卜的含量分别为 0.88mg/g FW、0.46mg/g FW 和 0.16mg/g FW。三种不同生境下红砂叶绿素 a/b 的值差异不大（周紫鹃等，2014）。

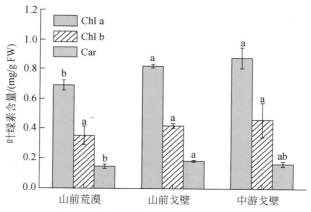

图 4-3 不同生境下红砂叶片叶绿素含量
同一指标不同的小写字母表示差异显著（$P<0.05$）

4.4.3 光合生理参数

光合作用是植物生长和物质积累的基础，植物光合作用对 CO_2 的利用程度是衡量光合效率的关键。植物叶片的光合生理特性体现了植物的生长策略和资源利用方式，是植物与环境长期相互作用的结果。在植物光合作用过程中，光饱和点与补偿点，CO_2 饱和点与补偿点是衡量植物对光能及 CO_2 利用效率的重要指标。光饱和点反映了植物利用光强的能力，其值高说明植物在受到强光照射时生长发育不易受到抑制。光补偿点反映的是植物叶片光合作用过程中光合同化作用与呼吸消耗相等时的光强，是植物利用弱光能力大小的指标，该值越小，表明植物利用弱光的能力越强。植物拥有高的光饱和点和低的光补偿点能更好地适应高温强光环境，而光饱和点较低、光补偿点较高的植物对光照的适应性较窄（蒋高明和林光辉，1996；Hölscher et al.，2006）。与 C₃ 植物相比，C₄ 植物具有较高的光合速率、高的光饱和点、低的 CO_2 补偿点、较高的水分和养分利用效率，其生物产量和抵抗不良环境的能力等均高于 C₃ 植物。C₄ 植物梭梭和沙拐枣的高光饱和点和低光补偿点说明它们利用弱光和强光的能力都很强，与 C₃ 植物泡泡刺和柠条相比，对高温干旱环境有着更强的适应耐受能力。

同为 C₄ 植物的同属草本和木本在混生生境下比较，猪毛菜（*Salsola collina*）的光补偿点低于木本猪毛菜（*Salsola arbuscula*），而表观量子效率较高（表 4-6），说明在猪毛菜与木本猪毛菜混生群落中，猪毛菜的光合能力比木本猪毛菜更强，光能利用率更高。同时，猪毛菜的暗呼吸速率较高，说明猪毛菜对光合产物的消耗比木本猪毛菜要多，这与其适宜生长在水分条件较好的生境有关，当受到环境胁迫时，可消耗更多的光合积累产物来维持正常的生理代谢。猪毛菜和木本猪毛菜具有较低的 CO_2 补偿点，分别为 7μmol/mol 和 9μmol/mol（高松等，2009）。

表 4-6 荒漠猪毛菜和木本猪毛菜混生群落中二者的光合生理参数

植物种	光补偿点 /[μmol/(m² · s)]	光饱和点 /[μmol/(m² · s)]	表观量子效率 /(mol CO_2/mol 电子)	暗呼吸速率 /[μmol/(m² · s)]	CO_2 补偿点 /(μmol/mol)
猪毛菜	152***	—	0.085***	14.3***	7**
木本猪毛菜	220***	1 820***	0.045***	10.2***	9**

注：在显著水平上，** 表示 $P<0.01$，*** 表示 $P<0.001$

量子效率，即光合量子效率，是光合机构每吸收一个光量子所同化固定的 CO_2 分子数或所释放的 O_2 分子数。如果不是以光合机构实际吸收的光量子数计算，而是以照射到光合机构上的光量子数计算，也就是不考虑光合机构对光的反射和透射损失，得到的就是表观光合量子效率，即表观量子效率，它是由 Rubisco 活性和电子传递速率决定的，反映植物在弱光下的吸收、转化和光能利用，是光合作用中光能转化效率的指标之一。光合作用光响应曲线中低光强范围内直线的斜率就是表观量子效率。该值高，说明植物叶片光能转化效率高。在适宜混生条件下，猪毛菜的光能转化效率要高于木本猪毛菜（表 4-6）。

由图 4-4 可以看出，在不同水分条件下，C₄ 植物梭梭和沙拐枣光合速率对光照强度的响应不同，得到的光合生理参数见表 4-7，雨后湿润条件和浇水后第 2 天两种水分条件与干旱环境比较，表观量子效率和光饱和时的光合速率都明显升高，光补偿点降低，光饱和点升高。进一步比较可以看出，浇水后的光补偿点和光饱和点都高于雨后湿润条件，表观光合量子效率小于雨后湿润条件，光饱和时的光合速率明显高于雨后湿润条件。梭梭在雨后湿润条件和浇水后第 2 天光饱和时的光合速率比荒漠干旱环境下分别提高 27% 和 35.2%，沙拐枣分别提高 24.4% 和 51.8%。在空气湿度和土壤湿度增大后，梭梭和沙拐枣的光合量子效率和光能利用率明显提高。

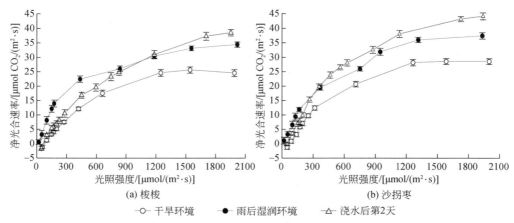

图 4-4　荒漠植物梭梭和沙拐枣在不同水分条件下光合速率对光照强度的响应

表 4-7　不同水分条件下梭梭和沙拐枣的光合生理参数

植物种	水分条件	光补偿点 /[μmol/(m² · s)]	光饱和点 /[μmol/(m² · s)]	表观量子效率 /(mol CO₂/mol 电子)	光饱和光合速率 /[μmol/(m² · s)]
梭梭	干旱环境	79 ***	1660 ***	0.044 ***	27.2 ***
	雨后湿润条件	13 ***	1975 **	0.088 ***	34.55 **
	浇水后第 2 天	64 **	1989 ***	0.055 **	36.78 ***
沙拐枣	干旱环境	76 ***	1756 ***	0.057 ***	30.6 ***
	雨后湿润条件	11 ***	1828 **	0.076 ***	38.06 **
	浇水后第 2 天	49 ***	1995 ***	0.066 ***	46.45 ***

注：在显著水平上，** 代表 $P<0.01$，*** 代表 $P<0.001$

分析梭梭和沙拐枣在荒漠干旱环境下净光合速率随光强和 CO_2 浓度的变化（图 4-5），为了比较对同域柠条也进行了同步测定。由图 4-5 得出的梭梭光补偿点、光饱和点和表观量子效率分别为 79μmol/（m² · s）、1660μmol/（m² · s）和 0.044mol CO_2/mol 电子，沙拐枣相应值分别为 76μmol/（m² · s）、1756μmol/（m² · s）和 0.057mol CO_2/mol 电子（表 4-7），C_3 植物柠条的相应值分别为 137μmol/（m² · s）、1267μmol/（m² · s）和 0.020mol CO_2/mol 电子。可以看出，梭梭和沙拐枣的光饱和点显著高于柠条，梭梭比柠条高出 393μmol/（m² · s），沙拐枣比柠条高出 489μmol/（m² · s）；但梭梭和沙拐枣的光补偿点明显低于柠条，梭梭和沙拐枣的光能利用幅度显著高于柠条。梭梭和沙拐枣的表观量子效率在 0.04mol CO_2/mol电子以上，高出柠条 1 倍多，荒漠 C_4 植物的表观量子效率显著高于 C_3 植物。

C_4 策略的一个重要优势是 PEP 羧化酶比 Rubisco 对 CO_2 具有较高的亲合力。由于 C_4 途径完成整个光合作用需要消耗额外的 ATP，C_4 光合途径的运行较 C_3 光合途径需要更多的光能，因此 C_4 植物一般没有明显的光饱和现象或光饱和点较高，而 C_3 植物的光饱和点则较低。

梭梭和沙拐枣具有极低的 CO_2 补偿点，分别为 2μmol/mol 和 4μmol/mol，柠条则为

91μmol/mol。荒漠 C₄ 植物的 CO₂ 补偿点显著低于 C₃ 植物。C₄ 植物的 CO₂ 补偿点比较低（<10μmol/mol），而 C₃ 植物的 CO₂ 补偿点比较高（50～150μmol/mol）（潘瑞炽，2001）。

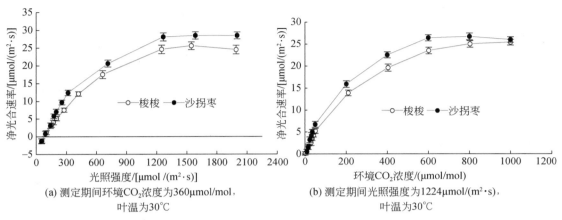

图 4-5　在荒漠干旱环境下梭梭和沙拐枣光合速率对光照强度和 CO₂ 浓度的响应

4.4.4　叶片光合作用

叶片光合作用的强弱对于植物的生长、产量及其抗逆性都具有十分重要的影响，因此光合作用可作为判断植物生长和抗逆性的指标。C₄ 光合途径有其适宜的环境条件和地理分布范围，适应于特定的环境条件，否则高光效潜能就不能发挥。生长在干旱地区的植物，其光合作用和蒸腾作用是植物适应策略中最重要的生理生态特征。相比较而言，高海拔地区的植物比低海拔地区的植物更抗旱。

光合作用 CO₂ 吸收和蒸腾作用 H₂O 散失共用一个路径，即通过保卫细胞调节气孔开度，CO₂ 扩散进入叶片，H₂O 则扩散出去。气孔的开放程度会同时影响光合和蒸腾这两个过程，但是它们两个相对独立。在光合作用过程中，H₂O 会大量散失，散失的 H₂O 量和吸收的 CO₂ 量的物质的量比通常为 250∶1～500∶1。

干旱胁迫下，植物的叶片发生脱水，脱水过程中，叶片最早的响应机制是气孔关闭，气孔关闭是在轻度和中度干旱胁迫下限制光合作用的主要因子。气孔的开合受控于气孔保卫细胞相对于表皮细胞产生的膨压变化。但是，当叶片严重脱水时，光合作用的碳代谢途径就会受到抑制，即使光合电子传递下调，仍然不能避免积累过量活性氧（reactive oxygen species，ROS），非气孔因素变成限制光合作用的主要因子。

一旦植物的光合作用被抑制，叶片吸收的光能就会超过光合碳代谢的需要，从而产生能量剩余。一部分过剩的能量可以通过光合碳代谢以外的其他途径如非光化学猝灭、光呼吸、Mehler 反应等途径消耗掉，但是它仍然可能增加 ROS 的产生概率。

植物光合作用对于逆境胁迫有着各种各样的适应方式。在逆境胁迫下不同植物可通过增加潜在光合能力、提高水分利用效率、增加有效光合积累与合理分配光合产物、自我调节蒸腾速率与气孔开度、选择有利时间快速光合以充分利用有限资源等多种方式，有效应对特殊环境给生长带来的不利影响。

（1）干旱对光合作用的限制

干旱胁迫常导致植物光合速率下降，导致光合速率降低的原因有两个：一个是气孔因素，另一个是非气孔因素（Farquhar and Sharkey，1982）。气孔因素限制是指干旱胁迫使植物的气孔导度下降，阻碍 CO_2 进入植物细胞，从而降低叶绿体水平的 CO_2 浓度，进而导致植物的光合速率下降。非气孔因素限制是指干旱胁迫造成植物体内的 ROS 大量积累，从而使光合细胞膜系统遭到破坏，光合酶活性降低，进而引起光合速率和气孔导度下降，胞间 CO_2 浓度增加（Lal et al.，1996；Chaves et al.，2002）。

气孔限制一方面降低受旱植株的水分散失，另一方面影响光合作用正常进行。实质上是通过主动关闭，及时对环境胁迫进行响应以躲过灾难，到水分供应得到恢复时再恢复生长。非气孔限制因素中包括叶绿素解体和叶绿体结构遭到破坏，叶片细胞膜透性增大，叶肉细胞发生质壁分离，叶绿体基质片层空间增大以及基粒类囊体膨胀和扭曲，RuBP 羧化酶的活性受到抑制，等等。如果光合速率和胞间 CO_2 浓度的变化方向相同，且气孔限制值（计算公式见 2.7.1）升高，表明光合速率的下降主要由气孔限制引起；如果光合速率和胞间 CO_2 浓度的变化方向相反，且气孔限制值降低，则光合速率的下降为非气孔限制（Farquhar and Sharkey，1982）。

在整个植株水平上，植物是通过光合作用和生长速率的下降来响应水分胁迫的，因而同时伴随着碳和氮代谢的变化。水分胁迫下植物通过累积净溶质的含量而产生较低的细胞渗透势来维持细胞活力和气孔开度，这些累积物质为碳水化合物、有机酸、氨基酸和酚类物质等。

植物受到的生理胁迫加强时，叶片可溶性糖、游离脯氨酸和脱落酸（ABA）含量会增加（Xu et al.，2002；陈亚宁等，2006）。ABA 是植物体内响应干旱胁迫的一种重要调节因子，它能够促进植物芽休眠、抑制植物生长以及促进植物衰老。ABA 可以成为 C₄ 生化特点的启动子，在生长发育过程中，其主要功能是诱导植物产生对不良生长环境的抗性。在逆境胁迫下，作为触发植物对逆境胁迫应答反应的传递体，ABA 能够在一定程度上提高相关抗氧化酶的活性，从而减轻植物体内 ROS 的积累。Neill 等（2002）研究认为，植物细胞可通过增加 ABA 的产生和积累来调控自身在各种逆境下的反应。茎和叶片的 ABA 浓度较低，这样可以调控叶片气孔导度，降低蒸腾速率。另外，有研究表明，ABA 对植物的光合作用也有一定的影响，同时它还在稳定光合器官及防护光抑制等方面起着重要的作用（Alamillo and Bartels，2001）。

通过根源逆境感应信号 ABA 来调控植物气孔行为是干旱地区提高植物水分利用效率的关键。植物叶片气孔导度受其根部水势的控制，在干旱条件下植物的根部可以产生 ABA，ABA 向上运输引起气孔的关闭（Tardieu et al.，1991）。ABA 作为一种激素逆境信号，对植物地下-地上部的信息联系起着中心传递者的作用。高等植物各器官和组织中都有 ABA，其中以将要脱落或进入休眠的器官和组织中较多。根系有较高含量的生长素（IAA）和中等含量的玉米素（ZR），有利于促进根系快速生长。

植物还存在一种"气孔不均匀关闭"现象，即一部分气孔保持其开度，而另一部分气孔则完全关闭。气孔的张开和关闭这一过程影响植物的生理生化过程，如提高脯氨酸、丙二醛、ABA 含量及超氧化物歧化酶的活性。Franks 和 Farquhar（1999）认为，大多数 C_3 植物需要保持其较高的气孔导度值，以致于要耐受变幅较大的空气饱和水汽压差，这意味着它因更多的蒸腾失水引起脱水的威胁。

（2）不同土壤水分对梭梭同化枝净光合速率的影响

不同水分处理条件下梭梭同化枝的净光合速率（P_n）日变化均呈单峰曲线（图 4-6），从太阳出来开始逐渐升高，最大值出现在 11:00，然后逐渐降低。处理 II 的净光合速率最高，其最大值为 29.8mmol CO_2/（$m^2 \cdot s$），日均值（8:00～18:00）为 20.2mmol CO_2/（$m^2 \cdot s$）。处理 I 与处理 III 的日均值分别为 15.8μmol CO_2/（$m^2 \cdot s$）和 14.3μmol CO_2/（$m^2 \cdot s$），处理 IV 为 10.8mmol CO_2/（$m^2 \cdot s$）。日均值比较，处理 II 显著高于其他 3 种处理，处理 I 和 III 显著高于处理 IV。分不同时段比较可以看出，上午（8:00～12:00）处理 II 同化枝显著高于处理 III 和 IV，而处理 I 与处理 II 和 III 之间差异不显著，但显著高于处理 IV；中午（12:00～14:00）处理 II 净光合速率显著高于其他 3 种处理，下午（14:00～18:00）各种处理间净光合速率差异不显著。

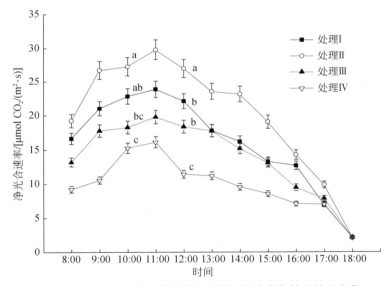

图 4-6　梭梭同化枝净光合速率在不同土壤水分条件下的日变化

同一时段中不同的小写字母表示差异显著（$P<0.05$），10 时右列字母为上午（8:00～12:00）比较结果，12 时右列字母为中午（12:00～14:00）比较结果。处理 I、II、III 和 IV 分别表示 10～30cm 土壤质量含水量为 18.4%、10.2%、4.1% 和 1.0%，即分别为田间持水量的 90%、50%、20% 和 5%

土壤质量含水量为田间持水量的 50% 左右时，梭梭的光合速率最高，过低或过高的土壤含水量都对梭梭产生不利影响，降低光合能力。

（3）不同土壤含盐量下梭梭同化枝光合速率

当地地表灌溉水的含盐量一般在 3g/kg 以下，海水的含盐量一般为 30～35g/kg。盐渍土往往与高浓度的 NaCl 有关，不同盐分种类构成盐土含盐量的下限不同，根据氯化物盐土下限含量（参见 8.3），设计轻度、中度和重度盐胁迫。开展盐胁迫梯度试验时，配制适当浓度的 NaCl 溶液，分批次加入，使梭梭根系分布层的土壤含盐量逐渐达到设计水平，研究梭梭光合作用对盐胁迫的响应和耐盐性。

不同土壤含盐量条件下梭梭同化枝的净光合速率日变化见图 4-7，太阳出来后光合速率开始逐渐升高，最大值出现在 10:00，然后逐渐降低。处理Ⅱ轻度盐胁迫的净光合速率最高，其最大值为 30.2μmol CO_2/(m²·s)，日均值（8:00~18:00）为 14.0μmol CO_2/(m²·s)。处理Ⅰ无胁迫与处理Ⅲ中度胁迫的净光合速率日均值分别为 11.5μmol CO_2/(m²·s) 和 9.8μmol CO_2/(m²·s)，处理Ⅳ为 7.5μmol CO_2/(m²·s)。分析表明，梭梭同化枝净光合速率轻度盐胁迫显著高于重度盐胁迫（$P<0.01$），轻度盐胁迫与对照和中度胁迫之间无显著差异。

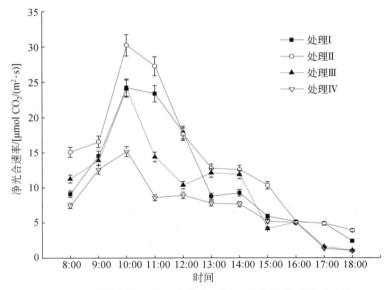

图 4-7　梭梭同化枝净光合速率在不同土壤含盐量下的日变化

处理Ⅰ、Ⅱ、Ⅲ和Ⅳ分别表示 10~30cm 土壤含盐量为 3.0g/kg、8.0g/kg、15g/kg 和 30g/kg，分别代表对照、轻度、中度和重度盐胁迫。土壤含水量均为田间持水量的 50%，即质量含水量为 10.2%

盐胁迫包括两个方面：一是非特异性渗透胁迫导致的水分损失；二是有毒离子不断积累所产生的特定离子效应，它们干扰植物的营养吸收，导致植物细胞中毒。耐盐植物可以遗传性地适应盐化，称为盐生植物（halophyte），不能适应盐化的非盐生植物称为甜土植物（glycophyte）。适度的盐胁迫不会对梭梭的生长发育产生不利影响，反而有利于其光合能力的提高。

（4）猪毛菜和木本猪毛菜叶片光合速率

在猪毛菜和木本猪毛菜二者混生群落中，猪毛菜的净光合速率明显高于木本猪毛菜，日平均值（8:00~18:00）分别为 21.5μmol CO_2/(m²·s) 和 15.7μmol CO_2/(m²·s)。猪毛菜主要分布于绿洲边缘等水分条件较好的地域，在适宜生长的环境中，其光合潜力能充分体现出来；而木本猪毛菜主要分布于水分条件较差的戈壁荒漠，长期适应严酷环境，形成了低蒸腾以提高水分利用效率的固有特性，即使在较好的水分条件下，也不能改变这一特性。二者的旱生结构不同，木本猪毛菜具有更显著的荒漠植物特征。

4.4.5 气体交换对不同生境的响应

气体交换是指植物与其环境之间的气体交换，有许多气体参与这个过程，其中 CO_2、O_2 和水汽最为重要。光合作用也叫 CO_2 交换，有时也简称为碳交换、碳同化。

叶片可通过三条途径与外界进行物质交换，分别是气孔、叶表面角质层的亲水小孔和叶表皮细胞的质外连丝。气孔气体交换是主要途径。

在荒漠不同水分条件下进行荒漠植物气体交换特征比较。将荒漠水分条件分为 3 类，即自然干旱环境、雨后湿润环境和人工浇水条件。

自然干旱环境是荒漠的主要环境，指连续 ≥5 天天气晴朗、无降水，表层 0~10cm 土壤质量含水量 ≤0.5%，土壤水吸力 ≥29kPa 的环境。

雨后湿润环境是指降雨后近地层空气湿润条件，是指一次性降水量或日降水量 ≥8mm 后 1~2 天，表层 0~10cm 土壤质量含水量 ≥5%，土壤水吸力 ≤12kPa 的环境。在河西走廊中部荒漠地区，当日降水量达 12mm 时，湿沙层厚约为 9cm。此种水分条件增加了近地层空气湿度，但根系主要分布层土壤水分和降雨前一样。

人工浇水条件是在树冠下围绕灌丛基部挖直径 60cm 的浅坑，浇水补充土壤水分，待坑中积水下渗后，用干沙土覆平地表，以防止土壤水分蒸发。此种方案只增加土壤湿度，对空气湿度的改善不起作用。荒漠不同水分条件下的土壤含水量见表 4-8。

表 4-8 荒漠不同水分条件下的土壤质量含水量 （单位:%）

地点	类型	土壤含水量					
		0~10cm	10~20cm	20~40cm	40~60cm	60~80cm	80~100cm
梭梭地	干旱环境	0.1	2.8	1.4	1.7	1.7	1.6
	雨后湿润环境	5.9	0.5	0.6	1.0	1.4	1.5
	浇水后第 1 天	6.1	6.5	6.2	6.8	12.7	9.0
	浇水后第 2 天	5.0	5.4	5.1	5.1	6.4	6.9
沙拐枣地	干旱环境	0.2	2.4	1.7	1.4	1.7	1.7
	雨后湿润环境	5.0	0.3	0.5	0.6	1.0	1.1
	浇水后第 1 天	5.6	6.1	5.7	7.6	7.6	6.9
	浇水后第 2 天	3.3	4.0	6.2	6.7	6.7	6.8

沙土覆盖是由于沙粒之间空隙较大，无毛细管空隙，隔断了植冠下浇水土壤毛细管，使水蒸气在土壤空隙和沙粒空隙中移动缓慢，抑制水分通过毛细管蒸发。

土壤水的能量（水势）和数量（含水量）之间的关系是了解土壤水分有效性、认识植物水分利用程度、研究土壤水动力学性质必不可少的重要参数。土壤水的基质势（或土壤水吸力）随土壤含水量而变化，其变化的关系曲线称为土壤水分特征曲线。梭梭和沙拐枣生长地的土壤水分特征曲线为

$$S = -0.0654\theta^2 - 1.9863\theta + 30.3518 \qquad (P < 0.0002，r^2 = 0.99 \text{ 当 } \theta < 8) \qquad (4\text{-}5)$$
$$S = -0.0071\theta^2 - 0.0026\theta + 11.1562 \qquad (P < 0.0002，r^2 = 0.99 \text{ 当 } \theta \geq 8) \qquad (4\text{-}6)$$

式中，S 为土壤水吸力（kPa）；θ 为体积含水率（%）。

荒漠不同水分条件下的微气象因子变化见图 4-8，光照强度，即光量子通量密度（photon flux density，PFD）最高值出现在 13:00，不同水分条件下都超过 2000μmol/（m² · s），平均 2024μmol/（m² · s）［图 4-8（a）］。

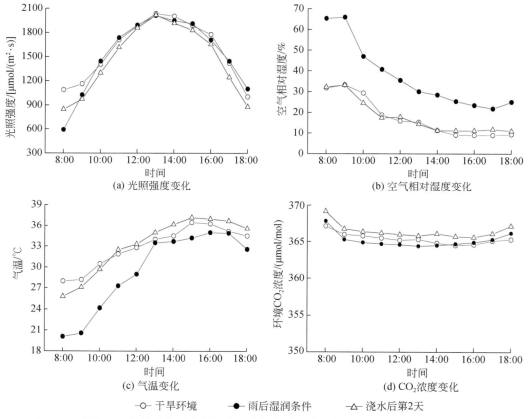

图 4-8　荒漠不同水分条件下光照强度、空气相对湿度、气温和环境 CO₂ 浓度的日变化

不同水分条件下空气相对湿度（relative air humidity，RH）差别明显，日平均（8:00 ~ 18:00）雨后湿润环境下为 37.2%，干旱环境下为 17.5%，浇水后第 2 天为 17.9%；三者的空气相对湿度最低值分别为 21.9%、9.0% 和 11.0%［图 4-8（b）］。雨后湿润环境下空气相对湿度明显高于干旱环境和浇水条件下；干旱环境和浇水条件下空气相对湿度日平均不足 20%，二者没有明显差异。

不同水分条件下气温变化见图 4-8（c），雨后湿润环境下日平均为 29.6℃，最高出现在 16：00，为 35.0℃；干旱环境和浇水后第 2 天日气温平均值分别为 32.9℃ 和 33.3℃，最高值均出现在 15：00，分别为 36.5℃ 和 37.2℃。

环境 CO_2 浓度在雨后湿润、干燥和浇水后第 2 天日平均分别为 365.2μmol/mol、365.4μmol/mol 和 366.5μmol/mol［图 4-8（d）］，即在观测期间平均为 365.7μmol/mol。

梭梭同化枝的温度（简称叶温）在不同水分条件下的变化见图 4-9（a），雨后湿润、干旱和浇水后第 2 天日平均分别为 29.5℃、33.2℃ 和 33.6℃，最高值分别为 35.1℃、36.7℃ 和 37.6℃，出现时间大体上与气温最高值出现的时间相同。

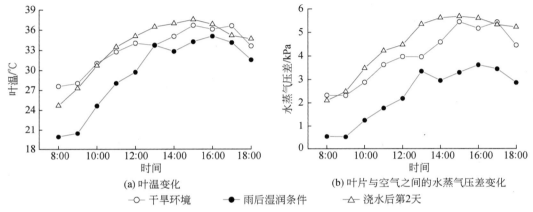

(a) 叶温变化　　　　(b) 叶片与空气之间的水蒸气压差变化

○ 干旱环境　● 雨后湿润条件　△ 浇水后第2天

图 4-9　荒漠不同水分条件下梭梭同化枝温度（叶温）和水蒸气压差的日变化

梭梭同化枝与空气之间的水蒸气压差（VPD）在不同水分条件下差别明显［图 4-9（b）］，雨后湿润、干旱和浇水后第 2 天平均分别为 2.34kPa、4.02kPa 和 4.51kPa，相应的水蒸气压差最大值分别为 3.62kPa、5.45kPa 和 5.68kPa。

自然条件下植物的光合作用日变化曲线分为两种类型：一种为单峰型，在上午有一高峰；另一种为双峰型，上、下午各有一个高峰，两峰之间称"光合午休"（midday depression）。很多温带植物都表现出明显的双峰型（许大权等，1990），午间的光合作用下降被认为是强光导致的，强光引起光合作用的变化在不同种之间的表现是不同的（蒋高明和朱桂杰，2001）。

比较不同水分条件下荒漠植物的光合速率，梭梭净光合速率日变化在雨后湿润环境下呈单峰型［图 4-10（a）］，15：00 达到最高峰，没有强光下的光合速率下调现象。在干旱环境下梭梭净光合速率呈非典型双峰型，最高峰出现在 13：00，次高峰出现在 16：00，15：00 有明显的光合速率下调现象。从浇水后测定的梭梭净光合速率结果可以看出［图 4-10（b）］，没有强光下的光合下调现象，光合速率明显增大（Su et al.，2007）。

雨后湿润环境下梭梭净光合速率日平均（8：00～18：00）为 21.1μmol CO_2/（m² · s），最大值为 38.9μmol CO_2/（m² · s）；干旱环境下净光合速率日平均为 18.0μmol CO_2/（m² · s），最大值为 36.1μmol CO_2/（m² · s）；浇水后第 1、2 天净光合速率日平均分别为

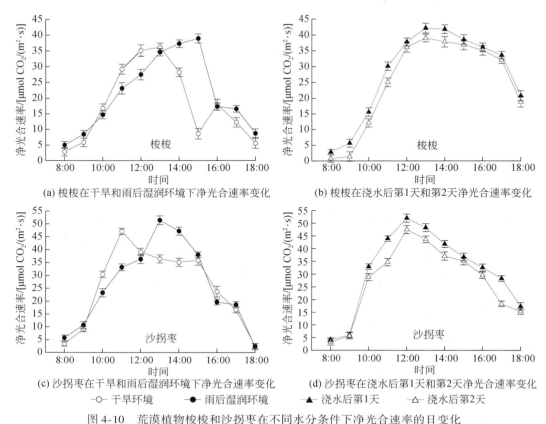

(a) 梭梭在干旱和雨后湿润环境下净光合速率变化

(b) 梭梭在浇水后第1天和第2天净光合速率变化

(c) 沙拐枣在干旱和雨后湿润环境下净光合速率变化

(d) 沙拐枣在浇水后第1天和第2天净光合速率变化

—○— 干旱环境　　—●— 雨后湿润环境　　—▲— 浇水后第1天　　—△— 浇水后第2天

图 4-10　荒漠植物梭梭和沙拐枣在不同水分条件下净光合速率的日变化

$27.7\mu mol\ CO_2/(m^2 \cdot s)$ 和 $25.0\mu mol\ CO_2/(m^2 \cdot s)$，最大值分别为 $42.1\mu mol\ CO_2/(m^2 \cdot s)$ 和 $39.0\mu mol\ CO_2/(m^2 \cdot s)$。

沙拐枣净光合速率日变化在雨后湿润环境下也呈单峰型［图 4-10（c）］，最高峰出现在13:00，没有强光下的光合速率下降；在干旱环境下呈非典型双峰型，最高峰出现在11:00，次高峰出现在 15:00，14:00 出现午间低值，但不甚明显。人工浇水条件下双峰型变为单峰型，没有中午的光合下调现象［图 4-10（d）］。

雨后湿润环境下沙拐枣净光合速率日平均为 $26.0\mu mol\ CO_2/(m^2 \cdot s)$，最大值为 $51.4\mu mol\ CO_2/(m^2 \cdot s)$；干旱环境下净光合速率日平均和最大值分别为 $25.4\mu mol\ CO_2/(m^2 \cdot s)$ 和 $47.1\mu mol\ CO_2/(m^2 \cdot s)$。浇水后第1、2天净光合速率日平均分别为 $31.3\mu mol\ CO_2/(m^2 \cdot s)$ 和 $27.2\mu mol\ CO_2/(m^2 \cdot s)$，最大值分别为 $52.0\mu mol\ CO_2/(m^2 \cdot s)$ 和 $47.5\mu mol\ CO_2/(m^2 \cdot s)$。

增加空气湿度或者土壤湿度，都使梭梭和沙拐枣在强光下的光合下调现象消失，光合速率增大。

4.4.6 叶绿素荧光

叶绿素荧光测定是研究叶片光合作用的快速、无损伤方法，与"表观性"的气体交换指标相比，叶绿素荧光参数更具有反映"内在性"的特点。

Kautsky 和 Hirsh（1931）最先认识到光合原初反应和叶绿素荧光存在着密切关系，经过暗适应的光合材料照光后，叶绿素荧光先迅速上升到一个最大值，然后逐渐下降，最后达到一个稳定值。将暗适应的绿色植物或含有叶绿素的部分组织突然暴露在可见光下之后就会观察到，植物绿色组织发出一种暗红色，强度不断变化的荧光，这一现象称为 Kautsky 效应，荧光随时间变化的曲线称为叶绿素荧光诱导动力学曲线。一般情况下，刚暴露在光下时的最低荧光定义为 O 点，荧光的最高峰定义为 P 点，快速叶绿素荧光诱导动力学曲线指的就是从 O 点到 P 点的荧光变化过程，主要反映了 PS Ⅱ 的原初光化学反应及光合机构的结构和状态等的变化，而下降的阶段主要反映了光合碳代谢的变化，随着光合碳代谢速率的上升，荧光强度逐渐下降（Krause and Weis，1991；Lazár，2006）。

叶绿素荧光就是植物吸收光能后重新发射出来的一种波长较长、能量较低的红光。叶片叶绿素 a 荧光与光合作用中各种反应过程密切相关，任何环境因子对光合作用的影响均可通过叶片叶绿素 a 荧光动力学反映出来（张其德等，1997）。

正常条件下，天线色素分子吸收的光能主要用于反应中心的光化学反应，少量的激发能以荧光形式发射，而过量的激发能则以热耗散等方式耗散掉。色素分子的荧光发射除了受到激发能的传递、天线色素和反应中心色素的性质和定位的影响外，还受反应中心的氧化还原状态及 PS Ⅱ 反应中心供体侧和受体侧氧化还原状态的影响（Maxwell and Johnson，2000）。

在高等植物体内，捕光色素蛋白复合体（LHC）是一类捕获光能，并把能量迅速传至反应中心引起光化学反应的色素蛋白复合体。虽然高等植物体内的 PS Ⅰ 和 PS Ⅱ 都含有各自的 LHC（LHC Ⅰ，LHC Ⅱ），但由于 LHC Ⅱ 占有类囊体膜中近 50% 的色素和约 1/3 的蛋白质，生理功能复杂且易被大量分离和纯化而备受关注。它们在类囊体膜中除了进行光能的吸收和传递外，在维持类囊体膜的结构，调节激发能在两个光系统之间的分配，光保护以及对各种环境的适应等过程中都起着重要作用。

干旱胁迫期间植物保持叶绿素含量和叶绿素 a/b 值的稳定说明 LHC Ⅱ 的破坏很弱，这样会使植物在干旱期间维持一定的光合能力。类胡萝卜素是天线色素的重要成分，因此类胡萝卜素含量不变对于捕光色素蛋白复合体的稳定起很重要的作用，它有利于多余能量的耗散。类胡萝卜素和脯氨酸被认为是非酶类的抗氧化剂，它们在保护植物组织免遭氧化破坏中发挥了非常重要的作用。

对于沙拐枣，适度土壤含水量的降低并不引起同化枝叶绿素含量的减少，但是维持较高水平叶绿素含量的同时也加剧了活性氧的产生，主要是单线态氧（$^1O_2$）。为了阻止 $^1O_2$ 的形成，类胡萝卜素通过非光化学荧光猝灭（non-photochemical quenching，NPQ）耗散过剩的能量（Kranner et al.，2002）。然而，在严重的干旱胁迫下叶绿素含量的降低也伴随着类胡萝卜素含量的降低。脯氨酸能够降低自由基破坏，包括¹O₂的物理猝灭和与羟基自由基的化学反应（Alia et al., 2001）。

在一定程度上，可变荧光、PSⅡ最大光化学效率和光化学荧光猝灭系数随着环境中水分的减少而减小；而初始荧光和非光化学荧光猝灭系数则随着水分的减小而增大，这种变化可以耗散光系统过量激发能，是避免反应中心遭受氧化和热胁迫伤害的保护机制。

（1）不同水分条件下梭梭和沙拐枣 PSⅡ光化学效率变化

从 PSⅡ最大光化学效率（F_v/F_m）的变化看出，在干旱环境下，从 8:00 开始，梭梭的 F_v/F_m 一直在逐渐下降，至 16:00 下降到最低，此后保持稳定并逐渐回升。在雨后湿润环境下，F_v/F_m 的变化小，8:00~18:00 的日变化为 0.83~0.85。浇水后第 2 天在 0.82~0.86 变化 [图 4-11 （a）]。

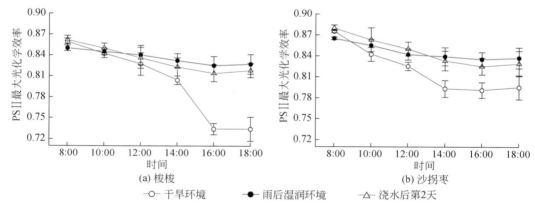

图 4-11　荒漠植物梭梭和沙拐枣在不同水分条件下 PSⅡ最大光化学效率的日变化

在干旱环境下，沙拐枣的 F_v/F_m 在 14:00 下降到最低点，此后缓慢回升；在雨后湿润环境和浇水后第 2 天，F_v/F_m 的日变化均较小，变幅为 0.03~0.05 [图 4-11 （b）]。

通过比较可以看出（图 4-11），在干旱环境下，沙拐枣的 F_v/F_m 日变幅较小，始终保持在较高水平，P_n 也保持在较高的水平 [图 4-10 （c）]。梭梭的 F_v/F_m 日变幅较大，P_n 较低且下调现象严重 [图 4-10 （a）]。分析 P_n 与 F_v/F_m 的关系，梭梭 P_n 在 15:00 有个明显的低值 [图 4-10 （a）]，2h 观测 F_v/F_m 在 16:00 下降到全天最低值 [图 4-11 （a）]，推测 F_v/F_m 最低值出现在 15:00 左右。在雨后湿润和浇水后第 2 天没有 F_v/F_m 的明显下降和 P_n 的下调现象。

在荒漠干燥环境下，梭梭在 15:00 出现明显的光合作用下降，沙拐枣在 14:00 出现不明显的光合作用下降 [图 4-10 （a）、（c）]，与之相对应的时间各自的胞间 CO₂ 浓度都升高，而气孔限制值降低。说明造成梭梭和沙拐枣光合作用下降的主要原因为非气孔限制因素。梭梭的 PSⅡ光化学效率在 15:00~16:00 最低，与其光合作用下降对应；沙拐枣在 14:00 左右最低，此时其净光合速率也出现最低；从它们各自在最低净光合速率之后出现次高峰，以及 PSⅡ光化学效率的稳定缓慢增高可以看出，这种光合功能下降现象逐渐消失。

（2） 不同土壤含盐量下梭梭 PSⅡ光化学效率变化

不同含盐量下梭梭同化枝 PSⅡ最大光化学效率的日变化均从观测开始逐渐下降（图4-12），最小值均出现在 13:00，然后逐渐升高。处理Ⅱ轻度盐胁迫的 F_v/F_m 日均值最高，为 0.73；处理Ⅰ无胁迫和处理Ⅲ中度胁迫的 F_v/F_m 日均值分别为 0.72 和 0.71；处理Ⅳ重度胁迫的日均值为 0.65。统计分析表明，中度盐胁迫以下处理的 F_v/F_m 显著高于重度胁迫（$P<0.05$），而无胁迫、轻度和中度胁迫之间差异不显著。说明土壤含盐量在 8.0g/kg 左右不影响梭梭 PSⅡ的潜在活性，反而保持较高的光化学效率。而一旦盐胁迫的程度增大，则使 PSⅡ的潜在活性受到抑制，在 15g/kg 中度盐胁迫下，对 PSⅡ的光化学效率影响较轻；而在 30g/kg 重度盐胁迫下，PSⅡ的光化学效率显著下降。

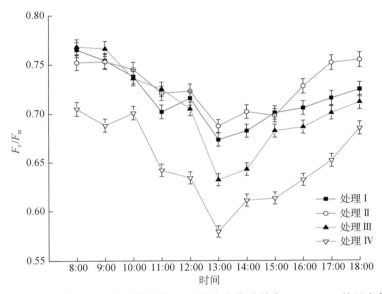

图 4-12　盐分胁迫下梭梭同化枝 PSⅡ最大光化学效率（F_v/F_m）的日变化

处理Ⅰ、Ⅱ、Ⅲ和Ⅳ分别表示 10~30cm 土壤含盐量为 3.0g/kg、8.0g/kg、15g/kg 和 30g/kg，用 NaCl 溶液配制，分别代表无胁迫、轻度、中度和重度盐胁迫。土壤含水量均为田间持水量的 50%，即质量含水量为 10.2%

4.4.7　光抑制

光抑制（photoinhibition）是指叶片接受的光能超过光合系统所能利用的数量时，光合功能下降的现象。高等植物光合作用过程中的光抑制现象较为普遍，最明显的特征是光合效率的降低，多数 C₃植物在强光下都会发生光抑制，光抑制主要发生于 PSⅡ，强光下光合作用不能利用的多余能量使光合速率和 PSⅡ光化学效率下降，严重时会对叶片的光合机构造成不同程度的伤害。C₄植物 PSⅡ的热耗散能力一般比 C₃植物强，可有效地避免过剩光能对光合机构的损伤。

在自然条件下，晴天中午植物上层叶片常常发生光抑制，光抑制并非在强光下发生，在其他环境因子胁迫下，有时在中、低光强下也会发生。早期研究中考虑较多的是光抑制的破坏作用，认为光抑制就是 PSⅡ损伤。PSⅡ光损伤是指导致全面光合速率减小的光抑制，并不是所有的光抑制都导致 PSⅡ光损伤，受太阳光照射的大多数植物在白天会发生适度光抑制，光抑制是一种耗散过剩光能的保护性机制。

PSⅡ最大光化学效率（F_v/F_m）和表观量子效率（AQY）降低被认为是反映光抑制程度的可靠指标。F_v/F_m 在非环境胁迫条件下变化小，基本为 0.8 ~ 0.9，但对环境变化非常敏感。当光合机构吸收的光能超过其利用量时，遭受光抑制的叶片 F_v/F_m 明显降低，它是表明光抑制程度的良好指标和探针（Demming-Adams and Adams，1992；Öquist et al.，1992）。F_v/F_m 是植物发生光抑制的敏感指标，但其值的下降，既可能是 PSⅡ反应中心的光化学伤害的结果，也可能是光保护反应即非光化学能量耗散的结果。光合量子效率是植物光合机构每吸收 1mol 光量子所同化固定 CO_2 的物质的量，表观量子效率是以照射到光合机构上的光量子数计算，可以正确地反映光合机构光合功能的变化。

另外，光饱和光合速率的下降也是光抑制的显著特征，它是指植物达到光饱和点时的光合强度，光抑制表现为光合作用的光响应曲线凸形缩小。

C₄植物梭梭和沙拐枣在相同强光下，在荒漠干旱环境下有光抑制现象，但在雨后空气湿润和人工浇水补充土壤水分后，没有光抑制现象。相同的荒漠干旱环境下，沙拐枣的光抑制现象较轻，梭梭较重。梭梭和沙拐枣在强光下光合速率下调的同时，F_v/F_m 出现全天最低值，此后回升，说明光抑制结束，可见为适度光抑制，并没有导致 PSⅡ光损伤。光抑制是植物适应荒漠干旱环境的一种保护机制。

强光是引起光抑制的主导因子，但温度、水分过高或过低、营养缺乏、盐分胁迫等都会加剧光抑制，即使光照不甚强的情况下，由于其他逆境胁迫也会造成光抑制现象（Öquist et al.，1992）。蒋高明和朱桂杰（2001）对沙地灌木进行了研究，认为高温造成了沙柳（*Salix pasmmophylla*）光合作用的严重抑制。C₄植物生长和光合作用的温度要高于 C₃植物。以草本为例，C₄植物光合作用的最低气温为 5 ~ 10℃，最适气温为 35 ~ 45℃，最高气温为 45 ~ 60℃；而 C₃植物最低、最适和最高的气温范围分别为 –10 ~ 0℃、15 ~ 30℃ 和 35 ~ 45℃。C₄植物生长最低、最适和最高的气温分别为 10 ~ 15℃、30 ~ 40℃ 和 40 ~ 50℃；C₃植物相应的温度范围为 0 ~ 10℃、10 ~ 30℃ 和 30 ~ 40℃（Ludlow，1976）。光合作用和生长发育的温度范围因植物种类和生境不同而异，总体表现为 C₄植物高于 C₃植物，荒漠植物高于高寒植物。

从荒漠干旱环境、空气湿润环境和土壤浇水 3 种水分条件的生态因子比较来看 [图 4-8（a）]，光照强度最高值并没有显著差异，都超过 2000μmol/（m²·s），可见强光并不是引起荒漠植物梭梭和沙拐枣出现光抑制的主导因子。从气温和叶温比较来看 [图 4-8（c），图 4-9（a）]，3 种不同水分条件下，日平均气温在 30 ~ 33℃，最高气温在 35 ~ 37℃；日平均叶温在 30 ~ 34℃，最高叶温在 35 ~ 38℃。由此可见，温度并不是引起荒漠干旱环境下梭梭和沙拐枣出现光抑制的原因。环境 CO_2 浓度也相差不大。但是空气相对湿度和叶片与空气之间的水蒸气压差则不同，空气相对湿度在雨后湿润环境下显著高于荒漠干旱环境和浇水后第 2 天，后二者之间相差不大；叶片与空气之间的水蒸气压差在雨后湿润环境下显著低于荒漠干旱环境和浇水后第 2 天 [图 4-9 （b）]。浇水后第 2 天与荒漠干旱环境比较，土壤含水量明显增大，土壤水吸力降低。雨后湿润环境下梭梭和沙拐枣生长地的空气湿度明显改善，人工浇水后土壤湿度显著提高。荒漠干旱环境下空气湿度和土壤湿度都很低，水分胁迫导致梭梭和沙拐枣出现光抑制。提高空气湿度或土壤湿度均可以避免光抑制，并能提高它们的光能利用率和利用效率（Su et al., 2007）。

4.4.8 植物光能利用率和利用效率

（1）植物光能利用率

植物的光能利用率是指植物光合产物中所储存的能量占照射到地面上日光能的百分比。约有 1.3 kW/m^2 的太阳辐射能到达地球表面。如果仅以入射到叶表面的日光全辐射能量为 100% 计算，除去 <400nm 和 >700nm 的无效辐射，反射和投射的损失，光能传递及转换过程中的损失，呼吸消耗等，最后的净光能利用率最高值约为 5%。大田作物的光能利用率仅为 1% 左右，高产作物的短期光能利用率可达 3%~4%。可被吸收的光合有效辐射，大约有 15% 被绿色叶片反射或透射。因为叶绿素对蓝光和红光有强烈的吸收，所以光的反射主要集中在绿光区，植物也因此而呈现绿色。另外 85% 的光合有效辐射被叶片吸收，但其中的大部分以热的形式损失掉，小部分以荧光的形式损失掉，因此，仅有不到 5% 的瞬时光能被转化为化学能，并储存在碳水化合物中。在其他环境因子均处于最适宜条件时，植物按一定光能利用率所生产的干物质，即为光能生产潜力。认识光能生产潜力反过来可为提高光能利用率提供理论依据。

（2）植物光能利用效率

植物的光能利用效率（LUE）是植物利用太阳能同化 CO_2 的效能，是植物固定的 CO_2 与光照强度之比。LUE 的概念由 Monteith（1972）提出，起初是计算作物在生长季的生产力，表示为收获的生物量与截获的辐射之比。

光能利用率在反映植物碳同化能力和光能利用方面不如 LUE 直观，LUE 能够量化植被利用光能同化 CO_2 能力的大小，更能准确反映植物的生产能力。

LUE 在时间和空间尺度上有着不同定义和单位，在时间上，从瞬时的 LUE 到整个生长季甚至全年；在空间上，从单个叶片、群体到整个生态系统。植物叶片表示的是植物瞬时的 LUE，叶片 LUE 被广泛应用于评价植物叶片对光能的利用能力，是研究 LUE 的基本尺度；而群体 LUE 在生态系统的研究中起着承上启下的作用，是研究群落光合能力及其与外部环境因子间关系的更好尺度（Ma et al., 2014；Gitelson and Gamon, 2015）。

叶片 LUE 侧重各个生理过程的整体反映，同时用来进行个体间的差异比较。群体 LUE 侧重群落间不同物种的竞争及互利作用、群落组成和结构及空间分布格局的变化。

4.4.9 影响植物光合作用的因素

光合作用显著地受植物种类及不同的生态环境限制，如光照、温度、水分、CO_2 浓度、空气湿度等都可以改变植物内部的生理生化过程，从而影响光合作用的进行。同时植物对环境变化具有很强的自我调节和适应能力，并作出相应的反应。

（1）光照强度

光是植物的一种重要的环境信号分子，植物能精确感受光的各种参数来调控其生长和发育。光是推动光合机构进行光合作用制造有机物质的能量来源和热量来源，在其他条件都合适时，光强高低是决定光合速率高低的唯一外界决定因素。

光照对植物光合作用的影响主要是通过植物对光的捕获利用能力来实现的。地球表面一年中从太阳获得的能量估计为 2.092×10^{21} kJ，或是平均每年 6.4×10^6 kJ/m²，但植物群落只能固定这一巨大能量的极少部分。总生产力仅能利用太阳能的3.6%，而净第一性生产力只能利用2.4%，绝大部分的太阳能不能为植物所利用。提高植被生产力就要提高植被对太阳辐射的利用率和利用效率。

（2）温度

暴露在强辐射阳光下的叶片会接受很多热量，叶片所能吸收的能量仅为全部太阳能（300～3000nm）的50%左右，且所吸收的光大部分为可见光。叶片吸收大量的太阳能，这种热负荷以三种形式耗散掉。

1）辐射热损失：以长波辐射（约10 000nm）形式扩散。辐射能的最大波长与它们的温度成反比，温度非常低的叶片，发射的波长不在人眼可视范围。

2）焓热损失：也叫可感热损失。如果叶温高于周围的气温，热就从叶片扩散到空气中。

3）蒸发热损失：也叫潜热损失。因为水的蒸发需要能量，所以当水从叶片蒸腾的时候，大量的热被带走而使叶片冷却下来。

焓热损失和蒸发热损失是叶片温度调节的两个重要过程，二者的比值称为波文比（Bowen ratio）（宋纯鹏等，2015）。

$$波文比 = \frac{焓热损失}{蒸发热损失} = \frac{感热损失}{潜热损失}$$

水分充足的植物，其蒸腾作用是很强烈的，因此波文比较低。当蒸腾制冷受到限制的时候，波文比较大。荒漠植物和受水分胁迫的植物，部分气孔关闭减弱了蒸腾制冷，波文比增加。

高波文比的植物可以保持水分，也可以忍受高的叶温。然而，叶温和气温间的较大差值增加了叶片散热损失量，即焓热损失量。植物生长减缓通常与高的波文比有关，因为高的波文比意味着叶片上至少有部分气孔是关闭的。

焓热损失，即感热损失，用感热通量表示，感热通量是物体在冷却或加热过程中，温度降低或升高而不改变其原有相态所需放出或吸收的热量通量。

蒸发热损失，即潜热损失用潜热通量表示，潜热通量是物质发生相变（物态变化）且温度不发生变化时放出或吸收的热量通量。

光合作用对温度敏感，温度影响着与光合作用有关的所有生物化学反应及叶绿体膜的完整性，光合作用对温度的相应策略是相当复杂的。C₄植物和C₃植物叶片在同等条件下生长时，C_4植物趋向于有更高的光合作用最适温度。最适温度在很大程度上受遗传和环境因素共同影响，生长在不同生境内的不同植物种类，通过调节和适应有着不同的光合作用最适温度。和生长在高温环境中的植物相比，原本生长在低温条件下的植物在低温条件下具有更高的光合速率。

在低温条件下，光合作用可以被其他很多因素限制，如叶绿体中磷酸盐的有效性。当磷酸丙糖从叶绿体输出到细胞溶质中时，等摩尔的无机磷经由叶绿体膜上的转运体被吸收进入叶绿体。低温下，如果细胞质中的磷酸丙糖的利用速率下降，磷酸盐进入叶绿体就会受到抑制，光合作用就会受到磷酸盐的限制。淀粉和蔗糖的合成速率随着温度的降低迅速下降，因此减弱了对磷酸丙糖的需求，并引起磷酸盐对光合作用的限制。温度较低时，C_3植物的光合量子产额（每吸收一个光量子所固定的CO_2物质的量或释放O_2的物质的量）高于C_4植物，也就是低温下C_3植物比C_4植物具有更高的光合作用效率。

植物对温度的适应表现出明显的可塑性。生活在阿尔卑斯山和青藏高原地区的植物，在接近0℃低温下还能净同化CO_2；而生活在加利福尼亚死亡谷的植物，在温度接近50℃时，光合速率才达到最佳水平。

C_3植物的量子产额随着温度的升高而下降，光呼吸速率随着温度的升高而增强，从而使每净固定1分子CO_2需要消耗更多的能量。C_4植物的量子产额随着温度升高而增大，但光呼吸速率较低。通常，30℃以下，C_3植物的量子产额高于C_4植物；30℃以上，则相反。

（3）空气相对湿度

空气中水蒸气含量约占大气总量的2%，氧气约为21%；氮气含量最多，约占77%。空气相对湿度指空气中水汽压与饱和水汽压的百分比，或空气的绝对湿度与相同温度下可能达到的最大绝对湿度之比。空气相对湿度对荒漠植物光合作用有重要影响，即使不能显著改善土壤水环境的很小降雨量，在增加空气相对湿度的条件下，也能改善和提高大部分荒漠植物的光合速率。

（4）CO₂浓度

1750年工业革命前大气CO_2浓度为280μmol/mol，大气中的CO_2基本保持平衡。此后由于人类活动改变了生态系统碳循环的自然过程以及生物圈固有的收支平衡，导致大气中CO_2浓度不断升高，2015年全球平均水平达到400μmol/mol，即大气总量的0.04%。每年，最高CO_2浓度出现在北半球生长季到来之前的5月。CO_2浓度升高对植物最直接、最迅速的影响就是植物的光合作用，对于水分较好的植物来说，CO_2的增加能引起净光合速率的增加。在一定的水分亏缺条件下，环境CO_2浓度升高可通过促进光合作用、抑制蒸腾以削弱干旱对光合作用的抑制作用；但在重度水分亏缺条件下，CO_2浓度的升高不足以起到调节作用，反而引起光合速率的下降。

CO_2是光合作用的基本原料，要进行光合作用，CO_2就必须从大气扩散进入叶片，这种扩散速率与叶片内CO_2浓度梯度有关。CO_2通过气孔进入到气孔下腔，再进入到叶肉细胞的细胞间隙，通过这一扩散路径进入叶绿体的CO_2是气相的；CO_2进入叶绿体的另一路径则是液相的，开始于潮湿的叶肉细胞壁上的水层，继而连续通过细胞膜、胞液，最后到达叶绿体。

CO_2扩散进入叶片的气相路径可分为 3 个部分：界面层、气孔和细胞间隙，每一部分都对 CO_2 扩散施加一个阻力，即界面层阻力、气孔阻力和细胞间隙空气阻力。准确评价每一个阻力点的大小，有利于理解光合作用的 CO_2 限制。

界面层是紧贴叶片表面一层未被扰动的空气层，它对 CO_2 扩散的阻力称为界面层阻力，该阻力随着叶片大小和风速而改变。较小的叶片对 CO_2 和 H_2O 的扩散具有较小的界面层阻力。通过界面层后，CO_2 经由气孔腔进入叶片内部，这一阻力称为气孔阻力。界面层阻力比气孔阻力小得多，CO_2 扩散的主要阻力就是气孔阻力。在气孔下腔和叶肉细胞壁之间的空气间隙中还有一种 CO_2 扩散阻力，称为细胞间隙空气阻力。这个阻力通常也很小，相对于叶片外部 38Pa 的 CO_2 分压，它仅可引起压力下降 0.5Pa 或更少。在叶片气体交换的研究测定中，界面层阻力和细胞间隙阻力经常是被忽略的，气孔阻力（气孔导度的倒数）则经常被用来作为描述 CO_2 扩散气相阻力的唯一参数。

植物光合作用对大气 CO_2 浓度变化非常敏感，在很短的时间内就会做出响应。在高 CO_2 浓度下，C_3 植物的光合速率在短期内都有所增加，增加的程度从 20% 到 58% 不等（Drake et al.，1997）。但是，当植物长期处于高 CO_2 浓度下，一些叶片的光合速率则会逐渐下降，最终会低于正常大气 CO_2 浓度下生长的对照植株的水平。这种现象被称为光合作用对高浓度 CO_2 的适应或下调。

（5）土壤水分

土壤水分影响着植物的生长和发育，与植物光合作用密切相关，充足的土壤水分能够为植物光合作用提供足够的物质和能量运输保障，进而提高植物的光合速率。土壤水分不足则影响植物光合作用的顺利进行。水分不足对植物光合作用的影响分为气孔因素和非气孔因素两种，前者指引起气孔关闭而导致 CO_2 供应受阻的影响；后者指光合酶活性下降而导致叶片光合能力下降的影响。

4.5　C₄植物叶片水分生理

4.5.1　蒸腾作用

蒸腾作用是水分以气体状态通过植物体表面，主要是叶片，从体内散发到大气中的过程。蒸腾作用降低叶片温度，在蒸腾过程中，液态水变为水蒸气时需要吸收热量，1g 水变成水蒸气需要吸收的能量，在 20℃时为 2444.9J，30℃时为 2430.2J。

叶片的蒸腾作用有两种方式：一是通过角质层的蒸腾，称为角质膜蒸腾；二是通过气孔的蒸腾，称为气孔蒸腾。角质层本身不易使水通过，但角质层中间掺杂有吸水能力大的果胶质；另外，角质层也有裂隙，可使水分通过。角质膜蒸腾在叶片蒸腾中所占的比例，与角质层厚度有关，一般植物成熟叶片的角质膜蒸腾，仅占总蒸腾量的 5%～10%。因此，气孔蒸腾是植物蒸腾作用的最主要形式。

蒸腾速率是植物水分代谢的一个重要生理指标。植物的蒸腾失水速率大小直接关系着植物对环境中水资源的消耗量。蒸腾作用和光合作用一样，是植物生长的基础，是植物重要的生理机能，既受到外界因子的影响，也受植物体内部结构和生理状况的调节。植物蒸腾作用丧失 H_2O 量与光合作用同化 CO_2 量的比值，称为蒸腾比率，在不同光合途径植物中明显不同，C_3 植物为 400，C_4 植物为 150，CAM 植物为 50。

为了抵御干旱环境，荒漠植物常通过维持较低的蒸腾速率来减少植株体内水分的散失。蒸腾作用的强弱虽然不能直接说明植物抗旱能力的强弱，但它影响着植物的水分状况，在一定程度上反映了植物调节水分损失的能力及适应干旱环境的方式。

光照是影响蒸腾作用的最主要外部条件。光对蒸腾的影响首先是引起气孔开放；其次是提高植物体的温度，增加叶内外水蒸气压差而加速蒸腾。气孔导度越大，蒸腾速率越高。如猪毛菜的气孔导度显著大于木本猪毛菜，猪毛菜气孔导度的日平均值为 303mmol/（m²·s），木本猪毛菜则为 216mmol/（m²·s）；相应地，猪毛菜蒸腾速率也明显大于木本猪毛菜，日平均值分别为 14.9mmol H_2O/（m²·s）和 10.2mmol H_2O/（m²·s）；在午间强光照射下，猪毛菜通过提高气孔导度而加速蒸腾，木本猪毛菜则通过降低气孔导度，减小蒸腾，来适应干旱环境。

通常情况下，C_4 藜科植物的蒸腾速率显著低于禾本科的 C_4 草本植物。例如，珍珠、梭梭和短叶假木贼（*Anabasis brevifolia*）在戈壁荒漠的平均蒸腾速率为 150 ~ 350mg H_2O/（g FW·h），但是，禾本科 C_4 草本植物无芒隐子草（*Cleistogenes songorica*）蒸腾速率的范围为 200 ~ 800mg H_2O/（g FW·h）（Pyankov et al.，2000）。

荒漠灌木中午受到水分胁迫时会关闭气孔以减少蒸腾，但蒸腾减少会导致叶片温度上升，影响光合速率。在叶片水平上，无论是高温强光期还是环境适宜期，C_4 灌木沙拐枣的蒸腾速率日平均值显著高于 C_3 灌木泡泡刺和柠条，而柠条的蒸腾速率日平均值较低，高的蒸腾速率是沙拐枣的一种保护机制，以其最大的蒸腾速率降低同化枝温度来保护其免受高温的伤害。柠条表现为低蒸腾，与柠条叶片密被绢毛、对光线的反射能力强、光能吸收少有关。叶温较低，一方面使其免受高温和强光伤害；另一方面减少了蒸腾失水，提高了保水能力，这也是柠条光合系统对强辐射和高温适应能力强的原因之一。

（1）不同荒漠植物的蒸腾速率

自然条件下，温带荒漠在 7 月出现高温强光，全年最热，空气相对湿度全年最低；8 月气温有所下降，降水有所增加，空气相对湿度明显提高，对植物生长发育有利。从生长期环境特征比较，将 7 月称为高温强光期，8 月称为环境适宜期。比较 4 种荒漠植物在高温强光期（7 月中旬）和环境适宜期（8 月中旬）蒸腾速率（transpiration rate，T_r）的日变化可以看出（图4-13），不同时期 T_r 的日变化均呈现单峰曲线，且最大值均出现在13:00。荒漠植物泡泡刺、柠条、梭梭和沙拐枣在 7 月中旬的 T_r 日平均值（08:00 ~ 18:00）分别为 8.0mmol H_2O/（m²·s）、4.8mmol H_2O/（m²·s）、6.5mmol H_2O/（m²·s）和8.4mmol H_2O/（m²·s）；8 月中旬 T_r 日平均值分别为 4.3mmol H_2O/（m²·s）、2.3mmol H_2O/（m²·s）、3.7mmol H_2O/（m²·s）和4.8mmol H_2O/（m²·s），7 月中旬的 T_r 日平均值显著高于 8 月中旬（$P<0.05$）。无论是7 月还是 8 月中旬，退化叶植物中沙拐枣的 T_r 日平均值显著高于梭梭，旱生叶植物柠条的 T_r 日平均值显著低于肉质叶植物泡泡刺和退化叶植物。

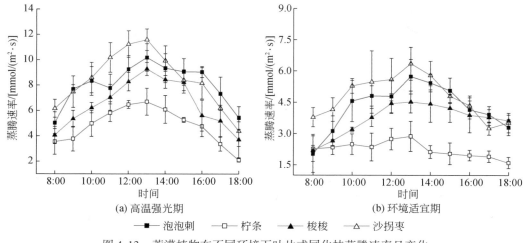

(a) 高温强光期   (b) 环境适宜期

—■— 泡泡刺   —□— 柠条   —▲— 梭梭   —△— 沙拐枣

图 4-13   荒漠植物在不同环境下叶片或同化枝蒸腾速率日变化

（2）不同水分条件下梭梭的蒸腾速率

不同土壤水分处理条件下，梭梭同化枝的蒸腾速率日变化均呈单峰曲线［图 4-14（a）］，最大值都出现在 13:00。比较后可以看出，处理 I 的蒸腾速率最高，最大值为 15.7mmol H_2O/（m^2·s），日均值（8:00~18:00）为 11.7mmol/（m^2·s）；处理 II、III 和 IV 的日均值分别为 10.3mmol H_2O/（m^2·s）、8.0mmol H_2O/（m^2·s）和 6.1mmol H_2O/（m^2·s）。分析表明，处理 I 和 II 的日均值显著高于处理 III 和 IV。上午（8:00~12:00）各种处理间差异不显著；中午（12:00~14:00）处理 I 和 II 显著高于处理 III 和 IV，处理 III 也明显高于处理 IV；下午（14:00~18:00）处理 I 和 II 明显高于处理 III 和 IV。低土壤含水量条件下梭梭蒸腾速率明显降低。

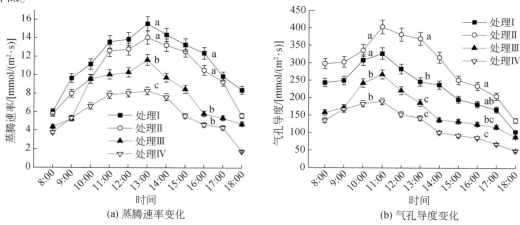

(a) 蒸腾速率变化   (b) 气孔导度变化

图 4-14   梭梭同化枝蒸腾速率和气孔导度在不同土壤含水量下的日变化

同一时段中不同的小写字母表示差异显著（$P<0.05$），10 时右列字母为上午（8:00~12:00）比较结果，13 时右列字母为中午（12:00~14:00）比较结果，16 时右列字母为下午（14:00~18:00）比较结果。处理 I、II、III 和 IV 分别表示 10~30cm 土壤含水量为 18.4%、10.2%、4.1% 和 1.0%，即分别为田间持水量的 90%、50%、20% 和 5%

不同水分处理条件下，梭梭同化枝的气孔导度最大值出现于 11:00 ［图 4-14（b）］。处理Ⅱ的最大值为 405mmol/（m²·s），日平均值为 292mmol/（m²·s）；处理Ⅰ的最大值为 327mmol/（m²·s），日平均值为 229mmol/（m²·s）；处理Ⅲ和Ⅳ的日平均值分别为 165mmol/（m²·s）和 120mmol/（m²·s）。梭梭同化枝的气孔导度处理Ⅱ明显高于其他 3 种处理，处理Ⅰ明显高于处理Ⅲ和Ⅳ。上午，处理Ⅰ和Ⅱ显著高于处理Ⅲ和Ⅳ；中午则是处理Ⅱ显著高于其他 3 种处理，处理Ⅰ显著高于处理Ⅲ和Ⅳ；下午，处理Ⅱ显著高于处理Ⅲ和Ⅳ，处理Ⅰ与Ⅱ之间差异不显著。

比较后可以看出，在土壤含水量为田间持水量的 50% 时，气孔导度最大，显著高于更高土壤含水量和更低土壤含水量条件；但蒸腾速率低于更高土壤含水量条件。说明土壤含水量为田间持水量的 50% 时，有利于荒漠植物梭梭光合作用的进行，且较好地减少了蒸腾速率。

叶片与空气之间的水蒸气压差对蒸腾速率影响很大，从梭梭同化枝光合气体交换参数测定中得到的水蒸气压差（VPD），即叶片与空气之间的水蒸气压差日变化可以看出（图 4-15），各种处理条件下梭梭的水蒸气压差均呈单峰曲线，最大值都出现在 15:00 左右，然后逐渐降低。统计分析显示各处理之间均无显著性差异。相比较中午时段土壤含水量为田间持水量的 50% 条件下，水蒸气压差最小，水蒸气压差降低有利于提高光合速率而减小蒸腾速率。

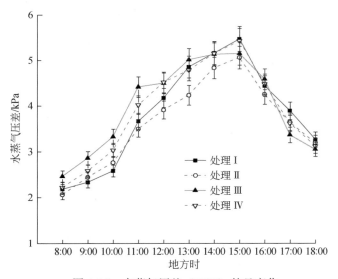

图 4-15　水蒸气压差（VPD）的日变化

处理Ⅰ、Ⅱ、Ⅲ和Ⅳ分别表示 10~30cm 土壤含水量为 18.4%、10.2%、4.1% 和 1.0%，即分别为田间持水量的 90%、50%、20% 和 5%

（3）不同土壤含盐量条件下梭梭的蒸腾速率

不同含盐量条件下梭梭的蒸腾速率日变化见图 4-16（a），最大值都出现在 13:00，通过比较可以看出，处理Ⅱ的蒸腾速率最高，最大值为 17.7mmol H_2O/（m²·s），日均值为

12.6mmol H₂O/(m²·s)；处理Ⅰ、Ⅲ和Ⅳ的日均值分别为10.2mmol H₂O/(m²·s)、9.1mmol H₂O/(m²·s)和7.7mmol H₂O/(m²·s)。分析表明，梭梭同化枝的蒸腾速率处理Ⅱ明显高于其他3种处理（$P<0.05$），处理Ⅰ明显高于处理Ⅳ，而与处理Ⅲ差异不显著。

不同含盐量条件下梭梭同化枝的气孔导度最大值中度含盐量及以下出现于11:00，重度含盐量下出现于10:00［图4-16（b）］。处理Ⅱ的最大值为360mmol/(m²·s)，日平均值为260mmol/(m²·s)；处理Ⅰ的最大值为307mmol/(m²·s)，日平均值为230mmol/(m²·s)；处理Ⅲ和Ⅳ的日均值分别为177mmol/(m²·s)和137mmol/(m²·s)。梭梭同化枝的气孔导度处理Ⅰ和Ⅱ的日均值显著高于处理Ⅲ和Ⅳ（$P<0.01$）。

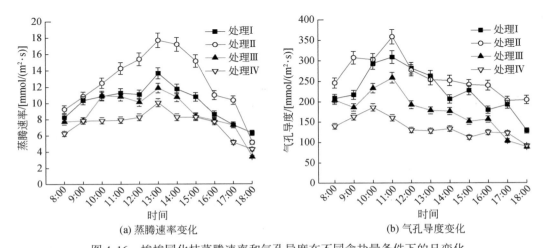

(a) 蒸腾速率变化 (b) 气孔导度变化

图4-16　梭梭同化枝蒸腾速率和气孔导度在不同含盐量条件下的日变化

处理Ⅰ、Ⅱ、Ⅲ和Ⅳ分别表示10~30cm土壤含盐量为3.0g/kg、8.0g/kg、15g/kg和30g/kg，分别代表无胁迫、轻度、中度和重度盐胁迫。土壤含水量均为田间持水量的50%，即质量含水量为10.2%

4.5.2　渗透调节

多种逆境都会对植物产生直接或间接的水分胁迫，水分胁迫时，植物体内主动积累各种有机和无机物质来提高细胞液浓度，降低渗透势，提高细胞保水力，从而适应水分胁迫环境，这种现象称为渗透调节。渗透调节是植物适应干旱等逆境胁迫的一个重要生理调节机制，它能维持植物在低水势下的细胞膨压而不至于很快萎蔫，保持一定的生长量，同时通过溶质的积累，可以保护细胞蛋白质、各种酶、细胞器和细胞膜在脱水时免遭伤害。可使根系继续生长，以吸取深层土壤中更多的水分。由于渗透调节的作用，使细胞组织具有一定的抗脱水能力，保持一定的分生能力，并有一定的恢复生长的功能。渗透调节作用一般发生在程度较低或中度水分胁迫的情况下，当水分胁迫严重时，渗透调节能力减弱或丧失。

渗透调节物质主要分为两大类：一类是细胞内合成的有机物质，如可溶性糖、脯氨酸、可溶性蛋白、有机酸、游离氨基酸、甜菜碱等；主要调节细胞质的渗透势（Koster，1991），同时对酶、蛋白质和生物膜起保护作用。可溶性糖是光合产物之一，是能量的储存者和参与新陈代谢的重要底物，也是植物合成其他有机物的起始物质和增加渗透性溶质的重要组成成分（详见 4.6.3）。各种不良环境都会使植物体内的可溶性糖含量发生显著变化。脯氨酸是一种理想的渗透调节物质，主要调节细胞中的渗透势，同时对酶、蛋白质和生物膜起保护作用（详见 4.6.4）。可溶性蛋白质是植物细胞的一类渗透性调节物质，能降低细胞的渗透势，提高植物的保水能力，抵抗逆境胁迫带来的伤害，而且植物体内的大多数酶主要是以可溶性蛋白的形式存在，其对维持细胞内酶系统的稳定性有重要作用（Fire et al.，1998）。高的可溶性蛋白含量能够使植物在水分不足的条件下维持较低的渗透势。在逆境条件下，可溶性蛋白含量增加，包括合成新的蛋白质，这是植物的一种自我保护和抗逆机制。氨基酸是组成蛋白质的基本单位，也是蛋白质的分解产物，植物叶中氨基酸水平增加与水势下降密切相关。此外，甜菜碱在植物的渗透调节中也具有重要作用，它能够作为酶结构保护剂保护细胞膜的完整性。正常生长的植物中甜菜碱含量并不高，但是，随着植物遭受胁迫的程度加剧，植物体内甜菜碱含量迅速升高。植物受胁迫时甜菜碱积累，当胁迫解除后叶片和根内的甜菜碱不像脯氨酸含量那样立即下降，而是基本上保持稳定，说明甜菜碱的积累可能是永久或半永久性的。

　　另一类是从外界引入细胞的无机离子，如 K^+、Na^+、Ca^{2+}、Mg^{2+}、Cl^-、NO_3^-、SO_4^{2-} 等，主要累积在液泡中。K^+ 活化呼吸作用和光合作用的酶活性，是 40 多种酶的辅助因子，是维持细胞内电中性的主要阳离子（潘瑞炽，2012）；K^+ 既能促进蛋白质的合成，也能促进糖的运输，可增加原生质的水合程度，降低其黏性；随着干旱胁迫的加重，K^+ 含量增加，有助于提高植物叶片细胞的保水力，增强其耐旱性。在土壤水分胁迫下，Ca^{2+} 含量变化趋势与 K^+ 基本相同。Ca^{2+} 与细胞壁的形成有关，Ca^{2+} 具有稳定生物膜的作用，有助于愈伤组织的形成，对植物抗性有一定作用；干旱、盐胁迫、低温及缺氧均可引起 Ca^{2+} 浓度增加；逆境胁迫引起植物细胞产生 Ca^{2+} 信号的现象是普遍存在的，它是植物对逆境反应和适应的一条最佳途径（张俊环等，2006）。Mg^{2+} 是叶绿素的重要成分，是光合作用及呼吸作用中多种酶的活化剂；缺乏 Mg^{2+}，叶绿素即不能合成；在土壤水分胁迫下植物通过增加 Mg^{2+} 含量维持叶绿素含量和各种酶的活性，从而有助于保证光合作用的正常进行，对提高植物的抗旱性有一定作用。

　　渗透调节的关键是细胞内渗透势的下降，渗透势的下降又以细胞内溶质的积累为主要因素。高的渗透调节物质含量可以提高植物的渗透调节能力，降低植物的渗透势和水势，维持细胞膨压，有利于植物在较低水势下吸收水分，提高植物的保水能力。

　　渗透势又称溶质势，纯水的渗透势为零，溶液的渗透势为负值，某溶液渗透势的绝对值与该溶液渗透压的绝对值相等。渗透压越大溶液浓度越大，水势就越低；反之，渗透压越小溶液浓度越小，水势越高。

　　C₄植物对干旱和盐碱环境的适应能力较强，在贫瘠、盐碱化严重的地区能成为独立的优势种。处于盐碱逆境中的植物可通过积累游离脯氨酸等有机溶质和吸收无机离子进行渗透调节，但 C₃、C₄植物进行渗透调节的方式有所不同，C₃植物主要通过积累脯氨酸等有机溶质进行渗透调节, 而 C₄ 植物主要通过液泡中离子区域化积累作用进行调节, 对盐碱环境具有更强的适应能力 (王萍等, 1997)。

4.5.3 叶片含水量及水势

(1) 不同植物种类叶片或同化枝的含水量和水势

植物光合器官含水量是反映植物水分状况的重要指标, 含水量的高低是植物长期适应环境的结果。植物叶片或同化枝含水量在不同光合途径的荒漠植物之间差异不大, 叶片含水量的差异主要体现在植物的叶片类型上, 肉质叶 (fleshy leaf) 植物具有较高的叶片含水量, 旱生叶植物叶片含水量普遍较低。

叶片相对含水量是衡量植物耐旱性的重要指标之一, 可以反映植物的水分亏缺程度。叶片相对含水量较高的植物具有较高的渗透调节功能和较强的抗旱性。比较高寒植物不同生长型叶片得出, 灌木的相对含水量高于草本, 草本中禾草大于莎草 (Su et al., 2018)。比较荒漠植物不同叶片类型得出, 肉质叶植物具有较高的叶片相对含水量, 如藜科盐爪爪属黄毛头叶片的相对含水量可达 90%。旱生叶植物的相对含水量较低, 如豆科锦鸡儿属荒漠锦鸡儿叶片的相对含水量为 55.5% (表 4-9)。肉质叶植物保水力较高, 失水速率较慢, 而旱生叶植物失水速率较快, 叶片保水力较差。

表 4-9 荒漠植物叶片或同化枝相对含水量和水势

植物种	合头草	荒漠锦鸡儿	红砂	珍珠	紫菀木	黄毛头	骆驼刺
相对含水量/%	77.6	55.5	72.8	86.1	67.7	90.3	73.2
叶片水势/MPa	−6.8	−7.9	−10.5	−6.6	−3.7	−9.5	−2.7
植物种	梭梭	泡泡刺	沙拐枣	柠条	花棒	籽蒿	柽柳
相对含水量/%	75.3	88.4	70.9	71.4	74.5	75.7	73.5
叶片水势/MPa	−3.6	−4.3	−0.9	−6.8	−1.5	−2.2	−4.3

植物水势是植物水分亏缺或表示水分状况的一个直接指标, 是反映植物吸水能力与保水能力大小的综合指标。它的高低表明植物从土壤或相邻细胞中吸收水分以确保其进行生理活动的能力, 低水势是植物对干旱胁迫的一种适应, 有利于植物从土壤吸收水分, 增强植物抗旱性。清晨水势反映了日出以前植物水分的恢复状况, 可用来判断植物水分亏缺程度, 清晨水势高表明植物得到了良好的水分供应, 反之则表明植物受到水分胁迫。午后水势反映植物受水分胁迫的程度以及水分亏缺的最大值。

C₄ 植物维持相对稳定的叶水势是高光效的一个重要方面。不同叶片类型的荒漠植物在水势上存在较大差异, 肉质叶植物虽然具有较高的叶片含水量, 但是叶片平均水势在旱生叶、肉质叶和退化叶 (degradation leaf) 3 种叶片类型植物中是最低的, 为 −7.6MPa。较低的植物水势能建立起更高水分梯度, 有利于植物吸收土壤水分, 保持水分平衡, 这是植物抵御干旱, 减轻水分胁迫的一种生理反应。退化叶植物同化枝的水势高于肉质叶植物, 梭梭和沙拐枣同化枝的水势平均为 −2.3MPa (表 4-9)。25℃ 条件下, 纯水的水势为 0MPa,

1mol 氯化钾溶液的水势为−4.5MPa。

在干旱胁迫下，沙拐枣通过气孔调节等机制减少水分丧失来维持高水势，而骆驼刺通过发达的根和强大的吸水输导系统来维持高水势。红砂为非深根性植物，叶水势的变化主要与浅层土壤水分状况有关。通常，光合器官水势较高的植物其水势的日变化幅度较小，而水势较低的植物日变化幅度较大。

维持水分平衡是植物正常活动的关键，从能量平衡的观点，土壤—植物—大气连续体（soil-plant-atmosphere continuum，SPAC）中水分传输可以用水势这一指标来描述各个环节的能量状态及其变化。在这一系统中，大气水势远小于植物叶水势，植物叶水势小于土壤基质水势。水势梯度由土壤水分状况、空气温度、大气相对湿度、太阳辐射强度和风速等因子协同决定。

大气水势与空气湿度和温度密切相关，采用下列公式计算（康绍忠等，1990）：

$$\Psi_a = \frac{RT_k}{V_w} \times \ln \frac{e_d}{e_a} = \frac{RT_k}{V_w} \times \ln R_H \tag{4-7}$$

式中，Ψ_a 为大气水势（Pa）；R 为气体常数，其值为8.314J/（K·mol）；T_k 为热力学温度（K），$T_k=273+t$；e_d 为空气实际水汽压（Pa）；e_a 为空气饱和水汽压（Pa）；R_H 为空气相对湿度（%）；V_w 为水的摩尔体积，其值为 1.8×10^{-5}（m³/mol）。

将 R、V_w 的值代入式（4-7），得到

$$\Psi_a = 4.62\times10^5 T_k \times \ln R_H \tag{4-8}$$

SPAC系统水势梯度作为水流运移的驱动力，其各要素水势的失控变异直接决定着土壤的供水能力和地表蒸发力，也决定着植物根系的吸水能力和植冠的蒸腾耗水速率（刘昌明，1986；1997）。大气水势是影响和控制SPAC各介质水势及其时空变异的主导因素，其自身主要受空气温度、湿度、太阳辐射的影响，同时也受区域气流运动、下垫面特征及其蒸散能力的影响。

植物叶水势总的变化趋势是生长前期高，中、后期低，叶水势的变化与土壤基质势和环境条件关系密切，具有较明显的日变化，早、晚叶水势高，中午降低。叶片的蒸腾作用导致，叶肉细胞 Ψ_w<叶脉导管 Ψ_w<叶柄导管 Ψ_w<茎导管 Ψ_w<根导管 Ψ_w<土壤溶液 Ψ_w。

土壤水分供应充足、生长迅速的叶片水势为−0.8～−0.2MPa。

水分由土壤进入植物根系，通过细胞传输，进入植物茎，由植物木质部到达叶片，再由叶片气孔扩散到空气层，这一过程是由水势驱动的，水分运动的基本规律是从水势高处向水势低处流动。植物叶水势与蒸腾速率的关系相当复杂，受气候条件和土壤水势的双重影响。在土壤水饱和的情况下，植物水势的日变化与土壤含水量无显著相关关系；当土壤供水不足时，植物水势会随着土壤含水量的下降而降低。当土壤严重缺水使植物受到干旱胁迫时，根部能合成大量的脱落酸，并随蒸腾流运到地上部，为叶片提供水分亏缺信号，调节植物的生长发育和气孔导度，对干旱胁迫作出响应（Tardieu and Davies，1993）。

（2）不同含盐量条件下的梭梭同化枝含水量和水势

从图4-17可以看出，在轻度盐胁迫下，梭梭同化枝鲜重含水量及饱和含水量与无胁迫组之间无显著性差异。而随着土壤含盐量的继续增加，处理Ⅲ和处理Ⅳ叶片鲜重含水量

显著下降。但是，各处理组之间的叶片饱和含水量无显著性差异。

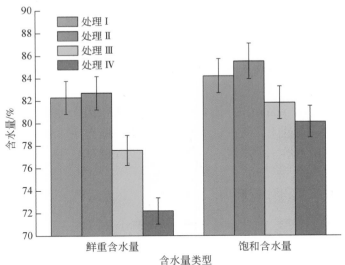

图 4-17 盐胁迫下梭梭同化枝的鲜重含水量和饱和含水量

处理 I 、II 、III 和 IV 分别表示 10～30cm 土壤含盐量为 3.0g/kg、8.0g/kg、15g/kg 和 30g/kg，分别代表无胁迫、轻度盐胁迫、中度盐胁迫和重度盐胁迫。土壤含水量均为田间持水量的 50%，即质量含水量为 10.2%

在土壤水分亏缺条件下，较高的水势有利用于植物生长与代谢。图 4-18 结果显示，不同盐浓度处理下梭梭同化枝水势均在 −2.70MPa 以下，并且在不同时段均为处理 I >处理 II >处理 III >处理 IV。相同盐浓度处理下梭梭同化枝水势均为早晨最高，中午达最低，然后逐渐回升。

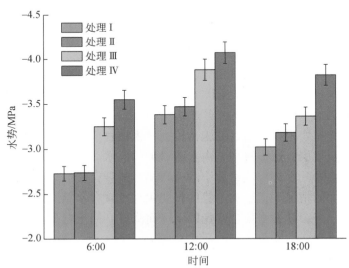

图 4-18 盐胁迫下梭梭同化枝的水势

处理 I 、II 、III 和 IV 分别表示 10～30cm 土壤含盐量为 3.0g/kg、8.0g/kg、15g/kg 和 30g/kg，分别代表无胁迫、轻度盐胁迫、中度盐胁迫和重度盐胁迫。土壤含水量均为田间持水量的 50%，即质量含水量为 10.2%

总体表现为，土壤轻度含盐量（8.0g/kg 以下）不会显著影响梭梭同化枝含水量和水势，反而有一定促进作用。随着盐碱化程度加重，土壤含盐量越高，梭梭同化枝含水量越低，饱和含水量下降，水势降低。

4.5.4　植物失水速率

叶片持水力通常用来表示植物组织抗脱水的能力，单位时间内失水量越多，持水力越差，反之则越强。

植物蒸腾作用的强弱可以用失水速率来衡量。不同光合途径以及不同叶片类型的荒漠植物之间持水力有较大差异，同一光合途径不同植物种也差异很大。在 C$_4$植物中，沙拐枣同化枝失水速率较快，在 10h 内离体失去超过含水量80%的水分，24h 失水率达94%（表4-10）。C$_4$植物梭梭和珍珠失水速率则相对缓慢，持水力较高，在 24h 内失水率不到50%（表4-10）。叶片持水力与叶片类型有关，肉质叶植物合头草、红砂、珍珠、黄毛头和泡泡刺等24h 的平均失水率为59%，与其他叶片类型植物比较相对缓慢，其中黄毛头和珍珠失水速率较慢，黄毛头失水速率明显慢，在 24h 内离体失去了32%的含水量（表4-10）；泡泡刺失水速率相对较快，在 10h 内离体失去了超过30%的含水量，在 24h 内失水率达到77%。肉质叶植物在干旱缺水的荒漠环境下具有较高的持水能力，即减少失水和保持膨压等综合保水能力较强。

表 4-10　荒漠植物离体 24h 的失水率

植物种	合头草	荒漠锦鸡儿	红砂	珍珠	紫菀木	黄毛头	骆驼刺
失水率/%	70	95	73	43	91	32	92
植物种	梭梭	泡泡刺	沙拐枣	柠条	花棒	籽蒿	柽柳
失水率/%	47	77	94	79	56	53	51

旱生叶植物荒漠锦鸡儿、柠条、紫菀木、骆驼刺的失水速率较快，其中荒漠锦鸡儿、骆驼刺和紫菀木在 24h 内离体失水量超过了90%；而花棒、柽柳和籽蒿失水速率相对较慢，在 24h 内均离体失去了约50%的含水量（表4-10）。旱生叶植物荒漠锦鸡儿、紫菀木、骆驼刺、柠条、花棒、籽蒿和柽柳等24h 的平均失水率为74%。

在不同生态类型的植物中，多浆旱生植物持水力显著高于其他生态类型的植物。肉质叶植物为多浆旱生植物，高的持水力与叶面积缩小、叶片肥厚、贮水组织发达、厚的角质层等紧密关联。

4.6　C$_4$植物抗氧化代谢与碳同化物分配对干旱的响应

植物在遭受干旱水分胁迫后，体内会发生多种生理生化的适应或抵抗性反应，形成了多种适应性调节机制。水分亏缺是影响荒漠植物生长和生理生化响应的主要因子，水分亏缺对植物代谢最显著的影响是引起植物体内有害的活性氧，如超氧阴离子和过氧化氢（H_2O_2）等增加。

4.6.1　细胞膜透性

细胞膜又称细胞质膜，是指包围在原生质体表面的一层薄膜，主要由膜脂和膜蛋白组成，外侧紧贴细胞壁。细胞膜对维护细胞内微环境的相对稳定和与外界环境进行物质交换、能量和信息传递等起着重要的作用，各种逆境胁迫对细胞的影响往往首先作用于细胞膜。干旱胁迫可以通过破坏细胞膜透性从而影响细胞的各种生理代谢，最终影响到植物的生长。细胞膜对外界环境变化非常敏感，植物处于干旱、高温等逆境条件时，其细胞膜透性增加，膜透性增大的程度与逆境胁迫强度有关，也与植物抗逆性的强弱有关。细胞膜透性的大小一般由叶片的相对电导率来衡量。相对电导率越大，其细胞膜的透性就越大，引起更多的细胞内容物外渗。

4.6.2　活性氧和抗氧化代谢

活性氧（ROS）是指具有较高化学反应活性的氧的几种代谢产物，至少含有一个不成对电子。植物在光合作用和呼吸作用的电子传递过程中会产生 ROS，如超氧阴离子自由基（O_2^-）、羟自由基（·OH）、过氧化氢（H_2O_2）等，它们有很强的氧化能力。O_2^- 和 ·OH 会破坏主要的细胞成分如核酸、多肽、蛋白质和膜脂等。H_2O_2 是一种有害的底物，当 H_2O_2 的浓度达到很高的值时，就会导致膜脂的过氧化和细胞壁的损害。

ROS 是 O_2 的还原形式，一般是直接激发 O_2 形成 $^1O_2$，或从 O_2 中移除一个、两个、三个电子分别形成 O_2^-、H_2O_2 或者 ·OH，与 O_2 相比较，ROS 可以强烈地氧化不同细胞组分并能导致细胞的氧化损坏。一般认为，ROS 是有氧代谢中不可避免的产物，是光合电子传递的必然结果，植物中有许多 ROS 的潜在来源，包括正常的代谢过程，如光合作用和呼吸作用；其他的一些 ROS 源则来自其生理代谢在非生物胁迫下可增强的途径中，如光呼吸中过氧化物体中的乙醇酸氧化酶。近年来，在植物中已经确定了一些新的 ROS 源，包括 NADPH 氧化酶、胺氧化酶和与细胞壁结合的过氧化物酶，这些酶都参与了细胞程序性死亡和病菌防御等生理过程中 ROS 的产生。

干旱胁迫能引起植物体内各种代谢过程的紊乱以及植物 ROS 的产生和清除的失衡，导致光合电子传递的过还原和叶绿素分子的过激发，其中最关键的是氧化胁迫，产生 ROS 伤害光合机构（Müller et al.，2001）。氧化胁迫是干旱引起的电子传递的破坏而导致产生氧自由基的结果。产生的部位主要在线粒体和叶绿体。当在光下发生干旱胁迫时，电子通过激发能量从叶绿素传递到 O_2，如果这部分能量不能通过光合途径散失出去，那么它将启动自由基的产生过程和 ROS 的形成（Seel et al.，1992；Smirnoff and Wheeler，2000）。

在不同的极端环境条件下，尤其是植物暴露在低温高光照强度的环境中，光驱动的光合反应中心的激发与碳固定能量消耗的减少之间的不平衡，会产生高水平的 ROS。电离辐射、紫外线和环境污染也可以使植物产生高浓度的 ROS，臭氧等强氧化剂可以使植物直接产生 ROS。

ROS 一直被认为是植物代谢过程中的毒副产品，能引起植物体内大分子物质如脂类、蛋白质及 DNA 的损伤。ROS 不仅只是细胞代谢中有害的副产品，更是细胞信号转导和调控的重要组成部分。胁迫下 ROS 生成的增加会对细胞构成胁迫，但是也可以作为活化胁迫反应和防御途径的信号物质。尽管 ROS 可调控细胞内部对胁迫产生防御反应，但 ROS 水平的过量积累会导致细胞死亡，死亡原因可归结为过氧化过程，如膜脂过氧化、蛋白质变性失活、酶抑制和 DNA 损伤等。

抗氧化是抗氧化自由基的简称。抗氧化酶类是植物抵抗逆境胁迫的关键系统，主要有两类：一类为酶促防御系统，包括超氧化物歧化酶（SOD）、过氧化物酶（POD）和过氧化氢酶（CAT）等，是重要的光合机构保护酶类；另一类为非酶促防御系统，包括抗氧化剂抗坏血酸（AsA）、谷胱甘肽还原酶（GR）、类胡萝卜素（Car）及一些含巯基的低分子化合物（如谷胱甘肽）等，它们协同作用共同抵抗胁迫诱导的氧化伤害。

以 SOD、POD 和 CAT 等抗氧化酶类组成的酶促清除系统，在清除过量的自由基和过氧化物，抑制膜脂质过氧化，保护细胞免遭自由基伤害等方面起着重要作用。SOD 是植物体内防御氧化逆境下自由基形成的关键酶，也是对抗氧化损伤的第一道防线，它主要将所产生的 O_2^- 歧化生成 O_2 和 H_2O_2，在防御系统中处于重要地位，被认为是细胞抗氧化胁迫的中心。POD 和 CAT 则清除随后产生的过氧化物（Foyer and Noctor, 2005），CAT 具有很强的催化能力，直接分解 H_2O_2 产生 H_2O 和 O_2，从而保护细胞免受损伤，对机体氧化和抗氧化的平衡起着至关重要的作用。POD 普遍存在于植物体内，是一种活性较高的酶，与呼吸作用、光合作用及生长素的氧化等密切相关，其主要功能是以过氧化物为底物，以植物体内多种还原剂为电子受体清除 H_2O_2 和其他羟自由基，POD 也可以用一些酚类化合物（如愈创木酚）作为主要的还原剂氧化进而清除 H_2O_2（Srivalli et al., 2003）。POD 还参与了细胞壁成分的生物合成和木质化（Cavalcanti et al., 2004）。

非酶促清除系统通过多种途径直接或间接地猝灭 ROS。AsA 是广泛存在于植物光合组织中的一种重要的抗氧化剂，可以直接清除 ROS，从而减少膜脂过氧化发生，保护细胞膜透性（Pignocchi et al., 2003）。GR 参与机体内的多种新陈代谢过程，如参与氨基酸跨膜转运、重金属及其他异形物质的解毒、基因激活、氧化胁迫的保护等（Noctor and Foyer, 1998）。Car 存在于叶绿体内，除了是光合色素外，还作为植物体的内源抗氧化剂，一方面阻止激发态叶绿素分子的激发能从反应中心向外传递；另一方面在光氧化过程中清除氧自由基，保护叶绿素分子免遭氧化损伤。维生素 E 位于叶绿体类囊体膜上，在防止单线态氧（$^1O_2$）对类囊体膜的伤害方面有一定的保护作用（阎成仕等，2000）。

抗氧化能力强是抗旱的一个重要指标。耐旱性强的植物体内 SOD、CAT 等抗氧化酶类活性增大，抑制膜内不饱和脂肪酸分解产物丙二醛（MDA）的积累，从而保持和恢复细胞膜。植物器官衰老或在逆境下遭受伤害，往往发生膜脂过氧化作用，MDA 的积累对膜和细胞造成一定的伤害，MDA 从膜上产生释放后，可以与蛋白质、核酸反应，使其丧失功能，还可使纤维素分子间的桥键松弛，或抑制蛋白质的合成。

植物叶片的生理生化差异主要体现在不同的叶片类型上。在植物的抗氧化防御上，退化叶植物同化枝中具有较高的 SOD 活性，而旱生叶植物具有较高的 CAT 和 POD 活性。

4.6.3 碳水化合物

碳水化合物（carbohydrate）是植物体内最重要的物质，某些植物组织中碳水化合物的含量可高达干重的 80%～90% 或以上。碳水化合物的种类也极为广泛，有各种储藏性多糖如淀粉、果聚糖、黏胶质、多元醇及糖苷等，也有各种寡糖及游离的单糖如葡萄糖、果糖等。可分为结构性碳水化合物和非结构性碳水化合物两大类，其含量变化与多种因素相关。植物体内的结构性碳水化合物是植物细胞壁的主要成分，在植物体内主要起支持作用，如木质素、纤维素。非结构性碳水化合物主要包括葡萄糖、果糖、蔗糖等可溶性糖和淀粉，参与了包括渗透调节在内的多种生命过程，其含量会受到年龄、环境条件、营养因素以及管理措施等各方面的影响。同时，非结构性碳水化合物可以在植物体内储藏并且能够被转化再利用，是植物休眠结束后再生长的主要碳水化合物之一。

一些研究认为，在植物地上组织恢复过程中，萌蘗芽比非结构性碳水化合物（非结构糖）更重要（Lloret and López-Soria，1993），毋庸置疑，非结构糖的储存对植物的再生生长和存活至关重要（Canadell and López-Soria，1998）。当植物重新生长和部分组织被刈割时，非结构糖含量下降（Cralle and Bovey，1996），非结构糖移动并用于维持其他组织的再生生长和维持未死的组织（Dankwerts and Gordon，1989）。

植物为了生长发育，必须把糖从它合成和吸收位点（源）移送到使用它们的细胞（库）中去，大多数植物叶片光合作用同化的 CO_2 生成蔗糖，其最终产物是淀粉。但是它们产生的途径是完全分离的，蔗糖在细胞质合成，淀粉在叶绿体合成。白天，蔗糖被持续地从叶片细胞质流向异养型的库组织，而淀粉颗粒则在叶绿体中积聚。细胞间高水平蔗糖有利于从源（叶片）向非光合器官的库（茎、根、块茎、籽粒）运输。白天，叶绿体中的一些淀粉类的光合产物的流转可以保障植物在夜里有足够的碳水化合物转化为可以输出的蔗糖（宋纯鹏等，2015）。

蔗糖是从叶片输出到植物其他发育或贮存器官的二糖，不仅是植物体内碳水化合物运输的主要形式，而且可以在基因表达水平上对细胞内的代谢进行调节。一些植物通过叶片细胞中蔗糖的累积来响应土壤水分亏缺（Kaiser，1987），保护酶的稳定，维持细胞膜的脂质双分子层的稳定性（Crowe et al.，1998）。

果聚糖是植物营养组织碳水化合物的主要暂贮形式，果聚糖的合成与降解对于籽粒产量和品质均具有重要影响。

淀粉是葡萄糖分子聚合而成的、暂时在叶绿体中贮存并积累的多糖，是细胞中碳水化合物最普遍的储藏形式，是植物体中贮存的养分。淀粉有直链淀粉和支链淀粉两类。在大多数 C₃ 植物中，淀粉是光合作用期间主要的临时储存的碳水化合物，淀粉代谢后转变为蔗糖来使植物度过干旱时期。

植物叶片淀粉和蔗糖积累水平相差很大。一些植物（如大豆、甜菜）叶片中淀粉与蔗糖的比例在白天几乎是不变的。另外一些植物（如菠菜、法国豆），当蔗糖积累超过叶片或库组织的储存能力时，启动淀粉生物合成机制。环境因子可以影响叶片对所固定的碳在蔗糖和淀粉之间的分配。长日照下的植物与短日照下的植物相比，后者更多地将光合产物转化为淀粉，以保障长夜时间充足的糖供给。

干旱诱导植物组织的早衰，促进早熟。一般认为干旱加剧了光合产物从源器官向库器官的转运，增加了其在库器官的比例（Yang et al.，2001）。在干旱条件下叶片的稳定碳同位素可被用于研究分析植物器官间的碳分配（Gutiérrez and Meinzer，1994），稳定碳同位素组分与植物各器官的特性密切相关（DaMatta et al.，2003）。如果源器官中的 δ¹³C 变化相应地引起库中 δ¹³C 较大变化，则表明其具有较大的调节弹性（Arndt and Wanek，2002）。

植物碳分配（carbon allocation）指植物总第一性生产力，也叫总初级生产力（gross primary production，GPP）以碳（C）的形式向呼吸、根、茎和叶等部分的分配，通常采用碳平衡法（carbon balance approach）估算 GPP 向地下部分的分配（Litton et al.，2007）。评价植物的碳分配有许多方法，以测定植物干重或植物各器官生长为基础的比速方法是最为常用的方法（Ntanos and Koutroubas，2002）。蔗糖、总可溶性糖和淀粉等是植物积累的主要碳水化合物。一般认为，长期积累的碳水化合物具有以下生态功能。

1）用于植物休眠结束后的再生长（Kozlowski，1992）。

2）在光合作用缺乏或减少的情况下，用于生殖或植被繁殖生长（Wijesinghe and Wigham，1997）。

3）用于食草动物啃食后的恢复（van der Heyden and Stock，1996）。

4）维持休眠阶段和遮阴情况下的生存（Kobe，1997）。

5）用于植物在生境遭到干扰情况下的生存，如火干扰或洪水干扰（Laan and Blom，1990）。

对荒漠植物红砂在脱水和复水过程中枝条和叶片中碳水化合物含量的研究发现，随着干旱胁迫时间的延长，枝条和叶片中淀粉、蔗糖和可溶性总糖含量都增加，且叶片中碳水化合物的含量高于枝条。在干旱后期，叶片脱落，植物进入休眠期，枝条中淀粉、蔗糖和可溶性总糖含量迅速增加。复水后，随着新叶片的生长，枝条中碳水化合物含量迅速下降，并与叶片中的含量之间差异不显著。这说明植物在枝条中存储的碳水化合物有两个功能：一是维持休眠阶段的生存；二是为复水后的重新生长提供能量来源。

碳水化合物的这些功能说明了植物大部分时间是依赖储存的碳而不是当时固定的碳。例如，柠条在刈割后，根系储存的碳同化物用于地上部分的恢复生长。但是，植物在逆境条件下先利用储存的同化物还是当时固定的同化物这一问题目前还存在争议。例如，在针叶树红松（*Pinus koraiensis*）中，前一季节生长的针叶对新叶生长所需碳的供应起着很重要的作用。但在欧洲赤松（*Pinus sylvestris*）中，所储存的碳对新叶和枝条的生长并不重要，因为一年生叶的光合作用足够满足其生长需要（von Felten et al.，2007）。相反，在落叶树苹果属（*Malus*）植物和胡桃（*Juglans regia*）（Lacointe et al.，1993）中，在新组织的生长过程中发现了储存的碳同化物，但这些碳的大部分用于植物新陈代谢过程中的呼吸作用。Cerasoli 等（2004）用稳定¹³C 标记技术研究了在 *Quercus suber* 幼树中冬天所储存的碳的用途，发现冬天同化的碳储存在第一年的叶中，开春后转移到新叶中，其余的转移到细根和粗根中。因此，不同植物在不同时期、不同生境条件下碳水化合物的作用不同。

关于植物中累积的糖含量的作用，形成了两种假说：一种认为糖类物质可以通过维持小分子内部或它们之间的氢键来稳定膜系统或蛋白质的结构（Allison et al., 1999）。另一种认为糖类物质可以使细胞内物质呈玻璃化状态，因而可以稳定细胞内部结构（Crowe et al., 1996）。但更多的观点支持以上两个过程的结合作用，这样更有利于脱水期间维持细胞的整体性。

4.6.4 C₄植物丙二醛和脯氨酸的变化

按 Fridovich（1975）的生物自由基伤害学说，在各种逆境下，植物体内产生大量 ROS，会引发膜脂过氧化作用，造成对细胞膜系统的破坏，其产生的脂质过氧化物继续分解，形成低级氧化产物如丙二醛（MDA）等，MDA 对细胞膜和细胞中的许多生物功能分子均有很强的破坏作用，它能与膜上的蛋白质氨基酸残基或核酸反应生成席夫（Shiff）碱，降低膜的稳定性，加大膜透性，促进膜的渗漏，使细胞器膜的结构、功能紊乱，严重时会导致细胞死亡。因此，MDA 的增加既是细胞膜受损的结果，也是伤害细胞膜的原因之一。膜脂过氧化被认为是最普遍的氧化破坏，因此 MDA 被作为氧化胁迫的一个重要指标（Sharma and Dubey, 2005），用以间接测定膜系统受损程度以及植物的抗逆性。

不同光合途径的植物比较，C₃植物的 MDA 含量高于 C₄植物，说明 C₃植物在荒漠地区遭受着更为严重的干旱胁迫。肉质叶、退化叶和旱生叶 3 种不同叶片类型的荒漠植物比较，旱生叶植物普遍具有较高的 MDA 含量（Zhou et al., 2014）。

脯氨酸（proline, Pro）是水溶性最大的氨基酸，具有很强的水合能力，在干旱环境下高的脯氨酸含量可提高原生质的亲水性，有助于细胞或组织保持水分，从而减少组织或细胞由于脱水造成的伤害。Pro 是一种可溶性渗透调节物质，正常条件下游离脯氨酸含量低，一旦遭遇干旱、低温、高温、盐渍、营养不良等都使植物体内累积 Pro，尤其干旱胁迫时 Pro 含量比原始含量成倍增加。植物在各种胁迫条件下都可以诱导产生 ROS 积累，而 Pro 可以激发体内 CAT、SOD 及多酚氧化酶的活性，有效地清除羟自由基，从而稳定蛋白质、DNA 和膜（John and Campbell, 1983）。在盐、高温、重金属等胁迫下，Pro 合成的增加和降解的减少会导致植物体内 Pro 大量累积。Pro 含量的增加有双重意义，一是植物细胞结构和功能遭受伤害的反应；二是植物对外界胁迫的一种适应性反应，具有保护作用。

（1）荒漠绿洲过渡带沙拐枣丙二醛含量变化

C₄植物沙拐枣同化枝中 MDA 含量随着土壤含水量的减少而增加，MDA 的增加表明干旱胁迫引起了氧化胁迫。8 月和 9 月荒漠绿洲过渡带距绿洲 1000m 以内，沙拐枣同化枝 MDA 含量最高分别达 5.46μmol/g 和 4.89μmol/g，平均分别为 4.24μmol/g 和 3.95μmol/g，8 月含量高于 9 月。从沙拐枣立地条件土壤含水量看出，表层 0~40cm 土壤含水量最低的样地 MDA 含量最高，土壤含水量减少是引起 MDA 含量升高的主要原因。

（2）荒漠不同地形生境下梭梭脯氨酸含量变化

不同地形生境下不同年龄 C₄植物梭梭同化枝中 Pro 含量的差异较大（图 4-19），8 月含量最高的是固定沙丘上部中龄，为 0.11mg/g FW；缓平沙坡幼龄、固定沙丘中部阴坡中龄和沙丘上部成龄之间没有显著差异，分别为 0.05mg/g FW、0.05mg/g FW 和 0.06mg/g FW；固定沙丘中部阳坡中龄居中，为 0.07mg/g FW。可以看出，同样是中龄梭梭，固定沙丘中部阴坡梭梭 Pro 含量要明显低于固定沙丘中部阳坡；同样是固定沙丘上部，成龄梭梭的 Pro 明显低于中龄。

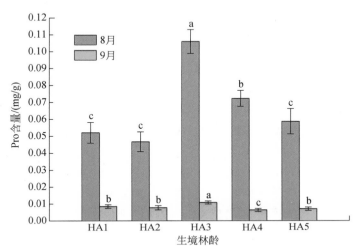

图 4-19   荒漠不同地形生境下不同年龄梭梭同化枝 Pro 含量变化

HA1 为缓平沙坡幼龄；HA2 为固定沙丘中部阴坡中龄；HA3 为固定沙丘上部中龄；HA4 为固定沙丘
中部阳坡中龄；HA5 为固定沙丘上部成龄。图中同一月份不同字母表示差异显著（$P<0.05$）

在一定范围内，土壤越干旱，同化枝中 Pro 含量就会越高；但当土壤含水量下降到一定程度后，同化枝中 Pro 含量就会减少。

9 月不同地形生境不同年龄梭梭同化枝中 Pro 含量明显下降。与 8 月相比，9 月梭梭同化枝中 Pro 含量下降最多的是固定沙丘上部中龄梭梭，从 8 月的 0.11mg/g FW 下降到 9 月的 0.01mg/g FW（图 4-19）。8 月不同地形生境不同年龄梭梭同化枝 Pro 含量平均为 0.07mg/g FW，9 月下降到 0.01mg/g FW 以下。Pro 在植物体内的积累是干旱忍耐的一种方式，是植物对干旱胁迫的一种生理适应。说明梭梭生长地 9 月的干旱胁迫明显减小。

（3）不同叶片类型植物丙二醛和脯氨酸含量变化

荒漠植物在干旱环境下均出现不同程度的氧化胁迫，其中，旱生叶植物膜脂过氧化程度较为严重，MDA 含量较高；而退化叶植物遭受膜脂过氧化程度较轻，说明退化叶植物对干旱环境适应性更强。

Pro 的积累在不同叶片类型植物中有较大差异，肉质叶植物普遍具有较高的 Pro 含量（0.22mg/g FW），肉质叶植物泡泡刺叶片的 Pro 含量高达 0.60mg/g FW。肉质叶植物高的 Pro 积累是它们适应干旱环境的一种优势，使之保持较高的叶片持水力。

4.6.5 C₄植物抗氧化酶活性在不同生境下的变化

（1）荒漠绿洲过渡带沙拐枣抗氧化酶活性的变化

在荒漠绿洲过渡带1000m以内，沙拐枣同化枝的CAT活性在8月最高，为0.67mg/（g·min），平均为0.54mg/（g·min），土壤含水量低时CAT活性显著提高。9月CAT活性普遍降低。

SOD活性在荒漠绿洲过渡带1000m以内最高为364.9U/mg蛋白，最低只有107.5U/mg蛋白，平均为202.4U/mg蛋白。SOD活性变化规律与CAT活性类似，土壤含水量在0～40cm最低时，SOD活性很高。9月土壤含水量较高时，离绿洲远近不同生境沙拐枣同化枝SOD活性与土壤含水量的相关性不大。进一步分析表明，沙拐枣同化枝中抗氧化酶活性与生境土壤表层（0～20cm）的含水量有密切的关系，而与20～40cm，直至100cm的土壤含水量关系不大。

（2）荒漠不同地形生境下沙拐枣抗氧化酶活性的变化

8月不同地形生境下沙拐枣同化枝CAT活性以流动沙丘和丘间低地较高，分别为0.65mg/（g·min）和0.66mg/（g·min）；半固定沙丘、固定沙丘和缓平沙坡沙拐枣同化枝中CAT活性较低，分别为0.35mg/（g·min）、0.33mg/（g·min）和0.33mg/（g·min），它们之间CAT活性差异不显著。8月不同地形荒漠生境沙拐枣同化枝CAT的平均活性为0.46mg/（g·min）。9月，沙拐枣同化枝CAT活性在流动沙丘有显著的下降，降到0.38mg/（g·min）；缓平沙坡有显著的上升，上升到0.65mg/（g·min）；沙拐枣同化枝CAT活性在其他3个地形生境下基本保持不变（图4-20）。

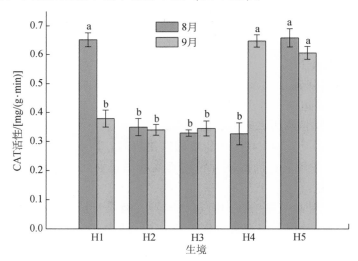

图4-20　荒漠不同地形生境下沙拐枣同化枝CAT活性的变化

H1为流动沙丘；H2为半固定沙丘；H3为固定沙丘；H4为缓平沙坡；H5为丘间低地。图中同一月份不同字母表示差异显著（$P<0.05$）

8 月 CAT 活性在流动沙丘较高，比较 5 种地形生境，流动沙丘表层土壤含水量最低，沙拐枣根系主要分布在表层，根系分布层水分匮缺导致沙拐枣同化枝 CAT 活性显著升高。丘间低地沙拐枣同化枝 CAT 活性也很高，丘间低地植物种类和盖度远高于其他几种类型，沙拐枣生长在这样的生境下，水分营养面积减小，导致 CAT 活性显著升高；另外，丘间低地较高的地下水位，使土壤含水量增加，也影响沙拐枣长势，过低过高的土壤水分含量，对沙拐枣都会产生胁迫，这可能是丘间低地沙拐枣同化枝 CAT 活性高的原因。

9 月气温下降，蒸发减小，表层 0～20cm 土壤含水量高于 8 月，水环境相对得到改善，致使流动沙丘沙拐枣水分胁迫减小，因而 CAT 活性显著下降。缓平沙坡 CAT 活性升高与植被盖度增加和土壤水分获取受到限制有关，并与丘间低地有类似的生理响应。

8 月不同地形生境下沙拐枣同化枝 SOD 活性的变化趋势和 CAT 活性的变化一致，半固定沙丘、固定沙丘和缓平沙坡沙拐枣同化枝中 SOD 活性分别为 210.0U/mg 蛋白、226.9U/mg 蛋白和 208.4U/mg 蛋白，差异不显著，8 月不同地形荒漠生境沙拐枣同化枝中 SOD 的平均活性为 194.0U/mg 蛋白。9 月不同地形生境 SOD 活性出现不同程度下降。

（3）荒漠不同地形生境不同年龄梭梭抗氧化酶的变化

不同地形生境不同年龄梭梭同化枝中 CAT 活性比较，8 月固定沙丘中部阴坡中龄、固定沙丘上部中龄和固定沙丘中部阳坡中龄梭梭 CAT 活性与 9 月相比有所下降，分别从 2.83mg/(g·min)、3.70mg/(g·min) 和 2.91mg/(g·min) 下降到 2.23mg/(g·min)、1.80mg/(g·min) 和 1.71mg/(g·min)，即固定沙丘中龄梭梭 CAT 活性从 8 月的 3.15mg/(g·min) 下降到 9 月的 1.91mg/(g·min)。8 月和 9 月不同地形生境不同年龄梭梭同化枝中 CAT 的活性平均分别为 2.71mg/(g·min) 和 2.45mg/(g·min)。

SOD 活性在固定沙丘中部阴坡中龄、固定沙丘上部中龄和固定沙丘上部成龄，从 8 月的 111.3U/mg 蛋白、151.0U/mg 蛋白和 116.6U/mg 蛋白下降到 9 月的 78.5U/mg 蛋白、134.4U/mg 蛋白和 95.8U/mg 蛋白。8 月和 9 月，不同地形生境不同年龄梭梭同化枝中 SOD 活性平均分别为 132.2U/mg 蛋白和 116.0U/mg 蛋白，下降明显。

与沙拐枣不同，不同地形生境不同年龄梭梭同化枝中含有大量的 POD，并且土壤含水量越低，POD 含量越高。植物在水分胁迫下 CAT 和 POD 活性一般有所增加。然而，在持续的干旱条件下，梭梭同化枝 CAT 和 POD 的活性先增加后降低，而且在生长后期的 9 月，同化枝的 POD 活性也没有恢复。POD 除了在植物中能够清除有害的 H_2O_2 之外，它还参与了细胞壁成分的生物合成和木质化（Cavalcanti et al.，2004）。由此得出梭梭同化枝中 POD 可能主要参与了细胞壁的生物合成而不是保护植物组织免遭 H_2O_2 引起的氧化损害。

通过荒漠绿洲过渡带和荒漠不同地形生境下沙拐枣和梭梭的测定分析得出，土壤含水量越低 CAT 的活性越高，随着土壤含水量的增加或者到生长后期 CAT 的活性逐渐减小；但过高的土壤含水量也迫使沙拐枣同化枝 CAT 的活性升高。SOD 含量也表现出随着土壤含水量的减少而增加，随着土壤水分条件的改善或者到生长后期而降低的趋势。

植物在遭受干旱胁迫的同时，一般都伴随出现高辐射和高温，在这些环境胁迫下，清除 ROS 的酶活性期望增加。在一个细胞中，SOD 作为第一个防线来防御 ROS 对细胞的损害。在干旱胁迫时沙拐枣同化枝 SOD 和 CAT 活性都有显著的变化。随着土壤含水量的持续减少，沙拐枣同化枝 SOD 活性一直在增加。这个结果与对一些受水分胁迫的物种的分析结果是不同的，如黄麻（*Corchorus capsularis*）、长蒴黄麻（*Corchorus olitorius*）、*Acacia holosericea*、*Bauhinia variegate* 和铁刀木（*Cassia siamea*）的 SOD 活性都随着干旱胁迫的增加而有所降低（Roy Chowdhury and Choudhuri，1985；Sinhababu and Kumar Kar，2003）。但与其他一些研究结果是一致的（Shao et al.，2007）。该结果表明，干旱引起的氧化胁迫增强了沙拐枣同化枝 SOD 的活性，说明 C₄ 植物沙拐枣中 SOD 有效的清除超氧阴离子自由基是一个非常重要的保护机制。

早期的研究中，在水分胁迫的植物中 CAT 活性有所增加（Ramachandra et al.，2004）。然而，在干旱胁迫下，沙拐枣同化枝 CAT 的活性增加明显。沙拐枣同化枝中没有检测到 POD 或者说 POD 在沙拐枣同化枝中含量很少。C₄ 荒漠植物沙拐枣抗氧化系统中 SOD 和 CAT 起着重要作用。

C₃ 荒漠植物红砂叶片 SOD 和 POD 活性随着土壤干旱程度的加剧而逐渐升高，红砂为了维持体内 ROS 代谢的平衡，其抗氧化系统中 2 种主要酶 SOD 和 POD 起到至关重要的作用。而 CAT 活性随着土壤含水量的下降逐渐降低，说明 CAT 在红砂抵御干旱胁迫过程中作用不明显。

4.6.6 不同叶片类型植物抗氧化酶活性的变化

不同叶片类型植物的抗氧化酶活性差异明显。SOD 活性在旱生叶、肉质叶和退化叶植物中的含量分别为 126.4U/g FW、134.3U/g FW 和 175.3U/g FW，在退化叶植物的同化枝中含量最高。旱生叶植物的 SOD 活性较低，尤其是花棒，仅为 101.3U/g FW（Zhou et al.，2014）。

相比于肉质叶和退化叶植物，旱生叶植物具有较高的 CAT 和 POD 活性，柠条叶片内 CAT 和 POD 活性分别为 9.35U/（g·min）和 257.53U/（g·min），显著高于其他植物种（Zhou et al.，2014）。退化叶植物中 CAT 和 POD 活性较低，不同叶片类型荒漠植物体内的抗氧化防御机制不同。

按光合途径比较，C₄ 光合途径植物具有较高的 SOD 活性，其中沙拐枣的 SOD 活性较高。C₃ 光合途径植物的 CAT 和 POD 活性相对较高。相对于 C₃ 植物，C₄ 植物具有较高的 SOD 活性来抵御干旱、高温环境下自由基的形成和光抑制的发生（Streb et al.，1998）。

分析肉质叶植物红砂在不同生境下的抗氧化酶活性的变化，3 种不同生境为山前荒漠、山前戈壁和中游戈壁，其 0~60cm 土壤质量含水量平均分别为 4.8%、2.2% 和 1.1%。红砂叶片的 SOD 活性，山前荒漠为 132.1U/g FW，中游戈壁为 138.8U/g FW，即随着土壤干旱程度的加剧，SOD 活性呈逐渐上升趋势［图 4-21（a）］。同样，随着土壤干旱程度的加剧，CAT 活性表现出逐渐降低的趋势［图 4-21（b）］，山前荒漠红砂叶片的 CAT 活性较高，与其他两种生境相比差异显著。POD 活性表现出随着干旱程度的加剧而逐渐升高的趋势，且生长在戈壁上的红砂比生长在荒漠环境中的红砂叶片具有相对较高的 POD 活性［图 4-21（c）］，关于荒漠和戈壁的特征详见 9.4 和 9.4.1。

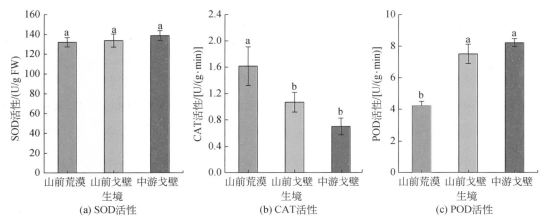

图 4-21 不同生境下红砂叶片抗氧化酶活性

图中不同的小写字母表示它们之间存在显著差异（*P*<0.05）

4.6.7 C₄植物碳水化合物含量在不同生境下的变化

碳水化合物的代谢是植物体内最重要的代谢之一。在遭受水分胁迫情况下，植物组织细胞积累可溶性糖来提高细胞浓度，降低细胞渗透势，以使细胞保持水分不散失，同时吸收体外的水分，从而达到渗透调节的作用，抵御水分胁迫对植物的伤害。

可溶性糖类物质不仅可以通过调节细胞液渗透压，提高植物吸水保水能力，而且还能增强原生质弹性，使细胞发生机械损伤时变形小，提高原生质胶体束缚水含量。

4.6.7.1 荒漠绿洲过渡带沙拐枣碳水化合物含量的变化

通过对沙拐枣同化枝、枝条和根的同时采样，测定碳水化合物含量的变化，分析不同水分和地形生境下各器官中碳水化合物的分配特征。荒漠绿洲过渡带在生长中期的 8 月，随着远离绿洲距离的增加，沙拐枣同化枝中可溶性总糖含量上升；生长后期的 9 月，可溶性总糖（total soluble sugar）含量的变化规律没有 8 月明显，但总体上 9 月含量高于 8 月。8 月可溶性总糖含量在沙拐枣 1～2 年生枝条中不同距离变化不大，平均为 1.7mg/g DM；9 月平均为 3.0mg/g DM，最高达 4.0mg/g DM。可溶性总糖在沙拐枣根系中的变化总体表现为，8 月低于 9 月，8 月不同水分条件下变化不大，总体随着离绿洲距离的增加呈增加趋势。9 月不同水分条件下可溶性总糖含量变化较大，相比 8 月增加幅度在 2～4.5mg/g DM。沙拐枣同一植株可溶性总糖含量以枝条中最低，根系和同化枝中含量较高。

蔗糖和果糖是植物组织中的主要营养物质，这两个指标的含量高低不但与植物的土壤含水量有关，还与植物的生长状态有关。随着远离绿洲距离的增加，沙拐枣同化枝蔗糖含量的变化规律不明显，但总体上在 8 月、9 月都有增加的趋势，8 月蔗糖含量高于 9 月；生长中期沙拐枣同化枝中蔗糖含量都较高，生长后期出现下降趋势。沙拐枣枝条中蔗糖含量随着远离绿洲距离的增加，8 月和 9 月都呈增加趋势；8 月含量为 1.4～7.3mg/g DM，

9 月含量为 2.8 ~ 9.8mg/g DM。沙拐枣根系蔗糖含量，距绿洲不同距离 8 月变化不大；总体比较，9 月根系蔗糖含量大幅度增加，增加最多的从 8 月的 8.1mg/g DM 增加到 9 月的 33.4mg/g DM；增加最少的从 8 月的 13.4mg/g DM 增加到 9 月的 21.7mg/g DM；与生长中期相比，生长后期蔗糖在沙拐枣根系中的上升趋势非常明显，蔗糖在根系中的积累为光合器官的脱落和越冬做好了准备。

荒漠绿洲过渡带沙拐枣同化枝果糖含量总体上表现为 9 月高于 8 月，8 月果糖含量为 11 ~ 28mg/g DM，9 月为 15 ~ 35mg/g DM。果糖在沙拐枣枝条中的平均含量为 10.4mg/g DM，最高可达 23mg/g DM。根系果糖含量也是 9 月高于 8 月，8 月平均为 16.9mg/g DM，最高为 21.6mg/g DM；9 月平均为 26.7mg/g DM，最高达 41.9mg/g DM。生长中期和生长后期果糖在沙拐枣根系、枝条和同化枝的变化趋势基本相同，在枝条中变化不大，在同化枝和根系中生长后期都有明显的上升趋势。

荒漠绿洲过渡带土壤含水量的变化与沙拐枣枝条中可溶性总糖含量之间的变化相关性不大。蔗糖和果糖在沙拐枣枝条中的含量与土壤含水量的大小呈正相关，土壤含水量大，沙拐枣枝条中蔗糖和果糖的含量就高。淀粉在沙拐枣枝条中的含量与土壤水分条件的关系也比较复杂，8 月，过渡带沙拐枣枝条中淀粉含量没有显著的差异，这可能是土壤水分条件的变化幅度还没有达到影响沙拐枣枝条中淀粉含量的程度。

8 月沙拐枣根系中可溶性总糖、蔗糖含量与土壤含水量的大小呈正相关，土壤含水量越高，沙拐枣根系中可溶性总糖、蔗糖含量越大。9 月沙拐枣根系中可溶性总糖、蔗糖含量与土壤水分条件的关系不大。沙拐枣根系中淀粉和果糖含量的变化和水分条件之间的关系复杂，在土壤含水量很低时含量较高，在土壤含水量较高的情况下含量也较高，而在中等条件下含量反而较低。不同生境沙拐枣生长发育的适应水分条件不同，土壤含水量和空气湿度影响着碳水化合物在不同器官之间的变化。

4.6.7.2 荒漠不同地形生境下沙拐枣碳水化合物含量的变化

（1）碳水化合物含量在同化枝中的变化

不同地形生境比较，在生长中期（8 月）可溶性总糖在流动沙丘沙拐枣同化枝中含量最低，为 36.7mg/g DM；在半固定沙丘、固定沙丘、缓平沙坡和丘间低地中差异不显著 [图 4-22（a）]。生长后期（9 月）除流动沙丘中的沙拐枣同化枝可溶性总糖下降不显著外，沙拐枣同化枝可溶性总糖在不同地形生境下都有明显的下降。下降最快的是缓平沙坡沙拐枣，从 8 月的 54.7mg/g DM 下降到 9 月的 35.9mg/g DM。

不同地形生境下沙拐枣同化枝蔗糖含量如图 4-22（b）所示，8 月蔗糖含量最低的是流动沙丘中的沙拐枣同化枝，为 11.2mg/g DM，含量最高的为丘间低地，达 23.3mg/g DM。含量居中的是半固定沙丘、固定沙丘和缓平沙坡中的沙拐枣同化枝，该 3 种生境下同化枝蔗糖含量无明显差异。9 月除流动沙丘沙拐枣同化枝蔗糖含量显著增加外，丘间低地蔗糖含量无明显的变化，半固定沙丘、固定沙丘和缓平沙坡中的沙拐枣同化枝蔗糖含量都明显下降，下降最多的是固定沙丘，该生境下从 8 月的 18.7mg/g DM 下降到 9 月的 10.5mg/g DM。

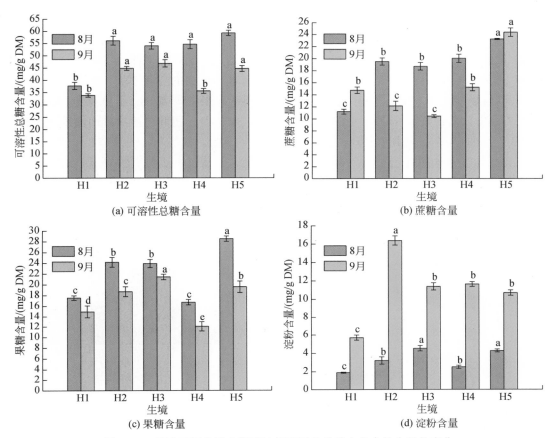

图 4-22　荒漠不同地形生境下沙拐枣同化枝碳水化合物含量的变化

H1 为流动沙丘；H2 为半固定沙丘；H3 为固定沙丘；H4 为缓平沙坡；H5 为丘间低地。小图中同一月份不同
字母表示差异显著（$P<0.05$）

　　不同地形生境下沙拐枣同化枝果糖含量见图 4-22（c），8 月流动沙丘和缓平沙坡含量低下，分别为 17.6mg/g DM 和 16.7mg/g DM，含量居中的为半固定沙丘和固定沙丘，含量最高的是丘间低地样地，为 28.5mg/g DM。9 月各生境沙拐枣同化枝果糖含量都呈减少趋势；减小最多的是丘间低地，从 28.5mg/g DM 减小到 19.6mg/g DM。

　　8 月不同地形生境下沙拐枣同化枝淀粉含量在固定沙丘和丘间低地 2 种生境下最高，没有显著差异 [图 4-22（d）]；含量最低的为流动沙丘，只有 1.9mg/g DM。9 月，沙拐枣同化枝淀粉含量显著高于 8 月，不同立地条件下变化幅度很大，流动沙丘最小但增加到 5.7mg/g DM，半固定沙丘达到 16.4mg/g DM，不同地形生境平均为 11.2mg/g DM。

　　比较而言，在相同密度下沙拐枣长势强弱的地形生境顺序是，缓平沙坡>半固定沙丘>固定沙丘>丘间低地>流动沙丘，在半固定沙丘、固定沙丘和丘间低地条件下，适宜生长的植物种类较多，种群密度较大，影响沙拐枣的水分营养面积，致使沙拐枣早衰；特别是丘间低地，由于水分条件较好，沙拐枣密度和其他植物密度会迅速增加，导致沙拐枣早衰现象尤为突出。

（2）碳水化合物含量在枝条中的变化

图 4-23（a）为不同地形生境下沙拐枣枝条可溶性总糖含量，8 月沙拐枣枝条中可溶性总糖含量最少的是流动沙丘，仅为 10.3mg/g DM；含量最多的是缓平沙坡，为 33.7mg/g DM。9 月沙拐枣枝条可溶性总糖含量在流动沙丘和半固定沙丘中的变化不大，前者增加，后者减少，但与 8 月比较差异不显著；在固定沙丘和缓平沙坡则显著减小，分别从 14.5mg/g DM 和 33.7mg/g DM 下降到 11.7mg/g DM 和 23.6mg/g DM；而丘间低地沙拐枣却出现大幅度上升，从 8 月的 13.5mg/g DM 上升到 9 月的 34.5mg/g DM。

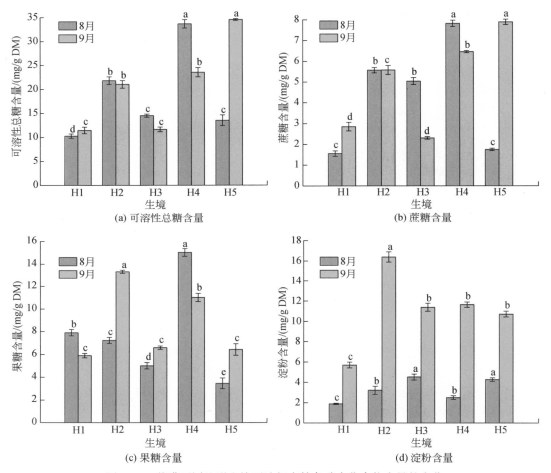

(a) 可溶性总糖含量

(b) 蔗糖含量

(c) 果糖含量

(d) 淀粉含量

图 4-23　荒漠不同地形生境下沙拐枣枝条碳水化合物含量的变化

H1 为流动沙丘；H2 为半固定沙丘；H3 为固定沙丘；H4 为缓平沙坡；H5 为丘间低地。小图中同一月份不同字母表示差异显著（$P<0.05$）

在不同地形生境下沙拐枣枝条中的蔗糖含量如图 4-23（b）所示，8 月以流动沙丘和丘间低地含量最低，该 2 种生境下沙拐枣枝条蔗糖含量没有显著差异。半固定沙丘和固定沙丘蔗糖含量居中，它们之间也没有显著差异。含量最高的是缓平沙坡沙拐枣枝条，为

7.8mg/g DM。9月沙拐枣枝条蔗糖含量在半固定沙丘基本保持不变；流动沙丘和丘间低地显著增加，分别从 8 月的 1.6mg/g DM 和 1.8mg/g DM 增加到 9 月的 2.9mg/g DM 和 7.9mg/g DM；固定沙丘和缓平沙坡则减小，分别从 8 月的 5.0mg/g DM 和 7.8mg/g DM 减小到 9 月的 2.3mg/g DM 和 6.5mg/g DM。沙拐枣 2 年生枝条蔗糖含量在荒漠不同地形生境下平均为 4.5mg/g DM，在 1.6 ~ 8.0mg/g DM 变化。

8 月在不同地形生境下沙拐枣枝条中的果糖含量变化很大，丘间低地最低，为 3.5mg/g DM；流动沙丘、半固定沙丘和固定沙丘居中，但三者之间差异显著；含量最高的为缓平沙坡，达到 15.0mg/g DM。9月沙拐枣枝条中果糖含量最高的为半固定沙丘，含量增加最多，从 8 月的 7.2mg/g DM 增加到 9 月的 13.3mg/g DM；其次是丘间低地，从 8 月的 3.5mg/g DM 增加到 6.4mg/g DM［图 4-23（c）］。沙拐枣 2 年生枝条果糖含量在荒漠不同地形生境下平均为 8.2mg/g DM，在 3.5 ~ 15.0mg/g DM 之间变化。

图 4-23（d）为 8 月和 9 月不同地形生境下沙拐枣枝条中淀粉含量的变化，8 月含量最低的为流动沙丘，为 1.9mg/g DM；固定沙丘和丘间低地沙拐枣含量都高，分别为 4.5mg/g DM 和 4.3mg/g DM，它们之间差异不显著。9 月不同地形生境下沙拐枣枝条中淀粉含量都显著增加，流动沙丘含量最低，为 5.7mg/g DM；半固定沙丘最高，为 16.4mg/g DM；固定沙丘、缓平沙坡和丘间低地含量居中，分别为 11.4mg/g DM、11.6mg/g DM 和 10.7mg/g DM，它们之间差异不显著。沙拐枣 2 年生枝条中淀粉含量在不同地形生境下表现为生长后期显著高于生长中期，不同地形生境下平均高出 7.9mg/g DM。

（3）碳水化合物含量在根系中的变化

8 月不同地形生境下沙拐枣根系中可溶性总糖含量变化不大，以丘间低地沙拐枣根系含量最高，为 26.7mg/g DM；流动沙丘、半固定沙丘、固定沙丘和缓平沙坡之间没有显著差异，平均为 17.6mg/g DM。9月沙拐枣根系中可溶性总糖含量变化较大，含量最低的是缓平沙坡和固定沙丘，流动沙丘和半固定沙丘居中，含量最高的为丘间低地，达到 58.7mg/g DM。与 8 月相比，9 月沙拐枣根系中可溶性总糖含量在各个生境下都有明显的增加，增加最少的为缓平沙坡，从 8 月的 17.6mg/g DM 增加到 9 月的 28.3mg/g DM；增加最多的是丘间低地，9 月达到 58.7mg/g DM［图 4-24（a）］。

8 月在荒漠不同地形生境下沙拐枣根系中的蔗糖含量变化见图 4-24（b），在流动沙丘、半固定沙丘、固定沙丘和缓平沙坡中的含量较高，并且在这 4 种生境下差异不显著，平均为 7.7mg/g DM；含量最低的是丘间低地，仅为 1.5mg/g DM。9 月沙拐枣根系中蔗糖含量显著升高，最高的是流动沙丘，含量最低的是缓平沙坡。与 8 月相比，9 月蔗糖含量增加最多的是丘间低地沙拐枣根系，增加到 18.0mg/g DM；增加最少的是固定沙丘和缓平沙坡，分别从 8 月的 8.5mg/g DM 和 8.2mg/g DM 增加到 9 月的 11.9mg/g DM 和 12.0mg/g DM。

不同地形生境下沙拐枣根系果糖含量如图 4-24（c）所示，8 月的变化趋势和蔗糖类似，较高的为半固定沙丘、固定沙丘和缓平沙坡样地，该 3 种生境果糖含量没有显著差异，平均为 8.8mg/g DM；含量最低的为丘间低地，为 2.1mg/g DM。9 月不同地形生境下沙拐枣根系果糖含量都显著增加，增加最多的是丘间低地，达到 27.7mg/g DM；增加最少的是缓平沙坡，从 8 月的 9.0mg/g DM 增加到 9 月的 13.3mg/g DM。

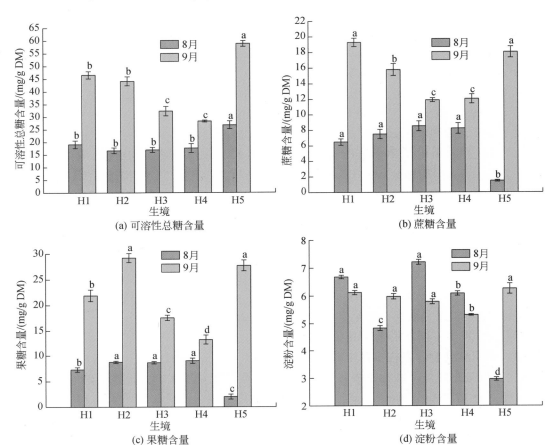

图 4-24　荒漠不同地形生境下沙拐枣根系碳水化合物含量的变化

H1 为流动沙丘；H2 为半固定沙丘；H3 为固定沙丘；H4 为缓平沙坡；H5 为丘间低地。小图中同一月份不同
字母表示差异显著（$P<0.05$）

　　8 月不同地形生境下沙拐枣根系中淀粉含量最低的是丘间低地，与蔗糖和果糖在不同生境下的比较结果类似；含量较高的是固定沙丘和流动沙丘，该两种生境下根系中淀粉含量没有显著差异［图 4-24（d）］。9 月沙拐枣根系中的淀粉含量在流动沙丘、半固定沙丘、固定沙丘和丘间低地沙拐枣中差异不显著；缓平沙坡含量最低。生长后期不同地形生境下沙拐枣根系中淀粉含量平均为 5.9mg/g DM。

　　综合荒漠绿洲过渡带和荒漠不同地形生境下沙拐枣碳水化合物的测定结果，分析其在同化枝、枝条和根系 3 种不同器官的变化。沙拐枣同化枝是光合作用器官，起着与叶片一样的功能。沙拐枣的同化枝对环境胁迫非常敏感，极易受到伤害。在水分胁迫条件下，植物将其他器官中的可溶性糖转移到同化枝或者利用多糖分解形成大量单糖，从而维持细胞较高的渗透压，有利于保持一定的水分。枝条是植物的支持和运输器官，富含结构性碳水化合物，而非结构性碳水化合物含量较少。相对于根和同化枝，沙拐枣 2 年生枝条中各种非结构性碳水化合物含量都较少,唯独在高水分胁迫下较高,但仍低于同等条件下的根和同化枝,其中在低水分胁迫下枝条中果糖和蔗糖含量极低。枝条对不良环境的抵御能力较强,在低干旱水分胁迫下不易受到伤害,仍能保持正常的支持和运输功能而不改变自身的状态。高水分胁迫下,不仅同化枝易受到伤害,沙拐枣的枝条也易受干旱的伤害,为保持一定的渗透势,沙拐枣的枝条中也开始积累可溶性糖,以抵御干旱。同化枝和根是碳水化合物的源和库,分别简称光合器官和吸收器官,大量的碳水化合物在同化枝和根中合成、储存或者消耗。根是吸收矿质营养和水分的重要器官,沙拐枣根系发达,种子繁殖的植株有明显主根。沙拐枣侧根比主根发达,沿沙丘表面延伸,且不断发出次级侧根;侧根组成的水平根系相当发达,有的长达20m,可以充分利用地表湿沙层水分;其水平根系萌蘖能力很强,在适宜条件下很容易形成新的植株;适合当地干旱气候特点的水分营养面积是维持其自然更新的关键。在风蚀作用严重的强风区,裸露于沙土表面的水平侧根常长出根蘖苗,产生垂直细根深入沙土,起吸收及固着功能。

沙拐枣不同器官中非结构性碳水化合物的分配与水分条件的关系差异很大,这与各器官自身特性及执行的功能有关。在土壤含水量较低的情况下,沙拐枣同化枝和根系中可溶性总糖、蔗糖、果糖和淀粉含量都呈增加趋势。在同化枝中,可溶性总糖、蔗糖和果糖含量随土壤含水量的变化趋势一致,沙拐枣同化枝的状态能够很好地反映整个植株的状态。

综合分析表明,无论是沙拐枣同化枝中叶绿素含量、抗氧化酶活性、丙二醛和脯氨酸含量,还是可溶性总糖、蔗糖、果糖、淀粉和非结构性糖在沙拐枣同化枝、枝条和根系中的含量都与土壤表层(0~20cm)的含水量有密切的关系,而与20~100cm的土壤含水量关系不大。这主要与沙拐枣的根系分布有关。

4.6.7.3 荒漠不同地形生境下梭梭碳水化合物含量的变化

(1) 碳水化合物含量在同化枝中的变化

可溶性总糖在不同地形生境不同林龄梭梭同化枝中的含量如图4-25(a)所示,8月可溶性总糖在固定沙丘阴坡中部中龄和固定沙丘阳坡中部中龄中含量较高,它们之间没有显著差异;在缓平沙坡幼龄、固定沙丘上部中龄和固定沙丘上部成龄中含量较低,彼此之间没有显著差异。9月可溶性总糖在不同地形生境不同林龄梭梭同化枝中的含量以固定沙丘阴坡中部中龄和固定沙丘上部成龄较低,缓平沙坡幼龄含量最高。与8月比较,9月可溶性总糖在缓平沙坡幼龄中有所增加;在其他4种生境下都有不同程度的下降,其中下降最少的是固定沙丘上部中龄,从8月的40.5mg/g DM下降到9月的35.4mg/g DM;固定沙丘阳坡中部中龄和固定沙丘上部成龄,分别从8月的51.2mg/g DM和40.8mg/g DM下降到9月的35.6mg/g DM和30.7mg/g DM;下降最多的是固定沙丘阴坡中部中龄,从8月的50.6mg/g DM下降到9月的30.3mg/g DM。总体比较,梭梭同化枝可溶性总糖含量8月要高于9月。

从图4-25(b)看出,8月缓平沙坡幼龄梭梭同化枝蔗糖含量最低,只有0.8mg/g DM,其他中龄和成龄梭梭都在8mg/g DM以上。9月,固定沙丘阴坡中部中龄、固定沙丘阳坡中部中龄和固定沙丘上部成龄较低,固定沙丘上部中龄含量最高。与8月相比,9月梭梭

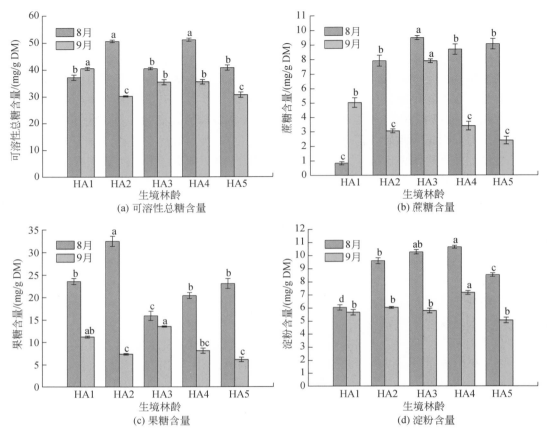

图4-25 荒漠不同地形生境不同林龄梭梭同化枝碳水化合物含量的变化

HA1 为缓平沙坡幼龄；HA2 为固定沙丘阴坡中部中龄；HA3 为固定沙丘上部中龄；HA4 为固定沙丘阳坡中部中龄；HA5 为固定沙丘上部成龄。小图中同一月份不同字母表示差异显著（$P<0.05$）

同化枝蔗糖含量在缓平沙坡幼龄出现了大幅度上升，9月达到5.0mg/g DM；其他4种生境都出现不同程度的下降，其中固定沙丘上部中龄下降较小，从8月的9.5mg/g DM下降到9月的7.9mg/g DM；固定沙丘阴坡中部中龄、固定沙丘阳坡中部中龄和固定沙丘上部成龄下降幅度较大，分别从8月的7.9mg/g DM、8.7mg/g DM和9.1mg/g DM下降到9月的3.1mg/g DM、3.4mg/g DM和2.4mg/g DM。总体上不同地形生境不同年龄梭梭同化枝中蔗糖含量8月高于9月，平均分别为7.2mg/g DM和4.4mg/g DM。

不同地形生境不同年龄梭梭同化枝中果糖含量的变化如图4-25（c）所示，8月固定沙丘上部中龄梭梭同化枝中果糖含量最低；缓平沙坡幼龄、固定沙丘阳坡中部中龄和固定沙丘上部成龄梭梭含量居中，它们之间没有显著差异；固定沙丘阴坡中部中龄梭梭含量最高，达到32.6mg/g DM。9月梭梭同化枝中果糖含量在固定沙丘上部中龄含量最高，在固定沙丘阴坡中部中龄和固定沙丘上部成龄梭梭中含量较低。与8月相比，梭梭同化枝中果糖含量在固定沙丘上部中龄基本保持不变，在其余4种条件下都有明显的下降，其中下降最多的是固定沙丘阳坡中部中龄，从8月的32.6mg/g DM下降到9月的7.4mg/g DM，其余3种条件（缓平沙坡幼龄、固定沙丘阳坡中部中龄和固定沙丘上部成龄）下降较少，分别从 8 月的 23.6mg/g DM、20.4mg/g DM 和 23.1mg/g DM 下降到 9 月的 11.2mg/g DM、8.2mg/g DM 和 6.2mg/g DM。不同地形生境不同年龄梭梭同化枝中果糖含量 8 月均比 9 月高，平均要高出 13.8mg/g DM。

淀粉在不同地形生境不同林龄梭梭同化枝中的含量变化如图 4-25（d）所示，8 月含量较低的是缓平沙坡幼龄，在不同地形生境中龄梭梭同化枝中含量普遍高于成龄和幼龄。9 月淀粉在不同地形生境不同林龄梭梭同化枝中的含量变化较小，在固定沙丘阳坡中部中龄梭梭同化枝中含量最高。与 8 月相比，9 月淀粉在不同立地条件不同林龄梭梭同化枝中的含量都呈现不同程度下降，其中固定沙丘阴坡中部中龄、固定沙丘上部中龄、固定沙丘阳坡中部中龄和固定沙丘上部成龄梭梭分别从 8 月的 9.6mg/g DM、10.3mg/g DM、10.6mg/g DM 和 8.5mg/g DM 下降到 9 月的 6.0mg/g DM、5.8mg/g DM、7.2mg/g DM 和 5.1mg/g DM。

（2）碳水化合物含量在枝条中的变化

8 月梭梭枝条中可溶性总糖含量最高的是固定沙丘阴坡中部中龄，含量居中的是缓平沙坡幼龄，固定沙丘上部中龄、固定沙丘阳坡中部中龄和固定沙丘上部成龄含量明显低，该 3 种条件之间没有显著差异。与 8 月相比，9 月梭梭枝条中可溶性总糖含量保持不变或减少，缓平沙坡幼龄和固定沙丘阴坡中部中龄梭梭枝条可溶性总糖含量分别从 8 月的 19.3mg/g DM 和 26.6mg/g DM 下降到 9 月的 10.4mg/g DM 和 3.0mg/g DM；固定沙丘上部中龄、固定沙丘阳坡中部中龄和固定沙丘上部成龄梭梭枝条中可溶性总糖含量保持不变，它们之间没有显著差异［图 4-26（a）］。

不同地形生境不同林龄梭梭枝条中蔗糖含量如图 4-26（b）所示，变化趋势和可溶性总糖含量一致。8 月蔗糖含量从低到高的顺序依次为固定沙丘上部成龄、固定沙丘阳坡中部中龄、固定沙丘上部中龄、缓平沙坡幼龄、固定沙丘阴坡中部中龄。9 月在不同地形生境不同林龄梭梭枝条中蔗糖含量较高的是固定沙丘阴坡中部中龄，缓平沙坡幼龄、固定沙丘上部中龄、固定沙丘阳坡中部中龄和固定沙丘上部成龄梭梭枝条中蔗糖含量没有显著差异。与 8 月比较，缓平沙坡幼龄和固定沙丘阴坡中部中龄梭梭枝条中蔗糖含量显著下降，分别从 8 月的 2.4mg/g DM 和 5.4mg/g DM 下降到 9 月的 1.8mg/g DM 和 2.0mg/g DM。

图 4-26（c）为果糖在不同地形生境不同年龄梭梭枝条中的含量变化，8 月，果糖含量最高的是固定沙丘阴坡中部中龄，为 12.5mg/g DM；含量居中的是缓平沙坡幼龄，为 5.5mg/g DM；其他 3 种条件（固定沙丘上部中龄、固定沙丘阳坡中部中龄和固定沙丘上部成龄）含量低，分别为 1.8mg/g DM、1.8mg/g DM 和 1.6mg/g DM，它们之间没有显著差异。9 月，果糖在不同地形生境不同年龄梭梭枝条中的含量变化不大，以缓平沙坡幼龄、固定沙丘阴坡中部中龄和固定沙丘上部中龄含量较高，分别为 2.6mg/g DM、2.5mg/g DM 和 2.3mg/g DM，它们之间没有显著差异；含量较低的是固定沙丘阳坡中部中龄和固定沙丘上部成龄，分别为 1.9mg/g DM 和 1.3mg/g DM，二者之间没有显著差异。不同地形生境不同年龄梭梭枝条中果糖含量总体表现为 8 月含量高于 9 月，平均分别为 4.7mg/g DM 和 2.1mg/g DM。

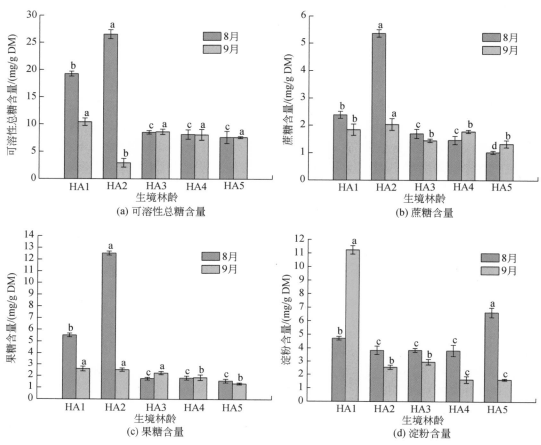

图 4-26 荒漠不同地形生境不同林龄梭梭枝条碳水化合物含量的变化

HA1 为缓平沙坡幼龄；HA2 为固定沙丘阴坡中部中龄；HA3 为固定沙丘上部中龄；HA4 为固定沙丘阳坡中部中龄；HA5 为固定沙丘上部成龄。小图中同一月份不同字母表示差异显著（$P<0.05$）

　　不同地形生境不同年龄梭梭枝条中淀粉含量如图 4-26（d）所示，8 月，梭梭枝条中淀粉含量最高的是固定沙丘上部成龄，为 6.6mg/g DM；含量居中的是缓平沙坡幼龄，为 4.7mg/g DM；含量较低的是固定沙丘各部位中龄，它们之间没有显著差异。9 月淀粉含量在不同地形生境不同年龄梭梭枝条中的变化很大，含量最高的是缓平沙坡幼龄，高达 11.2mg/g DM；含量居中的是固定沙丘阴坡中部中龄和固定沙丘上部中龄，分别为 2.6mg/g DM 和 3.0mg/g DM；含量最低的是固定沙丘阳坡中部中龄和固定沙丘上部成龄，均为 1.6mg/g DM。与 8 月比较，9 月梭梭枝条中淀粉含量在缓平沙坡幼龄上升，其余 4 种条件都出现了不同程度的下降，下降幅度较大的是固定沙丘阳坡中部中龄和固定沙丘上部成龄，分别从 8 月的 3.8mg/g DM 和 6.6mg/g DM 下降到 9 月均为 1.6mg/g DM。8 月和 9 月不同地形生境不同年龄梭梭枝条中淀粉含量平均分别为 4.6mg/g DM 和 4.0mg/g DM。

（3）碳水化合物含量在根系中的变化

8月梭梭根系中可溶性总糖含量较高的是缓平沙坡幼龄和固定沙丘上部成龄，它们之间没有显著差异；含量最低的是固定沙丘阴坡中部中龄梭梭。9月梭梭根系中可溶性总糖含量最高的是固定沙丘阴坡中部中龄梭梭；含量最低的是固定沙丘阳坡中部中龄梭梭。与8月比较，9月不同地形生境不同年龄梭梭根系中可溶性总糖含量有不同程度的变化，其中固定沙丘阴坡中部中龄梭梭根系可溶性总糖含量显著提高，从8月的17.7mg/g DM上升到9月的31.8mg/g DM；缓平沙坡幼龄、固定沙丘阳坡中部中龄和固定沙丘上部成龄出现明显下降，分别从8月的28.0mg/g DM、22.7mg/g DM和26.7mg/g DM下降到9月的19.9mg/g DM、13.9mg/g DM和22.7mg/g DM；固定沙丘上部中龄梭梭根系中可溶性总糖含量变化不大 ［图4-27（a）］。

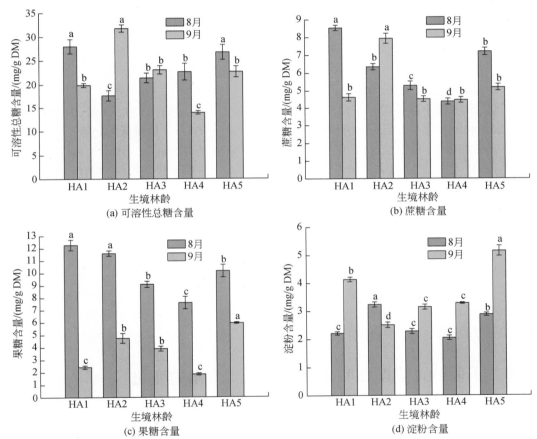

图4-27　荒漠不同地形生境不同林龄梭梭根系碳水化合物含量的变化

HA1为缓平沙坡幼龄；HA2为固定沙丘阴坡中部中龄；HA3为固定沙丘上部中龄；HA4为固定沙丘阳坡中部中龄；HA5为固定沙丘上部成龄。小图中同一月份不同字母表示差异显著（$P<0.05$）

不同地形生境不同年龄梭梭根系中蔗糖含量如图4-27（b）所示，8月不同立地条件下蔗糖含量从高到低的顺序依次为缓平沙坡幼龄、固定沙丘上部成龄、固定沙丘阴坡中部中龄、固定沙丘上部中龄和固定沙丘阳坡中部中龄。9月梭梭根系中蔗糖含量最高的是固定沙丘阴坡中部中龄，其他4种条件含量较低，且没有显著差异。与8月比较，9月的梭梭根系中蔗糖含量在固定沙丘阴坡中部中龄明显上升，从8月的6.3mg/g DM上升到9月的7.9mg/g DM；在缓平沙坡幼龄、固定沙丘上部中龄和固定沙丘上部成龄梭梭根系中含量下降，分别从8月的8.5mg/g DM、5.3mg/g DM和7.2mg/g DM下降到9月的4.6mg/g DM、4.5mg/g DM和5.2mg/g DM；在固定沙丘阳坡中部中龄梭梭根系中蔗糖含量基本保持不变。

图4-27（c）为果糖在不同地形生境不同年龄梭梭根系中的含量变化，8月，果糖含量较高的是缓平沙坡幼龄和固定沙丘阴坡中部中龄，分别为12.3mg/g DM和11.6mg/g DM，它们之间没有显著差异；最低的是固定沙丘阳坡中部中龄梭梭，为7.6mg/g DM。9月，果糖在不同地形生境不同年龄梭梭根系中的含量明显降低，与8月相比，缓平沙坡幼龄9月降到2.4mg/g DM、固定沙丘阴坡中部中龄降到4.7mg/g DM、固定沙丘上部中龄降到3.9mg/g DM、固定沙丘阳坡中部中龄降到1.8mg/g DM、固定沙丘上部成龄降到5.9mg/g DM。8月和9月不同地形生境不同年龄梭梭根系中果糖平均含量分别为10.0mg/g DM和3.8mg/g DM。

不同地形生境不同年龄梭梭根系中淀粉含量如图4-27（d）所示，8月，梭梭根系中淀粉含量最高的是固定沙丘阴坡中部中龄，为3.2mg/g DM；含量较低的是缓平沙坡幼龄、固定沙丘上部中龄和固定沙丘阳坡中部中龄，分别为2.2mg/g DM、2.3mg/g DM和2.1mg/g DM，它们之间没有显著差异。9月梭梭根系中淀粉含量最高的是固定沙丘上部成龄，为5.2mg/g DM；其次为缓平沙坡幼龄，含量最低的是固定沙丘阴坡中部中龄。与8月相比，9月在固定沙丘阴坡中部中龄梭梭根系中淀粉含量有所下降；在其他4种条件下淀粉含量都升高，缓平沙坡幼龄、固定沙丘上部中龄和固定沙丘阳坡中部中龄分别升高到4.1mg/g DM、3.2mg/g DM、3.3mg/g DM。总体比较，不同地形生境不同年龄梭梭根系中淀粉含量9月高于8月，平均分别为3.7mg/g DM和2.5mg/g DM。

不同地形生境、不同年龄梭梭的停止生长期不同，其同化枝、枝条和根系总量也不同，都导致了在同一时期可溶性总糖、蔗糖、果糖和淀粉含量变化的复杂性，植物总是通过自身不同器官碳水化合物适应性分解和积累，以及整体协调转移来应对环境变化。

4.6.8 不同叶片类型植物渗透调节物质含量的变化

渗透调节是植物适应逆境胁迫的主动机制，在缺水环境下，植物细胞具有渗透调节能力，以维持一定的膨压，保证细胞进行正常的生理活动。植物通过渗透调节减少水分的损失以提高水分利用效率。

比较旱生叶、退化叶和肉质叶3种叶片类型的植物，旱生叶植物可溶性糖和可溶性蛋白质的含量高于其他两种叶片类型的植物，如旱生叶植物荒漠锦鸡儿可溶性糖和可溶性蛋白的含量分别达到106.9mg/g FW和4.6mg/g FW。

游离氨基酸含量的变化可以大概反映植株体内氮代谢状况，退化叶植物同化枝中游离氨基酸的含量相对较高，平均为117.1mg/g FW，相比较要高于肉质叶植物。

肉质叶植物脯氨酸含量的积累显著高于其他两种叶片类型的植物，如肉质叶植物泡泡刺叶片的脯氨酸含量达到597.6μg/g FW，与其他植物之间存在显著差异（$P<0.05$）。

比较内陆河流域山前荒漠、山前戈壁和中游戈壁3种生境下肉质叶植物红砂叶片生理生化指标，山前戈壁红砂叶片的可溶性糖含量最高，为67.6mg/g FW；山前荒漠红砂叶片的可溶性糖含量为55.00mg/g FW。可溶性蛋白质的含量随着土壤干旱程度的加剧逐渐升高。红砂叶片游离氨基酸的变化随着土壤干旱程度的加剧呈现出与可溶性糖一样的变化，山前戈壁红砂叶片的游离氨基酸含量最高，为146.3μg/g FW。3种不同生境下红砂叶片的脯氨酸含量均较高，相比较山前戈壁红砂叶片的脯氨酸含量最高，为388.9μg/g FW。然而，在土壤干旱程度进一步加剧时，红砂叶片内渗透调节物质积累含量反而减少。渗透调节作用一般发生在水分胁迫程度较轻或中度水分胁迫情况下，当水分胁迫很严重时，渗透调节能力减弱或丧失。

通过比较不同生境下红砂叶片内生理生化指标与 $\delta^{13}C$ 值的相关性发现，$\delta^{13}C$ 值与游离氨基酸、脯氨酸和可溶性糖含量有着显著的正相关关系（$P<0.05$），说明渗透调节在红砂叶片对环境的适应过程中起着重要的作用，红砂在逐步适应干旱、缺水的荒漠环境时主要通过体内的渗透调节来防止植物的脱水，从而增强其耐旱性。

4.6.9 不同叶片类型植物硝酸还原酶活性

硝酸还原酶（NR）是一种氧化还原酶，是植物氮素代谢中一个重要的调节酶和限速酶，它利用 NAD（P）H 为电子供体催化硝酸盐还原成亚硝酸盐。该酶含有 FAD、Cyt-b₅₅₇ 及一个含钼的因子，存在于细胞质中。NR 对环境条件十分敏感，光、NO_3^-含量、CO_2浓度等均会影响其活性。植物吸收硝酸盐后必须通过 NR 进行代谢还原才能被植物利用，因而其活性的大小直接影响氮代谢的强弱，进而影响植物的碳代谢（Kovács et al., 2015），光合碳代谢与 NO_2^- 同化都发生在叶绿体内，两者都消耗来自碳同化和光合及电子传递链的有机碳和能量，估计光合作用的 25% 用于硝酸盐还原（宋建民等，1998）。NR 与光合作用的关系极为密切，光合作用越强，NR 的活性就越强。

在自然条件下，NR 活性可以通过与净光合作用的耦合机制快速调节水分胁迫诱导的气孔关闭。不同光合途径植物比较，C₄植物的 NR 活性略高于 C₃植物。不同类型叶片的植物比较，肉质叶植物具有较高的 NR 活性，如合头草叶片的 NR 活性为 12.1μg/（g·h）。

4.7 C₄植物群体光合作用

4.7.1 群体光合作用和土壤呼吸

（1）群体光合作用

在植物光合作用研究中，以植物对 CO_2 的同化能力来描述时，常用叶片和群体两个层次表示（Bucci et al.，2004）；其中群体可以理解为单一植物冠层叶片组成的群体（种群水平）或多个植物冠层组成的群体（群落水平）（Cabrera-Bosquet et al.，2009；Gao et al.，2010）。

群体光合作用也就是冠层光合作用，比叶片光合作用过程更复杂，更易受光强、温度、土壤养分等各种环境因子，以及植物本身水分、叶面积指数、不同发育阶段等因素的影响（Evans，1983）。

群体光合器官（叶片或同化枝）面积的大小反映了物质生产源的大小，群体光合能力反映了生产源的物质合成强度，可以用来衡量植物群体生成干物质的能力（Kim et al.，2006）。C₄植物甜高粱具有较高的群体光合速率，在水分条件较好的时候可以达到 $50\mu mol\ CO_2/(m^2 \cdot s)$（Steduto et al.，1997）。不同种植密度下玉米的群体光合速率相差较大，当玉米种植密度在 30 000～90 000 株/hm² 时，群体光合速率最高可达 $66.4\mu mol\ CO_2/(m^2 \cdot s)$（Wang et al.，1995）。群体光合作用可以准确地描述植物单位叶面积的光合能力，同时，也代表着不同叶片形态以及群体结构植物的光合能力。

（2）土壤呼吸

土壤呼吸是指土壤释放 CO_2 的过程，包括土壤微生物、植物根系和土壤无脊椎动物呼吸 3 个生物学过程，以及含碳矿物质化学氧化产生 CO_2 的非生物学过程（Singh and Gupta，1997）。土壤呼吸在一定程度上反映了土壤养分供应的能力，是土壤质量和肥力的重要生物学指标。土壤呼吸与总初级生产力和冠层光合作用呈相关关系，同时与根系动态也呈很强的相关关系。荒漠生态系统有机质含量低，土壤呼吸维持在较低水平。

土壤呼吸在全球碳收支中占有重要地位。干旱区（干旱、半干旱和半湿润易旱地区）面积占全球陆地面积的40%以上（Delgado-Baquerizo et al.，2013；Eamus et al.，2015），我国广义干旱区面积约占国土面积的50%。这里降水稀少、水资源缺乏、生态环境极其脆弱，水分有效性驱动着生物活性，干旱生态系统对全球气候变化的响应十分敏感（Franklin et al.，2016）。土壤呼吸是干旱、半干旱土壤碳损失的主要过程之一（Conant et al.，2000）。土壤呼吸速率是众多因子协同作用的结果，土壤温度和含水量影响土壤中的生物过程和物理过程，改变 CO_2 传输机理和土壤与土壤表面空气的 CO_2 浓度，从而影响 CO_2 的扩散梯度。荒漠地区土壤 CO_2 释放速率与近地层气温有较高的正相关，与 20cm 深处土温的变化相关性不大，这与荒漠地区极端干旱和土壤肥力低下有关。普遍认为，在水分和温度适宜时，呼吸强度会增大。温带荒漠区 7 月高温强光期的呼吸速率昼夜平均值高于 8 月环境适宜期，说明荒漠植物生长环境适宜期土壤呼吸并未增大。

从沙拐枣生长地土壤 CO_2 释放速率看出（表4-11），高温强光期和环境适宜期昼间（08:00-18:00）平均值不存在显著差异，夜间（19:00-次日07:00）平均值都存在极显著差异（$P<0.01$），昼夜（00:00-24:00）平均值存在极显著差异。从两年平均值可以看出，昼间高温强光期与环境适宜期相差不大，环境适宜期略低；但夜间高温强光期比环境适宜期高出 60%，昼夜平均高出 23%。沙拐枣植冠下土壤 CO_2 释放速率昼夜平均为 $0.29\mu mol/(m^2 \cdot s)$。

对两年土壤呼吸测定资料统计分析表明，20cm 深处土壤温度的变化与土壤 CO_2 释放速率相关性不大。

表 4-11 不同时期沙拐枣植冠下土壤 CO_2 释放速率比较　　［单位：$\mu mol/(m^2 \cdot s)$］

年份	时期	上午	中午	下午	昼间平均	夜间平均	昼夜平均
		08：00～12：00	12：00～14：00	14：00～18：00	08：00～18：00	19：00～次日07：00	0：00～24：00
2010	7月下旬	0.39±0.04A	0.41±0.01a	0.38±0.02a	0.39±0.02a	0.24±0.01A	0.31±0.02A
	8月下旬	0.27±0.04B	0.45±0.03a	0.44±0.03b	0.38±0.03a	0.13±0.02B	0.24±0.03B
2011	7月下旬	0.41±0.03a	0.42±0.01a	0.43±0.02a	0.42±0.01a	0.23±0.03A	0.32±0.02A
	8月下旬	0.37±0.02a	0.36±0.00b	0.43±0.01a	0.39±0.01a	0.17±0.03B	0.27±0.03B
平均	7月下旬	0.40±0.01	0.42±0.01	0.41±0.03	0.41±0.02	0.24±0.01	0.32±0.01
	8月下旬	0.32±0.05	0.41±0.05	0.44±0.01	0.39±0.01	0.15±0.02	0.26±0.02

注：表中数据为平均值±标准误差。同一年不同月份比较，不同的小写字母表示差异显著（$P<0.05$），不同的大写字母表示差异极显著（$P<0.01$）

将土壤呼吸与测量室气温进行相关性分析表明，7 月下旬昼间（08：00—18：00）土壤 CO_2 释放速率（y）与近地层气温（x）的线性方程为：$y=0.2929+0.0032x$，$r=0.30$，$P=0.016$。8 月下旬昼间土壤 CO_2 释放速率与近地层气温的线性方程为：$y=0.0882+0.011x$，$r=0.66$，$P<0.0001$。从 7 月和 8 月比较可以看出，高温强光期近地层气温与土壤 CO_2 释放速率的相关性较弱，环境适宜期则较紧密。对 7 月和 8 月相关数据进行综合分析可以得出，沙拐枣生长地土壤 CO_2 释放速率与近地层气温的线性方程为：$y=0.23+0.0053x$，$r=0.48$，$P<0.0001$。

与土壤温度相比，土壤 CO_2 释放速率与近地层气温有较高的正相关，土壤 CO_2 释放对近地层气温的响应明显高于对土壤温度的响应。

在 7 月下旬高温强光期和 8 月下旬环境适宜期，对无植物覆盖的裸地土壤呼吸进行测定，结果见表 4-12，可以看出，在昼夜 24h 内，土壤 CO_2 释放速率变化都不显著，昼夜平均 7 月略高于 8 月。不同月份荒漠裸地土壤 CO_2 释放速率昼夜平均为 0.15$\mu mol/(m^2 \cdot s)$，为植冠下土壤 CO_2 释放速率的一半。

表 4-12 荒漠裸地 CO_2 释放速率　　［单位：$\mu mol/(m^2 \cdot s)$］

时期	上午	中午	下午	昼间平均	夜间平均	昼夜平均
	08：00～12：00	12：00～14：00	14：00～18：00	08：00～18：00	19：00～次日07：00	0：00～24：00
7月下旬	0.23±0.05	0.40±0.03	0.34±0.03	0.31±0.03	0.01±0.02	0.15±0.04
8月下旬	0.20±0.03	0.37±0.01	0.33±0.04	0.29±0.03	0.01±0.03	0.14±0.04

注：表中数据为平均值±标准误差

不同土壤水分条件下土壤呼吸速率也明显不同，图 4-28 是不同土壤水分条件下梭梭地的土壤呼吸速率日变化，处理Ⅰ、Ⅱ、Ⅲ和Ⅳ的土壤呼吸速率白天平均值（08：00—18：00）分别为 1.12$\mu mol/(m^2 \cdot s)$、1.08$\mu mol/(m^2 \cdot s)$、1.21$\mu mol/(m^2 \cdot s)$ 和 0.62$\mu mol/(m^2 \cdot s)$，分析表明，处理Ⅰ、Ⅱ和Ⅲ均显著高于处理Ⅳ（$P<0.01$），而这三者之间差异不显著。除了极低的土壤含水量外，10～30cm 土层土壤含水量对梭梭地土壤呼吸的影响不明显。

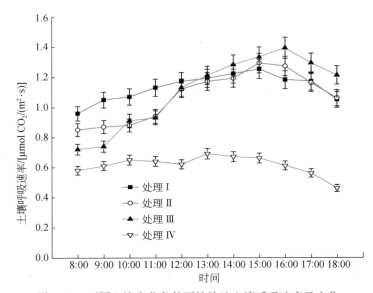

图 4-28　不同土壤水分条件下梭梭地土壤呼吸速率日变化

处理 Ⅰ 、Ⅱ 、Ⅲ 和Ⅳ分别表示 10～30cm 土壤含水量为 18.4% 、10.2% 、4.1% 和 1.0% ，即分别为
田间持水量的 90% 、50% 、20% 和 5%

4.7.2　群体光合作用对土壤水分的响应

不同土壤水分对梭梭群体光合速率（CAP）的影响不同，在梭梭根系分布层 10～30cm 土壤含水量不同处理下，8 月中旬（生长中期）测定了梭梭的群体光合速率（图4-29）。不同土壤水分条件下梭梭群体光合速率的日变化均为单峰曲线（图4-29），都在 11:00 左右达到最大值，随后逐渐降低。这是因为此时光合有效辐射较高而空气温度、湿度有利于梭梭进行光合作用。

各处理间比较，处理Ⅱ的群体光合速率最高，最大值为 8.65mmol CO_2/（$m^2 \cdot s$），日均值（8:00～18:00）为 6.22mmol CO_2/（$m^2 \cdot s$）；处理 Ⅰ 与处理Ⅲ的日均值分别为 5.09μmol CO_2/（$m^2 \cdot s$）和 4.58μmol CO_2/（$m^2 \cdot s$），处理Ⅳ为 3.59mmol CO_2/（$m^2 \cdot s$）。处理Ⅱ的群体光合速率显著高于其他 3 种处理，处理 Ⅰ 显著高于处理Ⅳ，而与处理Ⅲ差异不显著。在上午（8:00～12:00），处理Ⅱ的群体光合速率平均值显著高于处理Ⅲ和Ⅳ，而与处理I差异不显著。到中午（12:00～14:00），处理Ⅱ的群体光合速率明显高于其他 3 种处理；处理 Ⅰ 明显高于处理Ⅳ。在下午（14:00～18:00），依然是处理Ⅱ的群体光合速率最高，明显高于处理Ⅲ和Ⅳ，而与处理 Ⅰ 差异不显著；处理 Ⅰ 和Ⅲ显著高于处理Ⅳ。

不同时期植物的光合作用特征不同，但随着空气温度的升高，空气相对湿度不断下降，导致气孔导度下降，光合能力减弱。土壤水分是影响群体光合速率的一个重要因素（Lawlor and Cornic，2002），梭梭的群体光合速率在田间持水量的 50% 以下随土壤水分的

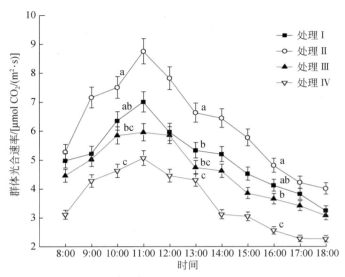

图 4-29　不同土壤水分条件下梭梭群体光合速率日变化

同一时段中不同的小写字母表示差异显著（$P<0.05$），10 时右列字母为上午（8:00～12:00）比较结果，13 时右列字母为中午（12:00～14:00）比较结果，16 时右列字母为下午（14:00～18:00）比较结果。处理 Ⅰ、Ⅱ、Ⅲ 和 Ⅳ 分别表示 10～30cm 土壤质量含水量为 18.4%、10.2%、4.1% 和 1.0%，即分别为田间持水量的 90%、50%、20% 和 5%

减少而降低，但当土壤水分增加到田间持水量的90%时，梭梭的群体光合速率反而显著降低。在一定范围内，土壤含水量越高，植物体内的水分状况也就越好，气孔导度相对较高，CO_2 通过气孔进入叶片更加顺利，因此光合速率也就越高。但是当土壤含水量过高时，影响了植物根系的正常代谢，光合能力也随之下降。过高的土壤含水量使叶面积指数明显减小，显著影响了梭梭的生长。

4.7.3　群体光合作用对盐胁迫的响应

4.7.3.1　盐胁迫作用

盐胁迫主要包括离子毒害和离子吸收不平衡即营养亏缺，使植物的生长受抑制，光合速率下降，能耗增加，衰老加速，生长量降低，最终导致植株因饥饿而死亡。植物对 NaCl 的盐害非常敏感，在盐害中真正起作用的是 Na^+ 而不是 Cl^-，也不是两种离子的共同作用（Ashraf and Harrisb，2004）。Na^+ 过多，会使细胞膜受到破坏，使细胞内一些营养离子（如 K^+）外渗，同时 Na^+ 过多还可置换出 Mg^{2+}，从而抑制细胞内的翻译过程。盐害还可以改变细胞质和液泡的 pH，而这种破坏可能是导致植物损伤乃至死亡的主要因素之一（Fortmeier and Schubert，1995）。NaCl 还会对其他离子（如 K^+、Ca^{2+}、Mg^{2+}）的吸收产生拮抗作用，使植株发生营养亏缺，并破坏渗透调节（Sacala et al.，2002）。

4.7.3.2 盐胁迫对植物代谢的干扰

从能量代谢的角度分析,盐胁迫下植物生长量减少的原因有 3 个方面:一是光合作用降低,碳同化减少;二是渗透调节物质的合成和积累是耗能的过程;三是维持渗透势是一个耗能的过程(余叔文和汤章城,1998)。当土壤中盐离子浓度超过植物的忍耐限度时,就会对植物造成盐害,影响其生长发育,破坏了植物体内正常的生理生化过程,使植物的呼吸作用、光合作用、代谢反应等方面都受到影响。从外观上将出现生长受阻、发芽延迟、根茎坏死、叶缘灼伤、落叶等症状,严重者导致死亡,这是盐胁迫下植物体内代谢失调引起的。

盐胁迫会影响植物所有的重要生命过程,如生长、光合作用、蛋白质合成、能量和脂类代谢。盐胁迫既可以直接影响植物的生长,也可以通过抑制为生长提供物质基础的光合作用而间接影响生长,且盐度越大、作用时间越长越明显。

NaCl 降低植物光合作用的机理与叶绿体受损、光合酶活性下降和毒性物质的产生有关。例如,盐胁迫能引起叶绿体脱水,降低光合磷酸化和希尔反应速率,并能造成光合酶如 PEP 羧化酶、RuBP 羧化酶/加氧酶等的活性降低或失活。盐胁迫下,细胞中 Na^+ 和 Cl^- 的积累使类囊体膜糖脂的含量显著下降,不饱和脂肪酸的含量也下降,而饱和脂肪酸的含量却随之上升,从而破坏了膜的光合特性。盐胁迫不仅引起类囊体膜成分的改变,而且使垛叠状态的类囊体膜的比例减小,引起光合能力的下降。在盐胁迫下,植物体内的蛋白质、氨基酸和激素类(如赤霉素、吲哚乙酸、乙烯、细胞分裂素等)均发生不同程度的变化,造成植物蛋白质代谢、核酸代谢、硫代谢等的紊乱。体现在蛋白质方面,盐胁迫能导致蛋白质的合成降低而分解加强,从而使植物体内的某些氨基酸大量增多。

NaCl 抑制光合作用的原因有 3 个方面:一是渗透胁迫,即盐胁迫引起的渗透胁迫,导致水势及气孔导度降低,限制 CO_2 到达光合机构,从而抑制光合作用;二是糖积累造成的反馈抑制,盐胁迫下植物生长受到抑制,糖利用减少,植物叶片内可溶性糖浓度增加,从而反馈性地抑制光合作用(Ott et al.,1999);三是离子伤害,包括离子积累和离子亏缺引起的伤害。

4.7.3.3 植物耐盐机理

高等植物有不同的耐盐机理,可概括为选择性、排盐性、稀释作用、离子区域化、渗透调节等,渗透调节和离子区域化为植物耐盐的主要机理。

(1)渗透调节物质的积累

较高的渗透调节能力是植物耐盐的特点。植物对盐渍适应的同时在细胞中积累一定数量的可溶性有机物质,作为渗透调节剂共同进行渗透调节,以适应外界的低水势。可溶性有机物质,包括氨基酸、有机酸、可溶性碳水化合物、甜菜碱和醇类等平衡渗透物质,对它们的积累能力被认为是耐盐性的一个重要指标。这些有机溶质中,较重要且研究较多的是脯氨酸、甜菜碱和醇类等。在盐胁迫下,植物通过从外界吸收大量的无机离子降低水势,并合成和积累一定浓度的脯氨酸等有机溶质来辅助调节,从而维持植物体内存在一定的水分来调节细胞内外渗透势的平衡。

（2）离子区域化

在植物体内积累过多的盐离子就会给细胞内的酶类造成伤害，干扰细胞的正常代谢。许多植物通过调节离子的吸收和区域化来抵抗或减轻盐胁迫。在盐渍条件下，耐盐植物细胞中积累的大部分 Na^+ 被运输并贮藏在液泡中，使植物因为渗透势降低而吸收水分，同时避免了过量的无机离子对代谢造成的伤害，这就是离子的区域化。盐的区域化作用主要是依赖位于膜上的质子泵实现离子跨膜运输完成的（Voikmar et al., 1998）。质子泵通过泵出 H^+，造成质子电化学梯度，驱动 Na^+ 的跨膜运输，从而实现盐离子的区域化。当植物受到盐胁迫时，细胞膨压下降，诱导质子泵活性增加，从而激活一系列渗透调节过程。

（3）维护膜系统的完整性

在盐胁迫条件下，细胞膜首先受到盐离子胁迫影响而产生胁变，导致细胞膜受伤。高盐分浓度能增加细胞膜透性，加快脂质过氧化作用，最终导致膜系统的破碎。盐胁迫还会使植物产生 ROS，启动膜脂过氧化作用，从而给植物造成伤害。ROS 是植物有氧代谢的副产物，同时逆境胁迫也会使植物细胞中积累大量的 ROS，对植物有伤害作用。正常条件下，ROS 的产生和消除由一系列抗氧化物酶和氧化还原代谢调控。在逆境下植物体内 ROS 代谢平衡被破坏，过剩的 ROS 会引发或加剧膜质过氧化作用，造成膜系统的严重伤害，而抗逆性较强的植物在逆境下能使体内 ROS 清除系统维持较高的活性，有效地清除逆境诱导的 ROS。植物体内包含着酶促和非酶促两类防御 ROS 的保护机制，它们相互协调，共同协作，清除膜脂过氧化作用中的 ROS，最终达到保护膜结构的作用。

4.7.3.4 梭梭群体光合作用对盐胁迫的响应

盐碱土土壤含盐量一般超过 0.3%，使农作物严重减产或不能生长。模拟梭梭群体光合作用对盐胁迫的响应，对了解梭梭盐胁迫特性和盐碱地改良利用具有重要意义。盐分梯度胁迫下梭梭群体光合速率的日变化见图 4-30，不同盐处理下都在 10:00 左右达到最大值，然后逐渐降低。各处理间比较，处理Ⅱ的群体光合速率最高，最大值为 14.07μmol CO_2/（m^2·s），日均值（8:00 ~ 18:00）为 7.26μmol CO_2/（m^2·s）；处理Ⅰ与Ⅲ的日均值分别为 6.46μmol CO_2/（m^2·s）和 5.99μmol CO_2/（m^2·s），处理Ⅳ为 3.69μmol CO_2/（m^2·s）。统计分析表明，梭梭群体光合速度处理Ⅱ显著高于处理Ⅳ（$P<0.05$），而与处理Ⅰ和Ⅲ差异不显著。

梭梭群体光合速率的日均值在 8.0g/kg 的土壤含盐量下达到最大，当土壤含盐量继续升高时，梭梭的群体光合速率显著降低；但是在 3.0g/kg 的低含盐量下也比较低。由此可见，0.8% 的含盐量不会对梭梭生长发育产生胁迫影响，反而有一定的促进作用，梭梭同化枝有咸味也正说明了这一点。白梭梭耐盐性不如梭梭，同化枝也没有咸味。在荒漠绿洲过渡带相同的立地条件下，随着绿洲农业灌溉和边缘防护体系生态需水灌溉，导致地下水位升高，盐渍化程度加重，白梭梭首先出现衰退死亡现象，随着盐渍化程度的进一步加重，梭梭也开始衰退死亡。白梭梭的衰退死亡对梭梭的保育管理有重要指示作用。

盐胁迫会诱发植物体内多种结构和功能的改变，以利于植物适应新环境。盐胁迫会影

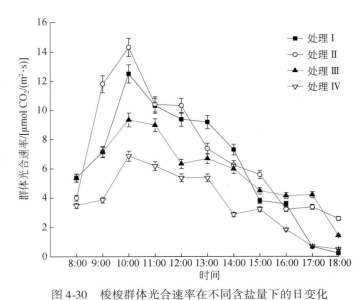

图 4-30 梭梭群体光合速率在不同含盐量下的日变化

处理Ⅰ、Ⅱ、Ⅲ和Ⅳ分别表示 10～30cm 土壤含盐量为 3.0g/kg、8.0g/kg、15g/kg 和 30g/kg，土壤
含水量均为田间持水量的 50%，即质量含水量为 10.2%

响光合作用，但低盐刺激不会抑制光合作用而且有时对光合有促进作用（Agastian et al.，2000）。在中度和重度盐胁迫下，植物可通过减少根系表面积、增加根系直径，发展通气组织等来限制 Na⁺ 的过分吸收和缓解盐胁迫带来的缺氧损害，但这种调节模式对于根系发挥其他生理功能如水分和营养的获取是不利的。当含盐量过高时，影响植物对 CO_2 的获取，最终导致群体光合速率的降低。

4.7.4　群体光合作用对高温强光的响应

（1）荒漠植物光合生理对高温强光的响应

绝大多数高等植物正在生长的活性组织若长期暴露在 45℃ 以上的高温下则不能存活，或者短时间暴露在 55℃ 以上的更高温度也不能存活。但是，停止生长的细胞或种子等脱水组织可以在更高的温度下保持活性，一些干燥种子能够耐受 120℃ 以上的高温。

多数水分充足的植物，即使在较高的温度环境条件下，也能通过蒸腾冷却使叶片温度保持在 45℃ 以下。叶片温度调节在时空上是普遍存在的，温度调节作用通过自然选择进化出的性状，使植物叶片保持有限的恒温，在气候变化下叶对碳的获取总是趋于最大化，依靠叶的热稳定能力和光合能力的平衡达到最大的净碳同化量（Michaletz et al.，2016）。

温度胁迫下，光合作用和呼吸作用均受到抑制。与 C₄ 和 CAM 植物相比，高温下 C₃ 植物的呼吸速率要比光合速率提高得快，高温胁迫下 C₃ 植物的暗呼吸速率和光呼吸速率均升高。

在不同的时间尺度上，荒漠植物通过不同的生理生态或形态结构上的改变适应其特殊的环境条件。例如，通过调节季节的生长节律来适应环境，在每天的早晨或下午的晚些时间固定尽可能多的碳，或者关闭气孔以避免水分的损失；甚至有些植物通过调节光系统Ⅱ活性来躲避环境危害。在荒漠生态系统中的某些阶段，干旱、强光（光合有效辐射>2000μmol/(m²·s)）和高温（叶面温度>45℃）严重影响到植物的气体交换以至于影响到植物的物质生产（Rossa and von Willert，1999），这样的环境在热带或亚热带地区很少出现，但在干旱半干旱地区却经常发生。

在沙地生长的蒙古岩黄耆（*Hedysarum fruticosum* var. *mongolicum*）和油蒿（*Artemisia ordosica*）比沙柳（*Salix pasmmophylla*）具有高的净光合速率和气孔导度，在高叶温和强光下这种差异更明显。高温强光环境严重抑制了沙柳的光合作用，而野生C₃植物蒙古岩黄耆（也叫羊柴）和油蒿（也叫黑沙蒿）则更抗高温与强光辐射。C₃植物沙柳在春季适宜的环境下积累光合产物，而在炎热夏季则以维持其生长为主（蒋高明和朱桂杰，2001）。

（2）沙拐枣群体光合作用对高温强光的响应

比较河西走廊荒漠区典型生长季节的微气象因子可以看出（表4-13），7月下旬气温和光照强度明显高于8月下旬，昼间平均分别高出9.2℃和230μmol/(m²·s)；8月下旬空气相对湿度高于7月下旬，高出6%。土壤含水量比较，0~30cm和1m深土壤质量含水量8月下旬分别为2.8%和3.0%，7月下旬分别为1.6%和1.9%，均高出1%以上。对于此类荒漠区，就荒漠植物生长而言，7月称为高温强光期，8月称为环境适宜期（苏培玺等，2013）。

表4-13 沙拐枣生长地7月下旬和8月下旬微气象因子变化

气象因子	时期	上午	中午	下午	昼间平均
		8:00~12:00	12:00~14:00	14:00~18:00	8:00~18:00
气温/℃	7月下旬	37.4	43.1	41.6	40.5
	8月下旬	28.3	34.8	31.6	31.3
光照强度/[μmol/(m²·s)]	7月下旬	1523	1711	1109	1424
	8月下旬	1264	1639	792	1194
空气相对湿度/%	7月下旬	15	9	9	11
	8月下旬	23	14	14	17

从C₄植物沙拐枣的群体光合速率观测结果可以看出（表4-14），7月下旬都是中午（12:00~14:00）群体光合速率最低，对比表4-13可以看出，7月下旬高温强光下中午沙拐枣的群体光合速率有下调现象；8月下旬中午群体光合速率最高，可见适宜环境下中午无群体光合速率下调现象。

表4-14 不同时期沙拐枣群体光合速率比较 ［单位：μmol CO₂/(m²·s)］

年份	时期	上午	中午	下午	昼间平均
		08:00~12:00	12:00~14:00	14:00~18:00	08:00~18:00
2010	7月下旬	1.41±0.26a	1.26±0.31a	1.39±0.22a	1.36±0.13a
	8月下旬	1.96±0.23a	2.05±0.43a	1.91±0.32a	1.97±0.17b

年份	时期	上午	中午	下午	昼间平均
		08:00 ~ 12:00	12:00 ~ 14:00	14:00 ~ 18:00	08:00 ~ 18:00
2011	7月下旬	2.61±0.21a	1.65±0.72a	2.40±0.28a	2.27±0.24A
	8月下旬	3.84±0.25b	4.06±0.06a	3.60±0.23a	3.81±0.13B
平均	7月下旬	2.01±0.60	1.46±0.20	1.90±0.51	1.82±0.46
	8月下旬	2.90±0.94	3.06±1.01	2.76±0.85	2.89±0.92

注：表中数据为平均值±标准误差。同一年不同月份比较，不同的小写字母表示差异显著（$P<0.05$），不同的大写字母表示差异极显著（$P<0.01$）

通过两年比较可以看出，不论是7月还是8月，2011年的CAP均高于2010年，昼间平均（08:00–18:00）7月高出67%，8月高出93%。分析得出，2011年的土壤含水量明显高于2010年，0~100cm土层7月平均高出61%，8月平均高出38%。

通过两年平均得出，7月下旬和8月下旬CAP昼间平均分别为1.82μmol CO_2/（m^2·s）和2.89μmol CO_2/（m^2·s），平均为2.36μmol CO_2/（m^2·s）。

夜间（19:00–次日07:00）测定得出，群体 CO_2 交换量平均接近于0。沙拐枣为 C_4 植物，光呼吸速率和暗呼吸速率很低，可忽略不计。物候观测得到，沙拐枣生长期为5个月（5月上旬~10月上旬），计算得出沙拐枣群体固定碳为3.82g C/（m^2·a）。

沙拐枣种群的植冠投影盖度为20%，叶面积指数为0.31，计算得出沙拐枣种群固定碳为0.24g C/（m^2·a）（苏培玺等，2013）。

分析群体光合作用测定结果与微气象因子的关系，7月CAP有随气温升高而降低的趋势，线性回归分析表明，呈不显著负相关性；8月CAP与气温呈极显著正相关性（$P<0.01$）（表4-15）。CAP随光照强度的变化不像气温影响那样明显，但总体比较，相同的高光照强度条件下，7月光合速率低于8月。尽管高温强光的7月和环境适宜的8月沙拐枣CAP与光照强度的相关性没有明显的规律，但7月CAP有随光照强度增加而减小的趋势，8月则有增加的趋势（表4-15）。7月CAP与空气相对湿度之间没有相关性；8月二者相关性较紧密，CAP随空气相对湿度增加而提高的趋势明显。

表4-15　沙拐枣群体光合速率与微气象因子的线性相关性

时期	气温		光照强度		空气相对湿度	
	相关系数 r	显著性 P	相关系数 r	显著性 P	相关系数 r	显著性 P
7月下旬	−0.17	0.44	−0.01	0.94	0.01	0.98
8月下旬	0.61	0.002**	0.15	0.50	0.47	0.03*

注：*表示线性相关显著（$P<0.05$），**表示线性相关极显著（$P<0.01$）

（3）不同林龄梭梭群体光合作用对高温强光的响应

在高温强光环境下，幼龄、中龄和成龄梭梭的CAP最大值分别为14.6μmol CO_2/（m^2·s）、13.1μmol CO_2/（m^2·s）和8.9μmol CO_2/（m^2·s），日均值分别为10.7μmol CO_2/（m^2·s）、8.8μmol CO_2/（m^2·s）和5.7μmol CO_2/（m^2·s），不同林龄梭梭的CAP表现为幼龄>中

龄>成龄。方差分析表明，成龄梭梭 CAP 值极显著低于幼龄和中龄梭梭（$P<0.01$）。在环境适宜期，幼龄、中龄和成龄梭梭的 CAP 最大值分别为 19.3 μmol CO$_2$/（m^2·s）、16.7 μmol CO$_2$/（m^2·s）和 13.5 μmol CO$_2$/（m^2·s），日均值分别为 12.3 μmol CO$_2$/（m^2·s）、10.7 μmol CO$_2$/（m^2·s）和 8.6 μmol CO$_2$/（m^2·s），不同林龄梭梭的 CAP 也表现为幼龄>中龄>成龄，幼龄梭梭显著高于成龄（$P<0.05$）。与适宜环境期相比，高温强光环境下幼龄、中龄和成龄梭梭的 CAP 日均值分别下降了 12.6%、17.8% 和 34.1%。

梭梭的 CAP 幼龄和中龄之间差异不显著，成龄梭梭明显降低。这是因为随着林龄的增大，植物体内光合碳同化的关键酶含量及活性逐渐降低，同时植物的激素水平也逐渐下降，气孔导度逐渐减小，增大了 CO$_2$ 从周围空气进入叶片的阻力，导致了光合能力的下降。在河西走廊中部荒漠绿洲过渡带，25 年生以上的成龄梭梭光合产物以维持生存为主，冠层枯枝量受水分状况影响很大，干旱年份只有少量嫩枝进行光合作用。

4.7.5　叶片和群体光合作用的关系

叶片水平光合作用通常测量的是阳面植物冠层上部充分展开的成熟叶片，处于最佳的生理条件和光照环境，从而得到的是植物的最大光合潜能（Wells et al.，1986；Gao et al.，2010）。群体水平光合作用测量的是整个冠层的叶片，因此更接近真实的植被光合状况，可以更加准确地理解植物单位叶面积的光合能力（Hileman et al.，1994；Cabrera-Bosquet et al.，2009）。

群体光合速率均显著低于叶片水平光合速率，叶片光合速率评估的是植物的光合潜能，而群体光合速率是构成光合作用体系的各个光合器官光合速率的平均值。群体光合作用是植物生产干物质能力的反映，与单叶光合作用相比，植物的生产力与群体光合作用的关系更加密切。

群体内部的光照条件受群体繁茂程度和结构的制约，有些叶片始终在阳光下，而有的则被遮阴，因此群体光合作用能更好地反映植物利用光能的能力。植物群体光合作用与叶片光合作用、叶片形态及冠层结构等结合起来可以更好地衡量植物适应环境的能力（Cabrera-Bosquet et al.，2009）。

（1）梭梭

不同水分条件下梭梭群体与叶片水平光合速率的关系见图 4-31，各处理间的群体光合速率（CAP）与叶片（同化枝）水平光合速率（P_n）均呈极显著正相关关系，对不同处理全部数据进行分析，可以得到 $CAP=0.20P_n+1.82$（$r^2=0.888$，$P<0.001$）。通过群体与叶片水平光合速率间的关系拟合，推出计算公式，可从叶片水平光合速率得出群体水平光合速率（Gao et al.，2010）。

当土壤水分极低（田间持水量的 5%）时，梭梭群体光合速率最大值为 5.17 μmol CO$_2$/（m^2·s），而叶片光合速率最大值为 16.68 mmol CO$_2$/（m^2·s），群体光合速率约为叶片水平的 31%；群体光合速率日平均值为叶片水平日均值的 33%。群体光合速率和叶片光合速率都随着土壤水分的增加而增大，当土壤水分达到田间持水量的 50% 时

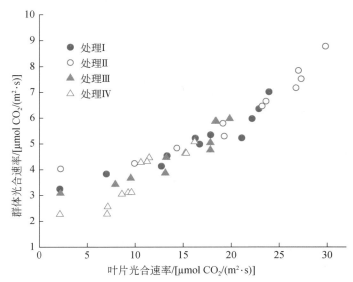

图 4-31　不同土壤水分下梭梭的群体光合速率与叶片水平光合速率的线性拟合关系

处理Ⅰ、Ⅱ、Ⅲ和Ⅳ分别表示 10～30cm 土壤含水量为 18.4%、10.2%、4.1% 和 1.0%，即分别为田间持水量的 90%、50%、20% 和 5%。处理Ⅰ：$CAP=0.1558P_n+2.6416$，$r^2=0.887$，$P<0.001$；处理Ⅱ：$CAP=0.1753P_n+2.6766$，$r^2=0.915$，$P<0.001$；处理Ⅲ：$CAP=0.1754P_n+2.0783$，$r^2=0.862$，$P<0.001$；处理Ⅳ：$CAP=0.2255P_n+1.1558$，$r^2=0.916$，$P<0.001$

达到最大，群体光合速率最大值为叶片水平相应值的 29%；而群体光合速率日平均值为叶片水平相应值的 31%。当土壤水分继续增大至田间持水量的 90% 时，群体和叶片水平的光合速率均显著降低。

从不同林龄梭梭群体与叶片水平光合速率之间比较可以看出，在适宜环境下，幼龄梭梭的群体及叶片水平光合速率均为最高，其群体光合速率最大值为 19.3μmol CO_2/（m^2·s），而叶片光合速率最大值为 29.0μmol CO_2/（m^2·s），群体光合速率最大值为叶片水平的 67%；群体光合速率日平均值为叶片水平的 68%。在高温强光下，幼龄梭梭的群体及叶片水平光合速率同样为最高，其群体光合速率最大值为 14.6μmol CO_2/（m^2·s），而叶片光合速率最大值为 28.6μmol CO_2/（m^2·s），群体光合速率为叶片水平的 51%；群体光合速率日平均值为叶片水平的 63%。

（2）沙拐枣

分析沙拐枣群体光合速率（CAP）与叶片（同化枝）水平光合速率（P_n）的关系（图 4-32），可以看出，不同月份相关性不同，高温强光的 7 月下旬的线性方程为：$CAP=0.1160P_n+0.3865$，$r=0.86$，$P<0.0001$；环境适宜的 8 月下旬的线性方程为：$CAP=0.1779P_n+0.2824$，$r=0.92$，$P<0.0001$；8 月的相关系数高于 7 月。如果不区分月份变化，得出的沙拐枣群体光合速率与同化枝光合速率的关系式为：$CAP=0.1588P_n+0.2103$，$r=0.84$，$P<0.0001$。可见，在用沙拐枣同化枝水平光合速率计算群体水平光合速率时，区分高温强光期和环境适宜期，用对应的关系式计算结果更可靠。

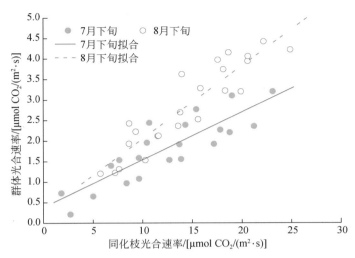

图 4-32 沙拐枣群体光合速率与同化枝光合速率的关系

（3）不同类型荒漠植物

对不同光合途径荒漠植物的光合速率进行比较，典型天气 10:00 时，C_3 植物光合速率最高，C_4 植物要推迟一些，一般在 11:00 时。对抗旱型（一般为退化叶）、耐旱型（一般为肉质叶）和御旱型（一般为旱生叶）三大类型荒漠植物的光合速率进行比较（表 4-16），抗旱型植物叶片和群体水平的光合速率都高于耐旱型和御旱型植物；御旱型植物叶片水平的光合速率高于耐旱性植物，但群体水平光合速率则低于耐旱性植物。3 种不同类型的荒漠植物其群体光合速率均显著低于叶片光合速率，相比较耐旱型植物日平均群体光合速率最接近于叶片光合速率，是叶片光合速率的一半。

表 4-16　不同类型荒漠植物叶片和群体光合作用　　［单位：$\mu mol\ CO_2/(m^2 \cdot s)$］

类型	10:00		日平均	
	叶片净光合速率	群体光合速率	叶片净光合速率	群体光合速率
抗旱型	18.32±1.96	4.26±0.08	14.11±0.56	3.38±0.10
耐旱型	9.68±0.13	3.45±0.34	6.45±0.95	3.31±0.21
御旱型	13.45±1.47	2.91±0.13	11.14±1.39	2.48±0.16

注：植物适应干旱的类型介绍详见 8.2.2。日平均为 8:00～18:00，1h 测定一次

4.7.6　植物群体光合作用的影响因素

群体光合作用是一个复杂的过程，与单叶光合作用相比，影响群体光合作用的因素更多更复杂。环境因素包括光强、温度、空气相对湿度、风速、CO_2 浓度、土壤水分等，植物本身因素包括水分营养状况、叶面积指数、不同发育阶段，本身的群体结构，群体内的光、温分布等。

（1）温度

光合速率随温度上升有限，当温度接近最适点时，光合速率上升减缓，以后变平甚至下降。

（2）光合有效辐射

光合有效辐射决定着植物叶片的光合速率，一般群体下部叶片的光合能力较弱，上部叶片的光合能力较强。群体光合速率对光合有效辐射十分敏感，辐射强度的强弱直接影响光合速率的大小。正常情况下，光合有效辐射是微气象因子中影响群体光合速率的首要因素，甚至可以遮盖其他因素对于光合速率的影响。

（3）叶面积指数

叶面积指数（LAI）受土壤水分含量的影响很大，由图 4-33 可见，梭梭 LAI 在土壤含水量为田间持水量的 50% 时最大，当土壤水分达到田间持水量的 90% 时，叶面积指数反而下降。

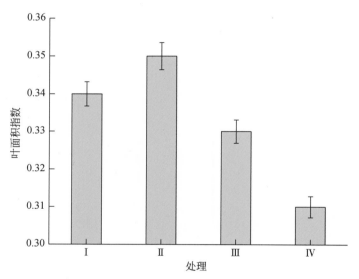

图 4-33　梭梭在不同水分条件下的叶面积指数

处理Ⅰ、Ⅱ、Ⅲ和Ⅳ分别表示 10~30cm 土壤含水量为 18.4%、10.2%、4.1% 和 1.0%，即分别为田间持水量的 90%、50%、20% 和 5%

干旱胁迫常引起叶片卷曲、脱落，甚至退化，使 LAI 减小，导致群体光合速率降低。植物若长期生长在干旱环境中，就会在光合速率和光合作用的调节运转机制、光合途径、群体结构等方面发生相应的改变，从而更好地适应干旱环境。

（4）空气相对湿度

空气相对湿度是通过影响叶片与空气之间的水汽压差来调节植物的气孔导度，影响光合速率和蒸腾速率。一般地，相对湿度越低、水汽压差越大，蒸腾越剧烈。强烈的蒸腾后对于 LAI 和冠层郁闭度大的植物，又能产生较湿的微气候效应，从而提高群体光合速率。

（5）土壤水分

土壤水分是影响群体光合作用的一个重要因素，在一定范围内，土壤含水量越高，植物体内的水分状况也就越好，光合器官水势也就越高，从而气孔开度相对越大，CO_2通过气孔进入光合组织更加顺利，相应光合速率也就越高。

在田间持水量的5%～50%内，梭梭的群体光合速率随土壤水分的增加而升高，但是当土壤水分增加到田间持水量的90%时，梭梭的群体光合速率显著降低。当土壤含水量过高时，影响了植物根系的正常代谢，光合能力也随之下降。在水分短缺的荒漠地区，高温强光期荒漠植物群体光合速率的提高幅度与土壤水分的提高幅度相近，环境适宜期提高幅度是土壤水分提高幅度的2倍以上。

4.8　C₄植物群体蒸腾作用

4.8.1　群体蒸腾作用对土壤水分的响应

（1）不同水分条件下土壤蒸发速率

图4-34是不同土壤水分条件下土壤蒸发速率的日变化，处理Ⅰ、Ⅱ、Ⅲ和Ⅳ的土壤蒸发速率日平均（8:00～18:00）值分别为0.32mmol H_2O/（$m^2 \cdot s$）、0.26mmol H_2O/（$m^2 \cdot s$）、0.25mmol H_2O/（$m^2 \cdot s$）和0.04mmol H_2O/（$m^2 \cdot s$），分析表明，处理Ⅰ、Ⅱ、Ⅲ分别显著高于处理Ⅳ（$P<0.001$），前三者之间差异不显著，但随着土壤含水量的增加而增大的趋势明显。此外，从测量计算数值可以看出，在进行不同土壤水分处理后，表层进行干沙覆盖，降低土壤蒸发的效果非常明显。

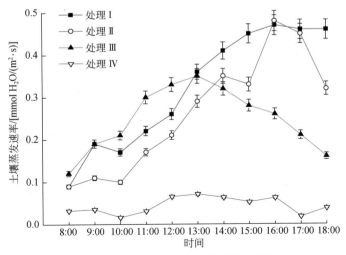

图4-34　不同水分条件下土壤蒸发速率日变化

Ⅰ、Ⅱ、Ⅲ和Ⅳ分别表示10～30cm土壤含水量为18.4%、10.2%、4.1%和1.0%，即分别为田间持水量的90%、50%、20%和5%

（2）不同水分条件下梭梭蒸腾速率

蒸腾作用是与植物水分状况紧密相关的重要生理过程，它的强弱虽然不能直接说明植物抗旱能力的强弱，但它影响着植物的水分状况。不同土壤水分对梭梭群体蒸腾速率的影响不同，在梭梭根系分布层 10～30cm 土壤质量含水量不同处理下，环境适宜期（8月中旬）测定了梭梭群体蒸腾速率，可以看出，梭梭群体蒸腾速率的日变化趋势基本相同（图4-35），在14:00 左右达到最大值，随后逐渐降低。处理I的群体蒸腾速率最高，最大值为 10.61mmol $H_2O/(m^2 \cdot s)$，日均值（8:00～18:00）为 7.65mmol $H_2O/(m^2 \cdot s)$；处理II、III和IV的群体蒸腾速率日均值分别为 6.70mmol $H_2O/(m^2 \cdot s)$、5.57mmol $H_2O/(m^2 \cdot s)$ 和 4.37mmol $H_2O/(m^2 \cdot s)$。对不同时段比较表明，上午（8:00～12:00）群体蒸腾速率各处理间差异不显著；中午（12:00～14:00）各处理间均具有显著性差异；下午（14:00～18:00）处理 I 和 II 明显高于处理III 和IV（图4-35）。不同水分条件下梭梭群体蒸腾速率变化规律与同化枝水平一致，随着土壤含水量的增加而升高，但最高值出现时间较晚，数值相应减小。梭梭群体在土壤含水量为田间持水量的50%以上时，明显升高；土壤含水量降低时群体蒸腾速率明显减小，表现出了较强的水胁迫环境适应能力。

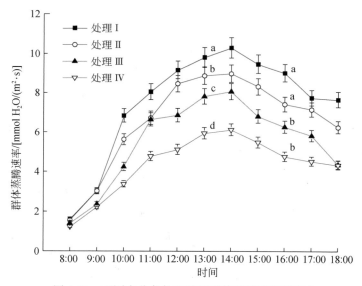

图4-35　不同水分条件下梭梭群体蒸腾速率日变化

同一时段中不同的小写字母表示差异显著（$P<0.05$），13 时右列字母为中午（12:00～14:00）比较结果，16 时右列字母为下午（14:00～18:00）比较结果。处理 I、II、III和IV分别表示 10～30cm 土壤含水量为 18.4%、10.2%、4.1% 和 1.0%，即分别为田间持水量的 90%、50%、20% 和 5%

4.8.2　群体蒸腾作用对盐胁迫的响应

盐分梯度胁迫下梭梭群体蒸腾速率的日变化趋势基本一致（图4-36），在13:00 左右到达最大值，然后逐渐降低。可以看出，在含盐量 8.0g/kg 条件下的蒸腾速率最高，最大值为

10.0mmol H₂O/(m²·s)，日均值（8:00～18:00）为 6.4mmol H₂O/(m²·s)，在含盐量 3.0g/kg、15g/kg 和 30g/kg 条件下的日均值分别为 4.9mmol H₂O/(m²·s)、4.7mmol H₂O/(m²·s)和 2.6mmol H₂O/(m²·s)。梭梭群体蒸腾速率处理Ⅰ、Ⅱ和Ⅲ显著高于处理Ⅳ（$P<0.05$）。

在 0.8% 含盐量下，梭梭的群体蒸腾速率高于通常生长地 0.3% 含盐量水平；而在 1.5% 含盐量以上胁迫下，显著降低了梭梭群体蒸腾速率，以缓解体内水分紧张的状况。梭梭同样表现出了较强的盐胁迫环境适应能力。

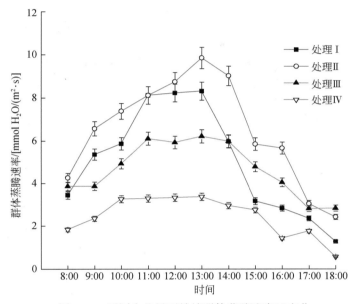

图 4-36　不同含盐量下梭梭群体蒸腾速率日变化

处理Ⅰ、Ⅱ、Ⅲ和Ⅳ分别表示 10～30cm 土壤含盐量为 3.0g/kg、8.0g/kg、15g/kg 和 30g/kg，分别代表无胁迫、轻度、中度和重度盐胁迫。土壤含水量均为田间持水量的 50%，即质量含水量为 10.2%

4.8.3　群体蒸腾作用对高温强光的响应

高温强光期荒漠植物叶片和群体水平的蒸腾速率日平均值均显著高于环境适宜期。在高温强光期，植物通过增加气孔导度来提高蒸腾速率，从而降低叶温使其免受高温的伤害。荒漠植物群体水平的蒸腾速率要显著低于叶片水平，群体蒸腾速率测定的是整个植株地上部分或者冠层的蒸腾量，比较精确地反映了植物实际的蒸腾水平，由于叶片之间的庇护和遮阴作用，使得植物冠层的小环境条件比较优越，空气湿度较大，温度较低，因而群体蒸腾速率较低。

图 4-37 是不同林龄梭梭群体蒸腾作用在高温强光环境下的日变化，可以看出，幼龄、中龄和成龄梭梭的群体蒸腾速率最大值均出现于 14:00，分别为 5.4mmol H₂O/(m²·s)、

4.6mmol $H_2O/(m^2 \cdot s)$ 和3.3mmol $H_2O/(m^2 \cdot s)$，日均值分别为3.8mmol $H_2O/(m^2 \cdot s)$、
3.2mmol $H_2O/(m^2 \cdot s)$ 和2.8mmol $H_2O/(m^2 \cdot s)$，不同林龄梭梭的群体蒸腾速率表现为
幼龄>中龄>成龄，其中幼龄梭梭显著高于成龄（$P<0.01$）。

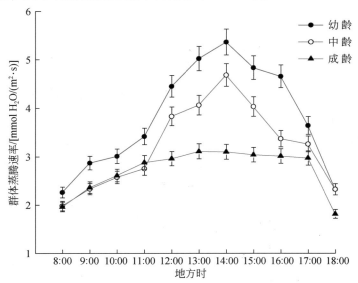

图4-37　高温强光下不同林龄梭梭群体蒸腾速率日变化

幼龄为4年生，中龄为14年生，成龄为26年生。高温强光期7月测定

4.8.4　叶片蒸腾速率和群体蒸腾速率的关系

梭梭的群体和叶片蒸腾速率都随土壤水分的升高而升高，相同土壤水分条件下群体与
叶片间差异极显著（$P<0.01$），其中当土壤水分为田间持水量的50%时，群体蒸腾速率最
大值为叶片水平的63%，群体蒸腾速率日平均值为叶片水平的65%。

不同类型荒漠植物蒸腾速率的变化比较复杂。总体上，耐旱型植物全天的叶片水平蒸
腾速率最低，御旱型植物具有最高的叶片水平蒸腾速率，但群体水平蒸腾速率与抗旱型植
物相差不大（表4-17）。

表4-17　不同类型荒漠植物叶片和群体蒸腾速率　　　　　[单位：mmol $H_2O/(m^2 \cdot s)$]

类型	10:00		日平均	
	叶片蒸腾速率	群体蒸腾速率	叶片蒸腾速率	群体蒸腾速率
抗旱型	7.20±0.75	0.75±0.18	4.62±0.87	0.86±0.18
耐旱型	6.19±0.67	1.06±0.22	3.92±0.82	1.49±0.06
御旱型	8.23±0.79	0.77±0.06	5.80±1.14	0.84±0.06

注：日平均为8:00～18:00，1h测定一次

4.9　C₄植物对CO₂浓度升高的响应

采用混合效应模型整合分析（meta analysis）野生 C_3 和 C_4 植物对 CO_2 浓度升高的反应，发现 C_3 和 C_4 植物的总生物量都显著增加，分别为 33% 和 44%。但它们的形态发展有所不同，前者产生了更多的幼芽，叶面积增加较少；而后者叶面积增加较多，幼芽数较少。二者叶片的气孔导度显著减少，水分利用效率显著增加，碳同化速率也都较高（Ehleringer，1978）。干旱胁迫导致 CO_2 同化能力减弱，在高的 CO_2 浓度环境下能够恢复（Cornic，2000）。气孔关闭和提高叶肉组织抵抗力，在干旱胁迫时在降低 CO_2 同化作用方面经常扮演主要角色（Flexas et al.，2002）。

当 CO_2 加富到 450μmol/mol 时，与当时 CO_2 浓度相比（以下不专门说明，均与当时比较，CO_2 浓度为 360μmol/mol），梭梭光合作用有所提高［图4-38（a）］，但光补偿点基本保持不变（表4-18）。但当 CO_2 加富到 650μmol/mol 时，光合速率减小，光补偿点升高而饱和点下降（表4-18），光照强度利用范围缩小，最大光合速率下降。

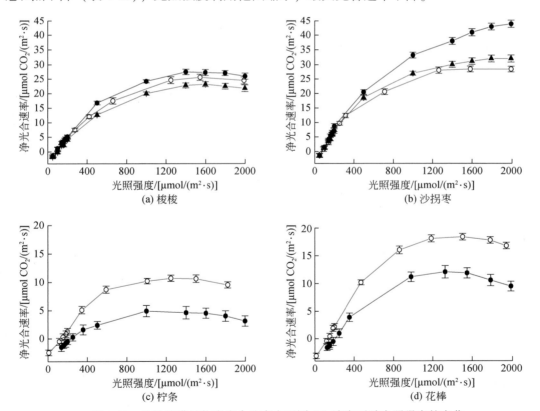

(a) 梭梭　　(b) 沙拐枣　　(c) 柠条　　(d) 花棒

图 4-38　几种荒漠植物净光合速率在不同 CO_2 浓度下随光照强度的变化

（○）当时 CO_2 浓度，C_a =（360.0±1.0）μmol/mol；（●）CO_2 加富，C_a =（450.1±0.4）μmol/mol；（▲）CO_2 加富，C_a =（650.2±0.3）μmol/mol；测定时叶温 T_1 =（30.0±0.2）℃

表 4-18　不同 CO_2 浓度下几种荒漠植物的光合生理参数

植物种	CO_2 浓度 /(μmol/mol)	光补偿点 /[μmol/(m²·s)]	光饱和点 /[μmol/(m²·s)]	表观量子效率 /(mol CO_2/mol 电子)	最大光合速率 /[μmol CO_2/(m²·s)]
梭梭	360	79 ***	1660 ***	0.044 ***	27.2 ***
	450	80 ***	1600 ***	0.044 ***	27.6 ***
	650	97 ***	1533 ***	0.043 ***	22.2 ***
沙拐枣	360	76 ***	1756 ***	0.057 ***	30.6 ***
	450	73 ***	—	0.064 ***	—
	650	76 ***	1843 ***	0.057 ***	31.3 ***
柠条	360	137 ***	1267 **	0.020 ***	10.6 **
	450	240 ***	1238 **	0.014 ***	4.6 **
花棒	360	127 ***	1394 ***	0.029 ***	18.0 ***
	450	204 ***	1344 ***	0.021 ***	11.8 ***

注：** 和 *** 分别表示 $P<0.01$ 和 $P<0.001$。

最大光合速率指植物达到光饱和点时的光合强度。最大光合速率和表观量子效率能够说明不同植物和同一种植物在不同高 CO_2 浓度下植物内部消耗 CO_2 与传输、储藏碳水化合物能力的变化，同时反映光合作用关键酶含量与活性的改变，还与 CO_2 的传导及 CO_2 浓缩机制有关（蒋高明和林光辉，1997）。

沙拐枣在 CO_2 加富到 450μmol/mol 时，光反应曲线变为开放型 [图 4-38 (b)]，光补偿点降低（表 4-18），光合时间延长，光能利用率显著提高。在 CO_2 加富到 650μmol/mol 时，光合速率反而下降，接近于当时 CO_2 水平，光补偿点和表观量子效率相等。

柠条和花棒在 CO_2 加富到 450μmol/mol 水平时，都表现出一致的结果，光合速率显著降低 [图 4-38 (c)、(d)]，光补偿点升高而饱和点降低（表 4-18），光合时间缩短，光能利用率减小。这种结果与在胡杨披针形叶上观测的结果一致（苏培玺等，2003）。在叶温 30℃，CO_2 加富到 650μmol/mol 时，柠条和花棒的净光合速率在不同光下均为负值，说明在荒漠逆境条件下，即使 CO_2 浓度升高，由于水分缺乏，植物生长反而受阻。观测期柠条生长地土壤质量含水量在 0~10cm、10~20cm、20~40cm、40~60cm、60~80cm 和 80~100cm 土层分别为 0.5%、1.1%、1.7%、1.7%、1.6% 和 1.5%，花棒生长地相对应的土层水分含量分别为 1.4%、1.8%、2.2%、2.1%、3.3% 和 3.3%。

梭梭和沙拐枣的光饱和点较高，分别为 1660μmol/(m²·s) 和 1756μmol/(m²·s)；而柠条和花棒的光饱和点则较低，分别为 1267μmol/(m²·s) 和 1394μmol/(m²·s)（表 4-18）。C₄ 植物的光饱和点 >1500μmol/(m²·s)，C₃ 植物为 1000~1500μmol/(m²·s)（Larcher，1995）。C₄ 植物梭梭和沙拐枣都具有较高的光合速率，日变化中沙拐枣最大光合速率在 30μmol CO_2/(m²·s) 以上，而 C₃ 植物柠条、花棒、泡泡刺和红砂在 20μmol CO_2/(m²·s) 以下。梭梭和沙拐枣日平均 P_n 在 20μmol CO_2/(m²·s) 左右，而 C₃ 植物在 10μmol CO_2/(m²·s) 左右甚至更低。

大气 CO_2 浓度升高对植物最直接、最迅速的影响是光合作用，不同碳同化途径的植物（C_3、C_4 或 CAM 植物）对 CO_2 浓度升高的响应不同。C_4 植物在 CO_2 浓度加倍下光合作用提高的程度<10%，或不增加（Cure and Acock，1986）。C_4 植物梭梭在 CO_2 加富为 450μmol/mol 时光合作用有所提高，但增大到 650μmol/mol 时反而下降，生物圈 2 号内 C_4 草本植物大黍（*Panicum maximum*）对 CO_2 浓度升高的响应也如此（蒋高明和林光辉，1997）。C_4 植物沙拐枣在 CO_2 加富到 450μmol/mol 时光合作用显著增大，无光饱和点，但增大到 650μmol/mol 时，反而下降到接近于当时水平。C_3 植物随着 CO_2 浓度升高光合速率是提高还是下降，与环境因子密切相关，在环境因子不受限制、CO_2 浓度加倍的条件下光合作用提高 10%～50%。但是，植物在逆境下，即在某种环境要素缺少或缺乏时，植物的生长表现为受阻，在另外的环境因子如碳源增加时生长难以得到促进。植物对 CO_2 浓度升高的响应因环境条件和 CO_2 升高程度而不同，相同碳同化途径的植物具有不同的响应，当水分条件能够满足时，C_3 植物在 CO_2 浓度升高时光合作用提高，但是，当生长受水分限制或胁迫时，C_3 植物在 CO_2 浓度升高时光合作用下降。C_3 荒漠植物柠条和花棒在 CO_2 加富到 450μmol/mol 时光合作用显著减小，光补偿点升高，光饱和点降低。柠条和花棒当 CO_2 继续加富到 650μmol/mol 时净光合速率为负值。究其原因，在当时大气状况下，绿洲荒漠过渡带的柠条和花棒以维持生长为主，由于水分条件限制，年生长量很少；但是那些生长在土壤湿度较高生境下的这两种植物，生长量大，长势旺盛；测定植物在光合作用的原料 CO_2 增多时，由于水分条件没有改变，叶肉细胞的光合活性并不能提高，不但光合作用不能提高，反而下降。进一步分析柠条叶片与空气之间的水蒸气压差（VPD），当时 CO_2 浓度时，VPD 为（4.3±0.2）kPa；当 CO_2 加富到 450μmol/mol 和 650μmol/mol 时，VPD 分别为（5.0±0.2）kPa 和（6.1±0.1）kPa。花棒 VPD 在当时 CO_2 浓度、450μmol/mol 和 650μmol/mol 时分别为（3.3±0.1）kPa、（4.1±0.1）kPa 和（5.3±0.1）kPa，随着 CO_2 浓度升高，VPD 增大，表观量子效率和最大光合速率都下降（表 4-18）。当 CO_2 浓度升高时植物光合能力下降的主要原因是叶片与空气之间的 VPD 增大，更深层的机理问题还有待于进一步探讨。

第 5 章 | C_3 和 C_4 荒漠植物需水规律及水分利用效率

5.1 导　言

水分是植物对物质吸收和运输的溶剂，一切物质循环都依赖于水循环。浅根系植物对降水的响应显著，较强的气孔控制和有效的形态调节，是其适应降水变化的两个主要机制。深根系植物的个体形态适应是用水策略的最主要机制，地下水位的变化将直接影响深根系植物的存活（许皓等，2010；Chen et al.，2015）。

在干旱、半干旱的荒漠地区，水分是限制植物生长的主导因子。荒漠植物对维持荒漠生态系统稳定和改善生态环境起着重要作用，但其经受着高光强、极端温度、盐渍化、水分亏缺、大气干燥、养分匮乏等多种复合环境因子的胁迫，生理活动受到水分有效性的制约。降水量和蒸发量巨大的反差决定了荒漠植物在其生长的各个阶段都面临着水分亏缺（Lawlor and Cornic，2002），应对水分胁迫，荒漠植物具有高效的自我协调与适应能力。植物在水分胁迫下，可在减少水分消耗的同时，维持一定的光合生产能力，提高水分利用效率，从而提高其忍耐能力，增强对干旱胁迫的抵抗。

2000 年以色列的 Uri Shamir 等提出了"蓝色水"、"绿色水"、"金色水"和"灰色水"的概念。"蓝色水"指地表水和包括土壤水在内的地下水资源的总和；"绿色水"指围绕农产品运动的水，一般也称虚拟水；"金色水"指有货币和资金意义的水；"灰色水"指利用各种科学技术进行科学调配管理的水资源，一般也称管理水。广义的"绿色水"是指整个生物界生物体内的水分，也叫生物水；生物是淡水资源的一个水库，生物水是各种水资源转化的中心环节。以生物水转化为中心的"五水转化"是指降水、地表水、地下水、土壤水和植物水之间的转化。

5.2 植物生理需水和生态需水

植物组织中的水分以自由水和束缚水两种不同的状态存在，自由水和束缚水含量的高低与植物的生长及抗性有密切关系，其相对含量可作为植物组织代谢活动及抗逆性强弱的重要指标。自由水/束缚水值高时，植物组织或器官的代谢活动旺盛，生长也较快，但抗逆性较弱。

水分是生态系统多样性和生产力的最大限制因子，植物在生长发育过程中，对水分的需求表现在生理需水和生态需水两个方面（Su et al.，2016）。

5.2.1 植物生理需水

植物水分占细胞体积的最大部分，但水分也是最受限制性的资源。植物体内大约 97% 的水分会通过蒸腾作用散失到大气中，大约 2% 用于体积膨胀或细胞扩增，1% 用于光合作用等代谢过程（宋纯鹏等，2015）。

植物生理需水，即维持植物自身生理活动所必需的水分，包括植物蒸腾、植物表面散发和构建植物体消耗的水分，主要为植物蒸腾需水。对于植物本身而言，蒸腾作用是必需的，蒸腾速率可以反映植物调节自身水分损耗及适应干旱环境的能力，是衡量植物水分平衡的重要生理指标，是植物适应性选择的重要依据之一。

植物调节生理需水的能力及适应干旱环境的方式与植物在干旱环境中的生存能力直接相关。植物的蒸腾速率与植物体内水分状况的关系可以从一个侧面反映植物适应环境能力的大小。就利用等量水分所生产的干物质而言，C₄ 植物比 C₃ 植物要多 1~2 倍。

植物在不同的生长发育时期，对水分的敏感程度不同，把一种植物对水分最敏感的时期，称为水分临界期。植物在长期进化过程中，对生理需水形成了一定的适应性，高于或低于阈值，植物就会死亡。可将荒漠植物生理需水量视为生态保育的最低需水量。

土壤含水量和空气相对湿度决定了植物体内的水分含量，空气相对湿度决定了叶片气孔与大气之间的蒸腾压力梯度，这种气压梯度是蒸腾失水的驱动力。荒漠里极低的相对湿度会产生很大的气压梯度，即使土壤中有充足的水分，也会引起植物的水分亏缺（water deficit）。

水分亏缺和过量都会限制植物生长。水分亏缺导致植物产生初级效应和次级效应（宋纯鹏等，2015），初级效应，如水势降低和细胞脱水，可直接改变细胞的生理和生化特性，导致次级效应，如细胞代谢活性改变、离子毒性、活性氧产生，将启动和加速破坏细胞的完整性，最终导致细胞死亡。过剩的水导致洪涝和土壤板结，取代了土壤中的氧气，当温度低时，植物处于休眠状态，氧的消耗很慢，相对来说不会产生有害的结果；但是，当温度变得较高（高于 20℃）时，植物的根、土壤中的动物和微生物在不足 24h 内就能完全消耗尽土壤中的氧，植物出现缺氧反应，受到严重伤害。有些植物能短时间耐受缺氧，但缺氧时间不能超过几天。

5.2.2 植物生态需水

植物利用的大部分水是根从土壤中吸收的。生态需水，即维持植物生长的外部环境条件所需要的水分，主要为土壤蒸发需水。

植物蒸腾和土壤蒸发二者之和为蒸散量（ET），即植物需水量，通常通过叶面蒸腾和土壤蒸发来计算。

5.2.3　植物需水量与耗水量

植物需水量和需水规律，是指在给定的生长环境中，为满足植物正常生长发育的生理需水和生态需水量之和及其变化规律，是耗水量和耗水规律的一个特例。荒漠植物需水量和需水规律为土壤含水量保持在田间持水量的50%～60%时的蒸散量。植物耗水量和耗水规律是指在某一环境条件下，植物生长发育的生理需水和生态耗水量之和及其变化规律。

植物的需水和耗水规律综合体现为蒸散量规律，蒸散量掩盖了人们对植物生理需水和土壤蒸发的深入认识。在自然条件下，植物生理需水和土壤蒸发耗水主要受气象因素、土壤水分条件和植物生物学特性的综合影响，这些因素对需水量和耗水量的影响是相互联系、错综复杂的，很难精确定量各因素对需水量和耗水量的影响程度。

从作物需水量定义得出，越是干旱地区作物需水量越大，越是湿润地区作物需水量越小（马鹏里等，2006）。荒漠植物生理需水量主要受植物本身机制调控，总耗水量主要受土壤水分影响。荒漠植物蒸散量中大部分为土壤蒸发。

同一区域荒漠植物不同种类生理需水量和总耗水量相差较小，具有趋同适应性，高的土壤蒸发量和低的生理需水量是其显著特征。一般农田叶面蒸腾水量约占总耗水量的60%～80%，株间蒸发量仅占20%～40%。对黑河流域中游荒漠植物的研究可以看出，在土壤含水量为田间持水量50%的条件下，荒漠植物蒸腾水量（生理需水量）占总耗水量的1/3，土壤蒸发量（生态耗水量）占2/3，与一般农田正好相反。降低土壤含水量可显著降低土壤蒸发量，土壤含水量为田间持水量的20%条件与50%条件相比，中游土壤蒸发减小了61%，下游减小了63%。降低土壤含水量可减少土壤蒸发，但不显著影响荒漠植物的生长发育，此种策略大有可为。

黑河流域荒漠植物正常生长发育的总需水量（也称总耗水量）为690～800mm，最低为310～340mm，最低蒸腾需水量为130～140mm。荒漠植物生理需水量和总耗水量随土壤湿度增加而增加，随空气湿度减小而增加；减少土壤含水量，使植物处于水分胁迫状态，生理需水量基本不变，但土壤蒸发量和总耗水量显著减少。

降低荒漠土壤蒸发量，才能显著降低荒漠植物总耗水量。根据荒漠植物的生理需水量，认识特定区域的自然稀疏密度和水分营养面积，才能更好地运用自然条件下荒漠植物的分布格局和盖度，人工辅助促进荒漠植被更新和稳定。

植物单株营养面积（S_n，m²/株）的计算公式为

$$S_n = \frac{1}{D} \times 10^4 \qquad\qquad (5\text{-}1)$$

式中，D 为植株密度（株/hm²）。

实际中，不考虑地下水影响和无灌溉水的条件下，即只依靠降水的自然生态系统，粗略的单株耗水量（W_c，kg/株）的计算公式为

$$W_c = P \times S_n \qquad\qquad (5\text{-}2)$$

式中，P 为有效降水量（mm）；S_n 为单株营养面积（m²/株）。

5.3 黑河流域荒漠植物需水规律

5.3.1 黑河流域概况

干旱区内陆河流域由山地、绿洲和荒漠三大景观组成，山区截获较多水汽，降水比较丰富，相应植被发育较好。源于山区的径流注入平原盆地，形成干旱区人类赖以生存的绿洲。平原区降水少，戈壁和沙漠上植被稀疏。上游山地受人类活动干扰少，为环境变化敏感区。中下游绿洲及荒漠是生态脆弱区，其环境变化成为人们关注的焦点。

水分是干旱半干旱沙区植被格局和过程的主要驱动力，土壤水分的空间分布和动态决定了植被格局的形成和动态。黑河上游祁连山区位于青藏高原东北部边缘，为水源形成汇集区，主要分布有冰川积雪冻土带、高寒草甸带、高山灌丛带、山地森林带和草地带，起着调节流域水分时空分布的重要作用。黑河中游主要为绿洲和分布在四周的荒漠，绿洲为水源消耗区。黑河下游位于巴丹吉林沙漠北部及其延伸区，为水源消失区，主要为荒漠和河岸林景观。黑河流域总面积约 13 万 km^2，年降水量从祁连山区的 400～600mm 到下游额济纳旗的 30～40mm，这样大的降水梯度导致了沿黑河流域截然不同的地理景观和植被分布。山区为半干旱、半湿润山地森林草原，在中温带半湿润森林草原区，阴坡、半阴坡为森林和灌丛，阳坡为草地和矮灌木，土壤类型在阴坡为灰褐土，在阳坡为栗钙土，年均气温 0.5℃，平均年降水量 435mm，水量平衡特征为降水量大于蒸发量（Kang et al., 2005）。中游为中温带干旱荒漠区，降水量从张掖市甘州区向高台县依次递减，年均气温 7.6℃，平均年降水量 116mm，年潜在蒸发量 2110mm，蒸发量是降水量的近 20 倍。下游为中温带超干旱荒漠区，年均气温 8.3℃，平均年降水量 38mm，年潜在蒸发量 3841mm（苏培玺和严巧娣，2008）。

我国划分气候带的标准为，≥10℃ 的天数在 100～171 天，积温在 1600～3400℃，1 月平均气温在–30～–6℃ 为中温带（中国科学院《中国自然地理》编辑委员会，1984）。黑河流域中下游≥10℃ 的天数在 140～170 天，积温在 3000～3300℃，降水稀少，从中游的不足 200mm 到下游的 30mm 多，为典型的中温带干旱、极干旱气候区。

在黑河中下游绿洲边缘荒漠植物分布区，沙土毛管水上升高度分别为 65cm 和 50cm，土壤容重分别为 1.58g/cm^3 和 1.67g/cm^3，田间持水量（质量含水量）分别为 17.6% 和 14.8%，饱和含水量分别为 23.7% 和 19.9%（表 5-1）。相比较，中游毛管水上升高度值大，土壤容重小，田间持水量和饱和含水量高（Su et al., 2016）。

黑河中、下游绿洲边缘荒漠植物分布区沙土土壤颗粒组成分析表明，中游直径 0.05mm 以下的粉粒、黏粒组成占总颗粒的 9.3%，下游只占 3.9%，中游比下游高 1.4 倍；0.05～0.25mm 的细沙中游占 81.7%，下游占 73.4%，中游比下游高 11.3%（表 5-2）。黑河流域中游沙土与下游比较，质地较细，保水能力较强。

表 5-1　黑河流域中下游沙土水分物理常数

土壤参数	中游	下游
毛管水上升高度/cm	65	50
土壤容重/(g/cm³)	1.58	1.67
田间持水量/%	17.6	14.8
饱和含水量/%	23.7	19.9

表 5-2　黑河流域中下游沙土机械组成　　　　　（单位:%）

类别	沙粒/mm					粉粒/mm		黏粒/mm
	极粗	粗	中	细	极细	粗粉粒	细粉粒	<0.002
	1~2	0.5~1	0.25~0.5	0.10~0.25	0.05~0.10	0.02~0.05	0.002~0.02	
中游	1.90	4.78	2.30	70.06	11.65	5.51	1.82	1.98
下游	1.60	9.54	11.62	64.46	8.90	1.19	0.66	2.03

5.3.2　黑河流域中下游荒漠区潜在蒸发量和土壤蒸发量

年降水量比较，2011 年和 2012 年黑河中游荒漠区分别为 100.6mm 和 110.1mm，黑河下游分别为 32.6mm 和 30.1mm；两年平均中、下游分别为 105.4mm 和 31.4mm，中游是下游的 3 倍多。这种区域差异是黑河流域降水分布的基本特征。

黑河流域中下游荒漠区年潜在蒸发量不同月份呈正态分布 [图 5-1 (a)]，中游平均为 2141.7mm，其中 5~9 月植物生长期为 1417.5mm；10 月~次年 4 月非生长期为 724.2mm。下游荒漠区年潜在蒸发量平均为 2393.9mm，其中植物生长期为 1590.2mm，非生长期为 803.7mm。二者比较，年潜在蒸发量下游比中游高 11.8%，生长期高 12.2%，非生长期高 11.0%。

在荒漠植物生长期，土壤蒸发量与土壤含水量密切相关，含水量越高，蒸发越强烈 [图 5-1 (b)]。在黑河中游，当土壤含水量为田间持水量的 20% （SF20%）时，荒漠植物生长期土壤蒸发为 177.7mm；当土壤含水量为田间持水量的 50% （SF50%）时，土壤蒸发量增大到 462.2mm [图 5-1 (b)]；也就是，黑河中游土壤含水量由 3.5% 提高到 8.8%，即土壤含水量提高了 1.5 倍，土壤蒸发量却增大了 1.6 倍。

在黑河下游 SF20% 时，荒漠植物生长期土壤蒸发量为 201.5mm；当 SF50% 时，土壤蒸发量增大到 547.9mm [图 5-1 (b)]；也就是，在黑河下游土壤含水量由 3.0% 提高到 7.4%，即土壤含水量提高了 1.5 倍，土壤蒸发量且增大了 1.7 倍。

同一水分条件下比较，下游比中游土壤蒸发快，当 SF20% 时，下游蒸发量比中游高 13.4%；当 SF50% 时，下游比中游高 18.5%。土壤蒸发量的增大速率高于土壤含水量的提高速率，越干旱的区域差值越大。

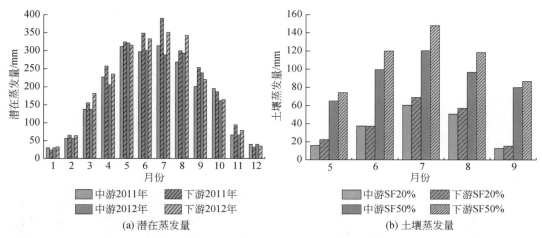

图 5-1 黑河流域中、下游荒漠区年潜在蒸发量和不同土壤水分条件下土壤蒸发量

SF20%，土壤含水量为田间持水量的（20±5）%，代表严重胁迫水分条件；SF50%，土壤含水量为
田间持水量的（50±10）%，代表适宜生长水分条件

5.3.3 不同区域同种植物需水量和蒸散量

农业研究中，满足作物正常生长发育的土壤含水量为田间持水量的 70%~80%（苏培玺等，2002b；Masinde et al.，2005）。荒漠植物适应干旱形成了对低水环境的适应性（Su et al.，2007）。黑河中游典型荒漠植物梭梭在田间持水量的（50±10）% 时，叶片水平光合速率和群体水平光合速率均最高，光合能力最强，升高或降低土壤水分，梭梭的光合作用能力都下降（Gao et al.，2010）。土壤含水量为田间持水量的 50% 左右可以满足荒漠植物的正常生长发育。

利用小型蒸渗仪可以观测小灌木、半灌木和草本植物的蒸散量与生长环境的土壤蒸发量，得出植物需水量，分析耗水规律。

根据水量平衡法计算蒸散量：

$$\mathrm{ET} = \sum_{i=1}^{n} \left(\mathrm{LW}_i - \mathrm{LW}_{i+1} + W_{si} + P_i + S_{si} \right) \tag{5-3}$$

式中，ET 是蒸散量；LW_i 是第 i 次 lysimeter 称重；LW_{i+1} 是第（$i+1$）次蒸渗仪称重；W_{si} 是其间施水量；P_i 是其间降水量；S_{si} 是其间积沙量；单位均为 kg，精确到小数点后 3 位。最后根据蒸渗仪表面积折算 ET 单位为 mm。

蒸腾需水量等于蒸散量减去土壤蒸发量。

根据蒸腾需水量和蒸散量计算荒漠植物特征系数：

$$K_{\mathrm{p}} = \frac{\mathrm{ET}_{\mathrm{p}}}{\mathrm{ET}_{\mathrm{t}}} \tag{5-4}$$

式中，K_{p} 是蒸腾需水或蒸散耗水特征系数；ET_{p} 是植物蒸腾需水量或蒸散耗水量；ET_{t} 是

潜在蒸发量, 由气象站蒸发皿观测获取。

蒸散发也叫蒸散量, 是植物蒸腾和土壤蒸发之和。也有学者将生态系统蒸散量定义为绿水, 近似于广义"绿色水", 它基本上来自可更新土壤水, 因此也是大气水、蓝色水 (地表水+地下水) 转化的产物。裸地蒸发水又称白水。全球绿水占水资源总量的大约 70%。

对黑河流域中游和下游荒漠区广泛分布的灌木梭梭、沙拐枣、膜果麻黄、泡泡刺和红砂进行同步观测, 结果如图 5-2 所示, 5 种灌木蒸散量都是土壤含水量高时明显增大, 不同月份比较高温强光期 7 月最大。减小土壤含水量可显著降低蒸散量。

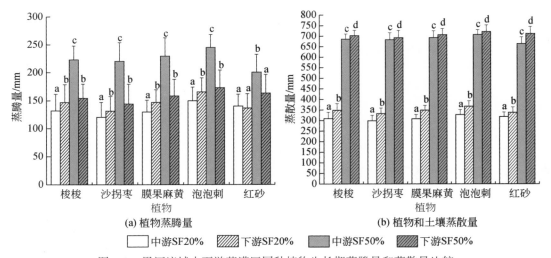

(a) 植物蒸腾量　　　　　　　　　　　(b) 植物和土壤蒸散量

□ 中游SF20%　▨ 下游SF20%　▨ 中游SF50%　▨ 下游SF50%

图 5-2　黑河流域中下游荒漠区同种植物生长期蒸腾量和蒸散量比较

SF20%, 土壤含水量为田间持水量的 (20±5)%; SF50%, 土壤含水量为田间持水量的 (50±10)%。图中同种植物比较, 不同的小写字母表示生长期总蒸腾量或蒸散量存在显著差异 ($P<0.05$)

在土壤含水量保持在田间持水量的 (50±10)% (SF50%) 和土壤含水量保持在田间持水量的 (20±5)% (SF20%) 两种水分条件下, 梭梭在中游生长期 (5~9 月) 的蒸腾需水量分别为 223.0mm 和 131.9mm; 同样水分条件下, 在下游生长期的蒸腾需水量分别为 154.0mm 和 146.6mm。同一水分条件不同区域比较, 蒸腾需水量存在显著差异 ($P<0.05$) [图 5-2 (a)]。

在 SF50% 和 SF20% 两种水分条件下, 梭梭在中游生长期的蒸散量分别为 685.2mm 和 309.6mm, 严重胁迫条件下蒸散量降低了 55%; 相应地在下游的蒸散量分别为 701.9mm 和 348.1mm, 降低了 50%。同一水分条件不同区域比较, 蒸散量存在显著差异 ($P<0.05$) [图 5-2 (b)]。

同样, 在 SF50% 和 SF20% 两种水分条件下, 同一水分条件不同区域比较, 沙拐枣蒸腾需水量和蒸散量在中游和下游存在显著差异 ($P<0.05$) [图 5-2 (a)、(b)]。同一区域不同水分条件比较, 沙拐枣在中游蒸腾需水量存在显著差异, 但在下游差异不显著 [图 5-2 (a)]; 蒸散耗水量中、下游均表现为差异显著 ($P<0.05$) [图 5-2 (b)]。

膜果麻黄［图5-2（a）、（b）］表现出与梭梭和沙拐枣一样的规律，三者都是叶片退化，同化枝为主要光合器官。

泡泡刺蒸腾需水量同样表现出与梭梭、沙拐枣、膜果麻黄一样的规律［图5-2（a）］。红砂蒸腾需水量在SF50%的较高水分条件下不同区域差异显著（$P<0.05$），但在SF20%的水分胁迫条件下不同区域差异不显著［图5-2（a）］；蒸散量表现出与梭梭、沙拐枣、膜果麻黄和泡泡刺一样的规律。

可以看出，由于荒漠区土壤蒸发量大，荒漠植物蒸散变化规律往往掩盖了蒸腾变化规律。

5.3.4 黑河流域中游荒漠植物蒸腾需水量和蒸散量

黑河流域中游荒漠植物，在相同冠幅下，5～9月生长期蒸腾需水量和蒸散量种间差异不显著（图5-3）。在SF50%下，蒸腾量和蒸散量珍珠最小，分别为190.6mm和652.8mm；柠条最大，分别为272.4mm和734.6mm。16种荒漠植物蒸腾量和蒸散量平均分别为231mm和693mm，蒸腾量占蒸散量的1/3，土壤蒸发量占2/3。

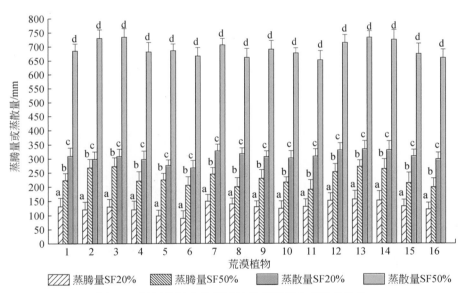

图5-3 黑河流域中游荒漠植物蒸腾量和蒸散量比较

1. 梭梭；2. 花棒；3. 柠条；4. 沙拐枣；5. 河西沙拐枣；6. 狭叶锦鸡儿；7. 泡泡刺；8. 红砂；9. 膜果麻黄；10. 中麻黄；11. 珍珠；12. 骆驼刺；13. 紫菀木；14. 籽蒿；15. 黄花补血草；16. 圆柱披碱草
SF20%，土壤含水量为田间持水量的（20±5）%；SF50%，土壤含水量为田间持水量的（50±10）%。同种植物在不同水分条件下的蒸腾量和蒸散量比较，不同的小写字母表示存在显著差异（$P<0.05$）。不同种植物在相同水分条件下的蒸腾量和蒸散量比较，相同的小写字母表示不存在显著差异

在SF20%下，蒸腾量和蒸散量狭叶锦鸡儿最小，分别为89.4mm和267.1mm；紫菀木最大，分别为156.6mm和334.3mm；16种植物蒸腾量和蒸散量平均分别为130mm和

308mm，蒸腾量占蒸散量的42%，土壤蒸发量占58%；与SF50%相比，蒸腾量减少了44%，蒸散量减少了56%；蒸腾量占蒸散量的比例大大提高。

由此可见，在土壤含水量高时蒸腾需水量和蒸散量大的植物，在水分胁迫下不一定大。水分胁迫可显著降低荒漠植物的蒸腾量和蒸散量，同时使土壤蒸发量显著降低。

在黑河流域中游（图5-3），圆柱披碱草（*Elymus cylindricus*）在SF50%正常生长发育和SF20%水分胁迫下的蒸散量分别为661mm和299mm，蒸腾生理需水量分别为199mm和121mm。利用水量平衡法和Penman-Montieth公式计算得到在半干旱区的锡林郭勒草原同属的披碱草（*Elymus dahuricus*）全生育期总耗水量（蒸腾和蒸发之和）分别为425mm和409mm（郑和祥等，2010）。

5.3.5 黑河流域下游荒漠植物需水量和蒸散量

黑河流域下游荒漠植物，在SF50%和SF20%两种水分条件下，在5～9月生长期，蒸腾需水量和蒸散量在相同冠幅的不同植物种间差异均不显著，同种植物在不同水分条件下蒸散量相差显著（$P<0.05$），但蒸腾量相差不明显（图5-4）。在SF50%下，蒸腾量和蒸散量苦豆子最小，分别为131.9mm和679.8mm；泡泡刺最大，分别为172.8mm和

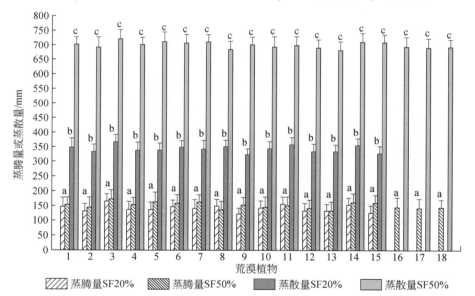

图5-4 黑河流域下游荒漠植物蒸腾量和蒸散量比较

1. 梭梭；2. 沙拐枣；3. 泡泡刺；4. 小果白刺；5. 红砂；6. 膜果麻黄；7. 黑果枸杞；8. 骆驼刺；9. 沙蒿；10. 花花柴；11. 骆驼蓬；12. 骆驼蒿；13. 苦豆子；14. 芨芨草；15. 沙生冰草；16. 胡杨；17. 沙枣；18. 多枝怪柳

SF20%，土壤含水量为田间持水量的（20±5）%；SF50%，土壤含水量为田间持水量的（50±10）%。同种植物在不同水分条件下的蒸腾量和蒸散量比较，不同的小写字母表示存在显著差异（$P<0.05$）。不同种植物在相同水分条件下的蒸腾量和蒸散量比较，相同的小写字母表示不存在显著差异

720.7mm。多枝柽柳在 SF50%时，生长期蒸散量为 692mm，蒸腾需水量为 144mm，荒漠河岸林树种胡杨和沙枣蒸腾需水和蒸散耗水与多枝柽柳无显著差异（图 5-4）。18 种植物平均蒸腾量和平均蒸散量分别为 151mm 和 699mm，生理需水量占总耗水量的 22%，也就是 78%的水分以土壤蒸发的形式损耗掉。

在 SF20%水分条件下，蒸腾需水量和蒸散耗水量沙蒿最小，分别为 121.4mm 和 322.9mm；同样是泡泡刺最大，分别为 165.3mm 和 366.8mm；15 种植物平均蒸腾需水量和平均蒸散耗水量分别为 143mm 和 345mm，蒸腾需水量占蒸散耗水量的 41%。与 SF50%相比，蒸腾需水量变化不大，但蒸散耗水量显著减小了 51%，需水量占耗水量的比例显著提高，与中游一致。

由此可见，在黑河流域下游增加土壤含水量对蒸腾需水量的影响不大，但显著增加了土壤蒸发量，使总耗水量大大提高。

在 SF20%下，多枝柽柳、胡杨和沙枣植株出现死亡现象，没有观测数据。从 SF50%条件可以看出，蒸腾量和蒸散量相差很大，近 80%的水分以土壤蒸发的形式损耗掉。在自然严重胁迫环境下，许多盐土植物生长缓慢，耗水量低（Soliz et al., 2011）。非地带性的耐盐灌木多枝柽柳（*Tamarix ramosissima*）耗水量也不高，相比树木具有较高的水分利用效率（Glenn and Nagler，2005）。柽柳的耗水量有很大的可变性，干旱年和湿润年相比可减少 1 倍（Devitt et al., 1998）。

5.3.6 荒漠植物需水和耗水特征系数

蒸散量是水文循环的主要变量，草地、灌木地和林地的蒸散量依次增加，美国西南半干旱区 San Pedro 河流域草地、草与灌木镶嵌地及林地生态系统在生长季节的蒸散量分别是 407mm、450mm 和 639mm（Scott et al.，2006）。木本植物大小或年龄影响植物对深层土壤水分的吸收，小的或年轻的植物只利用浅层土壤水分，类似于草本植物，大的或老的个体可以利用深层及地下水。

农业上常用作物系数计算作物需水量，不同作物需水量差异大，所以引入参照作物，世界粮农组织将参照作物蒸散量定义为：一种开阔草地上的蒸散量，也叫潜在蒸散量，草地由平均高度 12cm 生长正常的青草完全覆盖，不缺水分（Allen et al.，1998）。参照作物蒸散量可利用当地气象资料根据彭曼（Penman-Montieth）公式计算得到，再根据作物系数即可计算某种作物需水量（Saylan and Bernhofer，1993；Allen et al.，1994）。同一区域相同植冠的荒漠植物不同种类之间生理需水量和总耗水量差异不显著（图 5-3，图 5-4），所以不需要引入参照植物，可以直接用潜在蒸发量计算荒漠植物生理需水量和总耗水量。

根据农业上作物系数含义（Allen et al.，1998），将荒漠植物蒸腾需水量与该区潜在蒸发量的比值定义为蒸腾需水特征系数，简称需水特征系数；将荒漠植物蒸散耗水量与该区潜在蒸发量的比值定义为蒸散耗水特征系数，简称耗水特征系数。根据试验结果和当地潜在蒸发量，计算每种植物的需水特征系数和耗水特征系数，分中游和下游分别计算平均值见表 5-3，中游荒漠植物在 SF50%下蒸腾需水特征系数为 0.17，在 SF20%胁迫下减小到近一半；在SF50%下蒸散耗水特征系数为0.50，在SF20%胁迫下降低到一半以下。

对于下游荒漠植物，在SF50%下，需水和耗水特征系数平均分别为0.09和0.43，需水特征系数与中游和下游SF20%胁迫条件下一致（表5-3），但SF50%下的蒸散耗水特征系数是SF20%下蒸散耗水特征系数的近2倍。

表5-3　荒漠植物蒸腾需水和蒸散耗水特征系数

类别	SF20%		SF50%	
	蒸腾需水特征系数	蒸散耗水特征系数	蒸腾需水特征系数	蒸散耗水特征系数
中游	0.09	0.21	0.17	0.50
下游	0.09	0.22	0.09	0.43

注：SF20%，土壤含水量为田间持水量的（20±5）%；SF50%，土壤含水量为田间持水量的（50±10）%

SF50%的水分条件，适宜于中游荒漠植物生长发育，但在此水分条件下下游荒漠植物仍维持低的蒸腾需水特征系数，这与下游荒漠植物长期适应更低水环境有关。荒漠植物在干旱胁迫下具有一致的蒸腾需水特征系数，趋于0.1；在中游水分适宜条件下，蒸腾需水特征系数也小于0.2。水分胁迫程度不同，蒸散耗水特征系数不同，水分胁迫程度严重时蒸散耗水特征系数趋于一致，正常生长发育的蒸散耗水特征系数为0.5。

不同荒漠地区由于干燥度不同，荒漠植物的生理需水量和总耗水量可按下式计算：

$$ET_p = K_p \times ET_t \tag{5-5}$$

式中，ET_p是植物生理需水或总耗水量；K_p是植物的生理需水或耗水特征系数，计算植物生理需水量，正常生长发育时是0.2，水分胁迫时是0.1；计算植物总耗水量，正常生长发育时是0.5，严重水分胁迫时是0.2，轻度水分胁迫时是0.4；ET_t是同期潜在蒸发量（Su et al.，2016）。

5.4　植物水分利用效率

植物水分利用效率（water use efficiency，WUE）作为植物与水分关系的一个综合指标，是光合生理与水分生理过程的耦合因子，是联系植被生态系统碳循环与水循环的重要变量，是生态系统与水文系统相互作用的生物表达。水分利用效率是探明植物对于环境变化适应性以及预测环境变化的重要指标，植物叶片$\delta^{13}C$值可以作为水分利用效率的一个指示值或表征值（Farquhar et al.，1982；Schuster et al.，1992），提供短期或长期水分利用效率的比较，分析植物对环境变化的响应（Ziegler，1995；Su et al.，2004）。在干旱环境下，植物是沿着有利于提高水分利用效率的方向发展。

5.4.1　水分利用效率的内涵

植物水分利用效率指植物消耗单位数量水分所生产的同化物质的量，它实质上反映了植物耗水与其干物质生产之间的关系，是植物体权衡失水和吸收CO_2的一个综合指标，是评价植物生长适宜程度的综合生理生态指标。荒漠植物尽最大可能通过改变自身的形态和生理特征适应环境，以提高水分利用效率。

水分利用效率因所涉及学科及时间和空间尺度的不同而有着不同的定义和单位（Steduto and Albrizio，2005），在空间上，从单叶片到整个生态系统，可分为叶片水平、群体水平和生态系统水平三个层次；在时间上，从瞬时水分利用效率到整个生长季，不同学科侧重点不同。

提高植物水分利用效率是国内外干旱、半干旱和半湿润易旱地区农业和生物学关注的焦点问题。了解植物的水分利用效率，不仅可以掌握植物的生存适应对策，同时还可以人为调控有限的水资源，从而获得高的产量或经济效益。高的水分利用效率被认为是植物在干旱和半干旱环境下能够成功或良好地生长和生产的一个重要因素。

5.4.2 植物叶片水分利用效率

植物通过气孔来调控叶片气体交换和水分状况，气孔在权衡失水和吸收 CO_2 之间发挥着重要作用，与其对环境和内部生理因素的极度敏感性相关。在自然条件下，即使是在土壤可利用水分未受限制的情况下，中午的气孔导度下降就是对控制失水的一个重要调控响应，这在一定程度上优化了碳获取与水损失。气孔抑制程度因空气湿度、温度和植物水分状况不同而有所不同。

C_4 植物的水分利用效率高于 C_3 植物。例如，莎草属（*Cyperus*）中的 C_4 植物的光合作用水分利用效率是 5.6 ~ 6.5mmol CO_2/mol H_2O，而 C_3 植物的是 3.6 ~ 3.9mmol CO_2/mol H_2O（Li，1993a）。

相对于水分充足的植物来说，水分亏缺的植物会采取提高水分利用效率的策略来适应环境，提高水分利用效率是植物在干旱地区生存和繁衍的关键策略。不同种植物具有不同的水分利用效率，同一种植物处于不同的环境条件下，其水分利用效率也会发生很大变化。

（1）不同水分条件下梭梭同化枝水分利用效率

不同土壤水分条件下梭梭的水分利用效率日变化总体呈下降趋势（图 5-5）。8 月，处理 II 从上午开始下降，8:00 为 3.60mmol CO_2/mol H_2O，日均值为 2.02mmol CO_2/mol H_2O；处理 III 和 IV 的日均值分别为 1.81mmol CO_2/mol H_2O 和 1.78mmol CO_2/mol H_2O；处理 I 的日均值最低，为 1.40mmol CO_2/mol H_2O。全天范围内，各组处理间的差异不显著。上午（08:00 ~ 12:00）和中午（12:00 ~ 14:00），处理 II 的平均值都明显高于处理 I，与处理 III 和 IV 之间无显著性差异；下午（14:00 ~ 18:00），各组处理之间均无显著性差异。梭梭在上午时段具有较高的水分利用效率，之后随着空气湿度减小而逐渐降低。

对同域 4 种典型荒漠植物在高温强光期（7 月中旬）和环境适宜期（8 月中旬）的对比观测得出，7 月中旬泡泡刺、柠条、梭梭和沙拐枣的水分利用效率日均值分别为 1.5mmol CO_2/mol H_2O、2.0mmol CO_2/mol H_2O、2.3mmol CO_2/mol H_2O 和 2.1mmol CO_2/mol H_2O；8 月中旬 4 种植物的水分利用效率日均值分别为 1.9mmol CO_2/mol H_2O、2.7mmol CO_2/mol H_2O、3.2mmol CO_2/mol H_2O 和 3.0mmol CO_2/mol H_2O。

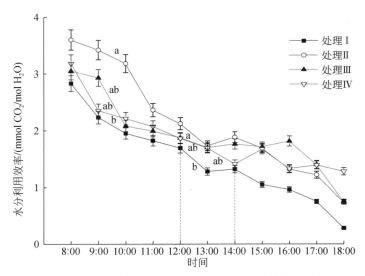

图 5-5　梭梭同化枝水分利用效率在不同土壤水分条件下的日变化

同一时段中不同的小写字母表示差异显著（$P<0.05$）。处理 Ⅰ 、Ⅱ 、Ⅲ 和Ⅳ分别表示 10 ~ 30cm 土壤含水量为 18.4%、10.2%、4.1% 和 1.0%，即分别为田间持水量的 90%、50%、20% 和 5%

在叶片水平上，荒漠植物在高温强光期的水分利用效率低于环境适宜期，C_4 植物梭梭无论在哪个时期，其水分利用效率均最高，而 C_3 植物泡泡刺由于蒸腾速率较大，两时期的水分利用效率都明显低。

（2）不同土壤含盐量条件下梭梭同化枝水分利用效率

不同含盐量下梭梭同化枝水分利用效率的日变化动态一致（图 5-6），高温强光期（7月）均在 10:00 达到最大值，然后呈下降趋势。在 10:00，处理Ⅱ为 2.45mmol CO_2/mol H_2O，日均值为 1.11mmol CO_2/mol H_2O；处理Ⅰ、Ⅲ和Ⅳ的日均值分别为 1.07mmol CO_2/mol H_2O、0.99mmol CO_2/mol H_2O 和 0.91mmol CO_2/mol H_2O。

（3）猪毛菜和木本猪毛菜的水分利用效率

在猪毛菜和木本猪毛菜混生的荒漠环境下，二者的水分利用效率日平均值分别为 1.39mmol CO_2/mol H_2O 和 1.53mmol CO_2/mol H_2O，特别在 14：00 时分别为 1.61mmol CO_2/mol H_2O和2.30mmol CO_2/mol H_2O，此时木本猪毛菜的水分利用效率高出猪毛菜 43%（图 5-7）。

5.4.3　植物群体水分利用效率

群体水平是个体冠层叶片群体、种群叶片群体和群落叶片群体的总称。群体水平水分利用效率与 $\delta^{13}C$ 值的相关性高于叶片水平，群体水分利用效率更能准确反映植物对水分的利用状况（Kim et al., 2006）。

植物群落是由共存的物种构成的，组成群落的各物种间的关系决定着群落的结构特征及其动态。降水的有效性直接影响着植物的光合作用、生存以及群落生产力（Phoenix et al.,

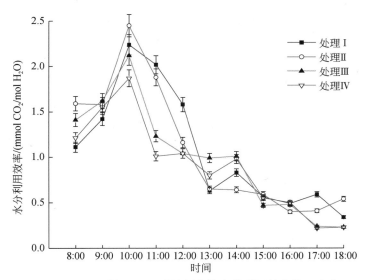

图 5-6　不同含盐量下梭梭同化枝水分利用效率的日变化

处理 I、II、III 和 IV 分别表示 10～30cm 土壤含盐量为 3.0g/kg、8.0g/kg、15g/kg 和 30g/kg，分别代表无胁迫、
轻度盐胁迫、中度盐胁迫和重度盐胁迫。土壤含水量均为田间持水量的 50%，即质量含水量为 10.2%

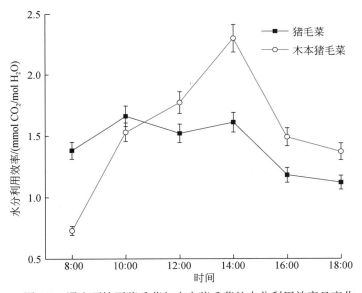

图 5-7　混生环境下猪毛菜与木本猪毛菜的水分利用效率日变化

2001），其季节变化影响着建群种和优势种的水分利用方式及形态调节，从而决定了群落的分布格局和组成及群落结构。优势种以其体大、数多或活动性强而对群落的特性起着决定作用，群落的基本特征直接影响着群落中各物种的适应机制及群落水分利用效率。

（1）不同土壤水分条件下梭梭群体水分利用效率

不同土壤水分条件下，8 月梭梭群体水分利用效率（canopy apparent water use

efficiency，CAW）的日变化均呈下降趋势（图5-8），处理Ⅱ的群体水分利用效率最高，在8：00 为 3. 58mmol CO_2/mol H_2O，日均值为 1. 21mmol CO_2/mol H_2O；处理Ⅲ和Ⅳ的日均值分别为 1. 10mmol CO_2/mol H_2O 和 1. 05mmol CO_2/mol H_2O；处理Ⅰ最低，为 0. 91mmol CO_2/mol H_2O。

不同土壤水分条件下，梭梭群体水分利用效率无显著性差异，其中日平均值在土壤含水量为田间持水量的50%时最高，群体水分利用效率日平均值为同化枝水平的60%。当土壤含水量低于田间持水量的50%时，梭梭的群体水分利用效率日平均值均随土壤水分的降低而降低；而与土壤含水量为田间持水量的5%相比，土壤含水量为田间持水量的90%时则降低得更为显著；即在适宜土壤水分条件下，提高土壤水分比降低土壤水分对梭梭群体水分利用效率的降低更为显著。

植物在碳同化的同时，也导致水分的丧失。在干旱地区，植物通过调节气孔导度、叶片运动及其他途径使碳固定和水分丧失达到平衡（Jones，1998；Mitchell et al.，2008）。相对于水分充足的植物来说，水分亏缺的植物会采取提高水分利用效率的策略来适应干旱环境（Ueda et al.，2000；Zhao et al.，2004）。梭梭生长在干旱少雨的荒漠地区，长期适应严酷环境，无论在极低的（田间持水量的5%）土壤水分条件下，还是在过高的（田间持水量的90%）土壤水分条件下，都保持大致不变的群体水分利用效率。

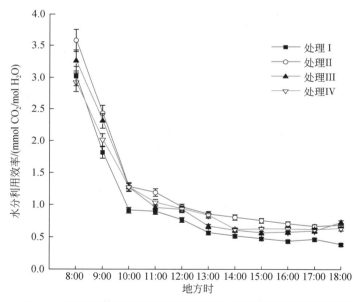

图5-8　梭梭群体水分利用效率在不同土壤水分条件下的日变化

处理Ⅰ、Ⅱ、Ⅲ和Ⅳ分别表示 10 ~30cm 土壤含水量为 18.4%、10.2%、4.1%和 1.0%，即分别为
田间持水量的 90%、50%、20% 和 5%

（2）不同林龄梭梭群体水分利用效率

在高温强光环境下（7月）（图5-9），不同林龄梭梭的群体水分利用效率最大值均出现于 10：00，幼龄、中龄和成龄梭梭的最大值分别为 4.8mmol CO_2/mol H_2O、

5.0mmol CO_2/mol H_2O 和 3.3mmol CO_2/mol H_2O，日平均值分别为 3.0mmol CO_2/mol H_2O、2.9mmol CO_2/mol H_2O 和 2.1mmol CO_2/mol H_2O，幼龄和中龄相近且显著高于成龄的群体水分利用效率（$P<0.05$）。

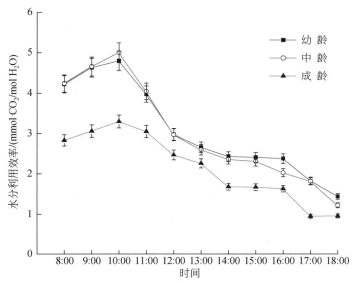

图 5-9　不同林龄梭梭群体水分利用效率的日变化

幼龄为 4 年生，中龄为 14 年生，成龄为 26 年生。测定时间为 7 月高温强光期

（3）不同类型荒漠植物群体水平水分利用效率

几种荒漠植物不同生长季节比较，高温强光期的 7 月中旬植物群体水分利用效率均低于环境适宜期的 8 月中旬，梭梭同样具有最高的群体水分利用效率，其次为沙拐枣，泡泡刺的群体水分利用效率也明显低，与叶片水平比较结果一致（见 5.4.2）。荒漠植物在 8 月中旬具有较高水分利用效率的原因是，温度合适，空气湿度较 7 月偏大，光合作用环境条件适宜，且蒸腾速率较低，从而提高其水分利用效率。

荒漠植物的群体光合速率和蒸腾速率要低于叶片水平，但是，群体水分利用效率显著高于叶片水平。不同类型荒漠植物叶片和群体水平水分利用效率大小的排序是，抗旱型植物>御旱型植物≥耐旱型植物，御旱型和耐旱型植物之间差异不显著（图 5-10）。几种抗旱型植物水分利用效率的大小排序为，梭梭>沙拐枣>麻黄。几种御旱型植物水分利用效率的大小排序为，柠条≈骆驼蓬≈苦豆子>花棒>籽蒿>骆驼刺，非地带性植物柽柳的水分利用效率小于花棒，大于骆驼刺。几种耐旱型植物水分利用效率的大小排序为，珍珠>花花柴>红砂>黄毛头>泡泡刺>黑果枸杞。抗旱型植物通过高的叶片水势和 SOD 活性调节以抵抗干旱胁迫；御旱型植物积累较多的可溶性糖和可溶性蛋白含量，其在生理生化调控上具有较高的投资以避免其光合器官被损伤，从而抵御干旱胁迫；耐旱型植物通过高的叶片持水力和脯氨酸含量来调节叶片内的渗透平衡。

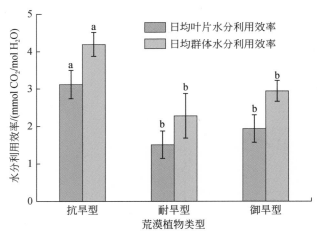

图 5-10　不同类型荒漠植物叶片和群体水平水分利用效率

图中同一水平水分利用效率比较，不同的小写字母表示它们之间存在显著差异（$P<0.05$）

5.4.4　生态系统水分利用效率

　　生态系统水分利用效率是指生态系统碳通量与水通量的比值，其中碳通量过程主要包括光合作用吸收的 CO_2 和呼吸作用释放的 CO_2，水通量主要包括植被蒸腾和土壤蒸发等，计算公式见 2.11.3。生态系统指由生物群落与无机环境构成的由物质、能量和信息联系起来的统一整体，植物群落是生态系统中的生物部分，因此，适用于植物群落水分利用效率的研究方法同样适用于生态系统水分利用效率研究。蒸散量的测定常用水量平衡法、蒸渗仪法，波文比–能量平衡、空气动力学等微气象法，涡度相关法等。涡度相关技术和遥感技术的发展与应用使生态系统水平水分利用效率的研究取得了很大进展（Yu et al.，2008），但荒漠生态系统下垫面的高低不平使涡度相关技术难以应用，不确定性增加。

　　不同的生态系统具有不同的水分利用效率，Law 等（2002）基于全球通量观测网络（FLUXNET）涡度相关多年观测数据，汇总了主要生态系统生长季月平均水分利用效率（GPP/ET），其结果得出森林生态系统的水分利用效率高于草地和冻原，各生态系统水分利用效率在生长季的大致变异范围分别为，热带雨林和常绿针叶林 $1 \sim 6 mg\ CO_2/g\ H_2O$，落叶阔叶林 $1 \sim 8 mg\ CO_2/g\ H_2O$，草地和冻原 $0.1 \sim 6 mg\ CO_2/g\ H_2O$。Monson 等（2010）使用塔型涡度相关系统对亚高山森林生态系统中 CO_2 和 H_2O 通量进行了长达 9 年的观测，以评估相邻两个森林群落的生态系统水分利用效率，以恩格曼氏云杉（*Picea engelmannii*）和洛杉矶冷杉（*Abies lasiocarpa*）为优势种的群落平均水分利用效率比以欧洲黑松（*Pinus nigra*）为优势种的群落低 19%。

　　在生态系统水平上，气孔导度、空气动力学导度以及叶片温度改变的相互作用可以互相补偿，因此，尽管气孔关闭而 ET 仍然增加。就日变化尺度而言，不同环境下的水分利用效率在一天内最大值出现的时间不同，对于冠层郁闭，土壤水分条件良好的生态系统，水分利用效率往往在接近正午时达到最大（Hui et al.，2001），而在干旱区植被稀疏的生态系统，水分利用效率在早上就达到最大（Scanlon and Albertson，2004）。就季节、年际尺度而言，不同生态系统往往表现出较大的差异。在水分充足的森林生态系统，光合速率较高的季节或生产力较大的年份，水分利用效率较低；而在生态系统总初级生产力（GPP）较低的季节和年份，水分利用效率较高。森林生态系统遭受中度干旱时，冠层导度下降，生态系统的水分利用效率升高。在干旱区的生态系统，水分利用效率在 GPP 高的季节和年份均较高（Hastings et al.，2005；Hu et al.，2008）。地中海常绿植物当遭受极端干旱时，水分利用效率会降低（Reichstein，et al.，2002），但导致其下降的原因不像叶片水平那样仅仅是由光合能力的下降引起。

5.4.5 水分利用效率的影响因素

干旱、盐渍化及高温等环境因素导致的水分胁迫是限制植物生产力的主要因素，在干旱区内陆河流域，水分亏缺是影响植物生长发育的关键因子。

叶面积指数（LAI）是生态系统水分利用效率年际变化和不同草地类型间水分利用效率差异的主要控制因子（Hu et al.，2008）。Steduto 等（1997）发现，当 LAI 为 3 时，充分灌溉的高粱其生态系统水分利用效率与叶片水分利用效率十分接近。Tong 等（2009）发现，当 LAI 为 3.5 时，生态系统水分利用效率与冠层水分利用效率接近；但是当 LAI 为 0.79 时，却显著低于冠层水分利用效率，这说明当 LAI 较小时，水分利用效率不能代表植物实际的水分利用，这是因为土壤呼吸和蒸发对其产生了显著的影响；当 LAI 较大时，土壤呼吸和蒸发等因素对水分利用效率的影响较小，可以忽略。

植物叶片水分利用效率的影响因素主要包括内部因素和外部因素两个方面：内部因素主要指植物内在的影响因子，如光合途径、气孔行为、叶片水势和叶片营养物等；外部因素主要指气候因子和土壤因子，如气温、降水、空气湿度及土壤水分、温度、盐分、养分等。WUE 的主要影响因子与叶片尺度相似，但生态系统水分平衡特征对其有着重要影响。

5.4.5.1 内在影响因素

（1）光合途径

对于不同光合途径的植物来说，由于光合羧化酶和羧化时空上的差异对 ¹³C 有不同的识别和排斥，植物对 ¹³C 判别能力的大小显著影响植物水分利用效率。C₄植物的水分利用效率高于 C₃植物，CAM 植物由于气孔晚间开放、白天关闭，降低蒸腾速率，使 CO₂的吸收和还原在时间和空间上分开进行，因此水分利用效率最高。

（2）气孔行为

气孔作为 CO₂和 H₂O 进出的共同通道，微妙地调节着植物的碳固定与水分散失之间的平衡关系。一方面，植物叶片通过调节气孔导度（G_s）使碳固定最大化；另一方面，气孔行为还受到光合产物的反馈抑制。这就造成了气孔对 CO₂和 H₂O 扩散的不同步（Yu et al.，2001），进而影响到植物的水分利用效率。G_s 是重要的衡量指标，G_s 与净光合速率（P_n）

和蒸腾速率（T_r）均呈正相关，但 G_s 对 T_r 的相关性要高于 P_n。因此，在干旱胁迫下，气孔开度减小，气孔阻力增加，由于 T_r 的下降速度大于 P_n 而使水分利用效率升高。在土壤水分和大气湿度变化的情况下，单叶水分利用效率主要受气孔调节。

（3）叶片水势

叶片水势（LWP）对水分利用效率的影响是通过影响气孔行为实现的，同时，由于 LWP 对蒸腾速率和光合速率的不同影响，从而间接地影响植物的水分利用效率。

（4）叶片营养物

植物叶片在高氮条件下比在低氮条件下其内部的水分利用效率减小的要大，这是由于叶片 P_n 比 T_r 减小的要大。叶片 $\delta^{13}C$ 值和叶片氮含量显著相关，大部分氮被用于光合器官的形成时，营养物的缺少能造成更小的 $\delta^{13}C$ 值，即水分利用效率减小（Sparks and Ehleringer，1997）。

5.4.5.2　外部影响因素

水分利用效率除了受植物内在因子的调节与影响之外，同时受外部环境因子的控制。影响植物水分利用效率的外界因子很多，如光照、水分、CO_2 浓度、空气温度、土壤营养物等，但不同的环境因子对水分利用效率影响程度不同。

（1）水分可利用性

水是影响植物水分利用效率的最主要的环境因子。土壤水分、大气相对湿度以及大气降水等直接影响着植物的水分状况。水分可利用性的降低导致植物通过增强气孔关闭来减弱蒸腾作用，从而提高其水分利用效率。当土壤水分可利用性降低时，大部分植物水分利用效率提高；随着生境由湿到干的梯度变化，植物光合和蒸腾作用逐渐减弱，而水分利用效率呈现出升高的趋势（蒋高明和何维明，1999）。在干旱生境中生长的植物具有较高的水分利用效率。

（2）气候因素

光照是影响植物水分利用效率的重要气候因子，除了影响光合速率外，还可通过对叶界面层性质、解剖结构的改变影响水分利用效率。CO_2 浓度对植物水分利用效率也有较大的影响，CO_2 浓度越高，植物水分利用效率越高，这是因为在一定条件下，大气中 CO_2 浓度的增加会提高 C_3 植物光合速率并且降低气孔导度，因此提高植物的水分利用效率。各种植物均有其最适宜生长的温度，过高或过低的温度均会影响其生长、耗水及水分利用效率。

在整个气象因子中，空气相对湿度对荒漠植物叶片和群体水分利用效率的影响最大，且对植物群体水分利用效率的影响要高于叶片水平。空气相对湿度是通过影响叶片与空气之间的水汽压差来影响植物蒸腾的，一般地，空气相对湿度越低、饱和水汽压差越大，蒸腾越剧烈，植物的水分利用效率越低。

空气温度对植物水分利用效率的影响主要是通过影响其光合和蒸腾作用实现的。当周围环境温度在光合作用最佳温度以下变化时，温度对光合速率的影响是正向的，反之则是负向的。另外，温度的变化又通过影响叶片的气孔导度来影响植物的蒸腾作用。在 7 月温带荒漠区，日最高气温≥35℃的高温日和日最高气温≥37℃的酷暑日在一年中最多，日最高气温≥40℃的炽热日也比较常见，植物遭受着严酷的高温胁迫，温度严重影响着植物的光合作用和蒸腾作用；同时，由于温度对光合作用和蒸腾的影响不同，光合速率随温度上升有一定限度，当温度接近最适点时，光合速率先是上升减缓，以后变平甚至下降，而蒸腾随温度呈指数曲线上升，没有上限，从而影响到植物的水分利用效率。在 8 月温带荒漠区由于温度较为适中，空气温度已不成为影响植物水分利用效率的主要因素。

光合有效辐射较低时，光合速率随光合有效辐射的增大而增大，当光照强度增大接近光饱和点时，光合速率随光合有效辐射的变化较为缓慢。在高温强光期和环境适宜期，光合有效辐射对荒漠植物叶片和群体水分利用效率的影响，主要是通过影响植物的光合作用和蒸腾作用而间接影响植物的水分利用效率的。正常情况下，光合有效辐射是生态因子中影响群体光合的首要因素，甚至可以遮盖其他因素对光合速率的影响，但是由于荒漠严酷的生存环境，光合有效辐射对植物水分利用效率的影响反而没有空气湿度和温度两种微气象因子强烈。

（3）土壤养分

土壤中的营养元素和水分供应状况也是影响植物水分利用效率的主要因素。合理的土壤营养物质在一定程度上提高了植物的渗透调节能力和气孔调节能力，以及净光合速率、单叶及群体的水分利用效率。在一定的范围内，土壤营养物越多，光合速率就越快，水分利用效率越大。

5.5 植物光合器官 $\delta^{13}C$ 值对水分利用效率的指示

植物光合器官（叶片或同化枝）稳定碳同位素比率（$\delta^{13}C$ 或 $^{13}C/^{12}C$）值可以作为水分利用效率的一个指示值或表征值，提供短期或长期水分利用效率的比较。植物光合器官稳定碳同位素分析是目前植物长期水分利用效率研究较为理想的方法。植物光合器官的 $\delta^{13}C$ 值与水分利用效率呈正相关关系，$\delta^{13}C$ 值越大说明植物的水分利用效率越高。用稳定碳同位素比率指示温带荒漠植物的短期水分利用效率，随着叶片或同化枝成熟，越往生长后期，正相关性越高，直至霜降。用稳定碳同位素比率指示植物的长期水分利用效率，以 8 月下旬至 9 月下旬采样最好。

根据 Comstock 和 Ehleringer（1992）对美国西部沙漠中生长的一种灌木 *Hymenoclea salsola* 的水分利用效率的研究发现，即使在很大的温度和水分梯度下，植物也有较强的能力保持其水分利用效率，证明 $\delta^{13}C$ 值所反映的水分利用效率有一定的遗传学基础，但植物水分利用效率的变化在很大程度上会受生长环境中环境因子变化的影响。一般来说，植物在较好的水分条件下有较多的 ^{13}C 溢出，相反，植物受旱时则富集较多的 ^{13}C 成分（DaMatta et al.，2003）。

$\delta^{13}C$ 值的变化是由碳同位素辨别力（stable carbon isotope discrimination，Δ）决定的，Δ 主要是由于植物光合作用过程中不同的 CO_2 扩散阻抗和羧化反应速率引起的，也就是轻、重同位素的反应速率不同而引起的同位素分馏作用，一是 CO_2 穿过细胞壁进入叶绿体的扩散作用过程中，$^{12}CO_2$ 和 $^{13}CO_2$ 扩散速率不同，植物优先吸收 $^{12}CO_2$。二是光合作用过程中，在核酮糖-1,5-二磷酸（ribulose 1,5-bisphosphate，RuBP）羧化酶（RuBPCase）作用下，$^{12}CO_2$ 和 $^{13}CO_2$ 反应速率常数不同，$^{12}CO_2$ 优先被固定在初级光合产物中。

5.5.1 黑河流域不同植物光合器官 $\delta^{13}C$ 值与水分利用效率

（1）光合器官 $\delta^{13}C$ 值比较

表 5-4 包含了黑河流域 40 多种主要木本植物种，山区主要植物叶片 $\delta^{13}C$ 值为 -29‰ ~ -23‰，平均为 -26.3‰；除低山区的常绿灌木叉子圆柏外，青海云杉的 $\delta^{13}C$ 值最高，为 -24.9‰；祁连圆柏的 $\delta^{13}C$ 值在乔木树种中仅次于青海云杉；最低的是山杨和乌柳。可以看出，常绿乔木树种叶片 $\delta^{13}C$ 值高于落叶乔木山杨，也高于草本珠芽蓼。从生活型比较，常绿乔木树种（青海云杉、祁连圆柏）叶片 $\delta^{13}C$ 值平均为 -25.2‰，金露梅、鲜黄小檗、吉拉柳、银露梅、灰栒子、美丽茶藨子、狭叶锦鸡儿等灌木叶片的 $\delta^{13}C$ 值平均为 -26.5‰，灌木叶片 $\delta^{13}C$ 平均值高于草本珠芽蓼，但不同种之间差异较大。山区主要木本植物均为 C_3 植物。青海云杉在祁连山区斑块状分布于海拔 2400 ~ 3300m 的阴坡和半阴坡，在山谷和阴坡地常组成纯林，随着海拔升高，环境胁迫使其出现分布上限。青海云杉为黑河上游环境变化的重要指示植物（苏培玺和严巧娣，2008）。

表 5-4　黑河流域山区、绿洲和荒漠植物叶片或同化枝的稳定碳同位素比率（$\delta^{13}C$）和辨别力（Δ）

分布	物种名称	生活型	$\delta^{13}C/‰$	$\Delta/‰$
上游山区	青海云杉（*Picea crassifolia*）	乔木	-24.94	16.11
	金露梅（*Potentilla fruticosa*）	灌木	-27.41	18.69
	鲜黄小檗（*Berberis diaphana*）	灌木	-26.81	18.06
	吉拉柳（*Salix gilashanica*）	灌木	-26.16	17.38
	乌柳（*Salix cheilophila*）	小乔木	-27.95	19.26
	祁连圆柏（*Sabina przewalskii*）	乔木	-25.40	16.59
	山杨（*Populus davidiana*）	乔木	-28.07	19.38
	叉子圆柏（*Sabina vulgaris*）	小灌木	-23.88	15.01
	银露梅（*Potentilla glabra*）	灌木	-25.32	16.51
	灰栒子（*Cotoneaster acutifolius*）	灌木	-25.24	16.42
	美丽茶藨子（*Ribes pulchellum*）	灌木	-27.12	18.39
	珠芽蓼（*Polygonum viviparum*）	草本	-27.01	18.27
	狭叶锦鸡儿（*Caragana stenophylla*）	灌木	-27.26	18.54
中游绿洲	西北沙柳（*Salix psammophila*）	灌木	-26.53	17.77
	小叶杨（*Populus simonii*）	乔木	-26.95	18.21
	垂柳（*Salix babylonica*）	乔木	-26.81	18.06
	新疆杨（*Populus alba* var. *pyramidalis*）	乔木	-26.56	17.80
	临泽小枣（*Ziziphus jujuba* var. *inermis*）	乔木	-26.57	17.81
	沙枣（*Elaeagnus angustifolia*）	乔木	-28.08	19.40
	二白杨（*Populus gansuensis*）	乔木	-29.18	20.54

续表

分布	物种名称	生活型	δ^{13}C/‰	Δ/‰
中下游荒漠	红砂（*Reaumuria songarica*）	小灌木	-24.95	16.12
	黑果枸杞（*Lycium ruthenicum*）	灌木	-27.92	19.23
	芦苇（*Phragmites communis*）	草本	-25.06	16.23
	泡泡刺（*Nitraria sphaerocarpa*）	小灌木	-25.56	16.76
	骆驼刺（*Alhagi sparsifolia*）	半灌木	-27.51	18.80
	膜果麻黄（*Ephedra przewalskii*）	灌木	-24.29	15.44
	甘肃柽柳（*Tamarix gansuensis*）	灌木	-25.30	16.48
	霸王（*Sarcozygium xanthoxylon*）	小灌木	-25.48	16.68
	小果白刺（*Nitraria sibirica*）	灌木	-25.72	16.93
	紫菀木（*Asterothamnus alyssoides*）	半灌木	-26.91	18.17
	灌木亚菊（*Ajania fruticulosa*）	半灌木	-26.66	17.91
	沙蒿（*Artemisia desertorum*）	半灌木	-27.79	19.09
	芨芨草（*Achnatherum splendens*）	草本	-26.07	17.29
	灰叶铁线莲（*Clematis canescens*）	灌木	-26.55	17.79
	中麻黄（*Ephedra intermedia*）	灌木	-23.01	14.10
	苦豆子（*Sophora alopecuroides*）	草本	-26.62	17.87
	白刺（*Nitraria tangutorum*）	灌木	-26.48	17.72
	梭梭（*Haloxylon ammodendron*）	灌木	-13.62	4.45
	珍珠（*Salsola passerina*）	半灌木	-14.82	5.72
	沙拐枣（*Calligonum mongolicum*）	灌木	-13.49	4.32
	河西沙拐枣（*C. potanini*）	灌木	-13.61	4.44
	戈壁沙拐枣（*C. gobicum*）	灌木	-12.97	3.79
	甘肃沙拐枣（*C. chinense*）	灌木	-14.42	5.27
	红皮沙拐枣（*C. rubicundum*）	灌木	-13.54	4.37

绿洲区几种主要木本植物叶片的 δ^{13}C 值为-30‰～-26‰（表 5-4），平均为-27.2‰。杨属中不同乔木种比较，叶片的 δ^{13}C 值差异较大，新疆杨最高，不次于当地珍贵乡土果树临泽小枣。灌木西北沙柳在无灌溉条件下常生于近绿洲的丘间低地，其 δ^{13}C 值与需要灌溉才能生长发育的乔木树种相比为高。

荒漠区植物叶片或同化枝的 δ^{13}C 值分布在-28‰～-23‰和-15‰～-12‰这两个范围内（表 5-4），平均值分别为-26.0‰和-13.8‰。在低值这一范围中，麻黄科的两种灌木中麻黄和膜果麻黄的 δ^{13}C 值最高，这两种植物常散生于戈壁或与泡泡刺等植物混生；黑果枸杞、沙蒿、骆驼刺的 δ^{13}C 值最低。在高值这一范围中，灌木戈壁沙拐枣的 δ^{13}C 值最高，半灌木珍珠最低。

荒漠植物明显分为两大类，红砂、黑果枸杞、泡泡刺、骆驼刺、膜果麻黄、霸王、小果白刺、紫菀木、灌木亚菊、沙蒿、灰叶铁线莲、中麻黄、苦豆子、唐古特白刺等为 C₃ 植物，梭梭、珍珠、河西沙拐枣、戈壁沙拐枣、甘肃沙拐枣、红皮沙拐枣、沙拐枣（也叫蒙古沙拐枣）等为 C₄ 植物。

（2）水分利用效率比较

植物叶片 $\delta^{13}C$ 值与 WUE 呈正相关关系（Farquhar and Richards，1984；Farquhar et al.，1989a；Marshall and Zhang，1994）。由表5-4得出，山区植物中青海云杉的 WUE 最高；落叶乔木山杨的 WUE 最低，在祁连山区零星分布在水分条件较好的地方。金露梅、鲜黄小檗、吉拉柳、银露梅、灰枸子、美丽茶藨子、狭叶锦鸡儿等落叶灌木的 WUE 介于青海云杉和山杨之间，种间差异较大，从大到小的排序为：灰枸子>银露梅>吉拉柳>鲜黄小檗>美丽茶藨子>狭叶锦鸡儿>金露梅（苏培玺和严巧娣，2008）。美国南部以及西北部的爱达荷州的常绿针叶树种的 $\delta^{13}C$ 显著高于落叶阔叶树种（Garten and Taylor，1992），常绿针叶树马尾松（*Pinus massoniana*）的 WUE 较其他阔叶树高（孙谷畴等，1993）。群落中不同植物种间碳同位素的差异与植物的生活史密切相关，植物寿命与其 WUE 之间呈正相关关系，短寿命植物的 WUE 低于长寿命植物（Ehleringer and Cooper，1988；陈世苹等，2002）。在黑河上游山区，长寿命的常绿树种水分利用效率高于短寿命的落叶乔木和灌木。植物为了适应水分条件的变化而改变自身的水分利用状况，高 WUE 是青海云杉在祁连山区成为优势种的主要原因。

黑河流域 C_3 荒漠植物中，麻黄科的两种灌木中麻黄和膜果麻黄的 WUE 最高，黑果枸杞、籽蒿和骆驼刺的 WUE 最低，红砂的 WUE 仅次于麻黄科植物。红砂在不同生境下 WUE 变化很大，干旱环境下 WUE 较高。植物叶片对可利用水资源具有一种功能调节作用（Sobrado and Ehleringer，1997），水分条件是 WUE 的主要决定因素，在不同的水分条件下植物叶片可以调整自身的生理功能以适应外界环境。

5.5.2 黑河流域同种植物光合器官 $\delta^{13}C$ 值与水分利用效率

荒漠植物红砂在不同生境下 $\delta^{13}C$ 值的变化见图 5-11（a），它们之间存在极显著差异，摺荒地、河谷滩地和胡杨林地等水分条件较好的环境下 $\delta^{13}C$ 值明显小于沙漠、戈壁等水分条件差的环境。多重比较结果可以看出，严酷环境使 $\delta^{13}C$ 值提高。

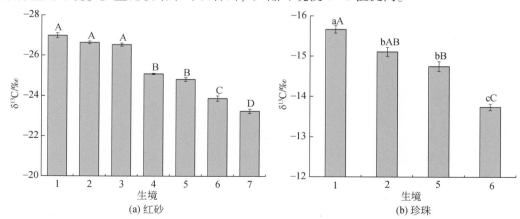

图 5-11　荒漠植物红砂和珍珠在不同生境下叶片 $\delta^{13}C$ 值的变化

1. 摺荒地；2. 河谷滩地；3. 胡杨林地；4. 丘间低地；5. 山前戈壁；6. 沙漠；7. 下游戈壁

不同的小写字母表示它们之间存在显著差异（$P<0.05$），不同的大写字母表示它们之间存在极显著差异（$P<0.01$）

荒漠植物珍珠在不同生境下 δ^{13}C 值也表现出明显的不同 ［图 5-12（b）］，方差分析表明，它们之间存在极显著差异，在戈壁、沙漠条件下明显高于撂荒地。多重比较得出，河谷滩地和山前戈壁环境下 δ^{13}C 值没有显著差异；撂荒地与沙漠环境比较，δ^{13}C 值存在极显著差异（P<0.01），与红砂有类似的结果。

土壤水分测定表明，0~60cm 土层土壤质量含水量平均分别为：撂荒地 10.2%，河谷滩地 9.5%，胡杨林地 8.4%，丘间低地 8.2%，山前戈壁 5.6%，沙漠 2.7%，下游戈壁 1.8%。通过比较可以看出，水分条件越好，红砂和珍珠都表现出 δ^{13}C 值越小。

在红砂 δ^{13}C 值为 -26.5‰的胡杨林地，胡杨生长良好；在红砂 δ^{13}C 值为 -25.1‰的丘间低地，有大量的白刺包，形成白刺红砂群落；在内蒙古额济纳旗西居沿海戈壁上，梭梭部分衰退，红砂的 δ^{13}C 值为 -24.1‰。黑果枸杞 δ^{13}C 值在严重衰退时为 -25.8‰，长势弱时为 -27.7‰，长势一般时为 -27.8‰，长势较好时为 -28.6‰，长势旺盛时为 -29.7‰。在相同海拔下，芦苇在中游绿洲靠近黑河边叶片 δ^{13}C 值为 -26.1‰，在荒漠干旱环境下为 -23.9‰。同种植物长势越旺盛，δ^{13}C 值就越小。

沙丘顶部生长的梭梭 δ^{13}C 为 -12.9‰，梭梭开始死亡，表现出明显的衰退现象；在西居沿海戈壁上，部分衰退梭梭的 δ^{13}C 值为 -13.2‰；在砾石戈壁上稀疏梭梭林长势较好，δ^{13}C 值为 -14.2‰。沙拐枣严重衰退时 δ^{13}C 值为 -12.7‰，长势弱时 δ^{13}C 值为 -13.4‰，长势较好时 δ^{13}C 值为 -14.4‰。河西沙拐枣在西居沿海戈壁上 δ^{13}C 值为 -13.4‰，在胡杨林地为 -13.8‰。同样可以得出，同种植物水分条件越差，δ^{13}C 值越高，过高的 δ^{13}C 值预示着植物的严重衰退。

叶片在不同选择压力下形成各种适应类型。荒漠河岸林树种胡杨，也叫异叶杨，其叶形多变化，归纳为杨树形叶和柳树形叶两大类。胡杨杨树形叶着生在树冠的中上部，柳树形叶在树冠下部。树冠顶部叶片的 δ^{13}C 值大于树冠中下部叶片的 δ^{13}C 值（Medina and Minchin，1980；Schlesor and Jayaseken，1985；严昌荣等，1998）。胡杨不同叶形 δ^{13}C 值各不相同（图 5-12），分析表明，它们之间存在显著差异，长条形叶的 δ^{13}C 值最小，为 -29.3‰；圆形叶的 δ^{13}C 值最大，为 -27.5‰。多重比较得出，长条形叶与其他叶之间存在显著差异，披针形叶、椭圆形叶与三角状卵圆形叶之间无显著差异，圆形叶与其他叶之间存在显著差异。分不同类型比较，柳树形叶（长条形和披针形）的 δ^{13}C 值平均为 -29.0‰，杨树形叶（椭圆形、三角状卵圆形、卵圆形和圆形）平均为 -28.3‰，柳树形叶小于杨树形叶。对生长在不同地下水位下的同龄胡杨卵圆形叶片的 δ^{13}C 值分析得出，地下水位高处为 -30.0‰，地下水位较低处为 -28.9‰，地下水位更低、树冠顶端出现枯死现象的为 -27.1‰。同一叶形，水分供应充足时 δ^{13}C 值较小。

胡杨不同叶形比较，圆形叶的 WUE 最高，长条形叶的 WUE 最低，杨树形叶的 WUE 高于柳树形叶片，这与气体交换测定得到的结果一致（苏培玺等，2003）。不同叶形 WUE 大小的顺序为：圆形叶>卵圆形叶>三角状卵圆形叶≈椭圆形叶≈披针形叶>长条形叶。

胡杨长条形和披针形叶的光合效率较低，以维持生长为主；随着树体长大，柳树形叶难以维系其生长，出现杨树叶，杨树叶更能耐大气干旱，光合效率高，积累光合产物，使胡杨在极端逆境下得以生存并能达到较高的生长量。

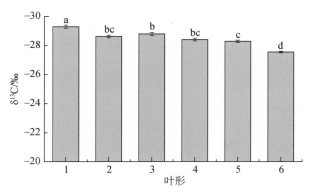

图 5-12　胡杨不同叶形叶片 $\delta^{13}C$ 值的比较

1. 长条形；2. 披针形；3. 椭圆形；4. 三角状卵圆形；5. 卵圆形；6. 圆形

不同的小写字母表示它们之间存在显著差异（$P<0.05$）

　　CO_2 加富实验表明，随着 CO_2 浓度升高，两种叶片表现出截然相反的响应，披针形叶的光合作用时间缩短，光能利用率减小，而杨树叶的光合作用时间延长，光能利用率提高。如果地下水位下降，近地层空气变干燥，或随着大气 CO_2 浓度升高，气候变暖，披针形叶可能会逐渐减少以至消失。光合器官的形态变化是胡杨主动适应大气干燥环境的结果（苏培玺，2003）。

　　胡杨在地下水位由高到低的变动中叶片 $\delta^{13}C$ 值可高出 2.9‰。C_3 荒漠植物红砂 $\delta^{13}C$ 值在下游戈壁上比中游撂荒地上高出 3.8‰，芦苇 $\delta^{13}C$ 值在干旱生境下比湿润生境下高出 2.2‰，黑果枸杞严重衰退的植株 $\delta^{13}C$ 值要比生长旺盛的高出 3.9‰。C_4 荒漠植物珍珠 $\delta^{13}C$ 值在沙漠上比在撂荒地上高出 1.9‰，衰退梭梭的 $\delta^{13}C$ 值比长势较好的高出 1.3‰，衰退沙拐枣的 $\delta^{13}C$ 值比长势较好的高出 1.7‰。C_3 荒漠植物比 C_4 荒漠植物在不同生境下 $\delta^{13}C$ 值的变化要大。不论山区植物、荒漠 C_3 和 C_4 植物，还是荒漠河岸林树种胡杨，都证明同种植物过高的 $\delta^{13}C$ 值指示着植物的衰退和生境的严重胁迫。在干旱环境下，植物是沿着有利于提高水分利用效率的方向发展。

5.5.3　不同海拔植物叶片或同化枝 Δ 值的变化

　　不同海拔山区常绿乔木青海云杉叶片的稳定碳同位素辨别力（Δ）变化见图 5-13（a），可以看出，Δ 值随着海拔的增加而减小，线性关系明显（$r^2=0.98$，$P<0.001$），平均衰减梯度为 0.78‰/100m。青海云杉从山区引种到绿洲，环境条件发生了显著变化，光热条件明显改善，Δ 值明显增大，在海拔为 1600m 的张掖绿洲为 19.5‰，而山区平均为 16.1‰（表 5-4）。

　　其他一些山区植物也有同样的变化趋势，鲜黄小檗在海拔 2450m 时 Δ 值为 19.3‰，2690m 时为 17.8‰，2730m 时减小到 17.1‰。小乔木乌柳在海拔 1840m 时为 19.9‰，升高到 2800m 时减小到 18.6‰。金露梅和吉拉柳随海拔的增加 Δ 值的变化不明显。

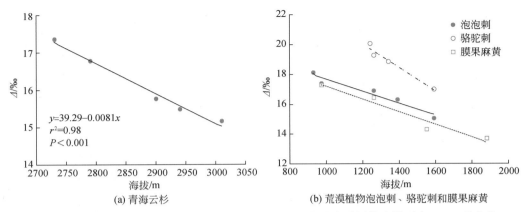

图5-13　青海云杉和荒漠植物在不同海拔叶片或同化枝稳定碳同位素辨别力（Δ）的变化

线性回归方程，泡泡刺 $y=21.69-0.0040x$, $r^2=0.93$, $P=0.007$；骆驼刺 $y=29.51-0.0079x$, $r^2=0.96$, $P=0.021$；膜果麻黄 $y=21.48-0.0043x$, $r^2=0.94$, $P=0.028$

　　荒漠植物泡泡刺、骆驼刺和膜果麻黄叶片的 Δ 值随海拔的变化见图5-13（b），随着海拔的增加，3 种植物的 Δ 值呈线性递减，不同的植物有不同的递减速率。其他一些生长在荒漠地区的植物也有类似的特点，柽柳叶片的 Δ 值在海拔 973m 时为 17.6‰，1430m 时降低到 15.3‰。霸王叶片 Δ 值随海拔的变化不明显。

　　不同的植物，不同的气候条件下，Δ 值随海拔的变化不同，C₃植物 Δ 值随着海拔的升高而减小（Körner et al.，1988）。祁连山区优势乔木树种青海云杉 Δ 值随海拔的升高线性减小很明显，灌木总体也有类似的趋势，但不像乔木那样明显。

5.5.4　植物光合器官 δ¹³C 值与水分利用效率关系

　　植物 δ¹³C 值的差别主要取决于其遗传特性（Hattersley，1982），其次，环境因素也起一定作用，是植物种与环境共同作用的结果。在良好而较稳定的生态环境中，δ¹³C 值的变动较小。δ¹³C 值的微小差别往往反映了植物生理活动具有较大的差异。植物叶片中 δ¹³C 值在生长过程中是不断变化的，说明植物叶片 δ¹³C 值同叶片内部的生理生化反应有关。一般来说，研究较长时期的平均水分利用效率，需要在不同时期、不同季节进行多次测定，而利用稳定碳同位素技术测定一次就可进行短期或长期水分利用效率的评价。

　　常绿植物利用资源的效率较高，从而在严酷气候下比落叶植物有更好的碳平衡（Kloeppel et al.，1998），这可能是祁连山区常绿树种青海云杉占优势的原因。长久保持绿色（staying green）是一个重要抗旱特别是耐旱的生理指标。具有长叶寿命的植物通常生长于营养和水分较为缺乏的环境，而短叶寿命的植物一般生长在具有较高的营养可利用性的地带（张林和罗天祥，2004）。长的叶寿命是对高寒及养分、水分贫乏等胁迫环境的适应，而短的叶寿命和落叶性是植物为了快速生长以及对干旱或寒冬等季节性胁迫环境的适应结果。

　　不同荒漠植物叶片或同化枝的 δ¹³C 值，对季节变化的响应不同；同种植物在不同生境下的 δ¹³C 值，表现为生境土壤水分条件好时 δ¹³C 值小，反之则大。同种植物在不同生境下，当 $\delta^{13}C$ 值增大时，说明植物有高的水分利用效率。

比较不同生长时期不同生境下沙拐枣同化枝的 $\delta^{13}C$ 值，生长前期差异显著，中、后期差异不显著。造成荒漠植物叶片或同化枝 $\delta^{13}C$ 值差异的土壤水分有个阈值，大于这个值才能造成植物 $\delta^{13}C$ 值的显著差异，并且不同的植物有不同的阈值。丘间低地和缓平沙坡生长的沙拐枣 $\delta^{13}C$ 值在 6 月存在显著差异，丘间低地 0～100cm 土壤质量含水量平均为 10.8%，缓平沙坡平均为 1.7%，丘间低地的土壤水分是前一年绿洲防护林带冬灌时侧渗运移形成的，说明从 5 月下旬开始生长到 6 月下旬采样时，丘间低地和缓平沙坡的沙拐枣在相差近 9% 的土壤水分状况下生长了 1 个月；以后各月两种生境的土壤水分差值变小，7 月、8 月、9 月、10 月分别为 4.6%、4.3%、5.2% 和 4.5%，这种水分差异，虽然造成了沙拐枣同化枝 $\delta^{13}C$ 值的不同，但差异不显著。较小的土壤水分差异使植物保持大致不变的水分利用效率，巴塔哥尼亚高原一个干旱梯度上的植物也是如此（Schulze et al.，1996）。丘间低地沙拐枣同化枝的 $\delta^{13}C$ 值均小于缓平沙坡，生长在土壤湿度较高生境下的沙拐枣较干旱生境下的沙拐枣同化枝的 $\delta^{13}C$ 值略低。土壤含水量的降低、空气湿度的降低以及降雨量的不足都会导致植物气孔关闭，气孔导度降低，从而引起植物叶内 CO_2 浓度降低，使光合作用产物稳定碳同位素比值增大。

不同成熟度的叶片，无论是外部形态、结构还是其内部的生理生化反应、矿物质营养元素含量都是不同的。植物叶片中稳定同位素的自然丰度和叶片光合作用、呼吸作用等生物化学反应密切相关，这样，叶片的成熟度必然影响到它的稳定碳同位素的自然丰度。在生长初期，细胞生长比较活跃，以便合成大量有机质来满足植物叶片发育和植物建构的需要，相对而言，细胞内部 CO_2 浓度处于"饥饿"状态，因而导致植物对 $^{13}CO_2$ 的识别和排斥降低，故植物叶片 $\delta^{13}C$ 值较高。到了生长后期，叶片外部形态和内部结构发育趋于完全，内部生理代谢功能趋于完备，植物具备了较完善的生理生化反应调控机制，能较有效地识别与排斥 $^{13}CO_2$，故植物叶片 $\delta^{13}C$ 值较低。

将荒漠植物的稳定碳同位素比值（$^{13}C/^{12}C$）与采样时测定的水分利用效率（WUE）进行分析，6 月 $^{13}C/^{12}C$ 与 WUE 的相关性最差，随着叶片或同化枝的生长成熟，越往后期，相关性越好，$^{13}C/^{12}C$ 与 WUE 呈正相关；10 月霜降后，WUE 与 $^{13}C/^{12}C$ 呈负相关，C₄ 植物梭梭和沙拐枣停止生长早于 C₃ 植物柠条、花棒和泡泡刺。将各月 WUE 与全年平均 WUE 进行相关分析得出，8 月 WUE 与全年平均值的相关性最好，可靠性最高。将月 $^{13}C/^{12}C$ 与年平均 WUE 进行相关分析，可靠性和相关性 8 月（$P=0.057$，$r=0.87$）和 9 月（$P=0.057$，$r=0.87$）相等。

温带荒漠植物直接测定计算全年平均 WUE，以 8 月下旬可靠性最高，相关性最好，其方程式为：$WUE_年 = -1.8 + 1.98WUE_月$（$P=0.011$，$r=0.96$）。用 $\delta^{13}C$ 值指示月 WUE，以叶片越往生长后期相关性越高；用于指示全年平均 WUE，以 8 月下旬至 9 月下旬采样最好，用 $^{13}C/^{12}C$（‰）计算全年平均值的公式为：$WUE_年 = 4.7 + 0.08^{13}C/^{12}C_月$（$P=0.057$，$r=0.87$）。

从 WUE 高的植物可以看出，它们的叶片都明显变小，叉子圆柏的叶为鳞片状和刺状，青海云杉的叶为四棱状条形，祁连圆柏为菱状卵形鳞叶和三角状披针形刺叶；中麻黄和膜果麻黄的叶片退化，同化枝为主要光合器官；红砂为短圆柱形肉质叶。叶片大小与其光合速率有关，小叶由于其叶肉细胞较小导致其 CO_2 导度增加和光合机构相对集中，因而有较高的光合速率和叶片水分利用效率（Bhagsari and Brown，1986）。

对禾本科 C₄植物而言，NADP 苹果酸酶类型的禾本科草的 $\delta^{13}C$ 值最大，NAD 苹果酸酶类型的 $\delta^{13}C$ 值最小，PEP 羧化激酶类型的居中（Hattersley，1982）（C₄途径 3 种类型见 4.3.1）。双子叶植物的 $\delta^{13}C$ 值与禾本科草的 NAD 苹果酸酶类型相似。

不论是 C₃植物还是 C₄植物，随着土壤水分降低，为了减少蒸腾，植物都会降低气孔导度，从而导致进入叶内细胞间的 CO_2 减少，即胞间 CO_2 浓度（C_i）降低。对于 C₃植物而言，C_i 降低的结果使得植物同位素变重。对 C₄植物而言，C_i 降低有可能使得植物同位素变重，与 C₃植物一致；也有可能使得植物同位素变轻，与 C₃植物相反；到底变重还是变轻，取决于维管束鞘细胞中 CO_2 泄露的大小（Farquhar，1983）。

在不同海拔下，C₃植物水分利用效率可用下列方程表示（Marshall and Zhang，1994）：

$$WUE = (p_a - p_i) \times 0.6 / (e_i - e_a) \tag{5-6}$$

式中，p_i 和 p_a 分别是叶片细胞间 CO_2 分压和大气 CO_2 分压；e_i 和 e_a 分别为细胞间水蒸气压和空气水蒸气压；0.6 是气孔 CO_2 导度相对于水蒸气导度的转换系数。

对于同一种植物，$p_a - p_i$ 不随海拔的变化而变化，这归因于 p_i / p_a 和总气压的减小；$e_i - e_a$ 随着海拔的增加而减小，所以 WUE 的提高是由于水蒸气压差的减小所致（Marshall and Zhang，1994）。但是，不同的叶片类型 $p_a - p_i$ 明显不同。假设叶温与气温相等，叶片和空气之间的水蒸气压差与大气水汽压亏缺相等，则植物 Δ 值随海拔升高呈负相关表明 Δ 值与 WUE 呈负相关关系（Farquhar et al.，1989a；Marshall & Zhang，1994）。随着海拔增加针叶树 Δ 值减小提示其 WUE 升高。

C₃植物 WUE 与细胞内外 CO_2 浓度比有如下关系：

$$WUE = (C_a - C_i) / 1.6\Delta W \tag{5-7}$$

式中，C_a 和 C_i 分别为大气和细胞间 CO_2 浓度；ΔW 为叶片内外水汽压之差。

5.6 植物水分利用效率与抗旱性的关系

水分胁迫分为干旱缺水胁迫和湿涝多水胁迫，通常指的水分胁迫就是干旱缺水胁迫。水分胁迫是限制植物生长的关键因素，植物的水分利用效率是反映植物对水分胁迫抵抗能力的一个重要指标，显示了植物有效利用水分的能力。植物对临界资源的有效利用，有利于植物的生长和生存。植物适应环境是沿着有利于光合作用的方向发展的，并伴随着水分利用效率的提高。

在相同条件下，WUE 高的植物其抗旱能力和对干旱的适应性也强（Richards et al.，2002）。通常情况下，WUE 能够综合地体现植物对水分胁迫的适应能力及其种间差异。植物在水分胁迫下在减少水分消耗的同时，能够维持一定的光合生产能力，提高 WUE，从而提高忍耐能力，增强对干旱胁迫的抵抗。植物 WUE 是植物水分利用状况与抗旱特性的一个客观评价指标，表明了植物不同生长发育阶段或者不同植被间的水分利用策略，包括耐旱、抗旱、节水、高效用水等多方面内容，是决定植物在干旱、半干旱地区生存、生长和分布的重要因素之一。高 WUE 是植物适应干旱和半干旱环境，良好生长发育的重要特征。

植物的 WUE 和耐旱性有一定联系，但在内涵上有区别。耐旱性指植物在水分胁迫条件下能正常生长发育的能力，WUE 指植物正常生长发育情况下获得一定的生物量所消耗水分的多少。耐旱性强的植物不一定 WUE 高，而 WUE 高的植物不一定耐旱，只有即耐旱又高 WUE 的植物在干旱条件下才能正常生长。

高净光合速率和高 WUE 常常被作为植物生存和广泛分布能力强的表征（Kristina et al., 1993）。蒸腾作用比光合作用对水分胁迫的反应更为敏感，这是植物对干旱适应的一种反应。在一定的水分胁迫范围内，当叶片气孔导度减小，蒸腾速率显著下降时，净光合速率下降较小，水分利用效率明显升高。叶片和生态系统的 WUE 与水蒸气压差均呈显著线性负相关关系（Scanlon and Albertson, 2004）。

需水量小的植物在水分较少时，尚能制造较多的干物质，因而受干旱的影响较小。同一植物在不同生长发育时期对水分的需要量不同，植物本身生理特性对水分的需要量有调控作用。

植物的水分平衡是一种动态平衡，这种平衡随着植物生长发育和环境变化而变化。荒漠植物由于长期处于水分短缺的干旱环境，同时还要面对夏季高温、冬季低温和春季风沙等逆境胁迫，因此，与其他植物相比，荒漠植物表现出更强的生态适应与生存策略。在干旱逆境条件下，不同种植物的适应能力有显著差异，这种差异恰恰反映了植物对水分胁迫的抵抗能力，包括植物体抵抗水分亏缺及其从缺水土壤中吸水的能力，即耐旱性或抗旱性。胞间 CO_2 浓度/大气 CO_2 浓度（C_i/C_a）可表征植物对水分变化的响应，C_i/C_a 值越小，植物抗旱性越强（Saith et al., 1995）。

5.6.1 叶片表面形态结构与水分利用

叶片作为植物进化过程中对环境变化敏感且可塑性强的器官，其形态及结构特征最能体现植物对环境的适应性。在强光生境下，植物叶片小而厚，叶片内部栅栏组织发达；在弱光条件下，叶片形态大而薄，比叶重小；在高温环境下，植物体现出叶片较厚，气孔密度大，比叶面积增加等适应特征。植物可通过保持较小的总叶面积来使单位叶面积的光合作用维持在一定水平，同时也可通过加速叶的衰老和脱落减少其水分丧失。

单位叶面积下叶肉细胞越小、层次越多，叶肉细胞面积与叶面积的比值就越大，则水分利用效率也会越高。生长在特定环境中的植物叶变态为针刺状或形成储水器官，通过保持较小叶面积来减少蒸腾并维持光合作用在一定的水平来提高水分利用效率。

5.6.2 植物内源激素与抗旱性

植物激素（plant hormone）是指一些在植物体内合成，并从产生之处运送到别处，对生长发育产生显著作用的微量有机物，也被称为植物天然激素或植物内源激素，包括生长素、细胞分裂素、赤霉素、脱落酸、乙烯等。

（1）脱落酸

脱落酸（abscisic acid，ABA）别名脱落素（abscisin）、休眠素（dormin），一种抑制生长的植物激素。在干旱条件下，植物体内的 ABA 含量提高，诱导气孔关闭和抑制气孔开放。ABA 能提高清除氧自由基的 SOD、POD 的活性，诱导脯氨酸累积，抑制与活跃生长有关的基因，活化与抗旱诱导有关的基因。

在外源 ABA 处理后，叶片中脯氨酸含量大大增加，水势降低，渗透调节能力提高，从而加大了叶片与根系的水势差，有利于根系吸收水分及地上部水分的运输，增强抗旱性。

（2）乙烯

乙烯（ethylene）是简单的不饱和碳氢化合物，分子式为 C_2H_4。高等植物各器官都能产生乙烯，但不同组织、器官和发育时期，乙烯释放量不同。乙烯在植物体内的增加是植物抵御逆境胁迫的一种适应性反应，水分胁迫增加了乙烯合成的速率。植物体内乙烯的增加通常是由伤害或胁迫引起的。乙烯引起植物叶片脱落，降低株高和叶长，增加叶宽和茎的粗度。

（3）吲哚乙酸

吲哚乙酸（indole-3-acetic acid，IAA），是植物体内普遍存在的内源生长素，又名生长素（auxin）。IAA 大多集中在生长旺盛的组织和器官，而在趋向衰老的组织和器官中则甚少。与 ABA 及乙烯水平的变化相比，IAA 变化较缓慢。植物体内可扩散 IAA 含量一般随土壤含水量的降低而降低。但是，Ribaut 和 Pilet（1994）报道，随着水分胁迫的增强，玉米根端生长减慢而 IAA 含量却有所增加。

5.6.3 水通道蛋白和 LEA 蛋白与水分利用

研究发现细胞膜和液泡膜上存在一些专一性、高效性水分跨膜运输的通道蛋白——水通道蛋白（aquaporin，AQP），介导细胞或细胞器与介质之间快速的被动运输水，是水分进出细胞的主要途径（朱美君等，2000）。AQP 在植物的水分利用过程中起到一定的作用，一方面是水分运输的通道；另一方面也是 CO_2、甘油及其他金属离子等小分子的通道，与植株的水循环、蒸腾速率和光合效率有关（Kaldenhoff and Fischer，2006）。水通道蛋白可以控制逆境条件下水分和养分在植物体内以及细胞内部的运输（Monclus et al.，2006；王德梅等，2009），逆境条件下水通道蛋白基因表达量的高低对植物适应逆境至关重要。

LEA 蛋白（late embryogenesis-abundant protein），也叫胚胎发育晚期丰富蛋白，是胚胎发生后期种子中大量积累的一类蛋白质，在生物体中广泛存在，与渗透调节有关。LEA 是目前植物 WUE 机理研究的一个热点，它是一大类与逆境有关的蛋白质，是由多基因调控的，在干旱过程中对植物具有一定的保护作用，特别是在极端干旱的情况下，被诱导出的 LEA 蛋白对植物所起的保护作用显得更为突出。LEA 蛋白高的亲水性可作为水分结合蛋白，防止细胞在干旱胁迫时水分流失；同时，LEA 蛋白起分子伴侣和亲水溶质的作用，在水分胁迫时稳定和保护蛋白质的结构及功能。LEA 蛋白亲水表面的带电基团可螯合细胞脱水过程中浓缩的离子，防止组织过度脱水，且在干旱脱水时，保持膜稳定性。

第6章 | 植物叶片功能性状及其相互关系

6.1 导　　言

植物性状或属性是植物适应外部环境的客观表达，某种植物性状存在与否或多或少反映着植物在生态系统结构与功能中的地位，同时也直接与植物的生存策略相关联（Cornelissen et al.，2003a）。植物的生态策略和适应性、响应性功能要通过一系列紧密联系的性状来实现。

根、茎、叶三种器官在资源利用上相互权衡和补偿。植物叶片是维持陆地生态系统机能的最基本要素，叶功能性状与植株生物量和植物对资源的获取、利用及利用效率的关系最为密切，能够反映植物适应环境变化而形成的生存策略。通过分析叶的化学性状（如含氮量、含磷量）、结构性状（如比叶重、比叶体积）、水分性状（如干重含水量、相对含水量）等的数量特征及其相互关系，可以认识叶性状的变化规律（Su et al.，2018）。

6.2 荒漠植物叶片功能性状及其变化

荒漠植被是指在荒漠地区干旱气候及其特定自然条件综合作用下的地带性植被，是干旱区生态与环境变化的指示器，对环境变迁、气候变化及人为影响的敏感性较强（苏培玺和严巧娣，2008）。经过长期的外界干扰和自身演化，荒漠植物在形态结构、生理生态等方面形成了独特的适应特征，并表现出相应的功能对策。为了适应极端高温、干旱和高盐分的胁迫环境，有些荒漠植物叶片缩小甚至演化成薄鳞片状或硬刺状；有些叶片肉质化且形状多为不规则的柱状体或锥状体；有些叶片则强烈分裂、具白色茸毛、气孔深陷；有些叶片退化，以当年生嫩枝作为同化枝进行光合作用。光合器官的不规则性和多样性变化给研究荒漠植物叶片功能性状带来了困难。

6.2.1 植物功能性状

性状（trait）也就是表型或表现型，表现型是基因和环境双重作用的结果。植物对环境的适应特征和对策体现在一些关键的植物性状中，植物性状可以最大限度地提供和表征有关植物生长和对环境适应的重要信息，反映植物种所在生态系统的功能特征，因此植物性状也被称为植物功能性状（Cornelissen et al.，2003b）。

植物功能性状是指植物体具有的与其定植、存活、生长和死亡紧密相关的一系列核心植物属性，这些属性能够显著影响生态系统功能和过程，并能够单独或联合反映植被对环境变化的响应（刘晓娟和马克平，2015）。植物功能性状特征是指那些影响生态系统属性或植物对环境条件变化应答对策的物种特征（Díaz and Cabido，2001），主要指植物种在形态、生理、生态等方面的特异性（Grime，1998；Litchman and Klausmeier，2008）。

物种被认为是功能性状的集合，物种功能性状是生态系统功能的决定者（Mcgill et al.，2006）。水循环、气体循环和沉积循环是地球生态系统中物质循环的三大途径，它的基本动力流分别是水流、风流和生物流。也就是说，生态系统的功能是让地球上的各种化学元素进行循环和维持能量在各组分之间的正常流动。

使用植物性状比使用物种能够更好地描述群落结构和过程。植物会对自身资源进行配置、补偿和平衡，最大限度地减小环境变化对其产生的不利影响，植物功能性状就是这种调节机制的具体体现（Cornelissen et al.，2003b），因此成为探索植物与环境之间关系的重要纽带。植物功能性状是环境因子和生物因子共同作用的结果，是功能多样性的基础，影响群落构建和生态系统功能（Cornwell and Ackerly，2009）。

植物叶片是维持陆地生态系统机能的最基本要素，一方面叶片是植物光合作用和物质生产的主要器官，是生态系统中初级生产者的能量转换器；另一方面植物叶片是植物与大气环境水气交换的主要器官，是大气-植物系统能量交换的基本单元。叶片性状直接影响到植物的基本行为和功能，与植物的生长对策及植物利用资源的能力紧密联系，体现了植物为获取最大化碳收获所采取的生存适应策略（Vendramini et al.，2002）。某一典型区域的植物叶片功能性状可以反映该区域植物生理生态过程的特殊性，具有灵敏和快速响应环境的特点，是指示生态系统结构与功能的有效指标。

植物光合作用能力是植物在光照、土壤水分和环境 CO_2 都满足时的光合作用速率（Wright et al.，2004），光合能力也称碳同化能力，是植物光合器官固定大气 CO_2 中无机碳为有机碳的能力。光合作用的许多指标如光合速率、光饱和点、CO_2 补偿点、最大光化学效率、电子传递速率等都能够反映植物的碳同化能力（Kattge et al.，2011a；Su et al.，2012）。植物碳同化是其生长、碳利用（即生长呼吸和维持呼吸）以及碳存储的基础和条件（McDowell，2011）。夜间植物叶片呼吸消耗的碳正好和白天光合固定的碳持平时，为碳摄取的平衡点（Adams et al.，2013）。碳平衡的维持是植物在极端环境下生存的关键所在，植物个体往往通过调整光合器官不同功能性状变化来提高植物对异质性资源的利用效率，通过减少生长等自身调节策略保持碳平衡（Wiley et al.，2013）。当光合碳同化速率不能满足呼吸作用、生长和抵抗逆境所需的碳时，造成碳的负平衡，随着时间延长发生碳饥饿（Sevanto et al.，2014），植物失去光合能力，导致死亡。叶片的物质投资和分配格局是随叶龄变化的，新叶对环境变化敏感，轻微的环境扰动就能诱导其性状发生改变。

6.2.2　植物功能性状分类

植物功能性状分类因目的不同而异，主要有以下几种大的分类：形态性状（morphological traits）和生理性状（physiological traits），营养性状（vegetative traits）和繁殖性状（regenerative traits）、地上性状（aboveground traits）和地下性状（belowground traits）、影响性状（effect traits）和响应性状（response traits）、软性状（soft traits）和硬性状（hard traits）。软性状通常指相对容易观察的植物性状，却不易与生态系统功能建立直接联系，如生活型、生长型等；硬性状能准确反映植物对外界环境变化的响应，能够反映生态系统的功能特征，如光合速率、生长速率等，各性状之间是密切相关的（孟婷婷等，2007；刘晓娟和马克平，2015）。

生长型（growth form）和生活型（life form）是主要的全株植物性状（whole plant traits）。叶含水量、叶干物质含量（leaf dry matter content）、叶元素含量和比叶面积（specific leaf area）等是重要的叶性状（Cornelissen et al., 2003b）。植物叶片含水量、干物质含量、相对含水量等是叶的水分性状，叶片 N、P 等元素含量及其比值是植物叶的化学性状，比叶重、比叶面积、比叶体积等是叶的结构性状。叶片单位氮净光合速率反映了叶片光合氮利用效率（PNUE），被视为是一个描述植物叶片生理策略、营养经济的重要性状。

6.2.3　荒漠植物功能性状

荒漠植物光合器官（叶片或同化枝）性状特征是其适应干旱环境的重要体现，不仅是植物对特殊生境的生理生态适应特征，而且是指示生态系统结构与功能的有效指标。不同类型的植物根据其功能需求在自身性状之间进行资源权衡配置，达到资源优化利用（Funk and Cornwell, 2013）；不同发育程度的叶的功能性状不一定遵循资源优化策略（Sendall and Reich, 2013），环境因子对植物性状和资源获取方式具有限制性作用，在环境变化与选择压力下，植物性状会发生不同程度的调整，以应对环境胁迫或资源匮乏。

在荒漠生态系统中，水分是影响植物分布和生长的主导生态因子，水分状况及水分生理特征影响着植物的形态建成和生理生化过程，限制植物存活、生长和分布。

（1）比叶面积

比叶面积是植物叶片重要的性状之一，表示为叶片面积和叶干重的比值（测定方法见 2.4.2）。比叶面积往往与植物的生长和生存对策紧密联系，比叶面积的差异反映了叶片对光能捕获能力的不同，是比较生态学研究中的首选指标（Garnier et al., 2001），能够反映植物对碳的获取与利用的平衡关系（Wilson et al., 1999）。在同一个体或群落内，一般受光越弱的植株比叶面积越大，可以作为叶遮阴程度的指标。比叶面积可以反映植物获取资源的能力，比叶面积大的植物具有较高的生产力。所以，高比叶面积植物能够很好地适应资源丰富的环境，相反，比叶面积低的植物能很好地适应贫瘠的环境。比叶重是比叶面积的倒数，反映了叶肉细胞碳同化效率上的差异。

植物在不同功能和性状之间对有限资源的分配互相牵制（Shipley et al., 2006）。荒漠植物通常具有较厚的表皮以适应干旱水分胁迫，比叶面积较小。内陆黑河流域荒漠植物的比叶面积变化范围为 $13.70 \sim 289.14 \text{cm}^2/\text{g}$，平均值为 $68.46 \text{cm}^2/\text{g}$，与其他区域相比，黑河流域荒漠植物比叶面积相对偏小。黑河流域荒漠区由于强烈的风蚀作用及荒漠化、盐渍化，土壤相对贫瘠，可供植物利用的资源相对较少，这种生境中生长的植物比叶面积相对较低是植物适应贫瘠环境的结果。

（2）叶干物质含量

叶干物质含量主要反映的是植物对养分元素的保有能力及植物获取资源的能力，它表示为叶片干物质重量和叶片饱和鲜重的比值（测定方法见 2.4.1）。Wilson 等（1999）在比较了英格兰地区 769 种植物的比叶面积和叶干物质含量后认为，叶干物质含量是在资源利用分类轴上定位植物种类的最佳变量，比比叶面积能更好地指示植物对资源的利用。植物叶干物质含量与比叶面积之间主要表现为负相关关系，即叶干物质含量增大时，比叶面积减小，使叶片内部水分向叶片表面扩散的距离或阻力增大，降低植物内部水分散失。将叶片干物质含量与比叶面积相结合可以很好地预测植物的保水能力及环境适应策略。

（3）比叶体积

比叶体积是根据植物适应高寒、干旱等极端环境叶片形态多样、不规则，变小、变厚，甚至退化，叶面积不易准确测定而引入的一个重要叶性状指标，表示为叶体积与叶干重的比值（测定方法见 2.4.2）。

从高寒植物比叶体积与叶片 N 含量、P 含量、总含水量、干重含水量和相对含水量之间存在极显著正相关关系（$P<0.01$），与比叶面积之间存在显著相关关系（$P<0.05$），与比叶面积比较，比叶体积是反映高寒植物和荒漠植物叶片功能性状的更好指标。可以利用叶片 N 含量（L_N）计算比叶体积（SLV），高寒植物 $SLV=0.31L_N-2.38$（$r=0.79$，$P<0.001$）。

高寒植物不同类型植物功能群的功能性状比较可以看出，多个性状中比叶体积变化最明显，在水分生态类型中，随着抗旱性的减小，比叶体积减小；在生长型中，灌木的比叶体积大于草本，禾草大于莎草；在生活型中，芽位越高，比叶体积越大，即高位芽植物>地面芽植物>地下芽植物（Su et al., 2018）。

比叶面积（SLA）、比叶体积（SLV）和叶干物质含量（D_m）都与植物的水分及营养状况紧密相关，可以反映植物对环境的综合适应特征。对黑河中游荒漠区梭梭、沙拐枣、泡泡刺、柠条、花棒、珍珠、红砂、荒漠锦鸡儿、合头草、黄毛头、中亚紫菀木、籽蒿、骆驼刺和桎柳等 14 种优势植物叶片的总含水量（T_w）、干重含水量（D_w）、相对含水量（R_w）、水势（LWP）、干物质含量、SLA 和 SLV 等 7 个典型功能性状以及相互之间的关系进行分析，不同植物种间各性状差异较大。

荒漠植物体内含水量相对较低，不同荒漠植物光合器官含水量比较，黄毛头叶片 T_w 最高，达到 89%；荒漠锦鸡儿最低，为 56%。在干旱环境中生长的植物普遍存在着水分亏缺，不同植物在同样干旱条件下水分亏缺程度相差很大，黑河中游荒漠优势种植物均表现出不同程度的水分亏缺，荒漠锦鸡儿叶片 R_w 最小，为 22%，其水分亏缺最大；泡泡刺叶片 R_w 最大，为 89%，其水分亏缺最小。植物叶片 T_w 也叫鲜重含水量，其变化趋势与 D_w 相同。红砂叶片的 D_m 最高，为 31%，黄毛头最低，为 8%。不同植物种间叶片水势变化复杂，差异显著，其中沙拐枣最大，为 -1.5MPa；最小的是红砂，为 -10.7MPa。SLA 最大的是荒漠锦鸡儿，为 101.6cm²/g；红砂最小，为 13.7cm²/g。SLV 最大的是合头草，为 11.4cm³/g；最小的是红砂，为 1.3cm³/g（李善家等，2013）。

C$_3$ 荒漠植物 SLV 与 D_m 之间呈极显著负相关（$P<0.01$），与 T_w 和 D_w 之间呈极显著正相关（$P<0.01$）（李善家等，2013）。高寒植物 SLV 与 D_m 之间也呈负相关关系，但相关性较低，但与 T_w 和 D_w 之间亦呈极显著正相关（$P<0.01$）（Su et al.，2018）。荒漠植物 SLA 与 D_m 之间呈显著负相关（$P<0.05$）（李善家等，2013），但高寒植物 SLA 与 D_m 之间呈极显著负相关（$P<0.01$）（Su et al.，2018）。荒漠植物的生态主导因子是水分，高寒植物的生态主导因子是温度，可见温度主导下的 SLV 与水分主导下的比叶体积特征有共同之处，亦有特殊性。

高寒植物比叶体积与叶片 N 含量、P 含量、总含水量、干重含水量和相对含水量之间存在极显著正相关（$P<0.01$），与比叶面积之间存在显著正相关（$P<0.05$）。比叶面积与 N 含量和总含水量之间达到显著正相关（$P<0.05$）。与比叶面积比较，比叶体积能更好地反映高寒植物的叶功能性状（Su et al.，2018）。

比叶体积可以作为反映荒漠植物和高寒植物叶性状特征的重要指标，叶片水分及功能性状之间所呈现的特征及其对生境的响应都综合表现出逆境植物的生理生态适应策略。

6.2.4 黑河中游荒漠植物优势种导水率

水力结构是植物在特定环境中，为适应生存竞争需要所形成的不同形态结构和水分运输供给策略，通过对植物水力结构的研究，可以认识其水分生理生态特征，阐明植物的耐旱特性及机理（Li et al.，2018）。导水率是水力结构特征中常用的参数之一，是指通过一个离体组织的水流量与该组织引起水流动的压力梯度的比值，反映植物组织输水速率的快慢，导水率越大，输水速度越快（李吉跃和翟洪波，2000）。

对内陆黑河流域中游荒漠区三种优势灌木红砂、泡泡刺和合头草，采用高压流速仪对其叶、茎和根的导水率进行测定，分析这 3 种典型优势灌木不同器官的导水率特征及其与其他功能性状的关系，认识它们对荒漠环境的适应策略。红砂的叶导水率和茎导水率显著高于合头草（$P<0.05$）[图 6-1（a）、（d）]。叶面积导水率是叶导水率和叶面积的比值，即单位叶面积导水率，从图 6-1（b）看出，合头草显著高于红砂和泡泡刺；叶重导水率是叶导水率和叶重量的比值，即单位叶重导水率，红砂、泡泡刺和合头草的比较结果与叶面积导水率一样，也是合头草显著高于红砂和泡泡刺 [图 6-1（c）]。茎叶面积导水率是茎导水率与叶面积的比值，即茎的单位叶面积导水率，合头草显著高于红砂和泡泡刺，红砂和泡泡刺之间没有显著差异 [图 6-1（e）]；茎叶重导水率是茎导水率与叶片重量的比值，即茎的单位叶重导水率，3 种不同植物的差异特征与茎叶面积导水率一致 [图 6-1（f）]。根导水率红砂和泡泡刺显著高于合头草，红砂和泡泡刺之间没有显著差异 [图 6-1（g）]；不同种之间根长导水率的差异与根导水率一致 [图 6-1（h）]；根重导水率在 3 种植物之间存在显著差异，泡泡刺最高，红砂次之，合头草最低 [图 6-1（i）]；根表面积导水率反映种间差异的趋势，与根导水率和根长导水率相近，但还能反映出根系导水率其他指标不能反映的特征 [图 6-1（j）]。

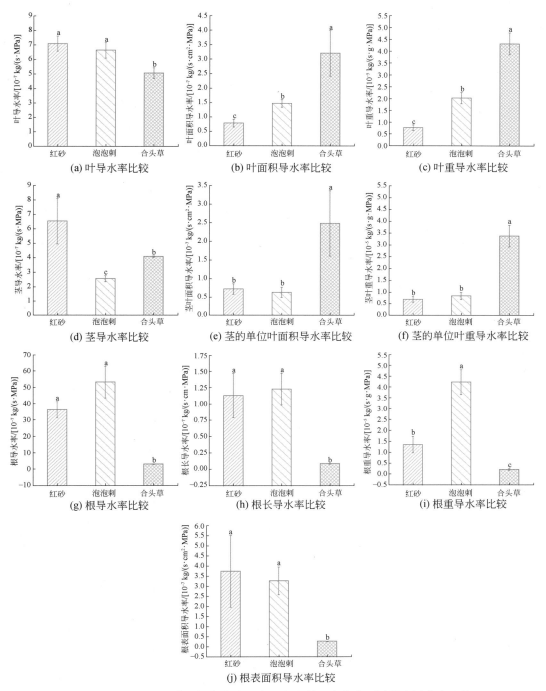

图 6-1　黑河中游荒漠植物优势种红砂、泡泡刺和合头草不同器官导水率比较

每个小图中不同的小写字母表示不同植物种之间存在显著差异（$P<0.05$）

合头草、红砂和泡泡刺均为肉质叶植物，合头草为半灌木，红砂和泡泡刺为灌木，总体表现为半灌木的根导水率显著小于灌木，但叶面积导水率、叶重导水率、茎叶面积导水率和茎叶重导水率显著高于灌木。

红砂和泡泡刺通过对土壤水分较强的吸收能力和叶片较低的水分散失速率来保存体内水分，以适应干旱的戈壁生境，较合头草的耐旱性更强（Li et al., 2018）。

表征植物叶性状和根性状的各种指标反映了植物的耐旱性，而能够阐明植物耐旱特性和机理的水力结构特征与这些导水率指标之间紧密关联。对红砂、泡泡刺和合头草这3种植物根、茎、叶不同器官导水率与根系、叶片性状指标之间的相关性进行分析，这3种植物的叶重导水率与茎叶面积导水率和茎叶重导水率之间均有极显著的正相关关系（$P<0.01$）；茎叶面积导水率和茎叶重导水率之间呈极显著正相关，相关系数更高（表6-1）。

表 6-1 3 种荒漠植物不同器官导水率与根、叶性状指标的相关性分析

指标	叶重导水率	茎叶面积导水率	茎叶重导水率	比叶重	比叶面积	根重导水率	根直径	根长度	根表面积	根重量	比根长
茎叶面积导水率	0.94**										
茎叶重导水率	0.95**	0.99**									
比叶重	-0.44	-0.18	-0.31								
比叶面积	0.39	0.13	0.27	-0.99**							
根重导水率	-0.34	-0.52	-0.53	-0.10	0.05						
根直径	-0.38	-0.46	-0.44	-0.06	0.01	0.33					
根长度	0.25	0.02	0.02	-0.23	0.15	0.28	0.60				
根表面积	-0.14	-0.29	-0.29	-0.07	0.00	0.34	0.89**	0.89**			
根重量	-0.24	-0.05	-0.14	0.73*	-0.74*	-0.40	0.29	0.17	0.33		
比根长	0.16	-0.14	-0.06	-0.74*	0.72*	0.58	0.22	0.38	0.28	-0.78*	
比根表面积	-0.02	-0.29	-0.23	-0.58	0.56	0.73*	0.34	0.37	0.35	-0.70*	0.97**

注：相关系数右上角 * 表示相关性达到显著水平（$P<0.05$），** 表示相关性达到极显著水平（$P<0.01$）

比叶重是指单位叶面积的重量，通常用干重表示。比叶面积（specific leaf area）是指叶片单位干重的叶面积，即叶片面积与其干重之比，在同一个体或群落内，一般受光越少比叶面积越大。比叶重和比叶面积互为倒数，它们与细根重量和比根长之间存在显著相关关系（表6-1）。

比根长是指根系单位重量的长度，是根长与根系生物量的比值，一般指的是细根（细根划分标准见7.8）。比根表面积是指单位重量根系所具有的总表面积。植物细根的根重导水率与其比根长之间相关性不显著，但与其比表面积之间存在显著的正相关关系（$P<0.05$）。细根的比根长和比表面积之间存在极显著的正相关关系（$P<0.01$）（表6-1）。比叶重和细根重量之间存在显著正相关关系，植物受到干旱胁迫时，会通过增加叶片的厚度或细根木质化来增强其耐旱性（Li et al., 2018）。

6.3 荒漠植物 C、N、P 元素含量及其相互关系

生物都是由元素组成的，它能够对有机体的许多行为进行有序调控。生物实体能够根据其本身的元素组成加以明显区分，这种差异与重要的生态功能相联系。具有较高叶 N 含量和净光合速率的植物生长较快，对气候趋暖的响应较明显（Gornish and Prather，2014）。高寒灌木，即高位芽植物的叶 N 含量要高于地面芽和地下芽等草本植物。随着全球气候变暖，高寒植物中的灌木会生长更快，在未来高寒植被中可能占优势，影响高寒草甸草原稳定。

6.3.1 生态化学计量

（1）化学元素

化学元素是生物体最本质的组成成分，生物的生长过程实质上是对元素的积聚与相对比例的调节过程（Elser et al.，2010）。化学元素对植物的生理机制调节和生长存在极其必要的效用，具备首要效用的化学元素是碳（C）、氮（N）、磷（P），它们是生物体内最重要的化学物质成分（Elser et al.，2003；Reich et al.，2006），是植物结构和新陈代谢的基本组分。植物必需元素可分为大量元素和微量元素，从 H_2O 和 CO_2 中获取的大量元素有碳 C、氢（H）、氧（O），从土壤中获取的大量元素有 N、P、钾（K）、钙（Ca）、镁（Mg）、硫（S）和硅（Si），微量元素有铁（Fe）、锰（Mn）、锌（Zn）、钠（Na）、铜（Cu）、钼（Mo）、镍（Ni）、硼（B）、氯（Cl）等。生源要素指的是生物体所需的大量元素，如 C、H、O、N、P、K 等。

（2）生态化学计量学

生态化学计量学结合了生物学、化学和物理学等基本原理，是研究生物系统能量平衡和多重化学元素（通常是 C、N、P、K、O、S）平衡的科学。生物体内的生理生化过程都是化学反应，可以用质量守恒原理来研究，元素的流动性和稳定性为能量通量的计算提供了方便；元素在生命过程中和生物地球化学循环中所具有的耦合作用使元素比率和生态过程具有了数量上的关系（Sterner and Elser，2002）。

进入 21 世纪以来，生态化学计量学得到迅猛发展，被认为在所有生物系统和全球生物地球化学循环研究中具有重要作用。利用生态化学计量方法，将分子、细胞、器官、个体、种群、群落、生态系统水平生态过程紧密联系，根据多重化学元素的平衡关系，研究 C、N、P 等元素在生态过程中的耦合关系，探索从个体到生态系统不同层次的内在联系和尺度效应，可以更好地揭示不同尺度生态过程，成为生态学研究的有力工具。

生态化学计量强调的是活有机体的主要组成元素的关系。植物的 C∶N∶P 的值不仅决定了有机体的关键特征，也决定了有机体对资源数量和种类的需求。植物的光合作用与光合器官中的 N 含量密切相关，而光合器官中氮素又依赖于植物根系对 N 的吸收和向叶片的运输，这些过程都需要光合作用提供能量。

养分的供应量是否充足是影响有机体生长、种群结构、物种相互作用和生态系统稳定性的重要因素，对这种供应量不足的养分类型的判断就成为维护生态系统稳定的前提。养分限制意味着 C 的相对过量（如 C：N、C：P 上升），许多元素之间的交互作用是通过 C 与其他养分的比值关系来进行调节的（Melillo et al.，2003）。

叶片化学计量能够影响植物生物量分配，高的叶片 N 含量可以提高叶片光合作用，增加同化产物积累，使植物根冠比（R/S）显著减小，即分配到地上部分的生物量比例显著增大（Hikosaka and Osone，2009）；相反，低的叶片 N 含量使植物 R/S 增大（Grechi et al.，2007）。

生态化学计量特征影响着物种共生、群落结构与动态、生物的养分限制、生态系统养分循环与供求平衡，以及全球生物地球化学循环等关系。

6.3.2　C、N、P 元素变化特征

C、N、P 三种元素是生物体内最重要的生命元素，因此，研究生物体的 C：N：P 有助于从不同的角度理解生物世界的机理。

C 是组成植物体的结构性元素，是构成植物体内干物质的最主要元素。C 与其他元素结合在一起，组成包括 DNA、蛋白质和其他重要的生物大分子，从而使 C 成为地球上所有生命形式的通用媒介，许多元素之间的交互作用都通过 C 调节。

N 和 P 则是植物体的功能性元素，其分布和储量直接关系到生态系统功能的正常发挥，影响着碳氮水循环的生态系统功能。不同植物器官的 N 与 P 含量差异不仅受植物基本生理需求的影响，而且还受相应器官功能分化的影响，营养元素生物循环是退化生态系统恢复的重要机理。

N 在很多陆地生态系统中是限制性元素，也是最主要的营养元素；N 在生物体内所有酶的活性方面发挥着重要作用，植物通过吸收 N 合成捕光天线复合体叶绿素，并通过叶绿素吸收大量光辐射能。P 在生物体内含量较低却发挥着极其重要的作用，它是遗传物质、生物膜、核糖体等的组成成分，还是能量的载体、生态系统的限制性元素。

群落动态受到营养成分含量的限制，植物 N、P 化学计量特征与植物特性之间的关系能够解释植物群落的功能差异及其对环境变化的适应性（Venterink et al.，2003）。Reich 和 Oleksyn（2004）在研究全球植被 N 和 P 含量与温度的关系时提出了温度-植物生理假说（Temperature-Plant Physiological Hypothesis，TPPH），认为植物的生理过程对调控植物器官的元素含量和比例起着重要的作用，低温限制植物光合 C 吸收，使植物的 C：N 和 C：P 发生改变。不同器官和组织之间相互作用的结果就是分配多少 C 或 N 到特定部位，以协调整体的生长发育过程。全球 452 个样点 1280 种陆生植物叶片的 N：P 的值平均为 13.8，随着年平均气温的降低和纬度的升高，叶片中 N 和 P 含量显著增加，N：P 则表现出显著下降的趋势。

全球植物叶片 C 含量平均为 46.4%（Elser et al.，2000a），N 含量为 20.1mg/g，P 含量为 1.8mg/g（Reich and Oleksyn，2004）。中国陆地草本植物叶片 N 含量为 20.2mg/g，

P 含量为 1.5mg/g（Han et al.，2005）。高寒植物叶片 C 含量平均为 44.8%，灌木为 47.9%，草本植物平均为 43.7%，乔木紫果云杉为 50.8%；木本植物高于全球平均值，草本植物低于全球平均值。高寒植物叶片 N 含量平均为 20.9mg/g，P 含量平均为 1.3mg/g，N：P 的值平均为 16.2（Su et al.，2018）。由此可见，高寒植物叶片 N 含量与全球平均值相近甚至略高；但 P 含量明显偏低。

黑河流域荒漠植物叶片 C、N、P 含量从草本到灌木变化范围分别为 20.1% ~ 87.2%、5.6 ~ 40.7mg/g 和 0.9 ~ 6.8mg/g。

6.3.3　C：N、C：P、N：P 之间的相互关系

植物的 C：N：P 的值决定了有机体的关键特征，也决定了有机体对资源数量和种类的需求，C：N：P 的值可以影响种群稳定性和群落结构，是分析生态系统的有力工具（Elser et al.，2000b）。

植物叶片的 C：N、C：P 意味着植物吸收营养所能同化 C 的能力，在一定程度上反映了植物的营养利用效率，N：P 在一定程度上可反映植物群落的结构、功能和养分供应状况等（Wu et al.，2012）。

植物叶片的 N：P 临界比值可以作为判断环境对植物生长养分供应状况的指标，通常当 N：P 值为 14 ~ 16 时，认为植物 N 和 P 营养平衡；当其比值小于 14 或者大于 16 时，植物的生长将受到 N 或者 P 的限制，N：P<14 为 N 限制，N：P>16 为 P 限制（Güsewell，2004）。也有研究认为，当植物 N：P 为 8 ~ 12 时，植物生长速率最大（Ågren，2008）。

在植物的个体水平上，C、N、P 的组成及分配是相互联系、不可分割的一个整体，它们的相互作用及与外界环境的关系共同决定着植物的营养水平和生长发育过程。在生态系统水平上，群落冠层叶片氮素水平在一定程度上代表其光合能力和生产力，凋落物的分解速率与其 C：N 的值呈负相关关系，土壤的 C：N 值也与有机质的分解、土壤呼吸等密切相关（Yuste et al.，2007），土壤及植物的 N 和 P 共同决定着生态系统的生产力。生产者、消费者、分解者及土壤等环境的 C、N、P 组成和耦合作用决定了生态系统的主要过程。黑河流域荒漠植物叶片 P 与 N：P 的相关性高于 N 与 N：P 的相关性，说明黑河流域荒漠植物生长发育受 P 的影响比受 N 的影响更明显。

He 等（2008）对中国草地 213 种优势植物的 C：N：P 计量学进行了研究，发现中国草地植物的 P 含量相对较低，而 N：P 高于其他地区草地生态系统，并且在草地生物群区之内，N、P 及 N：P 不随温度和降水发生明显变化。Han 等（2005）较为系统地分析了我国 753 种陆生植物的 N、P、N：P 在不同的生活型、系统发育类群、碳代谢途径类群之间的化学计量学特征，发现叶片 N、P 含量随纬度升高、温度降低而显著增加，但 N：P 与纬度及温度变化的相关性不显著。

6.3.4　生态化学计量内稳性

有机体与其环境保持一种相对稳定的平衡状态的现象，称为动态平衡或内稳态（homeostasis)。生物在长期进化过程中，形成了一定的内稳态机制（homeostatic mechanism），即生物在变化的环境中具有保持其自身化学组成相对恒定的能力，它是生态化学计量学存在的前提（Sterner and Elser，2002）。在生态化学计量学中，有机体元素的动态平衡是指有机体中元素组成与它们周围环境（包括它们利用的资源、食物）养分元素供应保持相对稳定的一种状态。

生物体由多种多样的化合物组成，一般来讲，这些化合物在生物体内的含量也是相对稳定的，因此，生物体的元素组成和比率是相对稳定的。然而，环境中元素比率的变化会影响到生物体的元素比率。Sterner 和 Elser（2002）根据理论推导和大量研究结果提出了内稳性模型 $y=cx^{1/H}$，y 是生物体的元素浓度或元素比率，x 是环境或者食物的元素浓度或者比率，c 是常数，H 是内稳性指数，H 大于 1 表明生物有内稳控制能力。Karimi 和 Folt（2006）认为，大量元素符合内稳性模型，而微量元素和非必需元素可能有另外的模式。植物比动物和微生物具有较差的内稳性，变化幅度比较大（Sterner and Hessen，1994；Sterner and George，2000）。这是因为植物碳的固定和营养的吸收是分开的不同途径，不像动物所有的营养都是通过食物获得，动物取食的生物本身就具有较小的元素变化范围（Berman-Frank and Dubinsky，1999；Ågren，2004）。

植物能够主动地调整养分需求，从而调整体内各元素的相对丰度，灵活地适应周围生长环境的变化，这些过程将导致植物组织和器官的 C：N：P 化学计量比值发生变化。植物可能通过内稳性机制使 C：N：P 维持某一动态平衡（Sterner and Elser，2002），生态化学计量内稳性高的物种具有较高的优势度和稳定性，植物内稳性是生态系统结构、功能和稳定性维持的重要机制（Yu et al.，2010），但环境条件可能会改变生态化学计量内稳性与生态系统特性的关系（Bai et al.，2010）。

内稳性强弱与物种的生态策略和适应性有关（Jeyasingh et al.，2009），各种因素都会影响到植物的生态化学计量内稳性，反映了植物对环境变化的生理生化适应（Elser et al.，2010）。生物实体能够根据它们的元素组成而加以明显区分，元素组成差异与重要的生态功能相联系。正常生物体的养分元素组成比较稳定，即使外界环境不断变化，其组成也不会发生很大变化；但是，如果受到某种极端环境因子的影响，造成元素组成产生巨大变化，超出了其能够忍受的极限，这种有机体就可能无法生存，这就是生态学上的"Shelford 耐受定律"在有机体元素组成上的一个反映。

物种和群落水平的化学计量内稳性是生态系统稳定性维持的基础，由化学计量内稳性高的物种占优势的群落，具有更高的生产力和稳定性。生物的内稳态是在长期的进化过程中适应环境的结果，具有非常重要的进化学和生态学意义。

6.3.5　生长速率假说

生长速率假说（Growth Rate Hypothesis，GRH）认为，植物的生长速率随着叶片 N：P 和 C：P 比率的降低而增加，这是由于生物的快速生长需要大量的核糖体（蛋白质的合成场所），而核糖体是生物体内 P 的主要贮藏库，它们含有较多的核糖核酸（RNA）中富含

P，因此，核糖体的增加是建立在较高的 P 含量的基础上的；同时，高的生长率是和高的 RNA 含量相联系的（Sterner and Elser，2002）。

生长速率是生物生活史对策的最主要的指标之一，它综合地反映了生物的适应性（Arendt，1997），是反映生物生活史特征的一个最全面的指标，GRH 认为生物体必须改变它们的 C∶N∶P 值以适应生长速率的改变，生长速率较高的生物具有较低的 N∶P 和较高的 N∶C、P∶C（Elser et al.，2000a）。动物获得营养是把食物作为一个整体摄入，植物是有选择的吸收土壤中的元素。随着植物体积的增大，其 N 含量和 P 含量都下降，最大生长速率也下降，不过，P 含量的下降快于 N 含量的下降（Sterner and Elser，2002）。随着生长速率的增加，植物体 N∶C 呈线性关系增加，P∶C 呈二次方增加；N∶P 要复杂一些，生长速率低的时候，N∶P 随生长速率的增大而增大，越过一个最大值后随生长速率的增大而减小（Ågren，2008）。

6.4 植物叶经济谱及权衡关系

叶经济谱（leaf economics spectrum）是一系列相互联系、协同变化的功能性状组合，同时也数量化地表示一系列有规律的连续变化的植物资源权衡策略（trade-off）（Wright et al.，2005；Enquist et al.，2007；Lavorel，2013；Funk and Cornwell，2013），体现了不同类型的植物根据其功能需求在自身性状之间进行的资源权衡配置。叶经济谱概念中的"经济"，即资源权衡策略。

在干旱荒漠有限的资源环境中，植物会在功能性状之间进行资源优化配置，植物对某一功能性状的资源投入较多，必然会减少对其他性状的资源投入，即以牺牲其他性状的构建和功能维持为代价，这是"此消彼长"的权衡策略。叶经济谱量化表达了"权衡策略"这个抽象的生态学思想，并将其与一系列可方便测得的功能性状联系起来（Funk and Cornwell，2013），即这种规律或权衡策略可以通过功能性状指标间的数量关系来体现（陈莹婷和许振柱，2014）。

植物性状多种多样，彼此的功能复杂又有交叉、重叠（Cornelissen et al.，2003b；Kattge et al.，2011b），每种性状都对植物具有重要和特殊的作用，但不是任何一种均能作为植物权衡策略研究的核心性状（core traits），即叶经济谱性状（leaf economic traits）。Wright 等（2004）通过收集分析各类群落类型植物的叶性状数据，提炼出 6 个核心性状：比叶重、叶寿命、净光合速率、暗呼吸速率、叶氮含量、叶磷含量。叶片是植物碳水耦合权衡的重要器官，其功能性状对植物个体、种群、群落、生态系统、生物地球化学循环具有"动力源"性的作用（Blonder et al.，2013）。植物自叶片光合作用得到的产物以及根系从土壤吸收的矿质养分元素投资到叶片上，叶片则以在枝条上存活的生命时长来获得最大累积光合产物；植物利用这些回报来获取矿质养分支持植物新陈代谢，进而再投资到叶片及茎、根等其他器官（Valladares et al.，2010），所以叶片功能性状对研究整体植株"投资回报"策略非常重要。近年来的研究主要集中在以叶面积为基础（area-based）和以叶质量为基础（mass-based）的两大类标准化性状指标之间的区别与适用性上（Lloyd et al.，

2013；Osnas et al.，2013；Read et al.，2014），一般情况下，"质量标准化"的性状指标比"面积标准化"的性状指标更加适宜，但分析数据时，仍要多方面处理和比较，谨慎选取具有代表性的性状指标。对于荒漠植物和高寒植物而言，比叶体积与其他叶功能性状之间密切相关，与比叶重相比较，相关性更高，能够很好地反映逆境植物环境适应特征（李善家等，2013；Su et al.，2018）。建立以叶体积为基础（volume-based）的标准化性状指标来进行叶性状的功能和数量化研究，可以更好地理解逆境植物功能性状之间对有限资源进行的权衡作用。

由于环境压力和植物权衡策略，不同功能的性状之间会存在一定的数量关系，诸多关系共同整合到叶器官上，便构成一个复杂而有序的叶经济谱性状的权衡关系网络（图6-2）。叶的结构性状比叶面积、比叶重和比叶体积，叶的化学性状碳含量、氮含量和磷含量等，叶的光合生理性状光合途径、光合能力和呼吸作用等，叶的形态性状叶大小、叶型和叶脉等，这些功能性状之间复杂、稳定的"经济"策略和关系，是叶经济谱的基础和出发点，功能性状则是这些关系网络的节点（陈莹婷和许振柱，2014）。

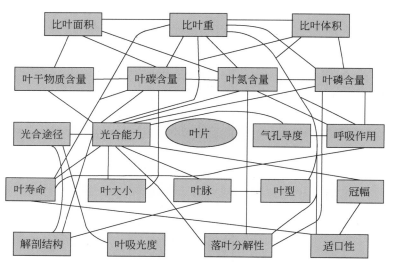

图 6-2　叶经济谱性状的权衡关系网络（Pérez-Ramos et al.，2012；Osnas et al.，2013；
陈莹婷和许振柱，2014）

研究植物功能性状及其关系，量化和概括权衡策略的内涵和变化规律，建立多尺度、多维度的植被功能性状概念和理论模型，阐明其在全球变化背景下的演变规律与特征，有助于植物地理学和生态学的理论创新。以植物功能性状为研究对象的权衡关系理论正在扮演承上启下——联系宏观和微观的生态学功能与过程、实现尺度互推的重要角色，最终通过模型模拟建立全面、客观的植物与环境的关系网络。

荒漠植物功能性状研究应尽可能地收集与整合植物性状和功能信息，创建一个整合叶—植物—生态系统信息的植被功能性状概念和理论，阐明生态过程及其作用机制，预测群落演替趋势，进而遏制环境恶化，促进生态恢复。

第 7 章 　 C_3 和 C_4 荒漠植物种间相互作用关系

7.1　导　言

C_3 和 C_4 植物对气候变化、人类干扰以及营养水平的改变都有着不同的响应。在高光强、高温及干旱的气候条件下，C_4 植物的光合速率远高于 C_3 植物，净光合速率可高出 50%（Osmond et al.，1982），原因之一是在这种环境下 C_3 植物的光呼吸显著加强。

水稻、小麦等 C_3 植物的光呼吸显著，通过光呼吸耗损光合作用新形成有机物的 25%，而玉米、高粱、甘蔗等 C_4 植物的光呼吸明显小，光呼吸耗损只占光合作用新形成有机物的 2%~5%（潘瑞炽，2012）。

影响 C_4 途径表达的因素是多方面的，除了环境是一个重要因素外，不同的植物发育阶段也是一个重要影响因素。无茎粟米草（*Mollugo nudicaulis*）可同时存在光合作用的 C_3 和 C_4 途径，嫩叶属 C_3 途径，老叶属 C_4 途径，中部叶属于中间类型（李卫华等，1999）。具槽秆荸荠（*Heleocharis valleculosa*）在陆生条件下，进行 C_4 光合作用；而在水生条件下，进行 C_3 方式同化 CO_2（Ueno et al.，1988；Agarie et al.，1997）。

C_4 植物的鲜明特征是具有高的水分利用效率、较高的光合作用最适温度和在高温下稳定的光量子产量。当水分条件受到限制时，C_4 植物表现出的低蒸腾速率显示了比 C_3 植物的优越性。C_4 灌木比草本、藜科比禾本科在干旱荒漠地区占优势，它们具有高的抵抗干旱和忍耐干旱的能力。

7.2　植物种间正负相互作用

7.2.1　植物群落种间关系

植物之间存在着相互依存、相互制约和相互补偿的关系，称为种间关系。种间相互作用分为三大类：一是正相互作用，按其作用程度分为偏利共生、原始协作和互利共生三类；二是负相互作用，包括竞争、寄生和偏害等；三是中性作用，即没有相互作用，生物与生物之间是普遍联系的，没有相互作用是相对的。植物种间相互作用是植被演替的驱动力，也是生态农业重要的理论基础。

作为植物群落的基本特征之一的种间相互作用，归纳为正相互作用（促进，正效应）和负相互作用（竞争，负效应）两方面，可以是一个保护另一个使其免受或少受植食者、潜在竞争者或极端气候条件的影响，并通过冠层淋溶、增加微生物、菌丝网络和提水效应来提供额外资源；同时又有光、养分、空间、授粉和水的竞争。

在以前的种间关系认识上，负相互作用（如竞争）被认为是构建植物群落的主导生物因素，对植物间相互作用的研究也都是竞争占据主导地位。随着研究的发展，正相互作用的重要性越来越受到生态学家们的关注（Brooker et al.，2008）。促进不仅能驱动物种生态位的融合、提高群落的多样性指数（Vellend，2008），而且可作为自然植物群落重要的结构驱动力用于植被恢复，特别是在严峻或高度受干扰的环境中。促进和竞争作用有时同时存在，二者在群落中的净效应会随着竞争和促进机制的相对重要性而改变。

Bertness 和 Callaway（1994）提出了胁迫梯度假说（stress gradient hypothesis，SGH），认为促进作用和竞争作用的相对重要性会随着非生物胁迫梯度变化，环境胁迫度的增加会导致互利的强度或重要性增加，在环境压力较小的条件下，即当环境条件较好时，物种间的负相互作用（竞争）起主导作用；随着环境压力的增加，即在恶劣的环境下，竞争作用便会减弱而正相互作用（促进作用）则相应增强。简言之，随着环境胁迫的增加，促进作用增加，竞争作用减弱；但在极端胁迫环境下则表现为竞争。在欧洲，就 *Retama sphaerocarpa* 的分布区域来说，Armas 等（2011）发现随着干旱胁迫的增加，灌木在正相互作用中的强度和频度都有所增强，相当多的植物都是在 *R. sphaerocarpa* 的冠幅下才能生长。在美国的莫哈韦沙漠，随着松树幼苗分布区干旱程度的增强，灌木三齿蒿（*Artemisia tridentate*）对它的护理作用也随之加强。亚高寒和高寒植物群落中目标种去除伴随种试验发现，植物间的相互作用一般会随着海拔的升高和非生物胁迫压力的增强从竞争转变为促进（Callaway et al.，2002），促进作用的重要性随着非生物胁迫的增强而增强。阿尔卑斯山植物群落随着海拔升高种间助长作用增加，在严酷环境下种间助长拓展了生态位（Choler et al.，2001）。

在干旱荒漠环境下生长的灌木体形和叶片较小，树皮较光滑且有蜡质层，在极少降雨条件下就可以形成树干径流，可为灌木在受干旱胁迫时提供水分（Li et al.，2008）。在半干旱环境下生长的灌木林下往往生长着浓密的一年生和多年生草本植物。灌木林冠的存在使林下潜在有机矿化率提高，增加了土壤化学肥力，灌木林冠为林下植被提供了较低气温和辐射；但同时由于灌木的枯枝落叶减少了生态位和萌芽植物苗的空间，抑制了生产更大的草本生物量。而在这一进程中，一年生草本的枯枝落叶也增加了矿化速率即营养，从而也有利于灌木生长。

促进相互作用易于在极端环境中表现出来，如在沙漠、北极或高山冻土等系统中，甚至有人认为与竞争同生的促进作用集中在那些竞争显著的群落中（Bertness and Callaway，1994）。但也有相反的观点，在严酷的极端环境下竞争作用占优势（Maestre and Cortina，2004）。

混生群落中一个很重要的特征就是种间结合，常常表现为助长（facilitation）（Brooker et al.，2008）或正相互作用。环境可以使植物种间竞争与助长的关系发生转变，从负相互作用到中性，或从中性向正相互作用转变。在土壤表层干燥而深层有水分的情况下，三齿蒿和沙生冰草（*Agropyron desertorum*）这两种植物表现为互利关系；而当水分较充足时，如连续降雨，这两种植物表现为竞争关系。竞争和助长直接影响着植物个体的生长、形态、发育和生活史，进而影响植物的分布、群落中物种的共存与多样性。竞争和助长经常是共存的，是可以转化的（Brooker et al., 2008）。

相对总生物量（RYT）可作为测定混生群落种间竞争力的重要指标（Taylor and Aarssen，1989），它可以表明两种植物的种间关系及对同一资源的利用情况。相对总生物量按下列公式计算：

$$RYT = \frac{X_3}{Y_3} + \frac{X_4}{Y_4} \tag{7-1}$$

式中，X_3 为混生群落 C₃ 植物的生物量；X_4 为混生群落 C₄ 植物的生物量；Y_3 为单生种群 C₃ 植物的生物量；Y_4 为单生种群 C₄ 植物的生物量。

当 RYT>1 时，两种植物占有不同的生态位，利用不同的资源，表现出一定的共生关系、互惠关系，即助长或者促进；RYT=1 时，植物种间利用共同的资源；当 RYT<1 时，表示植物间相互拮抗，即竞争。

竞争率（CR）能反映两种混生植物竞争力的强弱（Silvertown，1987），用 CR 能进一步说明混生植物种间竞争力的大小。竞争率按下列公式计算：

$$CR_3 = \frac{\frac{X_3}{Y_3} \times Z_3}{\frac{X_4}{Y_4} \times Z_4} \tag{7-2}$$

式中，Z_3 为混生群中 C₃ 植株的比例；Z_4 为混生群中 C₄ 植株的比例；其他符号含义同式（7-1）。

当 CR_3>1 时表示 C₃ 植物的竞争力大于 C₄ 植物；CR_3=1 时，表示 C₃ 植物和 C₄ 植物的竞争力相等；当 CR_3<1 时，表示 C₃ 植物的竞争力小于 C₄ 植物。

通过邻体相对作用指数（relative neighbor effect，RNE）计算，也能很好地认识混生群落的种间相互作用（Kikvidze et al.，2006）：

$$RNE_3 = \frac{X_3 - Y_3}{\max\ (X_3,\ Y_3)} \tag{7-3}$$

$$RNE_4 = \frac{X_4 - Y_4}{\max\ (X_4,\ Y_4)} \tag{7-4}$$

式中，RNE 的取值范围从 –1 到 1，0～1 表示正邻体影响，即正相互作用——促进；–1～0 表示负邻体影响，即负相互作用——竞争。

7.2.2　种间正相互作用

正相互作用也称促进作用，即助长，是指存在于植物之间的至少对一方有利而对另一方无害的相互作用，通常发生在一个植物种增强了其邻体的生长、存活和繁殖能力，分为偏利共生、原始协作和互利共生 3 类。仅一方有利称为偏利共生。原始协作是指双方获利，但协作是松散的，分离后，双方仍能独立生存。互利共生是指对双方都有利，简称互惠。

正相互作用分为直接正相互作用和间接正相互作用。直接正相互作用主要是通过改善严酷的环境条件，或增加资源供应来实现。包括以下三种方式。

一是改良微气候。植物可影响其周围的微气候环境，可通过遮阴的作用来保护邻体植物的组织避免达到致死温度、降低呼吸消耗、减少紫外线照射，以及通过降低空气和叶片间的水蒸气压差来减少蒸腾，并同时增加土壤湿度等。如幼小的树形仙人掌（*Opuntia stricta* var. *dillenii*）在其生长至足够大到能忍受低湿度前需要"护理"植物（nurse plant）的庇护。

二是增加可利用水分资源。水力提升（hydraulic lift）和林冠截留（canopy interception）是两种主要方式。植物水力提升作用是指当夜间蒸腾降低后，处于深层湿润土壤中的植物根系吸收水分，并通过输导组织输送至浅层根系，进而释放到周围较干燥土壤中的一种现象（Richards and Caldwell，1987；Caldwell et al.，1998）。这种水分沿水势梯度通过根系将深层土壤水分向干燥上层提升的水分运动过程所释放的水分能被自身或其他邻体植物重新吸收利用，也就为邻体植物提供了额外的可利用水分资源。Caldwell 和 Richards（1989）利用稳定同位素标记法，研究了两种干旱地区的植物三齿蒿和沙生冰草，这两种植物经常生长在一起，三齿蒿是一种深根植物，而沙生冰草则是浅根植物。他们发现三齿蒿在夜间把深层土壤水分吸收上来，释放到表层土壤中，为浅根植物所利用。而有些植物浅层根系吸收的水分也可以通过延伸的根系输送到深层后再释放到土壤中保存起来，供其他深根系植物利用，这样就会提高降水的利用率，改善其邻近植物的蒸腾作用，缓解水分亏缺。林冠截留是指降水被林冠拦截，使土壤湿度在植物林冠周围较高，为植物创造更加湿润的环境及更多的可利用水分资源（Huntley et al.，1997）。

三是增加可利用养分资源。植物通过落叶及冠层林溶等方式使养分回归土壤，从而改善土壤的物理化学性质，为其相邻植株提供额外的养分资源。种间促进作用扩展了极度干旱条件下很多植物的生态位。

间接正相互作用主要是通过减轻潜在竞争者的影响，引入诸如微生物、菌根或传粉者等其他有益生物，或提供免受植食者影响的保护来实现。包括以下四种方式。

一是植物防御。如利用刺、坚韧的组织或者使用化学防御等来抵御食草动物，从而间接保护了与其相邻的某些易被啃食的物种。物种多样性高的群落，其中的植物要比单一种群中的植物承受较低的被取食压力。

二是吸引授粉者和传种者。一些植物可从那些能特别成功地吸引授粉者的相邻植物种上获益，有些植物还可帮助邻体吸引传种者。

三是维持根际联结、菌丝网络及土壤微生物。相邻植物间可通过根际联结以及菌丝网络直接进行营养物质的传输，也可通过帮助邻体维持其土壤微生物群落等来实现间接正相互作用。

四是间接竞争效应，植物种可以从其他植物的竞争中间接得益。例如，有 3 个物种混生，种 A 抑制种 B 的生长，而种 B 又抑制了种 C 的生长，那么种 C 就可从 A 与 B 的竞争中获益，一定程度上种 A 对种 C 就有间接促进作用，这种间接促进作用更多存在于物种丰富度高的群落中（Dodds，1997）。Cuesta 等（2010）发现灌木 *Retama sphaerocarpa* 通过抑制一些草本植物的竞争作用而间接促进了 *Quercus ilex* 幼苗的生长。间接促进作用发生在 3 种或 3 种以上的植物之间，为了竞争共有的有限资源，两种植物之间的竞争可以消除其中一种与第三者之间的竞争，进而增强第三种植物的生存和生长。

干旱和半干旱地区光照强烈、温度高，水分、养分贫乏，植物通过遮阴、减少土壤水分蒸发来改善微环境条件。在沙漠中灌木下面能够得到相对更稳定的小环境，植物幼苗一般都是在灌木的下面发育，灌木的这类正相互作用通常被称为护理效应（nurse effect）（Callaway，1997）。另外，在干旱的沙漠地区，土壤养分贫瘠，植被通常呈斑块状分布，土壤养分大多集中在植被冠层下面的土壤中，造成"肥岛效应"（island of fertility）（Pugnaire et al.，1996）。沿绿洲—荒漠过渡带，灌木区的植物对养分的富集作用明显高于短命植物（ephemeral plant）占优势的区域，而且生长在灌木区的短命植物个体大小和繁殖能力都明显大于短命植物占优势的生长区域，短命植物与多年生灌木植物之间存在明显的正相互作用。

环境的严酷程度影响到相互作用的植物间发生的众多正相互作用与负相互作用的平衡。植物与植物在群落中会通过小环境的修正、物理性的支持、土壤的修饰、营养的转换和间接竞争影响互惠。在高寒生态系统中，高海拔地点或者凸出的暴露山脊植物会遭遇低温、大风等恶劣条件，而在海拔低的地方，植物的生长条件会相对温和一些。邻体植物之间会通过改善低温环境、抵抗大风而发生正相互作用（Callaway et al.，2002）。

极度耐盐植物通过遮阴能减少冠层下土壤水分的蒸发，使土壤与在直接暴晒下的土壤相比保持较低的盐度。例如，在美国东北部罗得岛的盐沼地带生长着黑灯心草，它的存在能降低土壤盐度和提高土壤通透性，对其他物种的生长具有促进作用（Hacker and Bertness，1999）。

种间正相互作用驱动着生态过程，应用广泛。

（1）正相互作用和物种多样性

多样性是生态学理论中的核心问题，一直以来，对于多样性和群落结构等问题，较多关注竞争等负相互作用对其的影响。随着对正相互作用的逐渐关注，人们开始认识到正相互作用对物种多样性的维持同样起着重要作用。发现物种能通过正相互作用改善周围的环境条件，使近邻的物种在原先不能存活的环境中存活下来，从而提高群落的物种多样性，尤其是在环境条件较为恶劣的地区其作用效果更为显著。

（2）正相互作用和生物入侵

一般认为竞争是入侵成功的主要驱动力，但也有认为其他外来种或本地种的促进作用可促进外来入侵（Maron and Connors，1996）。促进作用虽然可以是植物入侵的重要推动力，但入侵也能被更多样性的本地种所抵制。正相互作用对物种周围微环境的改善作用，将导致物种多样性与群落特征如生物量、生产力、抗干扰能力等之间的正相关关系，然后通过这些群落特征提高或降低群落抵抗外来入侵的能力（Cavieres et al.，2006）。

（3）正相互作用和生态保护与恢复

植物种间的正相互作用对于植被保护与恢复具有重要的促进作用，尤其是在高胁迫多干扰的环境条件下。比如，在需要引入"护理植物"的地区，正相互作用可作为恢复的最基本方法，起到改善局部的微环境，提高土壤湿度、降低地表温度的作用，从而为其他物种的进入提供良好的局部环境。另外，很多用于农业生态系统和污染地区的新技术也都说明了正相互作用有着广泛的应用前景。例如，利用正相互作用的原理吸引更多的传粉者，从而增加农作物产量；通过提高植物种的水分提升能力，进而改善作物生长水分状况；使豆类与非豆类共生所固定的氮从豆类植物转移到非豆类植物等。

7.2.3　种间负相互作用

种间负相互作用是指在两个物种的相互作用中，至少对两者中的一方会产生不利影响的相互作用。竞争是两个以上有机体在所需的环境资源或空间相对不足的情况下所发生的相互关系，是决定生态系统结构和功能的关键过程之一，种间资源竞争被看作是决定群落结构的重要因素，它可以决定哪些物种及有多少物种能在同一个群落内共存。

广义上的竞争有直接竞争和间接竞争两大类。直接竞争，即化感作用，是某些植物对资源和空间竞争的适应性进化结果，是竞争的非主要形式。间接竞争，是发生在相邻植物之间的对地上（光、热）和地下资源（水分、矿质营养）的争夺，是个体获得资源的能力并借此限制其他个体获得资源的能力，为竞争的主要形式。与地上只是对光资源的竞争相比，地下竞争至少涉及多种矿物质和水分等土壤资源，因此竞争主要发生在地下，其中土壤水分因其移动性强、消耗快，对水资源发生竞争的可能性与范围较大。表型可塑性强的个体具有明显竞争优势。随着降雨量的增加草本植物在群落中的优势较非草本植物逐渐得到加强。

物种间的负相互作用可以实现资源生态位分离，改变资源利用有效性。竞争使资源重新分配利用，只有那些在资源有限且水平较低的前提下生存力、繁殖率仍维持在较高水平的物种才会取得竞争的成功。Tilman（1982）提出最小资源需求理论，认为竞争成功就是利用资源至一个较低水平，并能忍受这种低水平资源的能力，那些具有最小资源要求的物种将是竞争的成功者。同一生境中，在资源利用上有较大相似性的物种为争取有效的资源和活动空间，竞争是必然的。竞争的结果可能是导致竞争力弱的物种部分消亡或被取代，也可能是竞争各方或一方发生进化改变，使资源被重新分配，对共享的资源谱从特征、时间及空间上分割来减缓竞争，使得强烈竞争的不同物种在同一生态系统中共存，维持群落的多样性。潜在的竞争者也是最好的互惠者（Hunter and Aarssen，1988）。

土壤-大气分界面造成了地上和地下竞争的空间分割。地上和地下的竞争模式不同，地上竞争是大小不对称的，而地下竞争通常被认为是大小对称的。另外，地上和地下生长的功能协同使得植物在生长过程中会调整根、冠分配，从而更好地响应环境变异以优化资源获取或者生长。在光缺乏的湿润环境里，为了响应光竞争，植物在生长时会把更多的生物量分配到地上部分。在水和营养匮乏的干旱环境中，植物则会把更多的生物量分配到根系中以最大化地获取水和养分资源。

植物资源利用特性对竞争的影响表现在两个方面：一是资源吸收与利用能力，如耐低资源水平的能力，快速抢先利用资源的能力等；二是资源分化，包括空间分化和时间分化，如冠层和根系的垂直分层，不同的生活史阶段。

不适宜的环境抑制 C_4 植物光合潜能的发挥。将 C_3 植物藜（*Chenopodium album*）和 C_4 植物反枝苋（*Amaranthus retroflexus*）幼苗以种间不同比率混栽发现，两物种在25℃时，光合速率相似；但高温时，C_4 植物反枝苋显著高于 C_3 植物藜；而低温时，藜高于反枝苋。竞争能力与光合作用表现为相近平行关系，即高温时反枝苋占优势，低温时藜占优势。单独温度管理下，高光合速率的物种生长更为迅速，在植冠郁闭时盖过另一物种，并对其遮阴，因而 C_4 和 C_3 植物间光合–温度响应的差异可作为竞争相互作用的重要决定因素（Pearcy et al., 1981）。C_4 植物在高温时具有较高的水分利用效率和较高光饱和光合速率，但在低温下，两者差异极小或是 C_3 植物占优势。

植物不能自由移动整体的位置，植物个体的生长取决于它能够利用的资源，其生长状况与生活的局部环境条件密切相关。同时，植物总是通过自身的生命活动来影响和改变环境条件。

7.3 C₃植物红砂和 C₄植物珍珠混生特征

7.3.1 混生的立地条件

环境条件决定着不同光合途径植物的地理分布范围和区域，甚至可以引起 C_3 和 C_4 光合途径的相互转化。但是，环境条件有时也能够掩盖不同光合途径植物之间的差异（Pearcy and Calkin, 1983）。C_4 植物对高温和水分胁迫的忍耐，低蒸腾以及潜在的高生长速率，不仅取决于其自身的生理生化特性，同时还受到环境因子的限制。

荒漠植物生长在干旱、高温、强光和营养匮乏的胁迫环境中，有的植物密集生长在一起，呈集群或斑块状分布；有的植物却很稀疏，呈随机或均匀分布。稀疏生长在荒漠地区的灌木种，是荒漠生态系统的优势种，它们的植冠下面或近处的微环境与空旷地相比显著不同，物种丰度和种间关系也明显不同（Forseth et al., 2001）。灌木和草本之间助长和抑制的相互作用在一年中、种间和生活史阶段是变化的（Tielbörger and Kadmon, 2000）。在水分和营养经常限制植物生长的系统中，当灌丛旁有较高的水分和营养水平时，植物出现助长作用，这种作用使它们能够以最小的代价或成本实现在自然界的存在与繁殖。

C_3 和 C_4 植物混生在草地生态系统中较多，在荒漠生态系统并不多，特别是木本植物（包括半木本植物）混生群落更不多见。在我国河西走廊中部砾质荒漠（即戈壁）地区，超旱生 C_3 小灌木红砂和 C_4 半灌木珍珠猪毛菜（简称珍珠）（*Salsola passerina*）混生在一起，以单生（各自单独生长）和联生（两种植物紧密结合生长在一起）的不同形式适应高温强光和干旱的严酷环境。

由荒漠植物红砂与珍珠组成的超旱生小半灌木层片所形成的植物群落，广泛分布于鄂尔多斯高原、阿拉善高原、河西走廊、新疆东部、准噶尔盆地等荒漠区，珍珠主要见于年降水量 100～200mm 的低山丘陵、山间盆地和山前地带，还遍布于年降水量 100mm 以下的辽阔山前平原和广大戈壁滩。红砂广泛分布于山前平原、河流阶地和戈壁。

7.3.2 混生群落特征

植物适应干旱环境是沿着有利于提高水分利用效率的方向发展的，植物种的增加和补充是提高降水利用效率的重要方面（O'Connor et al.，2001）。荒漠地区 C_3 与 C_4 植物自然混生群落，特别是木本 C_3 与 C_4 混生群落，是珍贵的植物联合生长类型。

对混生的 C_3 植物苘麻（*Abutilon theophrasti*）和 C_4 植物反枝苋进行的实验表明，CO_2 加富能够减轻干旱对 C_4 植物的影响，C_4 植物对大气 CO_2 浓度升高和干旱的适应调节优于 C_3 植物（Wand et al.，1999）。对甘肃河西走廊中部绿洲—荒漠过渡带 C_3 和 C_4 植物的 CO_2 加富实验表明，C_4 植物梭梭和沙拐枣能适应高 CO_2 浓度环境；而 C_3 植物柠条（*Caragana korshinskii*）和花棒（*Hedysarum scoparium*）则难以适应，随着大气 CO_2 浓度升高，气候变暖，可能会在过渡带逐渐衰退以至死亡（Su et al.，2004）。

红砂和珍珠为优势种的混生群落总盖度及分盖度随年降水量的增加而增大（图 7-1），且两者地上生物量和总生物量也随降水量的增加而增大。

（a）降水偏多年　　　　　　　　　　　　　　（b）降水偏少年

图 7-1　不同降水年红砂和珍珠混生群落长势状况

7.4 C_3 和 C_4 荒漠植物联生的生理生化特征

荒漠植物特殊的形态和生理特征通常能减少水分的损失、减轻强光对光合机构的损害（Su et al.，2007），它们对极端环境因子的耐受能力很大程度上决定其分布。C_3 和 C_4 植物对环境因子的响应不同，具有不同的环境适应策略（Ehleringer et al.，1991），对气候变化、人类干扰以及养分结构的改变都有着不同的响应。C_4 途径被认为是植物在高温、强光和干旱环境下优势生存的碳同化途径，具有珍贵的竞争优势。

7.4.1 C₃植物红砂和 C₄植物珍珠联生特征

小灌木红砂叶短圆柱形；半灌木珍珠叶圆锥形，先端锐尖，基部扩展，背面隆起。这两种植物是我国荒漠地区广泛分布的建群种和优势种，它们随生境不同高度和冠幅变化很大，红砂高为 $10 \sim 40 cm$，珍珠高为 $15 \sim 50 cm$。二者都是极端耐旱的荒漠植物，红砂为 C₃植物，珍珠为 C₄植物。这两种植物在有些生境下，各自单生形成单优种群；在某些生境下，形成混生群落，有红砂和珍珠各自单独生长的，称为单生（isolated growth）；有红砂和珍珠紧密结合在一起生长的，称为联生（associated growth）（Su et al.，2012）（图7-2）。

图 7-2 C₃荒漠植物红砂和 C₄荒漠植物珍珠联生生长模式

从土壤机械组成分析比较，红砂和珍珠单优种群生境土壤的细沙（$0.25 \sim 0.10 mm$）含量高于二者混生群落生境（土壤颗粒组成分级标准见 9.4.1），混生群落生境土壤的粗砂（$1.0 \sim 0.5 mm$）和石砾（$\geqslant 2.0 mm$）含量高于各自单优种群生境，混生群落生境更贫瘠。在一个混生群落中，联生植株的多少可用联生指数表示，即联生植丛（thicket）占两种单生植株个体总和的比值，联生指数随生境不同而变化。二者的单优种群和混生群落分布格局，对荒漠环境具有重要指示作用。

C₃植物红砂在河西走廊中部黑河流域山前荒漠、山前戈壁和中游戈壁 3 种生境下，叶片相对含水量和叶片水势均随着土壤含水量的下降而下降，叶绿素含量则随着土壤含水量的下降而升高。随着生境土壤干旱的加剧，超氧化物歧化酶（SOD）及过氧化物酶（POD）活性逐渐升高，而过氧化氢酶（CAT）活性下降。在土壤含水量较少的戈壁生境，渗透调节物质含量上升。SOD 和 POD 活性的升高是红砂抵御干旱环境的主要抗氧化保护机制；渗透调节在红砂适应干旱胁迫的过程中发挥着重要作用，高的渗透调节能力使红砂在水分不足的条件下维持较低的渗透势，有利于植物吸水，从而增强其耐旱性（周紫鹃等，2014）。

7.4.2　C₃ 和 C₄ 荒漠植物联生抗氧化酶活性变化

比较不同生长方式下红砂和珍珠叶片的抗氧化酶活性，SOD 活性在联生生长的红砂和珍珠叶片中均有所增加 ［图 7-3 （a）］，POD 活性在联生生长的珍珠叶片中大幅度增加 ［图 7-3 （c）］，差异显著 （$P<0.05$）。联生后，CAT 活性在红砂叶片中增加较多 ［图 7-3 （b）］，但在联生珍珠叶片中变化不大。红砂和珍珠联生后丙二醛（MDA）含量上升，说明联生植物的生存环境更为严酷，膜脂过氧化程度更为严重 ［图 7-3 （d）］。

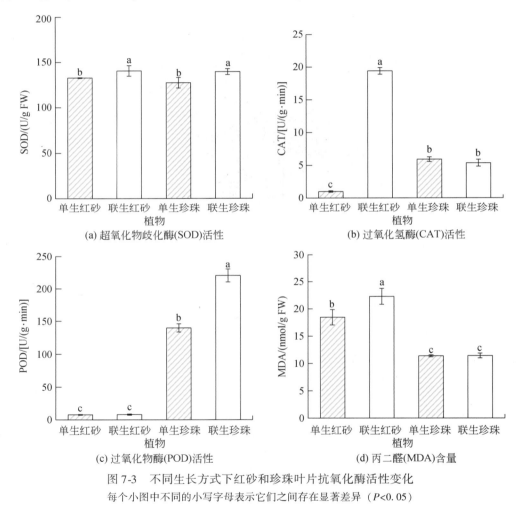

图 7-3　不同生长方式下红砂和珍珠叶片抗氧化酶活性变化

每个小图中不同的小写字母表示它们之间存在显著差异 （$P<0.05$）

7.4.3　C₃ 和 C₄ 荒漠植物联生渗透调节物质含量变化

从图 7-4 可以看出，C₃ 植物红砂和 C₄ 植物珍珠叶片内渗透调节物质含量差异较大，红砂叶片内具有较高的可溶性糖和脯氨酸含量［图7-4（a）、（d）］，尤其是脯氨酸含量比珍珠叶片内脯氨酸含量高出很多。对比不同的生长方式发现，红砂和珍珠联生后，联生红砂和联生珍珠叶片内可溶性糖和可溶性蛋白质含量均有所提高［图7-4（b）］，游离氨基酸含量在联生后反而下降［图7-4（c）］。联生后，红砂叶片脯氨酸含量上升，而珍珠叶片脯氨酸含量反而有所降低［图7-4（d）］。联生后红砂叶片的脯氨酸含量增强显著，渗透调节能力增强。

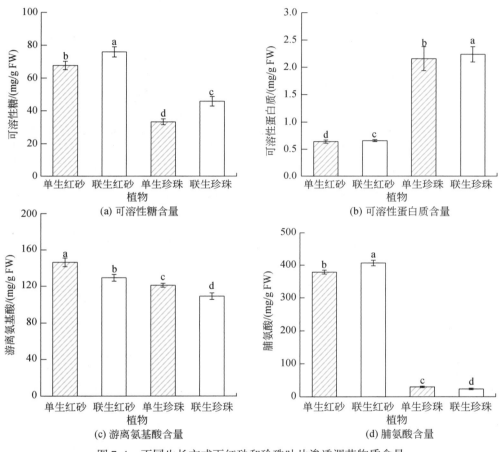

图 7-4　不同生长方式下红砂和珍珠叶片渗透调节物质含量

每个小图中不同的小写字母表示它们之间存在显著差异（$P<0.05$）

7.5　C₃和 C₄荒漠植物联生叶水势变化

不论是单优种群生境，还是混生生境，都是珍珠的叶水势显著大于红砂，且珍珠日变幅小（图7-5）。红砂的水分亏缺程度大于珍珠；与单生生境比较，联生生境二者都出现更严重的水分亏缺，说明二者联生的生境比各自的单生生境更严酷，水势反映的状况与实际调查结果一致。

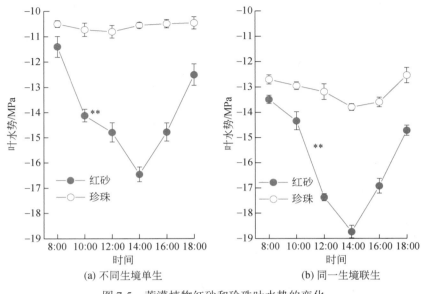

图 7-5　荒漠植物红砂和珍珠叶水势的变化

图中 ** 表示二者日平均值之间存在极显著差异（$P<0.01$）

同一生境下，植物水势越低，吸收土壤有效水的能力越强，忍耐和抵抗干旱的能力也越强。水势日变幅大的植物具有较高的逆境适应性（Peláez and Bóo，1987）。抗旱性越强的种类，叶水势下降幅度越小（Tang and Zhao，2006）。由此可见，植物适应干旱是多途径的，不能单从叶水势上评价，特别是不同光合途径的植物。珍珠肉质叶片着生在短枝上，形成小球形，肥大的表皮细胞和贮水组织均有贮水作用，有很强的保水力，更有利于保持较高和相对稳定的叶水势。

清晨水势和正午水势是表征植物生理特征的有效指标。从 C₃ 植物红砂和 C₄ 植物珍珠的叶水势变化可以看出（图 7-5），二者的水势差值清晨最小，中午最大。总体表现为，红砂和珍珠的叶水势很低，都在 -10MPa 以下；红砂中午最低时趋近 -19MPa，反映了两种植物生长环境的严酷性，这是超旱生植物与一般旱生植物的不同之处。用小滴液流法测定得出，在 25 种中、旱、超旱生植物中，红砂的水势最低，珍珠高于红砂（刘家琼等，1982）。红砂具有非常低的叶水势，低到 -21.3MPa 时叶片开始死亡（Liu et al.，2007）。水势变化范围大，表明植物可塑性高，即恢复到高水势的能力就高（Peláez and Bóo，1987）。由此可见，红砂具有高的可塑性。C₄ 荒漠植物的叶水势高于 C₃ 植物，日变幅小于C₃ 植物。

红砂不论是单生还是联生，叶水势日变化动态一致，清晨水势接近于珍珠清晨水势，14:00 时降到全天最低值。联生的红砂 14:00 时水势明显要低于单生红砂。不同生境单优红砂的叶水势日变幅（8:00～18:00）达到 5.06MPa，而珍珠只有 0.34MPa；日平均值红砂为 -14.01MPa，珍珠为 -10.60MPa，二者之间存在极显著差异 ［图 7-5（a）］。

同一生境红砂和珍珠联生状况下，二者水势均在 14：00 降到最低值，分别为 $-18.73MPa$ 和 $-13.80MPa$；同一生境联生红砂的叶水势日变幅为 5.24MPa，而珍珠为 1.26MPa；日平均值分别为 $-15.93MPa$ 和 $-13.13MPa$，存在极显著差异［图 7-5（b）］。与不同生境单生比较，红砂和珍珠联生时二者的水势都降低了，但红砂降低幅度小，日平均为 13.7%；而珍珠降低幅度大，日平均达 23.9%。叶水势日变幅（最大值与最小值之差）比较，联生时红砂略有增大，增加 3.6%，而珍珠增大极为明显，是原来的 2.7 倍。从叶水势变化来看，联生有利于红砂生长，珍珠生长受到抑制。

7.6　C₃ 和 C₄ 荒漠植物联生的气体交换特征

自然条件下，植物通过气体交换与大气保持动态平衡。C₄ 植物 *Euphorbia forbesii* 与 C₃ 植物 *Claoxylon sandwicense* 在相同环境条件下，它们的光合表现极为相似（Pearcy and Calkin，1983），说明环境条件有时能掩盖光合途径的差异。从同一生境单生的红砂和珍珠净光合速率比较可以看出［图 7-6（a）］，净光合速率（P_n）红砂高于珍珠，日平均值（8：00～18：00）分别为 6.72μmol CO_2/（m^2·s）和 5.71μmol CO_2/（m^2·s），二者之间存在显著差异，红砂高于珍珠，说明有些 C₄ 植物在某些生境下光合速率并不比 C₃ 植物高。

同一生境联生时，红砂和珍珠的 P_n 日平均值分别为 7.54μmol CO_2/（m^2·s）和 5.50μmol CO_2/（m^2·s），二者之间存在极显著差异。二者联生使红砂光合速率升高，13：00 的光合下调消失，P_n 升高，日平均值升高了 12%；而使珍珠光合速率降低，14：00 出现中午光合下调，P_n 降低，日平均值降低了 4%［图 7-6（b）］。

C₃ 植物红砂和 C₄ 植物珍珠混生群落中，联生使 C₃ 植物的午间光合下调现象消失，净光合速率升高，而使 C₄ 植物出现光合下调现象，P_n 降低。

从图 7-6（c）、（d）看出，不论是单生还是联生，蒸腾速率（T_r）都是红砂大于珍珠，单生时红砂和珍珠的日平均 T_r 分别为 4.57mmol H_2O/（m^2·s）和 2.55mmol H_2O/（m^2·s），二者之间存在极显著差异［图 7-6（c）］。联生时红砂和珍珠的日平均 T_r 分别为 4.32mmol H_2O/（m^2·s）和 2.45mmol H_2O/（m^2·s），二者之间亦存在极显著差异［图 7-6（d）］。同种植物比较，联生时红砂和珍珠的 T_r 都有所降低，分别降低了 5% 和 4%，红砂降低的幅度略大于珍珠。在红砂和珍珠混生群落中，联生使红砂和珍珠的蒸腾速率都有所降低。当水分条件受到限制时，C₄ 植物的低蒸腾速率比 C₃ 植物省水。联生有蔽荫作用，使 C₃ 和 C₄ 植物的蒸腾速率都降低。

从图 7-6（e）、（f）看出，不论单生还是联生，珍珠的水分利用效率（WUE）均大于红砂。单生时，红砂和珍珠的 WUE 日平均值分别为 1.43mmol CO_2/mol H_2O 和 2.10mmol CO_2/mol H_2O，二者之间存在显著差异［图 7-6（e）］。联生时，红砂和珍珠的 WUE 日平均值分别为 1.65mmol CO_2/mol H_2O 和 2.04mmol CO_2/mol H_2O，二者之间亦存在显著差异［图 7-6（f）］。同种植物比较，联生时红砂的 WUE 日平均值提高 15%，珍珠变化不明显。总体表现为，联生有利于红砂和珍珠群体 WUE 的提高。

WUE 是反映植物耐旱性的一个有效指标，在相同条件下，WUE 高的植物抗旱能力强

（Sobrado，2000）。从这方面比较，C₄植物珍珠的抗旱力强于 C₃ 植物红砂。C₄植物表现出的低蒸腾速率和高水分利用效率显示出了比 C₃植物的优越性，特别是在干旱荒漠地区，C₄植物对水分的有效利用比 C₃植物的高光合速率更重要。

在混生群落中，两种不同光合途径的荒漠植物在相同的生境下对长期气候和土壤干旱采取了不同的生存策略，C₃植物红砂通过维持较高 P_n、较高 T_r 和低 WUE 来生存；而 C₄植物珍珠则通过高 WUE 来更好地生存于水资源紧缺的荒漠地区。

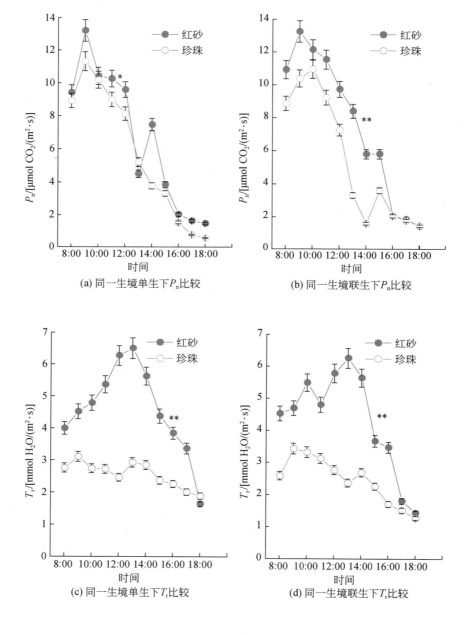

(a) 同一生境单生下 P_n 比较

(b) 同一生境联生下 P_n 比较

(c) 同一生境单生下 T_r 比较

(d) 同一生境联生下 T_r 比较

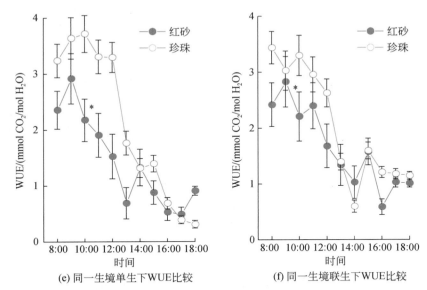

(e) 同一生境单生下WUE比较　　　　(f) 同一生境联生下WUE比较

图 7-6　荒漠植物红砂和珍珠净光合速率（P_n）、蒸腾速率（T_r）和水分利用效率（WUE）的变化

图中 * 和 ** 分别表示二者日平均值之间存在显著（$P<0.05$）和极显著差异（$P<0.01$）

7.7　C₃和 C₄荒漠植物联生的叶绿素荧光特征

7.7.1　PS Ⅱ最大光化学效率变化

　　由图 7-7 看出，单优种群，即不同生境单生红砂和珍珠的 PS Ⅱ最大光化学效率（F_v/F_m）明显不同，红砂的 F_v/F_m 日变幅明显小于珍珠，红砂在 15:00 时达到最小值 0.70，之后开始缓慢回升；珍珠在 13:00～14:00 达到最小值 0.59，之后开始迅速回升。上午（8:00～12:00）红砂的 F_v/F_m 平均为 0.77，珍珠为 0.69；中午（12:00～14:00）红砂为 0.73，珍珠为 0.59；下午（14:00～18:00）红砂为 0.72，珍珠为 0.67。从日平均值（8:00～18:00）比较来看，F_v/F_m 红砂为 0.74，珍珠为 0.66，二者之间存在极显著差异。

　　由图 7-8（a）看出，在红砂和珍珠混生群落中，单生红砂和珍珠的 F_v/F_m 不同，但没有不同生境各自为单优种群时明显（图 7-7），8:00 时红砂大于珍珠，9:00～11:00 二者相等，之后红砂明显小于珍珠，日平均值红砂和珍珠分别为 0.69 和 0.71，全天比较二者之间不存在显著差异，但 12:00～18:00 二者存在极显著差异；二者的最低值均出现在 15:00，红砂和珍珠分别为 0.63 和 0.66。从图 7-8（b）可以看出，红砂和珍珠联生时，红砂的 F_v/F_m 提高，珍珠的 F_v/F_m 降低，红砂和珍珠的日平均值分别为 0.72 和 0.63，二者之间存在极显著差异；二者出现最低值的时间与单生一致，红砂和珍珠的最低值分别为 0.66 和 0.55。同种植物联生与单生比较，F_v/F_m 红砂明显升高，珍珠明显降低。比较发

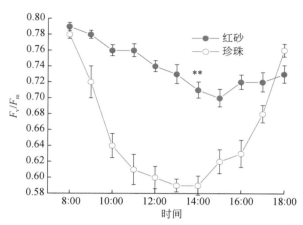

图 7-7　荒漠植物红砂和珍珠在不同生境单生时的 PSⅡ最大光化学效率（F_v/F_m）变化

图中 ** 表示二者日平均值之间存在极显著差异（$P<0.01$）

现，红砂和珍珠混生群落中，二者联生时红砂的 F_v/F_m 趋向于单优种群的特征。可见，红砂和珍珠联生，有利于红砂固有光合特性的表达。

无论是单优种群生境，还是混生群落生境，红砂和珍珠的 F_v/F_m 都在 0.8 以下，红砂为 0.63～0.80，珍珠为 0.55～0.80（图 7-7，图 7-8）。从二者 F_v/F_m 的日变化可以看出，在中午强光下 F_v/F_m 下降明显，但午后都开始恢复，傍晚都恢复到较高水平。可见荒漠植物低的 F_v/F_m 是对胁迫环境适应的结果。红砂和珍珠均生长于胁迫生境下，相比较而言，各自的单优种群生境胁迫要小于二者的混生生境。在混生群落中，联生使红砂的 F_v/F_m 提

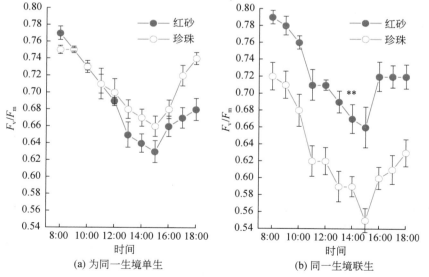

图 7-8　荒漠植物红砂和珍珠在同一生境下的 PSⅡ最大光化学效率（F_v/F_m）变化

图中 ** 表示二者日平均值之间存在极显著差异（$P<0.01$）

高。结合生物量调查得出，严酷生境下，C₃ 和 C₄ 荒漠植物联生有利于 C₃ 植物固有光合特性的表达和生长。

7.7.2 PSII实际光化学效率和相对电子传递速率变化

在红砂和珍珠混生群落中，两种植物 PSII 实际光化学效率（Yield）和相对电子传递速率（ETR）日变化趋势见图 7-9。单生红砂和珍珠比较，Yield 红砂大于珍珠，但相差不大，二者之间没有显著差异［图 7-9（a）］。红砂和珍珠联生时，红砂的 Yield 明显大于珍珠，二者之间存在极显著差异，日平均值红砂为 0.493，珍珠为 0.323，红砂比珍珠高 52.6%［图 7-9（b）］。

从同一生境混生群落中红砂和珍珠的 Yield 变化中可以看出，日平均红砂联生比单生提高了 8%，珍珠联生比单生降低了 24%。联生有利于红砂 Yield 的提高，但使珍珠的 Yield 减小。

同一生境单生红砂和珍珠比较，相对电子传递速率（ETR）红砂高于珍珠，但二者之间不存在显著差异［图 7-9（c）］。红砂和珍珠联生时，日平均 ETR 红砂为 198μmol e/（m²·s），珍珠为 130μmol e/（m²·s），二者存在极显著差异［图 7-9（d）］，红砂比珍珠高 52%。同一生境同种植物比较，红砂的 ETR 日平均值联生比单生升高了 8%，珍珠联生比单生降低了 23%。

Yield 反映 PSII 反应中心在有部分关闭情况下的实际原初光能捕获效率。叶片 ETR 与 F_v/F_m 呈正相关（Hikosaka et al., 2004）。Yield 小，说明用于光化学反应的激发能少。在红砂和珍珠混生群落中，二者单生时，Yield 和 ETR 不存在显著差异，但联生时存在极显著差异，联生使 C₃ 植物的 Yield 和 ETR 显著提高。

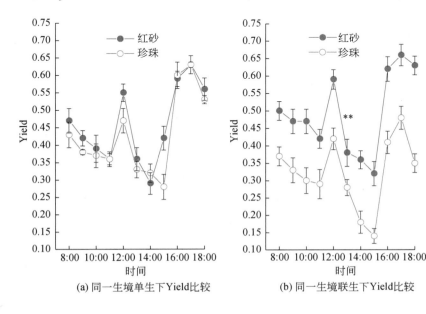

(a) 同一生境单生下Yield比较   (b) 同一生境联生下Yield比较

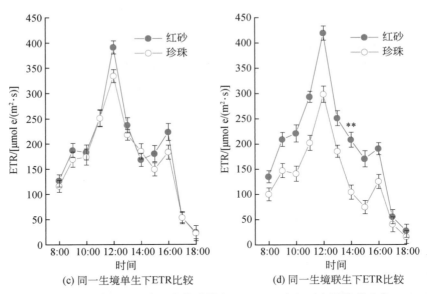

图 7-9　荒漠植物红砂和珍珠 PS Ⅱ 实际光化学效率（Yield）和相对电子传递速率（ETR）变化

图中 ** 表示二者日平均值之间存在极显著差异（$P<0.01$）

7.7.3　PS Ⅱ 光化学荧光猝灭和非光化学荧光猝灭变化

　　在红砂和珍珠混生群落中，单生红砂和珍珠比较，珍珠的光化学荧光猝灭系数（qP）在上午和中午高于红砂，全天平均值也是珍珠高于红砂，但二者之间无显著差异［图 7-10（a）］。但联生红砂和珍珠比较可以看出，全天 qP 红砂高于珍珠，日平均值红砂显著高于珍珠（$P<0.05$）［图 7-10（b）］。同一生境同种植物比较，红砂联生时，qP 升高，日平均升高了 6%；珍珠联生时，qP 显著降低，日平均降低了 12%。由此可见，红砂和珍珠联生使红砂的 qP 升高，而珍珠的则降低。

　　红砂和珍珠的非光化学荧光猝灭系数（qN）在混生群落中单生时，都表现出上、下午低而中午高的规律［图 7-10（c）］，二者比较，红砂的 qN 低于珍珠。在红砂和珍珠混生群落中联生时，红砂 qN 降低，而珍珠 qN 升高［图 7-10（d）］。与红砂比较，珍珠的热耗散保护能力更强，C₄植物 PS Ⅱ 的热耗散能力比 C₃植物强，可有效地避免过剩光能对光合机构的损伤。红砂和珍珠联生时，红砂的 qP 明显提高。C₃ 和 C₄荒漠植物联生，有利于提高 C₃植物光合能力，这与气体交换测定结果一致。

　　依赖于叶黄素循环的热耗散是光保护的主要途径，同时酶促及非酶促系统也是防止光合器官破坏的重要途径，C₄植物光抑制时的热耗散保护能力要强于 C₃植物。

　　F_v/F_m、Yield、ETR 和 qP 高，说明植物叶片的 PS Ⅱ 反应中心的开放程度较高，具有较高的电子传递活性和光能转换效率。红砂和珍珠联生后，提高了红砂 PS Ⅱ 最大光化学效率，即提高了 PS Ⅱ 反应中心开放部分的比例，使表观光合作用电子传递速率和 PS Ⅱ 光化学量子产量提高，使叶片所吸收的光能较充分地用于光合作用。

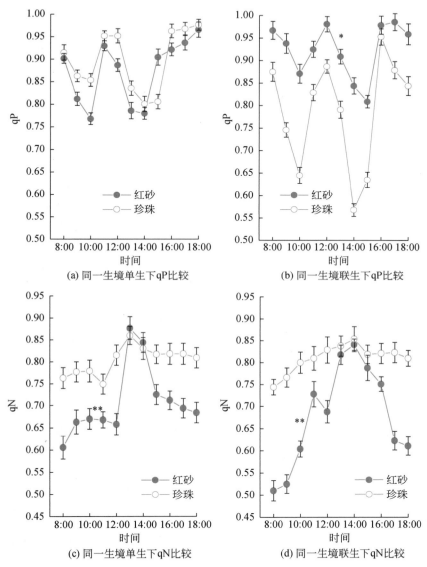

图 7-10　荒漠植物红砂和珍珠 PS Ⅱ光化学荧光猝灭系数（qP）和非光化学荧光猝灭系数（qN）变化

图中 * 和 ** 分别表示二者日平均值之间存在显著（$P<0.05$）和极显著差异（$P<0.01$）

7.8　C₃ 和 C₄ 荒漠植物联生时的根系和地上生物量变化

根系是连接植物和土壤的纽带，是植物重要的功能器官，固定地上部分，为植物吸收水分和养分，因此也叫吸收器官。一般简单地把根系分为细根（直径 $d<2mm$）和粗根

（$d \geqslant 2mm$）两大类（Pregitzer et al.，2002），细根主要起吸收水分养分的功能，粗根主要起运输水分养分和支撑地上部分的功能。此种划分主要用于草本植物和小灌木调查。树木和大灌木调查时把根系划分为细根（$d < 2mm$）、粗根（$2mm \leqslant d < 5mm$）、壮根（$5mm \leqslant d < 10mm$）和大根（$d \geqslant 10mm$）四大类。细根约占全球陆地净初级生产力的30%，其重要性常与植物的叶相比拟。

根系在土壤中的空间分布特征能够反映植物吸收、利用养分和水分资源的能力，从而决定其生长和生物量。植物根系的数量、组成与分布不仅受植物本身生物学特性的制约，而且还受其生存环境条件的强烈影响。在干旱和半干旱地区，根系在土壤中的分布深度和根长密度反映了植物对干旱的抵御能力，较高的根长密度和根系活力能够提高土壤中水分和养分的利用效率。

不同降水条件下混生群落中红砂和珍珠的地上、地下、总生物量及地上与地下生物量比值见图 7-11，单生红砂和珍珠的地上及总生物量都随着年降水量的增加而增大。不同种类之间比较，无论是地上生物量还是总生物量，红砂均远小于珍珠。不同降水年比较，红砂不管是单生还是联生，地上生物量、地下生物量和总生物量都是降水正常偏少年显著低于丰水年和降水正常偏多年 [图 7-11（a）、（b）、（c）]（$P < 0.05$），丰水年和偏多年差异不显著。单生和联生比较，降水正常年（正常偏少年和正常偏多年）红砂地上、地下和总生物量都是联生＞单生，正常偏少年地上、地下和总生物量联生时分别为 4.7g/株、1.7g/株和6.4g/株，单生时分别为 4.4g/株、1.5g/株和5.9g/株；正常偏多年联生时分别为 17.8g/株、8.6g/株和26.4g/株，单生时分别为 16.6g/株、5.0g/株和21.6g/株。丰水年红砂地上、地下和总生物量都是联生＜单生，地上、地下和总生物量联生时分别为 15.7g/株、6.6g/株和22.3g/株，单生时分别为 16.6g/株、6.8g/株和23.4g/株。可见，联生有利于 C₃ 植物红砂在当地干旱少雨的自然环境下生长，提高生物量。

珍珠的变化与红砂不同，不同降水年比较，地上生物量和总生物量在单生时降水偏少年显著低于丰水年和偏多年 [图 7-11（a）、（c）]，丰水年和偏多年差异不显著；但在联生时 3 种水分条件年差异不显著；地下生物量无论单生还是联生，在 3 种水分条件年均差异不显著。单生和联生比较，地上、地下和总生物量降水正常偏少年联生＞单生，地上、地下和总生物量联生时分别为 24.7g/株、8.4g/株和33.2g/株，单生时分别为 24.2g/株、5.1g/株和29.3g/株；正常偏多年地上、地下和总生物量联生＜单生，联生时分别为 52.8g/株、8.1g/株和60.9g/株，单生时分别为 85.7g/株、13.9g/株和99.6g/株；丰水年与正常偏多年一样，地上、地下和总生物量也是联生＜单生，联生时分别为 50.0g/株、6.5g/株和56.5g/株，单生时分别为 92.9g/株、10.3g/株和 103.2g/株 [图 7-11（a）、（b）、（c）]。可见，在当地降水偏少时联生对 C₄ 植物珍珠生长没有不利影响，降水偏多时联生反而有抑制作用。

丰水年无论是 C₃ 植物红砂，还是 C₄ 植物珍珠，联生都抑制它们的生长和生物量积累，这一现象在珍珠上表现尤为突出。

可以看出，降水越少、环境越恶劣，联生红砂和珍珠的正相互作用越明显，进而使得其地上、地下及总生物量都高于单生，种间关系表现为互利共生。而在环境条件相对优越

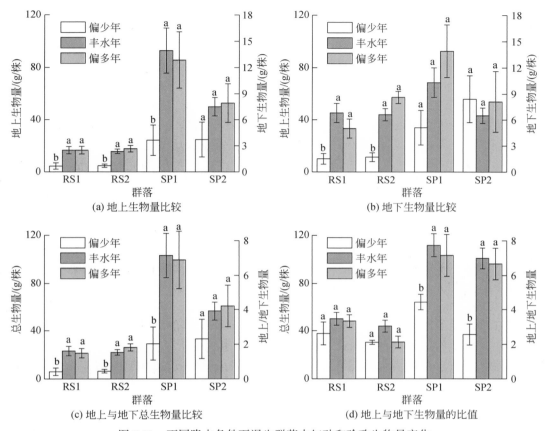

图 7-11　不同降水条件下混生群落中红砂和珍珠生物量变化

RS1 表示红砂单生；RS2 表示红砂联生；SP1 表示珍珠单生；SP2 表示珍珠联生。同一植物不同年份间不同小写字母表示差异显著（$P < 0.05$）。研究区多年平均降水量为 139.5mm，2006 年总降水量为 121.4mm，距平百分率为 −13.0%，为降水正常偏少年；2007 年为 216.3mm，距平百分率 55.1%，为丰水年；2008 年为 153.5mm，距平百分率 10.0%，为降水正常偏多年。降水量多少的判定标准为：年降水量与多年平均值比较，距平百分数 < −60% 为特少，−60% ~ −20% 为偏少，−20% ~ 20% 为正常（正常偏少、正常偏多），20% ~ 60% 为偏多（丰水），≥60% 为特多（苏培玺等，2002b）

的降水偏多年，联生珍珠的地上、地下及总生物量小于单生，红砂是联生大于单生，种间关系表现为偏利共生。但是，在环境条件优越的情况下，联生红砂和珍珠之间的竞争体现出来，从而使得联生红砂和珍珠的地上、地下和总生物量都小于单生，种间表现出一定的竞争关系。

　　山前戈壁红砂和珍珠混生群落生境严酷，只有 0 ~ 20cm 的表土层较为疏松，其下为坚硬丰厚的砾石层，根系生长受到抑制。从图 7-11（d）可以看出，在这种生境下混生的红砂和珍珠，无论是单生还是联生，地上与地下生物量比值都较高。不同种类之间比较，地上与地下生物量比值珍珠明显高于红砂，地上/地下生物量平均值珍珠为 5.9，红砂为 2.8。不同降水年比较，不管是单生还是联生，地上与地下生物量比值红砂不同降水年均无显著差异；珍珠不同降水年均存在显著差异，降水偏少年显著低于偏多年和丰水年，偏多年和丰水年之间没有显著差异；红砂和珍珠地上与地下生物量比值随着年降水量的升高而升高，即降水正常偏少年<降水正常偏多年<丰水年。单生和联生比较，无论是红砂还是珍珠，联生的地上/地下生物量均小于单生，红砂从 3.1 降到 2.4，珍珠从 6.5 降到 5.4 [图 7-11（d）]。植物种间竞争对生物量分配的影响，可以用地上/地下生物量来判断。若联生的地上/地下生物量低于单生，说明联生植株的地下生长受到促进；如果地上/地下生物量联生接近与单生，说明受到的种间竞争影响较小。可见，不论是红砂还是珍珠，联生有利于降低地上部分与地下部分的生物量比值，即提高根冠比。

红砂和珍珠都可通过在降水较少年减少地上生物量、增加根冠比来获取更多的可利用水资源；而在降水较多年，则可以更好地发展地上部分；联生下两者均能够更多地增加地下部分发展的比率，为生长在水资源十分匮乏的戈壁荒漠上的植株提供尽可能多的水分。

在自然界中只要影响植物生长、发育的生态因子受到限制，就存在植物个体间的竞争。在干旱环境中，植物个体间主要是竞争有限的水资源，竞争优势强的个体为了能获取更多的地下有限资源，将把根扎得更深或延伸得更远，并且抑制那些根相对浅或者少的个体生长。

竞争率（CR）可以用来反映两种联生植物之间竞争力的强弱，通过计算 CR（公式见 7.2.1）得出，在红砂和珍珠联生条件下，在降水正常偏少年，$CR_{RS}<1$，$CR_{SP}>1$，表示 C_3 荒漠植物红砂的竞争力小于 C_4 荒漠植物珍珠；而在丰水年和正常偏多年，则是 $CR_{RS}>1$，$CR_{SP}<1$，即红砂的竞争力高于珍珠（表 7-1）。对于生长在干旱戈壁荒漠上的 C_3 植物红砂和 C_4 植物珍珠，虽然两者都是超旱生植物，但降水量的多少会影响到两者竞争力的强弱。在降水少的情况下，C_4 植物珍珠的竞争力要强于 C_3 植物红砂；在降水量增加的情况下，则相反。

表 7-1　不同年份红砂珍珠群落中红砂和珍珠相互作用比较

年降水类型	植物种	竞争率（CR）	邻体相对作用指数（RNE）	相对总生物量（RYT）
正常偏少年	红砂（RS）	0.89	0.08	2.22
	珍珠（SP）	1.12	0.12	
丰水年	红砂（RS）	1.83	−0.05	1.46
	珍珠（SP）	0.55	−0.50	
正常偏多年	红砂（RS）	1.90	0.18	1.83
	珍珠（SP）	0.53	−0.39	

相对总生物量（RYT）可以表明混生群落中两种联生植物的种间关系及对同一资源的利用情况。通过计算 RYT（公式见 7.2.1）得出，在降水正常年和丰水年，红砂和珍珠联生都是 RYT>1（表 7-1），这说明共同生长于严酷生境的红砂和珍珠，两种植物占有不同的生态位，利用不同的资源，通过联生的关系，可以形成互补，表现出一定的互惠关系，尽最大可能利用水分资源。

生态调查表明，联生在一起的红砂和珍珠，红砂大多数地上部分高而冠幅小，珍珠稍矮而冠幅较大；地下部分红砂主根较深，侧根很少，而珍珠的根幅较广，侧根较发达。并且 RYT 值随年降水量的增加而减小，与胁迫梯度假说一致，即降水越少的年份，联生红砂和珍珠的 RYT 值越大，两者间的互惠也越多；反之，在降水越多的年份，联生红砂和珍珠的 RYT 值越小，两者间的互惠越少。

红砂和珍珠混生群落中，联生红砂和珍珠之间的邻体相对作用指数（RNE）（公式见7.2.1）在不同降水年份不同（表7-1）。在正常偏少年，红砂和珍珠的 RNE 值都为 0 ~ 1，表示两者之间互为正相互作用，能相互促进；在丰水年，红砂和珍珠的 RNE 值都为−1 ~ 0，这就意味着两者之间互为竞争关系；而在降水正常偏多年，红砂的 RNE 为 0.18，珍珠的则为−0.39，即此时联生红砂珍珠之间，珍珠对红砂起正作用，而红砂对珍珠则起负作用。这就从生物量角度验证了气体交换测定结果：C_3 和 C_4 荒漠植物联生，C_4 植物付出代价促进 C_3 植物生长。

植物群落特征可以反映环境梯度变化，对极端事件做出响应。红砂和珍珠混生群落的演替时间和趋势，对未来气候特点和荒漠环境变化有很好的指示作用。红砂和珍珠生存的极端荒漠环境，有三种典型类型，一是红砂单优种群生境，二是珍珠单优种群生境，三是红砂和珍珠混生群落生境。混生群落中红砂和珍珠联生时，干旱区降水正常或者降水减少条件下，珍珠能够减轻红砂的环境胁迫，促进红砂生长。

如果降水增加，环境条件有利于提高红砂竞争力，促进红砂生长，这种相互作用最终使珍珠衰退，以至消失；如果环境条件不利于红砂生长，则抑制红砂的竞争力，这种相互作用使珍珠处于优势地位，最终使红砂退出；如果混生群落环境稳定，联生方式可长期存在（图7-12）。

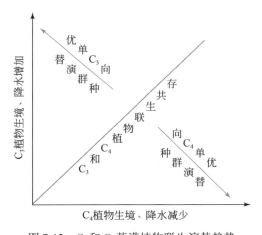

图 7-12　C_3 和 C_4 荒漠植物联生演替趋势

在红砂和珍珠混生群落中，红砂和珍珠联生演替的结果直接影响着二者的单生个体，单生个体的盛衰与联生演替趋势一致。在未来气候变暖条件下，干旱区降水有增加的趋势（施雅风，2003），C_3 和 C_4 荒漠植物混生群落最终会演替成 C_3 单优种群；如果降水量基本不变或者减少，这种混生群落将长期共存；如果其他条件影响致使混生生境有利于 C_4 植物生长，最终会演替成 C_4 单优种群。

第8章 | C₄ 植物生态适应对策

8.1 导　言

在自然生态系统中，不同植物对其生境资源的利用有不同的生态对策，表现为不同的植被格局与区系特征。在异质环境下，同一种植物经过长期对环境的适应以及环境对植物的自然选择，会在形态、结构和功能方面产生一定的生态适应性，形成特定的地理种群。

在温带荒漠地区的 C₄ 植物停止生长早于 C₃ 植物，但是它们也能够经受低温的胁迫，梭梭和沙拐枣在最低气温达到-27℃的区域，能够正常越冬而不被冻死。藜科和蓼科中的一些 C₄ 植物，在中亚等地区荒漠生境下，能够经受一年的远低于冰点以下的低温。

未来气候变化，极端天气事件可能会越来越多。植物群落特征可以反映环境梯度变化，对极端事件做出响应。荒漠植物红砂和珍珠混生群落的演替时间和趋势，对未来气候和荒漠环境变化有很好的指示作用。

8.2　植物的干旱适应性

植物的耗水大于根系的吸水时，就会使组织内水分亏缺，过度水分亏缺的现象称为干旱。干旱可分为大气干旱和土壤干旱。大气干旱是指大气温度高而相对湿度低，一般低于20%。土壤干旱是指土壤中缺乏植物能吸收利用的水分的状况。大气干旱时，植物蒸腾和土壤蒸发大大加强，会引起土壤干旱。土壤干旱时，植物生长困难或完全停止。土壤干旱比大气干旱对植物伤害更严重。大气干旱主要发生在干旱区，土壤干旱在干旱区、半干旱区、半湿润区和湿润区都有长期或短期发生。

适应性是指生物体与环境相适合的潜力，是对所处环境响应的弹性和耐性。稳定性是指系统要素在外界影响下表现出稳定不变状态的程度，用变异幅度衡量。脆弱性可用阈值评价，生态脆弱性是指生态系统在特定时空尺度相对于外界干扰所具有的敏感反应和自我恢复能力，是生态系统的固有属性。敏感性是指对外界干扰响应的快慢和幅度。

8.2.1　干旱区植物水分

干旱区植物生存的水源包括地表水、降水、地下水和凝结水，大多数情况下，干旱植被主要利用降水和地下水来维持正常生长发育（Chimner and Cooper，2004；Lamontagne et al.，

2005），可分为超旱生、旱生、中旱生、中生等不同水分生态类型功能群。干旱区地下水湿生植物（phreatophytes）是一特殊类型，指在干旱区分布的根系深度达到地下潜水层的植物，形成了干旱区地下水依赖型生态系统，地下水是干旱区地下水依赖型生态系统维持的根本（Zhu et al.，2013）。

在美国西南半干旱区河岸走廊地带草地、牧草灌木镶嵌地和林地生态系统，生长季节的蒸散量分别是 407mm、450mm 和 639mm（Scott et al.，2006），都大大超过降水量，这些超额部分来自地下水，特别是在极端干旱的时期地下水是植物可利用水的主要来源。在降水稀少的情况下，依靠地下水的深根系的木本植物通过降低生态系统生产力来显著减少生态系统蒸散量。与草本植物相比较，木本植物在干旱季节能更加稳定地利用地下水资源和增加 CO_2 的净收获量。

荒漠植物的自疏现象很普遍，植株密度、冠幅、高度均受水分条件限制。在干旱环境下，一种植物可以通过根系吸收水分的再分配来促进另一种植物的生长。Leffler 等（2005）通过对野生的一年生草本植物旱雀麦（*Bromus tectorum*）的实验，认为衰老植物的根或被剪掉地上组织的根，只要保持完好并且充分水合（hydrated），可具备水分再分配的能力。

8.2.2 植物适应干旱的类型划分

20 世纪 60 年代初，May 和 Milthorpe（1962）对作物的抗旱性进行了初步研究，将其划分为 3 种类型，分别是干旱逃避、干旱忍耐和干旱抗御。干旱抗御型作物在干旱期具有低的内部水分含量，但在补充水分后能够快速生长和恢复。

植物的耐旱适应机理可划分为两类，一是高水势延迟脱水机理，这类植物通过水分吸收或者限制水分丧失来延迟脱水发生；二是低水势忍耐脱水机理，这种植物不但有很强的水分吸收和减少水分丧失的能力，更重要的是具有很强的忍耐脱水的能力（Kramer and Kozlowski，1979；Turner，1979）。"延迟脱水"和"忍耐脱水"反映植物耐旱的本质特征，"高水势"和"低水势"反映植物在干旱胁迫下的表现状态。高水势延迟脱水机理包括增加水分利用和减少水分丧失，增加水分利用主要是增加根的深度和密度以及降低植物水分运输中的水力阻力；而减少水分损失包括减小气孔导度、叶卷曲等，主要是通过减少水分损失来增加 WUE。低水势忍耐脱水的机理是，植物不但具有保持水分吸收和减少水分损失的能力，也具有忍耐脱水的能力，这种能力主要反映在两个方面，一是维持膨压，主要机制是渗透调节，在水分不足的情况下积累溶质来减少渗透势，从而提高细胞的膨压；二是忍耐干旱，主要具有依赖细胞忍耐机械损伤的能力。

也有学者将植物干旱适应机理划分为逃避、避免和忍耐等类型（Levitt，1972；Turner，1986）。逃避干旱的植物，生长周期很短，能在生理性缺水发生前完成其生命周期，即在干旱季节来临之前完成其生活史，如短命植物，种子具有很强的忍耐干旱缺水的能力，干旱条件下可长久保存。避免干旱和逃避干旱不同，避免干旱具有耐旱的各种适应途径。

Hall（1990）指出，植物适应干旱的机理有 3 种类型，即御旱、耐旱和高水分利用效率。御旱型植物主要通过限制水分消耗和长出大量的根系而避免缺水，在干旱季节保持较高且稳定的蒸腾和光合作用，如深根系的荒漠灌木。耐旱的主要机制是渗透调节，耐旱型植物在没有水分供根系吸收的情况下也能生存，如仙人掌类植物，在水分胁迫下缓慢生长以保持生存能力，确保植物维持正常的生理活动（Jones，1992）。高水分利用效率的植物能够在缺水条件下形成较高的生物产量。

利用植物的一部分休眠来渡过旱季是另一种适应策略，如豆科的常绿植物 *Retama raetam*（Mittler et al.，2001）。极端干旱忍耐的范例可在一些蕨类植物、藻类和地衣以及被子植物的"复苏植物"中发现。该类复苏植物的叶片可以在接近 0~2%（*V/V*）的空气相对湿度下维持休眠而不死，且仍能在充分复水后恢复其生理活性（Ingram and Bartels，1996）。有些耐旱型植物通过减小叶片面积和气孔导度来适应有限的可利用水分。小叶植物通过减小表面积体积比，保持水分，增强对干旱环境的适应性；而某些耐旱型植物则采取维持高的气孔导度，即高的气体交换和低的水分利用效率来避免环境的胁迫（Heschel and Riginos，2005）。荒漠植物红砂和珍珠在相同的生境下采取不同的生存策略，红砂通过维持较高光合速率、蒸腾速率和低水分利用效率来生存；而珍珠则通过高水分利用效率来更好的生存于水资源匮乏的荒漠环境。

Evenari（1985）把植物分为变水植物（poikilohydrous plants）和恒水植物（homoiohydrous plants）2 类。变水植物是指植物体内水分随环境干湿变化而变化的植物，如地衣和藻类植物，对极端干旱具有许多生理上的适应性，且具有从空气水汽中获取水分的能力。恒水植物是指植物体具有调节和保持水分的能力，体内所需水分或含水量基本恒定的植物，如湿生、中生和旱生植物，当严重缺水超出其调节能力时，植物的生长发育会受到威胁甚至死亡。

Thomas（1997）将植物的干旱响应策略分为 2 类，即干旱逃避或避免和抗旱，其中抗旱又包括避免或延迟脱水和忍耐脱水。总之，这些策略之间并不是相互排斥的，植物在一定范围内可以结合这些响应策略，从而更好地适应环境胁迫（Chaves et al.，2003）。

水分是生态系统结构和功能的主导因子，提高水分利用效率是植物在干旱地区生存和繁衍的关键策略（Heschel and Riginos，2005）。根据荒漠植物的干旱适应机理和水分利用策略，也叫生存策略，我们将荒漠植物分为以下 4 类。

（1）避旱型（drought avoidance）

避旱是指通过逃避干旱来抵御水分胁迫，多为短命植物（ephemeral plant），包括一年生短命植物和多年生短命植物。避旱型植物在水分不足之前能够完成它们的生活周期，即能充分利用早春雨水和融化雪水或秋季降水，在夏季干热季节或者冬季来临之前的短短 2 个月左右的时间里迅速完成生命周期，随后整个植株或地上部分干枯死亡，以种子或地下器官休眠度过不利季节。植物逃避干旱表现出较高的发育可塑性，逃避策略依赖于在严重胁迫开始前植物成功的繁殖。这对于植物在干旱地区的生存非常重要，在那里本土一年生植物结合短的生命周期与高的生长和气体交换速率，尽最大可能地去利用水分等资源（Mooney et al.，1987；Maroco et al.，2000）。

（2）抗旱型（drought resistance）

抗旱是指植物在干旱逆境下保持体内组织高水势的抗御能力，有人称其为组织具有高水势的耐旱性，也有人把御旱和耐旱统称为抗旱，这样就模糊了它们的适应策略。这类植物叶片退化，以同化枝进行光合作用，如梭梭、沙拐枣等 C$_4$ 植物。在形态结构方面，叶表面有角质层，栅栏细胞排列紧密。在生理方面同化枝 SOD 活性较高，具有较高的水势、相对含水量和 δ^{13}C 值，水分利用效率高。从叶片类型上区分属于退化叶植物。

（3）御旱型（drought defence）

御旱是指具有典型旱生叶结构，能够通过内部调节提高干旱缺水防御能力。有什么样的结构就有什么样的功能，御旱型植物具有较强的干旱防御能力，如柠条、荒漠锦鸡儿等。这类植物具有较高的 POD 和 CAT 活性，叶绿素含量较高，能够积累较多的可溶性糖和可溶性蛋白质，糖类在整个植物生长中起到关键作用。通常来说，御旱型植物在生理生化调控上具有较高的投资以避免其光合器官的损伤，从而防御干旱胁迫。从叶片类型上区分属于旱生叶植物。

（4）耐旱型（drought tolerance）

耐旱是指植物在干旱环境下能够在低的组织水势和代谢活性下维持一定程度的生长发育和忍耐脱水的能力。许多植物种通过提高体内的渗透调节物质来增强其耐旱性。耐旱型植物一般叶多为肉质，通过叶肉细胞大量贮存特有内含物（如脯氨酸等渗透调节物质）以提高保水力来对抗干旱胁迫。这类植物贮水组织发达，可占叶片厚度的 70% 左右，如泡泡刺、珍珠等，叶片相对含水量、渗透势较高，减少失水、主动吸水和保持膨压等综合能力较强。从叶片类型上区分属于肉质叶植物。

8.3　植物耐盐性

干旱胁迫和盐碱胁迫合称渗透胁迫。在盐碱环境下耐盐植物能通过一系列生理生态机制来适应逆境胁迫，表现为在细胞质中积累有机溶质以维持细胞相对低的渗透势和膨压，对过剩的 Na$^+$ 能够通过液泡中区域化积累以减少离子毒害。在这种环境下，C$_4$ 植物细胞膜能产生保护性反应，表现出 SOD 和 CAT 活性均较高。

盐土是指受中性钠盐（主要指 NaCl 和 Na$_2$SO$_4$）影响的土壤，地表层含盐量 >0.6% 时，即属于盐土。盐化是指土壤溶液中盐分的过度积累，土壤盐化是由自然产生或不适当的水管理行为造成的。不同盐分对植物的危害不同，不同盐分种类构成盐土含盐量的下限不同，氯化物盐土下限为 0.6%，硫酸盐盐土为 2%，氯化物和硫酸盐混合类型的盐土为 1%。

碱土是指受能起碱性水解作用的钠盐影响的土壤，这些钠盐主要是 NaHCO$_3$、Na$_2$CO$_3$ 和 Na$_2$SiO$_3$。

由阳离子与氯根（Cl$^-$）和硫酸根（SO$_4^{2-}$）所组成的盐称为中性盐。由阳离子与碳酸根（CO$_3^{2-}$）、碳酸氢根（HCO$_3^-$）所组成的盐称为碱性盐。土壤盐碱化是指自然或者人为因素导致易溶性盐分在土壤表层积累的现象或过程，也称土壤盐渍化。

盐土、碱土和各种盐化、碱化土壤统称为盐碱土、盐渍土或盐碱地。通常指的盐碱土土壤含盐量超过 0.3%，使农作物严重减产或不能生长。盐碱地可以分为轻度、中度和重度三类。

为避免生长环境中各种有毒微量元素，包括钠（Na）、砷（As）、镉（Cd）、铜（Cu）、镍（Ni）、锌（Zn）和硒（Se）的毒害，植物在长期进化过程中形成了免受有毒离子侵害的两种保护机制：一是外排（exclusion），将有毒的元素排出体外，使这些有毒元素的浓度低于毒性的阈值；二是内部耐受（internal tolerance），通过各种生理生化适应机制，使植物能够耐受、封闭或者螯合这些有毒元素，防止其浓度升高。

可根据表土层（0～20cm 或 0～30cm）盐分平均含量进行土壤盐碱化程度分类，总含盐量（TS）<0.2% 为正常土壤，0.2%≤TS<0.3% 为轻度盐碱地，0.3%≤TS<0.6% 为中度盐碱地，0.6%≤TS<1.0% 为重度盐碱地，1.0%≤TS<2.0% 为盐土，TS≥2.0% 为重盐土。

许多藜科植物是盐生植物，具有 NAD 苹果酸酶生物化学类型者，能够生长在含盐量 2.0%～3.5% 的土壤和积聚 30%～47% 的矿物含量（Kolchevskii et al., 1995）。因此，藜科 C₄ 植物的多汁、水分贮藏及对盐的抗性等的组合，使这些植物在非常干旱的环境下占据宽阔的生态条件范围。

8.4　植　物　修　复

植物修复是通过植物的一些特殊生理功能（如吸收、降解、稳定、挥发等）来降低土壤中的重金属污染物，甚至将土壤重金属污染物移出环境的污染治理技术，植物修复也称绿色修复或生物修复。

8.4.1　分类

重金属污染土壤的植物修复按其修复的机理和过程可分为植物提取、植物固定、植物挥发、植物促进和根际过滤 5 部分。修复机理主要包括细胞壁防御、重金属胞内区域化、重金属与各种有机酸络合、酶适应和渗透调节等。

（1）植物提取

植物提取是指在受重金属污染的土壤上连续种植专性植物或超富集植物，并收割植物的地上部分，以降低土壤中重金属浓度的方式。种植天蓝遏蓝菜（*Thlaspi caerulescens*）可使长期施用污泥导致重金属污染的土地得到修复，一年生 C₄ 草本植物苋（*Amaranthus tricolor*）可用于铅（Pb）污染土壤的活化萃取（白彦真等，2012）。

（2）植物固定

利用植物根系分泌物减少土壤中的有机和重金属污染物的流动性，防止污染物侵蚀、浸出或径流，减少污染物的生物可利用度，进而防止其进入地下水或食物链，其中包括分解、沉淀、螯合、氧化还原等多种过程。一年生 C₄ 草本植物藜（*Chenopodium album*）和多年生 C₃ 禾草新麦草（*Psathyrostachys juncea*）可用于 Pb 污染土壤的植物固定和植被恢复（白彦真等，2012）。Pb 可与磷结合形成难溶的磷酸铅沉淀在植物根部，减轻 Pb 的毒害；

植物根系的几种特殊分泌物可使土壤中重金属元素铬（Cr）的 Cr^{6+} 还原为毒性较轻的 Cr^{3+}。

（3）植物挥发

利用植物根系分泌物使土壤中的重金属汞和非金属有毒元素硒等转化为挥发态，进而去除其污染。烟草（*Nicotiana tabacum*）能使二价汞转化为气态汞，一些转基因植物可以减少汞的更有害离子态和甲基态，使其毒性大大减小。大麻槿（*Hibiscus cannabinus*）可使土壤中的三价硒转化为挥发态的甲基硒而被除去。

（4）植物促进

植物促进指植物的根释放根系分泌物或酶，刺激微生物和真菌，使它们发挥作用，进而降解土壤中的重金属和有机污染物。

（5）根际过滤

根际过滤是指利用植物根际吸收或吸附功能以过滤污染水体中重金属或有机污染物的过程。根际过滤适用于植物提取技术所不能适用的情况，即植物不能有效地把重金属或有机污染物从根转移到茎和叶的情况。

8.4.2 超富集植物

超富集植物是指能利用根部吸收高浓度的重金属，并将吸收的重金属富集在根、茎、叶等器官里的植物。尽管不同土壤中各种元素浓度差异很大，但很少有例外，几乎所有的植物存在于一个窄谱的相对集中的元素浓度范围内。而超富集植物可以耐受茎干中 Cr、Co、Ni、Cu、Pb 含量在 0.1% 以上。在现已发现的上千种重金属超富集植物中，多数为 Ni 超富集植物，其次为 Cu、Zn 超富集植物，多金属超富集植物尤为罕见。这是因为不同种植物对不同重金属的吸收、转化、迁移效率存在较大差异，多种重金属在植物吸收通道中的竞争，以及不同重金属毒性的加合效应，使得能同时超富集多种重金属的植物种类非常稀少。

对于一种强烈的环境胁迫（如重金属污染），生活在该环境中的生物（植物、土壤微生物、植物内生菌和土壤动物）会从结构、形态和生理生化的适应性三个方面去承受这种环境胁迫（Giri, et al., 2014）。未受重金属污染胁迫的区域生物群落的物种主导性低而多样性高，而受重金属胁迫的区域生物群落物种的主导性上升而多样性下降，对重金属污染胁迫敏感的物种会逐渐从生物群落中被淘汰，而耐受性种类的个体数量会逐渐增加而上升为优势种（Chowdhury and Maiti, 2016）。植物根系可以通过改变根际 pH、分泌 H_2CO_3 或其他途径进而影响重金属的生物可利用性，而重金属超富集植物通常可以在地上部分积累超过 100mg/kg 的 Cd，1000mg/kg 的 Co、Cu、Ni、Pb，10 000mg/kg 的 Mn 和 Zn（Kabata-Pendias and Pendias, 2001）。用植物提取手段处理重金属污染物，植物将重金属从根迁移到茎叶便于收割处理，因此，富集植物的重金属迁移系数对于其应用而言是非常重要的。许多重金属或类金属在植物转运过程中需要配体，如硫化配体和有机酸配体（Babula et al., 2008）。具有维管组织的大型植物可以很容易地将一些重金属（如 Cd）进行迁移，降低了重金属的毒害。盐生植物可以将有毒重金属（如 Cd、Zn、Pb）贮存在盐腺（salt glands）或表皮毛中（Manousaki and Kalogerakis，2011）。谷胱甘肽（glutathione）连接的植物螯合肽，即植物络合素（phytochelatins），通常在很多植物和酵母对 Cd 的耐受性方面发挥着重要作用。盐生植物过氧化氢酶在 Cd 和 Ni 胁迫时活性增强（Sharma et al.，2010）。植物吸收重金属过程中，某些转运、调节蛋白的参与发挥着重要的作用。在转录组和蛋白质组学的研究中发现了大量重金属响应基因家族，包括铁锌转运蛋白家族（ZIP）、重金属转运蛋白（HMA）、自然抗性相关巨噬细胞蛋白（NRMAP）、YSL 蛋白家族等（Wang et al.，2013；Buracco et al.，2015）。金属硫蛋白（MTs）也普遍存在于动植物体内，其巯基可结合金属离子，并有清除活性氧的能力（Ruttkay-Nedecky et al.，2013），这些蛋白质可对重金属胁迫下的植物生理进行相应调节，增强其抗逆性。

在重金属的胁迫下，植物根系分泌的高亲和力大分子苹果酸、柠檬酸等有机酸可与重金属结合形成络合物，从而促进植物对重金属的吸收使土壤中自由重金属的浓度降低，进而减缓重金属的毒性。超富集植物相比于非超富集植物而言，其根系更为发达，根毛更为稠密，对重金属的吸收更为有利（Whiting et al.，2000）。非超富集植物主要吸收以水溶态和交换态形式存在的重金属，而超富集植物除了直接吸收水溶态的重金属之外，可分泌相关物质调节土壤环境降低 pH 使其酸化释放其他形态重金属，进而促进植物对重金属的吸收（Yanai et al.，2006）。超富集植物 *Thlaspi caerulescens* 的不同品系研究表明，管家（*house-keeping*）基因是控制其对 Zn^{2+} 超富集性状的调控基因（Shen et al.，1997），这种植物可高速、大量吸收 Zn^{2+} 的主要原因是，因其根细胞膜上拥有更多的 Zn^{2+} 运载位点以及膜上有高密度 Zn^{2+} 运载蛋白（Lasat et al.，1996）。

优选的超富集植物一般具有以下重要特征。

1）对重金属具有超量积累性，地上部（茎和叶）重金属含量是普通植物在同一生长条件下的 100 倍以上。

2）吸收的重金属通常是地上部重金属含量大于根部该种重金属含量。

3）具有很强的抗逆性，在重金属污染的土壤上这类植物能良好地生长，一般不会发生毒害现象。

4）即使在重金属浓度较低时也有较高的积累速率。

5）生长快、生物量大，能同时积累若干种重金属。

近年来，筛选出的超富集植物较多，但针对 C_3、C_4 植物不同特性修复重金属污染土壤的研究还很缺乏。

8.4.3　微生物与植物修复能力

在自然环境中微生物通常与植物存在互利共生关系，这类微生物包括在根部共生的根际微生物、在植物内部共生的内生微生物和在植物地上器官共生的叶际微生物。在微生物-植物共生系统中，环境微生物通常具有增强植物抗逆性、辅助植物吸收营养、合成及分泌植物激素促进植物生长等有利于植物的生物学功能。微生物—植物之间的相互关系有助于促进植物降解有机污染物、解除重金属毒性等（Weyens et al., 2015），提高植物修复能力。

（1）根瘤菌

根瘤菌是一类可侵染豆科植物根部形成根瘤，并能够进行固氮作用的革兰氏阴性菌。根瘤菌在农业生产上具有重要作用，根瘤菌也能够有效地强化植物修复重金属污染的能力（Teng et al., 2015）。Yu 等（2017）从尾矿土壤中分离获得的慢生大豆根瘤菌（*Bradyrhizobium liaoningense*）具有较强的金属耐受性，并发现慢生大豆根瘤菌与豆科植物水黄皮（*Pongamia pinnata*）共生能够促进宿主在钒钛磁铁矿尾矿土壤和含 Ni 土壤中生长，并极大地提高了 Fe 和 Ni 等金属离子的吸收与转运。根瘤菌 *Cupriavidus taiwanensis* 具有较强 Pb 耐受能力，将其接种至含羞草（*Mimosa pudica*）形成根瘤后发现宿主植株吸收 Pb、Cu 和 Cd 的能力显著增加，其中对 Pb 的吸收能力最强，这与根瘤菌对 Pb 耐受能力最强的结果相一致，暗示微生物能够影响宿主植物吸收重金属的种类偏好性（Chen et al., 2008）。

（2）丛枝菌根真菌

丛枝菌根真菌（AMF）是能够定植于植物宿主根部并与宿主形成互利共生关系的一类真菌。土壤环境中的磷酸盐、微量元素和水能够被 AMF 吸收作为营养物质，此外也发现重金属能被 AMF 菌丝吸收并转运至宿主（Göhre and Paszkowski, 2006）。AMF 具有一定的宿主选择性，不能与十字花科、灯心草科等超富集植物共生发育形成丛枝菌根，但能够定殖于部分豆科、菊科及蕨类植物根部（Meier et al., 2012）。

AMF 不仅能够提高栽培在不同浓度 Pb 土壤中豆科植物刺槐（*Robinia pseudoacacia*）的生物量，而且刺槐根部 Pb 浓度较未定植 AMF 的植株具有显著提高。与 AMF 共生的蕨类植物蜈蚣草（*Pteris vittata*）在 As 污染土壤中生长具有更高的生物量，接种了 AMF 的蜈蚣草植株中 As 含量较对照提高了 1.45 倍（Leung et al., 2006）。不同种类的 AMF 对同一宿主植物摄取重金属能力的影响不尽相同，接种了 *Glomus intraradices* 的宿主比未接种的植物摄取 As 和 Zn 的能力分别提高了 14 倍和 7 倍，而接种了 *Gigaspora gigantea* 的宿主仅比对照分别提高了 2.5 倍和 1.9 倍（Giasson et al., 2006）。AMF 能够有效地强化植物修复，具有良好的应用前景。

（3）溶磷微生物

溶磷微生物（PSM）指功能上能够将土壤中不可溶状态的磷转变为可溶性状态的磷供给植物利用，分类学上通常是芽孢杆菌属（*Bacillus*）、肠杆菌属（*Enterobacter*）、假单胞菌属（*Pseudomonas*）等一类微生物的总称。PSM 在农业生产中广泛作为生物菌肥促进农作物生长及增加产量，从而避免过度使用化学磷肥导致土壤退化的问题。PSM 能够促进植物在重金属污染土壤中生长、解除重金属毒性、增强植物吸收重金属的效率。从重金属污染水体中分离到的假单胞菌属菌株 OSG41 具有很强的 Cr 耐受能力，鹰嘴豆（*Cicer arietinum*）接种 OSG41 后对 Cr 具有较强耐受性，植物干重、产量和蛋白质总量较对照均有提高，表明 OSG41 对鹰嘴豆具有解除 Cr 毒性和促进生长的作用（Oves et al., 2013）。假单胞菌属菌株 TLC 6-6.5-4 能够有效降低 Cu 对玉米和向日葵的毒性，并促进植物对 Cu 的吸收，植物体内 Cu 浓度较对照分别提高 2.8 倍和 1.7 倍（Li and Ramakrishna, 2011）。

巨大芽孢杆菌（*Bacillus megaterium*）能够促进芥菜（*Brassica juncea*）和苘麻（*Abutilon theophrasti*）中 Cd 的浓度积累，分别达到 1.6mg/g 和 1.8mg/g，较对照提高了 2 倍以上（Jeong et al., 2012）。利用 PSM 不仅能改善土壤，在重金属污染土壤中接种 PSM 还能够有效地提高宿主植物修复能力。

（4）内生细菌

内生细菌一般位于宿主植物表皮细胞层下方组织中且无固氮作用，在长期的共同进化过程中内生细菌能够帮助宿主植物适应外界胁迫环境。苍白杆菌属（*Ochrobactrum*）菌株 R24 是从双酚 A 污染湿地生长的短尖灯心草（*Juncus acutus*）根部分离到的内生细菌，将其接种至盆栽短尖灯心草后发现能显著提高植物摄取重金属 Zn 和 Ni 的能力（Syranidou et al., 2016）。沙雷氏菌属（*Serratia*）菌株 RSC-14 能够提高龙葵（*Solanum nigrum*）对 Cd 的耐受指数（tolerance index），还能够促进 Cd 在龙葵根部和茎段的积累（Khan et al., 2015）。内生细菌不仅强化单一重金属污染土壤的植物修复能力，同时对复合污染土壤的植物修复能力也具有强化效果。例如，恶臭假单胞菌（*Pseudomonas putida*）W619-TCE 不仅能够减轻复合污染物 Ni 和三氯乙烯对杨树的毒害作用，同时增强了杨树根部对 Ni 的摄取能力和加强了三氯乙烯的蒸腾挥发作用（Weyens et al., 2015）。内生细菌在增强宿主对重金属胁迫的耐受性、促进超富集植物生物量增加及加速植物修复进程等方面具有重要价值。

8.5 植物的分布与生态格局

8.5.1 植物的分布

地球上的每种植物都有很多个体，它们通常都分布在一定的地域上，这个地域就是该种植物的分布区。例如，我国的特有树种油松（*Pinus tabuliformis*）分布在东至沈阳、西至贺兰山、北至阴山、南至四川北部的地域内，这个地域就是油松的分布区。任何级别的植物分类单位（科、属、种）都有相应的分布区，科、属的分布区以种的分布区为基础。

由于受历史因素和现代环境因素的影响，植物的分布区呈现不同的大小和形状。就分布区的大小来说，可以分为广域分布和狭域分布两种类型。前者的分布区广阔，通常遍及各大洲，后者的分布区只限于局部地区，但二者的划分没有绝对的界线。水生植物和一些杂草通常属于广域分布。普遍分布于整个世界或者几乎遍布世界的种类称为世界种，但这种世界种的分布范围也只是相对的，世界种的数目也极为有限，面积占地表一半的种数不到 100 种，占据地表 1/4 的种数也不超过 200 种。如大车前（*Plantago major*）是比较典型的世界种，它分布于除撒哈拉和澳大利亚中部沙漠以外的几乎所有地区。有一些植物的分布区非常狭窄，如我国特产稀有树种银杉（*Cathaya argyrophylla*）只分布于广西龙胜、四川金佛山和湖南城步等地。

分布区的形状多种多样，受各种因素的影响，或为连续分布，或为间断分布。其边界或与一定的自然地理区的边界相吻合，或以山脉、河流作为边界。连续分布区和间断分布区的本质区别在于连续分布区具有生态意义上的连续，区内不同地域通过花粉和种子的传播互相联系；而间断分布区在不同的分布地点不能凭借现有的自然条件来传播花粉和种子。

8.5.2　优势种

对群落结构和群落环境的形成有明显控制作用，在植物群落各层次中个体数量、投影盖度、生物量、体积、生活能力明显占优势的植物种称为优势种。群落主要层的优势种称为建群种。生态系统的抗干扰力及恢复力强烈地受控于优势种的功能属性。

8.5.3　植物功能群

植物功能群是对特定环境有相似反应，对主要生态过程有相似影响的植物群组，是研究植被随环境变化的基本单元（Woodward and Cramer，1996），能帮助理解物种对生态系统过程影响的机理，简化对具有众多物种生态系统的研究（Vitousek and Hooper，1993）。

不同植物功能群在资源利用上具有互补效应，较高的功能群多样性能够有效地增加植物对资源的有效利用，从而提高群落生产力。Hooper 和 Vitousek（1997）认为，在一些生态系统中，组成种的功能特征和物种数一样，对维持生态系统的过程和服务功能起着同样重要的作用。

植物功能群是以植物的功能行为和属性为特征，是生态系统中的优势种或主要成分的植物组合。Jobbágy 等（1996）在巴塔哥尼亚干草原的研究表明，阔叶草类的植物种与环境梯度相对独立，灌木随环境条件变化，不是所有的群落组成成分对同一控制因子都产生反应。不同物种和功能群之间的补偿效应是生态系统稳定性维持的重要机制。

根据光合类型、生态类型和生活型可将植物划分为光合途径功能群、生态类型功能群和生活型功能群。不同光合途径的植物种类，无论从叶片组织结构到生理功能，还是从生态适应到地理分布，均表现出对水、热、光环境的不同响应，是理想的植物功能群分类。

水分对植物形态的限制是决定性的，草原植物按水分生态类型，可划分为 6 个植物功能群：旱生植物、中旱生植物、旱中生植物、中生植物、湿中生植物和湿生植物（Chen et al.，2003），水分状况不同的群落中，植物功能群的组成有很大差异，在较湿润生境中，湿中生和湿生植物成为优势种并构成地上生物量的主要部分；在干旱生境中，旱生和中旱生植物占绝对优势并构成群落生物量的 90% 以上。Aguiar 等（1996）依据生活型把干旱半干旱草原的植物分为灌木、禾本科草类与非禾本科草类，研究这 3 种功能型对土壤水分平衡、初级生产、粗糙度的影响，结果显示随放牧强度的增大，原由禾本科草类占主导，逐渐被灌木所代替，认为灌木和禾本科草类两类功能型可将生态系统的结构与功能联系起来。

Wang 等（2006）研究有 C_4 植物的草原时，将植物分为 C_3、C_4 光合途径功能群，以及乔木、灌木、多年生禾本科草本植物、多年生非禾本科草本植物等生活型功能群，发现 C_3 植物的大部分种和多年生非禾本科的草本植物功能群占优势，而 C_4 植物和其他生活型功能群处于次要地位。中国东北和蒙古国东南的温带草原的研究结果显示，C_3 光合途径的种所占比例最高且非禾本科草的物种丰富度是最高的，它们的区域分布受降水量和温度控制。提高 CO_2 浓度有利于增强 C_3 禾草的生产力，而升高温度则有利于 C_4 禾草，同时，在 CO_2 浓度和温度同时升高的情况下会刺激 C_4 禾草地上部分的生产。

8.5.4 生态过程与生态格局

（1）生态过程

生态过程是生态系统中维持生命活动的物质循环（即生物地球化学循环）和能量流动过程。生态过程包括生物过程和非生物过程，蒸散发是能量流动和水循环的结合点。植被净初级生产力是表征陆地生态过程的关键参数，是理解地表碳循环过程不可缺少的部分。生态过程的变化直接体现在植被盖度的变化，植被盖度退化首先体现在草本植被盖度的退化。植物多样性与生态系统的许多生态过程和生态功能密切相关，决定着生态系统的结构，生态系统结构和功能的变化，对陆地碳循环过程带来巨大影响。

生态过程具有明显的时空尺度特征，不同尺度上影响生态过程的因子变化较大。植物与斑块和生态系统之间的生态过程不同，在斑块尺度上，个体植物的滋生、生长和死亡是处于准周期的不平衡状态；而在生态系统尺度上，是以质量平衡方法来表现同一过程的（Bugmann and Fischlin，1996）。植物对外界环境胁迫的反应在不同尺度上表现不同，大气 CO_2 浓度增加在个体尺度上增强光合作用、提高水分利用效率是有效的，但在生态系统内，CO_2 的肥效则带有选择性，这与植物种类有关（Sellers et al.，1996）。

尺度广泛存在于生态学现象中，生态学家认识到生态过程和格局中空间尺度的重要性。大尺度的、长期的现象约束着小尺度、短时间的现象，然而，大尺度的过程则由小尺度的联合作用驱动。关于大尺度效应研究方法很多，以模型居多，但是由于实验条件和设备限制以及影响因素较多，错综复杂，模型并不能真实的解释现实状况。一些生态学者将实验从人工气候室转变到现实的自然条件下。例如，在美国，为了确定气温升高对森林的影响，生态学者们启动一系列地下加热电缆以及地上开顶式加热室的方法来使土壤升温，将实验在大范围内长时间（至少 10 年）的进行，并使温度以更小的幅度增加（Ledford，2009）。尽管这个过程很困难，但却是研究大尺度生态过程的新思路。

（2）生态格局

植物生态格局是植物与环境的综合空间表现形式。水文过程通过改变生态格局对生态过程产生影响，决定土壤-植被系统的演替方向和生态功能，它不仅在调节植物对土壤水分的利用方面，而且在生态系统的水分循环过程中扮演着重要角色，同时对地下土壤生态系统的碳、氮、磷循环与养分平衡等关键过程产生重要影响。

干旱荒漠区水分的可获取性严重制约着植物的分布和覆盖度。干旱区水文过程控制着植物的生长发育，水文过程的改变往往是干旱区主要生态环境问题的直接驱动力。

C_3 和 C_4 植物对环境因子的响应不同，具有不同的环境适应策略，当水分条件受到限制时，C_4 植物表现出的低蒸腾速率显示出了比 C_3 植物的优越性，但不利的环境条件抑制 C_4 植物生物学特性的表现。C_4 半灌木珍珠在荒漠地区广泛分布。合头草（*Sympegma regelii*）是藜科多汁 C_3 植物，它在荒漠里是优势种，分布很广。C_3 植物松叶猪毛菜（*Salsola laricifolia*）和蒿叶猪毛菜（*Salsola abrotanoides*）是灌木，分布在干旱荒漠地区。一些 C_3 多汁植物，如盐爪爪属（*Kalidium*）、盐角草属（*Salicornia*）、碱蓬属（*Suaeda*）和盐节木属（*Halocnemum*）的种类，发生在潮湿的盐碱土上。对于 C_3 和 C_4 植物，多汁叶片是它们在水分受限的荒漠地区生长发育的有效器官。

干旱降低植物生产力，导致植物死亡，限制植物地理分布。在蒙古国，C_4 植物种类随着地理纬度的减小和从北向南的温度变化而增多，单子叶草本植物和双子叶的藜科植物对气候的响应不同，草本植物出现在人工扰动和荒漠绿洲区，藜科植物与干旱紧密相关。C_4 湿生植物主要集中在莎草科。C_4 灌木和半灌木具有高的抗干旱能力，能够生长在年降水量不足 100mm 的沙漠、戈壁，它们的相对多度与干旱呈显著正相关，与降水量呈显著负相关；大部分一年生藜科 C_4 植物是盐生植物和多汁植物，分布在盐碱、干旱的草原和荒漠地区（Pyankov et al.，2000）。

我国阿拉善高原荒漠区 C_4 植物主要集中在藜科和禾本科，以一、二年生草本植物为主，垂直地带分布与温度呈正相关关系，水平地带分布与降水呈正相关关系。我国东北草原 C_4 植物的生境多为干草原和盐碱草地，C_4 植物耐旱性和耐盐性强于 C_3 植物（殷立娟和王萍，1997）。同为 C_4 植物的 *Amaranthus palmer* 和 *Euphorbia forbesii*，因生境不同而使其光合特性相差甚远。*A. palmer* 为一年生夏季生长草本植物，生长在高温、干旱的索诺拉（Sonoran）沙漠上，而 *E. forbesii* 是一种高达 13m 的乔木，生长于潮湿的亚热带森林，*A. palmer* 比 *E. forbesii* 更能有效地利用强光，并且在中午强光条件下仍未达到光饱和点，而 *E. forbesii* 在 $200\mu mol/(m^2 \cdot s)$（1/10 全光照）的光照条件下就能达到饱和；在林下的阴暗条件下 [光照强度 $20 \sim 30\mu mol/(m^2 \cdot s)$] 时，*E. forbesii* 能维持光合作用的进行而 *A. palmer* 却不能（Pearcy，1983）。*A. palmer* 对高温、强光的反应特性保证了其在沙漠生境下具有较高的生产力，而 *E. forbesii* 对低光照的反应对其在林下的生存是必需的，两者都与自己所处的环境条件达到高度适应，表现了 C_4 植物极大的弹性。

具有 NADP 苹果酸酶类型和猪毛菜属类花环结构的 C_4 植物，如猪毛菜属和假木贼属的灌木，在年降水量小于 100mm 的极端干旱戈壁荒漠条件和生态胁迫下抗性最强，为优势植物（Pyankov et al.，2000）。沙拐枣属植物的气候分布格局与具有 NADP 苹果酸酶代谢类型和猪毛菜属光合器官解剖结构类型的灌木类似。沙拐枣属所有的种具有 NAD 苹果酸酶生物化学代谢类型（Pyankov et al.，1994）。具有地肤属类花环结构的植物，如雾冰藜属（*Bassia*）、樟味藜属（*Camphorosma*）、地肤属（*Kochia*）和绒藜属（*Londesia*）的植物，它们广泛生长在草原和半荒漠的气候区。

8.6 C₄植物的生态适应性

8.6.1 生态适应

在植物与环境的相互关系中，一方面，环境对植物具有生态作用，能影响和改变植物的形态结构和生理生化特性；另一方面，植物对环境也有适应性。植物以自身变异来适应外界环境的变化，这种适应性是对综合环境条件而言的。植物在适应环境的基础上，又在改变着环境，体现着植物的生态功能。

适应是指生物在生存竞争中适合环境条件而形成一定性状的现象，它是生物学的核心现象，也是种群分布的前提。生态适应是生物改变自身形态、结构和生理生化特性，以与其生存环境相协调的过程。适应组合是指对某一特定生境条件表现出的一整套的协同适应特性。

适应性是指生物随外界环境变化而改变自身的特性或适应能力，可区分为个体适应能力和种群适应能力，两者都受遗传控制。

将植物对综合环境条件的适应区分为趋同适应和趋异适应。趋同适应是指不同种类的植物当生长在相同或相似的环境条件下时，往往形成相同或相似的适应方式或途径，在外部形态、内部结构或生理特性等方面表现出一致性或相似性。例如，仙人掌科不同种类植物为适应沙漠干旱环境，常形成肉质多汁的茎，叶子则退化成针刺状。不同科不同种类的植物，如菊科的仙人笔（*Senecio articulatus*）和大戟科的火殃勒［也叫霸王鞭（*Euphorbia antiquorum*）］，生活在相同的环境下，具有类似的形态特征，这就是趋同适应的结果。

趋异适应是指同一种植物的不同个体群，由于分布地区的间隔，长期接受不同环境条件的综合影响，产生相应的生态变异，即同种植物对不同综合环境条件产生不同的适应，从而使它们在形态、生理和遗传等方面出现了分异。例如，芦苇（*Phragmites australis*）在我国由于分布区生态条件的差异，出现了水芦、沙芦、鸡爪芦和麦杆芦四个生态型。

趋同适应与趋异适应代表了植物适应性发展的两个不同的侧面，趋同适应促使不同类群的植物向着同一个方向发展，结果形成具有相似适应特征的生活型；而趋异适应则是种内的分化定型过程，其结果是导致产生不同的生态型。

生活型主要是指植物的外貌特征，如植物体形状、大小、分枝等，同时，植物的生命期长短也是明显特征。在同一类生活型中，包括了分类系统地位不同的许多种，因为不论各种植物在系统分类上的位置如何，只要它们对某一类环境具有相同或相似的适应方式和途径，并在外貌上具有相似的特征，它们就属于同一类生活型。例如，在湿热带，有很多具有柱状茎和板状根的常绿木本植物分属于不同的科；在具有缠绕茎的藤本植物中，包括了在分类系统地位上十分不同的许多植物种；很多高山、北极的垫状植物也分属于不同的科；热带荒漠环境中的很多肉质植物，它们的亲缘关系都很远。这些都说明了不同种类的植物，对于相同环境的趋同适应现象。相反，在分类学上亲缘关系很近的植物也可能属于不同的生活型，如豆科植物中的很多种类，在生活型上表现出极大的多样性，可分属于乔木（如刺槐、合欢）、灌木（如锦鸡儿、胡枝子）、藤本（如紫藤、葛藤）和草本（如苜蓿、三叶草）等。所以，通过生活型可以明显反映出植物和环境间的关系。

所有有机体，既需要能适应物理环境，也需要能适应生物环境，如果它们不适应，就不能生存。因此，种群的分布总局限于所能适应的范围之内。此外，种群的适应对遗传进化也有重要影响。适应通常应用于特性方面，各具特色的形态特征大都是具有功能意义和适应意义的。适应也表现为个体对具体环境变化做出反应的生理调节，由于调节才使得有机体在环境变化时能保持正常生长发育。在进化过程中，落叶树的季节性落叶，就是植物对环境季节性变化适应的一种生理调节机制。

沙质荒漠（简称沙漠，区别于其他荒漠见 9.4）一般地下水位很低，土壤经常缺乏水分，在这种条件下生存的植物，反而大都具有较浅的根系。但根系水平方向的分布甚广，借以扩大根系和土壤的接触面积，吸收尽可能多的水分。生长在流沙区的灌木或半灌木，对流沙的移动起着很大的阻碍作用，促使流沙逐渐稳定。

在中亚荒漠地区藜科 C₄植物是 C₄植物的第一大科，而且藜科 C₄植物的分布与干旱程度呈显著的正相关关系（Pyankov et al., 2000）。植物根系功能型影响用水策略，中亚荒漠关键种多枝柽柳（*Tamarix ramosissima*）和梭梭表现出不同的用水策略，前者的生存依赖地下水，后者的生存直接依靠大气降水（Xu and Li, 2006）。

一年生 C₄植物能够有效利用生长季的降水，并以种子的形式度过干旱期，这是一年生 C₄植物成为沙化草地恢复演替先锋植物的重要因素（王仁忠，2004），这些 C₄植物可以在一定程度上指示植被的动态。

木本植物大小或年龄影响植物对深层土壤水分的吸收，小的或年轻的植物只利用浅层土壤水分，类似于草本植物，大的或老的个体可以利用地下水。

三齿常绿香（*Larrea tridentata*）和腺牧豆树（*Prosopis glandulosa*）两种植物都有一种水分补偿能力，即利用冬季降水补偿夏季干旱用水，冬季干旱就以夏季降水来补偿，这就是灌木在这种环境中得以与一年生植物竞争的一种手段。干旱区植被的最显著特点是低覆盖度，往往不足 30%，1mm/a 雨量生产的地上生物量约为 1g/m²，该值受气候环境的影响，具有很大的季节性变化、年际变化和长期间变化。

荒漠植物体中普遍出现含胶状物质的细胞或囊状结构，梭梭含有大量的含晶细胞，沙拐枣含有大量的黏液细胞，这种物质的存在与提高植物的抗旱性有关。梭梭和沙拐枣在水分胁迫下出现光抑制现象，增加土壤湿度或空气湿度，均能消除光抑制，提高光能利用率和利用效率。

并非所有的旱性结构都随时随地起着抑制蒸腾从而节约用水的作用。在旱性结构诸要素中，孔隙小而数目众多的气孔在控制蒸腾方面的作用具有两重性，视供水条件而异。当水分供应充足气孔打开时恰恰促进蒸腾迅速进行，这时，发达的输导组织持续供水支持高速蒸腾；当水分紧张（如中午或旱季）气孔关闭时，厚角质层和表皮毛才显示出防蒸腾失水、防过热灼伤的作用。旱性结构有效地调节蒸腾作用，既有抑制蒸腾的一面，使旱生植物能在干旱时期保持低蒸腾，又有促进蒸腾的一面，使旱生植物在供水充足时加速蒸腾。

荒漠旱生植物正是以这种旱性结构的双重作用，使自己适应环境条件的变化而存活、生长以及繁衍后代。

8.6.2 沙拐枣的繁殖特性

沙拐枣具有生长快、易繁殖、耐旱、抗风蚀、耐沙埋等特点，是优良的固沙先锋种，同时也是荒漠绿洲过渡带的主要优势种之一。

营养繁殖是沙拐枣的主要繁殖方式，沙拐枣的水平横生根具萌蘖能力，靠萌蘖芽生出新的地上植株。因水分缺乏，大部分植株依赖营养体进行繁殖，密度增加缓慢。在夏季降水多时，根系萌蘖和种子可大量繁殖，迅速提高密度（表8-1）。

表8-1 5月和8月沙拐枣种群密度比较

样带	样地	5月平均密度 /（株/hm²）	8月平均密度 /（株/hm²）	密度增长率/%	平均增长率/%
绿洲荒漠过渡带	A1	350	350	0	11.5
	A2	1800	2040	13.3	
	A3	2130	2530	18.8	
	A4	1120	1330	18.8	
	A5	450	480	6.7	
荒漠不同地形生境	B1	30	30	0.0	193.2
	B2	80	730	812.5	
	B3	750	900	20.0	
	B4	1000	2100	110.0	
	B5	300	370	23.3	

注：A1～A5为从绿洲边缘20m开始，从南向北延伸的样地，样地大小为20m×20m；B1～B5为距离绿洲800～1000m处，从东往西的样地，B1流动沙丘，B2半固定沙丘，B3固定沙丘，B4缓平沙坡，B5丘间低地

绿洲荒漠过渡带为缓平沙地，距离绿洲最近处，由于土壤水分条件较好，特别是夏季雨水多时，沙蒿（*Artemisia desertorum*）、沙蓬（*Agriophyllum squarrosum*）生长迅速，密度大，长势旺盛；不利于沙拐枣生长，使其密度低下。随着远离绿洲往荒漠延伸，沙拐枣密度逐渐增大，大致在600m左右密度达到最高，再往荒漠深处，密度逐渐降低。

成年沙拐枣的结实量较大，促进种子萌发形成幼苗是种群恢复的重要环节，在种子丰产年，可适时采集一些种子，进行撒播，通过人工辅助措施促进种群更新。

8.6.3 沙拐枣的种群结构与动态

种群的大小结构能反映植物与环境之间的适合度。虽然种群的龄级和径级有所不同，

但在同一环境下，同一树种的龄级和径级对环境的反应规律具有一致性，对于数量较少的濒危树种和一些灌木，在很难获取其年龄的情况下，可采用径级结构代替年龄级结构进行分析，这也是种群生态学研究种群结构的常用方法。将沙拐枣基径（BD）划分为 10 个等级，分别代表 10 个龄级：Ⅰ级（BD<0.5cm）、Ⅱ级（0.5cm≤BD<1.0cm）、Ⅲ级（1.0cm≤BD<1.5cm）、Ⅳ级（1.5cm≤BD<2.0cm）、Ⅴ级（2.0cm≤BD<2.5cm）、Ⅵ级（2.5cm≤BD<3.0cm）、Ⅶ级（3.0cm≤BD<3.5cm）、Ⅷ级（3.5cm≤BD<4.0cm）、Ⅸ级（4.0cm≤BD<4.5cm）和Ⅹ级（BD≥4.5cm）。根据上述大小级划分标准，以基径为横轴，以株数为纵轴做出种群大小级分布图。荒漠绿洲过渡带沙拐枣种群龄级结构见图 8-1，龄级呈现基部极宽顶部狭窄的金字塔型，沙拐枣种群在Ⅰ~Ⅳ龄级个体数丰富，占整个种群个体数的 90%，Ⅴ~Ⅶ龄级占 8%，Ⅷ~Ⅹ龄级仅占 2%，种群整体结构接近金字塔型，但沙拐枣种群中Ⅰ、Ⅱ龄级个体数目少于Ⅲ龄级的个体数目。

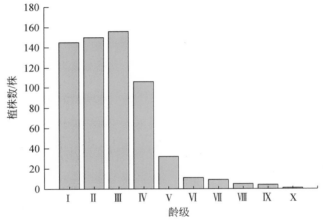

图 8-1　沙拐枣种群龄级结构图

定量描述种群动态用如下公式（陈晓德，1998）：

$$V_n = \frac{S_n - S_{n+1}}{\max(S_n,\ S_{n+1})} \times 100\% \tag{8-1}$$

$$V_{pi} = \frac{1}{\sum\limits_{n=1}^{k-1} S_n} \sum\limits_{n=1}^{k-1} (S_n V_n) \tag{8-2}$$

式中，V_n 为种群从 n 到 $n+1$ 级的个体数量变化；V_{pi} 为整个种群结构数量变化的动态指数；S_n、S_{n+1} 分别为第 n 和 $n+1$ 级种群个体数；k 为种群大小级数量。

式（8-2）仅适用于不考虑未来外部环境干扰的种群结构动态的比较，当考虑未来的外部干扰时，则种群结构动态还与大小级数量（k）及各大小级个体数（S）这两个因素相关，k 与 S_n 对未来的外部干扰存在着"稀释效应"，即种群 k 与 S_n 数值越大，对外部干扰的缓冲作用越大；现考虑一种对种群大小级与大小级个体数均为随机的、刚足以去掉种群内一个个体的、对种群结构及动态 V_{pi} 值构成了"初始影响"的、最低强度的外部干扰，种群承担的风险概率（P）可由 k 与 S_n 根据条件概率法则（曹彬和许承德，1993；江仁官，1994）计算，$P = \dfrac{1}{kS_n}$（$n = 1 \sim k$），其中 S_n 是变量。但只有最大的 P 值才对种群结构动态构成最大的影响，因而，在系列变量 P 值中，只需考查其最大的概率值 $P_{极大}$，将该极值作为衡量种群结构动态对干扰的敏感性指标，由 P 表达式可知，要使 P 极大，须令 S_n 极小（零除外，因 $S_n = 0$ 时，该龄级不存在再被干扰排除个体的概率），所以：

$$P_{极大} = \frac{1}{k\min(S_1, S_2, S_3, \cdots, S_k)} \tag{8-3}$$

因此将式（8-2）修正为

$$V'_{pi} = \frac{\displaystyle\sum_{n=1}^{k-1} S_n V_n}{\min(S_1, S_2, S_3, \cdots, S_k)k\displaystyle\sum_{n=1}^{k-1} S_n} \tag{8-4}$$

式中，V_n、V_{pi} 和 V'_{pi} 取正、负、0 值时分别反映种群个体数量的增长、衰退和稳定的结构动态关系。

根据种群动态量化方法分析沙拐枣种群相邻大小级的个体变化，从表 8-2 可以看出，沙拐枣种群相邻各级间个体数量变化的动态指数为 V_1、V_2 小于 0，说明 Ⅰ、Ⅱ 龄级个体数目少于 Ⅲ 龄级个体数目。在不考虑外界环境干扰时，沙拐枣种群年龄结构的动态指数 $V_{pi} = 23\% > 0$；受随机干扰时的种群年龄结构动态指数 $V'_{pi} = 2\% > 0$，但趋于零；随机干扰风险极大值，即种群结构对随机干扰的敏感性指数 $P = 0.1$，说明荒漠绿洲过渡带沙拐枣种群为增长型，但种群结构增长性低，趋于稳定型，且对外界干扰较敏感（解婷婷等，2014）。

表 8-2　沙拐枣种群龄级结构的动态指数

种群动态指数级	动态指数/%
V_1	−3.33
V_2	−3.85
V_3	32.05
V_4	69.81
V_5	65.62
V_6	18.18
V_7	44.44
V_8	20
V_9	75
V_{pi}	23.33
V'_{pi}	2.33

河西走廊中部荒漠绿洲过渡带，沙拐枣种群适应当地的生境条件，并能利用当地环境条件实现自身生存扩展的最大化。

8.7　C₄植物的生产力与生物量

陆地植被是由约95%的C₃植物和5%的C₄植物组成的，虽然C₄植物占全球植物数量的比例很少，但C₄植物初级生产力占全球植物总初级生产力的18%～20%，主要归因于C₄单子叶草本植物高的生产力（Melillo et al.，1993；Ehleringer et al.，1997；Ward et al.，1999）。C₄植物的分布不但与气候变化相关，而且与植被演替过程中物种的变化相联系。C₄双子叶植物的多度远远少于C₄单子叶植物。在美国索诺拉荒漠里，C₄双子叶植物能达到的最大多度为4.4%，随着干旱程度的减小，C₄双子叶植物在植物区系中的多度也减少；在亚热带地区，如佛罗里达州C₄双子叶植物在植物区系中只占2.5%，得克萨斯州只占2.8%（Wentworth，1983）。我国荒漠地区C₄木本植物（包括半木本植物）占荒漠中双子叶植物总数的5.3%。

生物量是生态系统物质循环（碳循环）的重要载体，是体现生态系统获取能量能力的主要方式之一，也是植被生产力的体现，对生态系统结构的形成具有重要的影响，是评价生态系统结构和功能的重要指标。

生物量是指单位面积有机物质的总量，生物碳量是将干重生物量乘以碳含量系数得到的，碳含量系数草地一般取0.45，森林取0.5（方精云等，2007）。对于荒漠植物而言，枯死生物量具有重要的生态作用。

8.7.1　生产力

植被的成分和分布格局主要是由水和温度所控制的，水分短缺是限制干旱地区植物生产力的主导因子，温度是限制高寒地区植物生产力的主导因子。植物生产力是指从个体、群体到生态系统、区域乃至生物圈等不同层次的物质生产能力，其决定着系统的物质循环和能量流动，也是指示系统健康状况的重要指标。生产力分为潜在生产力和现实生产力。生态系统生产力可分为总初级生产力（GPP）、净初级生产力（NPP）、总生态系统生产力（GEP）、净生态系统生产力（NEP）等。

初级生产力是指生态系统中植物群落在单位时间、单位面积上所生产的有机物质的总量。总初级生产力是指植物在单位时间内通过光合作用所固定的有机物质总量，又称总第一性生产力，总初级生产力决定了进入陆地生态系统的初始物质和能量。净初级生产力表示植物所固定的有机物质中扣除本身呼吸消耗的部分，也称净第一性生产力。净生态系统生产力（NEP）是植被净初级生产力（NPP）与土壤呼吸之差，即生态系统与大气之间的碳交换率，也叫净生态系统碳交换量（NEE）。

$$NPP = GPP - 植物自养呼吸$$
$$NEP = NPP - 异养呼吸（土壤呼吸）$$

森林生态系统是陆地碳汇的主体，全球森林NEP平均值为354g C/（m² · a）（Luyssaert et al.，2007），温带森林NEP为351g C/（m² · a）（Wang et al.，2008）。荒漠生态

系统植被稀疏，NEP 低下，荒漠植物沙拐枣的群体净光合速率平均为 $2.36\mu mol/(m^2 \cdot s)$，沙拐枣种群固定碳为 $0.24g\ C/(m^2 \cdot a)$。采用 CASA 模型研究我国藏北地区草地生态系统的碳固存得出，藏北地区多年（1981～2004 年）草地植物固定碳平均值为 $48.1g\ C/(m^2 \cdot a)$，其中高寒草甸类草地平均为 $63.5g\ C/(m^2 \cdot a)$，高寒草原类草地为 $30.6g\ C/(m^2 \cdot a)$，高寒荒漠类草地为 $15.6g\ C/(m^2 \cdot a)$（高清竹等，2007）。可见，干旱荒漠区稀疏小灌木沙拐枣种群的固碳量是很低的。

8.7.2 地上地下生物量

生物量的地上–地下分配反映了植物的生长策略，属于植物生长史对策。植物通过改变对不同器官的生物量分配来达到在变化的环境中最大限度地提高获取各种资源的能力，而增加生长速率。

土壤水分状况与生物量之间的反馈导致结构变化致使水分损失量最小而植物生长量最大，生物量和土壤水分的年际变化，会受到群落自身发展阶段和当年降水格局的耦合作用影响。在生长早期，同化物主要被分配到绿色部分（主要是叶），以促进营养生长，而生长晚期则主要分配到非绿色部分（包括根、茎、干、枝、种子等），以积累能量供来年萌发和返青。

土壤水分的亏缺导致同化物主要向植物根部积累，以扩大根系吸收更大范围的水分（高琼等，1997）。在日益恶劣的条件下首先趋于枯萎的植物都是其木质生物量很低的那些植物（r–对策者）。与 C₃ 植物相比，C₄ 植物具有较高的光合作用氮素利用效率，使它们比 C₃ 植物更能适应低氮土壤（Li，1993b），在土壤贫瘠的生境中 C₄ 植物的丰富度较高。在河西走廊临泽北部绿洲—荒漠过渡带，没有地下水补给，依靠约 100mm 的自然降水和凝结水维系的沙拐枣，在雨后空气湿润时最大净光合速率可达 $51.4\mu mol/(m^2 \cdot s)$，单株最大水分利用效率为 $4.3mmol\ CO_2/mol\ H_2O$；单株最大生物量可达 6.18kg/株，单株平均生物量为 1.37kg/株（表 8-3）。

地上生物量是干、枝、叶等地上部分的总称。地下生物量即根系生物量，根系是植物重要的功能器官，为植物吸收水分和养分、固定地上部分。根系在土壤中的空间分布特征能够反映植物吸收利用养分和水分资源的能力，从而决定其生长和生物量。植物根系的数量、组成与分布不仅受植物本身生物学特性的制约，而且还受其生存环境条件的强烈影响。在干旱和半干旱地区，根系在土壤中的分布深度和根长密度反映了植物对干旱的抵御能力，较高的根长密度和根系活力能够提高土壤中水分和养分的利用效率。

地下生物量与地上生物量之比，称为根冠比，常常反映出植物为了最大化的获取资源而采取的生物量最优分配策略，也就是植物通过调节分配各器官的生物量，以保证自身能够最大化的吸收有限资源。

8.7.3 沙拐枣的生物量

不破坏生物结构的生物量精确测定是生态学研究的理想方法。在经典的以刈割方式测定生物量的方法基础上，寻求一种适用于大面积且相对准确地测定荒漠植物生物量的方法尤为重要。对生长在不同立地条件、不同年龄阶段的沙拐枣选择代表性植株，测定得到的基径和生物量结果见表 8-3，可以看出，沙拐枣地上生物量与地下生物量之比率>1 的个体占 81%，荒漠植物地上生物量有很大一部分是枯死部分，它们具有重要的生态功能，是地上生物量的重要组成部分。

表 8-3　沙拐枣生物量测定结果

基径/cm	株高 /m	植冠投影面积 /m²	地上生物量 /g	地下生物量 /g	地下生物量 /地上生物量	总生物量 /kg
1.1	0.78	0.4234	71	33	0.46	0.104
0.6	0.21	0.2905	11	8	0.73	0.019
0.9	0.59	0.2713	44	26	0.59	0.070
3.9	1.18	2.8910	1374	2399	1.75	3.773
3.7	1.36	1.7584	887	408	0.46	1.295
2.9	0.70	1.3090	355	434	1.22	0.789
0.9	0.50	0.4121	66	31	0.47	0.097
1.8	0.90	0.6908	142	77	0.54	0.219
4.2	1.30	2.3864	1729	1276	0.74	3.005
7.0	1.80	3.7916	3857	1991	0.52	5.848
3.3	1.10	1.5308	1286	597	0.46	1.883
8.0	1.60	3.7916	3369	2808	0.83	6.177
1.5	1.00	0.5024	89	66	0.74	0.155
1.0	0.75	0.5004	53	71	1.34	0.124
3.5	1.35	1.5386	931	562	0.60	1.493
1.4	0.87	0.8635	199	87	0.44	0.286
0.3	0.21	0.0769	3	2	0.67	0.005
0.9	0.60	0.3847	66	36	0.55	0.102
1.7	0.70	0.6594	111	77	0.69	0.188
1.1	0.60	0.6751	102	84	0.82	0.186
5.5	1.65	2.5356	2239	1378	0.62	3.617
5.2	1.30	2.8260	1086	766	0.71	1.852
0.3	0.09	0.0264	1	2	2.00	0.003
2.1	0.94	0.7301	355	153	0.43	0.508
1.2	0.60	0.7458	89	41	0.46	0.130
4.9	1.30	3.2970	1596	1046	0.66	3.642
5.9	1.15	1.1226	532	817	1.54	1.349

沙拐枣不同径级地下生物量与地上生物量的比率，即根冠比最大为 2.0，最小为 0.4，变幅很大，平均值为 0.78。植物根冠比的大小反映了植物对环境因子需求和竞争能力的强弱，对苗木来说，根冠比<1，反映出对养分和水分的需求和竞争能力的增强。

从图 8-2 可以看出，沙拐枣的总生物量与株高和植冠投影面积之积的相关性最好（$r=0.97$，$P<0.0001$），由此得出沙拐枣植株的总生物量可以用下列公式计算：

$$T_b = 0.916HA - 0.165 \tag{8-5}$$

式中，T_b 为总生物量（kg）；H 为株高（m）；A 为植冠投影面积（m²）。

沙拐枣个体的植冠投影面积呈椭圆形，用下列公式计算：

$$A = \frac{1}{4}\pi ab \tag{8-6}$$

式中，a 为长冠幅（m）；b 为短冠幅（m）。

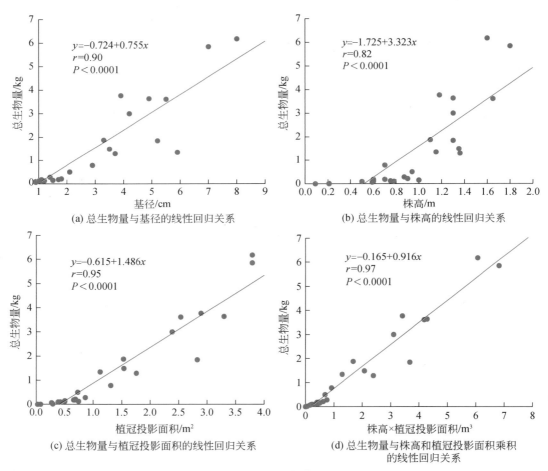

图 8-2 沙拐枣总生物量与基径、株高和植冠投影面积的关系

第9章 | 荒漠地区 C_4 植物及其与气候的关系

9.1 导　言

荒漠生态系统的明显特征是物种稀少，结构简单，抵御外界干扰的能力弱，对环境变化敏感，荒漠植被是干旱区生态与环境变化的指示器。植被与气候之间的相互作用主要表现在两个方面，一方面，植被对气候的适应性与植被对气候的反馈作用。植物生态学的观点认为，主要的植被类型表现着植物界对于主要气候类型的适应，每个气候类型或分区都有一套相应的植被类型。另一方面，不同的植被类型通过影响植被与大气之间的物质（如水和二氧化碳等）和能量（如太阳辐射和热量等）交换来影响气候，改变的气候又通过大气与植被之间的物质和能量的交换作用对植被的生长产生影响，最终可能导致植被类型的变化。

荒漠生态系统约覆盖地球陆地表面的 1/3（Newingham et al., 2013），由于植被稀疏常被人们忽略其功能。一般认为大气 CO_2 在荒漠土壤里的容量很低，但荒漠可能是 CO_2 的重要碳库（Newton，2008；Wohlfahrt et al., 2008）。荒漠通过土壤碳同化（soil carbon assimilation），具有无机固碳能力，且潜力巨大（苏培玺等，2018）。

地球上已受到和预计受到荒漠化影响的地区面积共有 4560.8 万 km^2，约占全球土地面积的 35%。我国是世界上荒漠化危害最严重的国家之一，荒漠化土地约为 263.62 万 km^2，占国土面积的 27.3%（王涛等，1999）。尤其是我国北方广大的草原地区，生态环境脆弱，干旱化、荒漠化日益加剧，这已成为我国面临的重大环境问题。

9.2 我国荒漠区概况

荒漠地区有沙漠、戈壁、风蚀雅丹地貌、低山丘陵、山前平原、土质平地等地貌类型。在我国 142.7 万 km^2 的荒漠地区，分布有八大沙漠和四大沙地，分别是塔克拉玛干沙漠、古尔班通古特沙漠、库姆塔格沙漠、柴达木盆地沙漠、巴丹吉林沙漠、腾格里沙漠、乌兰布和沙漠、库布齐沙漠、毛乌素沙地、浑善达克沙地、科尔沁沙地、呼伦贝尔沙地（朱震达等，1980）。总体上，沙漠分布于年降水量 200mm 以下的干旱地区，沙漠和戈壁所占的面积分别为 59.3 万 km^2 和 56.1 万 km^2。沙地分布于降水量为 200~400mm 的半干旱地区。

我国沿西昆仑山—阿尔金山—祁连山—乌鞘岭诸山北麓及贺兰山西麓北延至国界线以北以西的地区，除天山、阿尔泰山及新疆西部山地外，包括柴达木盆地，属荒漠地区，多年平均降水量在 200mm 以下。往东延伸，多年降水量为 200～400mm 的沙漠和沙地地区称为半荒漠地区。通常将荒漠区划分为三大部分：干旱荒漠区、半干旱荒漠区和半湿润荒漠区，干旱荒漠区和半干旱荒漠区对应上述的荒漠和半荒漠区，半湿润荒漠区是指半干旱荒漠区以东半湿润地区的荒漠，也称半湿润易旱荒漠区，西北荒漠区一般指干旱荒漠区。我国西南青藏高原荒漠称为高寒荒漠。

在我国西北荒漠地区，植物种群的限制因素比较单一，主要是水分，在降水相同的条件下，地下水埋深几乎成为唯一的限制因素。

根据区域自然特色将我国荒漠区划分为八大荒漠区（朱震达等，1980）。

Ⅰ. 塔里木盆地荒漠区：位于新疆南部，是我国最大的内陆盆地，也是我国沙漠分布面积最大的地区。指昆仑山以北、天山以南、西边国界线以东、罗布泊以西的区域。主要指塔克拉玛干沙漠。

Ⅱ. 准噶尔盆地荒漠区：位于新疆北部，除盆地中央为古尔班通古特沙漠外，还有一些小沙漠分布在边缘。指天山以北，东、北、西国界线包围的区域。

Ⅲ. 新疆东部荒漠区：指星星峡以西（河西走廊以西），天山以南，吐鲁番盆地及其以东，阿尔金山以北的广大地区，是我国极端干旱地区之一。主要指库姆塔格沙漠和吐鲁番盆地。

Ⅳ. 柴达木盆地荒漠区：是青藏高原东北部的一个巨大内陆盆地，位于青海省西北部。指昆仑山以北、阿尔金山以南、祁连山以南以西区域，主要指柴达木盆地沙漠。

Ⅴ. 河西走廊荒漠区：甘肃省乌鞘岭以西，星星峡以东（古玉门关以东），祁连山和龙首山、合黎山、马鬃山之间的走廊地带。

Ⅵ. 阿拉善高原荒漠区：河西走廊以北，中蒙国境线以南，黑河下游以东，贺兰山以西的广大地区。在行政区划上包括内蒙古西部的阿拉善左旗、阿拉善右旗、额济纳旗和巴彦淖尔市的一部分。包括巴丹吉林沙漠、腾格里沙漠、乌兰布和沙漠。

Ⅶ. 鄂尔多斯高原荒漠区：黄河河套以南，长城以北的鄂尔多斯地区。处于温带干草原和荒漠的过渡地段。包括库布齐沙漠、毛乌素沙地。

Ⅷ. 东北西部及内蒙古东部荒漠区：位于半干旱地区的干草原地带，其中一小部分如嫩江下游和科尔沁沙地的东部，还处于半湿润的草原地带，包括浑善达克沙地、科尔沁沙地、呼伦贝尔沙地。浑善达克沙地分布于内蒙古高原东部，包括内蒙古锡林郭勒盟的南部和昭乌达盟的西北部；科尔沁沙地主要分布在东北平原的西部，吉林省的西部和辽宁省的西北部；呼伦贝尔沙地主要分布在内蒙古东北部呼伦贝尔高原上。

总体上，八大荒漠区中Ⅰ～Ⅵ分布于干旱地区，Ⅶ和Ⅷ分布于半干旱地区。

河西走廊在严酷的大陆性气候条件下，地形因素在很大程度上制约着地下的水文状况以及随之而发生改变的土壤盐分条件，与此同时也影响并决定着植被在地面上的分布状况。由于土壤的水分条件、盐分条件与土壤质地等因子因地形的变化而有差异，河西走廊自南北向中央，植被随地形改变而呈明显的带状分布。各带又因局部气候与土壤基质的不同，生长着不同类型的植物群落。河西走廊西部植被主要由多年生草本和低矮灌木所构成，一年生草本植物稀少（陈宏彬等，2007）。

9.3　我国荒漠区气候特征

　　气候和土壤因子极大地影响植物的生长、发育、生殖和更新。气候因子（climate factor）包括大气、光、温度、湿度、风等，这些因子之间相互影响。例如，强光可以提高空气温度，风可以冷却调节温度，洋流可以调节大气温度和降水量。气候因子随季节或10 年或更长时间的范围而变化，这些变化可能是平缓而且可预测的，可能是突然变化并且具有间歇性的。

9.3.1　热量和水量平衡

　　在地球表面存在两个平衡方程，即热量平衡方程和水量平衡方程。地表得到的净辐射是各种热量交换的基础，热量平衡方程如下：

$$R_n = LE + P + A \tag{9-1}$$

$$R_n = LE + H + G + P_H \tag{9-2}$$

式中，R_n 为陆地表面所获得的净辐射；P 为地面与大气间的热量交换（主要是湍流热通量）；LE 为潜热通量；A 为地表与下层土壤之间的热量交换；H 为感热通量；G 为土壤热通量；P_H 为用于植被光合作用和生物量增加的能量，其值很小，可忽略。这样式（9-1）和式（9-2）是一致的。

　　感热通量是物体在加热或冷却过程中，温度升高或降低而不改变其原有相态所需吸收或放出的热量通量。

　　潜热通量是物质发生相变（物态变化）且温度不发生变化时吸收或放出的热量通量。热通量是一个矢量，单位为 W/m^2。

　　地表净辐射 R_n 也可表示如下：

$$R_n = Q(1-T) - i \tag{9-3}$$

式中，Q 为总辐射，不受人类活动的影响；T 为地表反射率，取决于地表性质，气候变化对陆地生态系统的影响必将对陆地表面的反射率产生重大影响；i 为地表有效长波辐射，取决于地表温度、大气温度、湿度及云量等。

　　水量平衡方程如下：

$$r = f + E + W \tag{9-4}$$

式中，r 为降水量；f 为径流量（包括地下径流和地表径流）；E 为蒸散量；W 为土壤蓄水量的变化。

　　水循环、气体循环和沉积循环是地球生态系统中的物质循环三大途径，其基本动力流分别是水流、风流和生物流。

9.3.2　我国荒漠气候

　　联合国环境规划署（UNEP）把湿润度指数小于 0.05 的地区定义为极端干旱区，把湿润度指数为 0.05 ~ 0.20 的地区定义为干旱地区，其中所用的湿润度指数是按照 Thornthwaite 方法计算的。国外多数学者倾向于简单地把年平均降水量在 250mm 以下的地区称为干旱区。这大体相当于湿润度不超过 0.20 的地区。而我国许多学者则结合本国的特点，把年平均降水量在 200mm 以下的地区称为干旱区。

一般把日最高气温≥35℃称为高温天气，持续多天的高温天气称为高温酷暑。荒漠区最高温、最低温、大风、暴雨、干热风、沙尘暴等极端气候事件随着气候变暖而增多。

我国八大荒漠区的主要气候参数见表 9-1。1951 ~ 2008 年近 60 年的平均值可以看出，年降水量从西向东增加，可以明显分为两大区，塔里木盆地荒漠区、准噶尔盆地荒漠区、新疆东部荒漠区、柴达木盆地荒漠区、河西走廊荒漠区和阿拉善高原荒漠区年降水量在 200mm 以下，为干旱荒漠；鄂尔多斯高原荒漠区和东北西部及内蒙古东部荒漠区年降水量为 200 ~ 300mm，是半干旱荒漠区。干旱荒漠区年平均降水量为 100mm，最低的为柴达木盆地荒漠区，只有约 61mm，最高的为准噶尔盆地荒漠区，达到约 174mm。半干旱荒漠区年平均降水量为 271mm。

表 9-1　我国荒漠地区的气候特征

序号	名称	年降水量/mm	年平均气温/℃	干燥指数	湿润指数	≥10℃的活动积温/℃	1月平均气温/℃	7月平均气温/℃	≥10℃的天数/d	年日照时数/h
Ⅰ	塔里木盆地荒漠区	73.7	10.1	15.8	3.7	3944	-7.8	24.1	196	2826
Ⅱ	准噶尔盆地荒漠区	173.7	5.2	5.9	11.6	3167	-15.8	22.7	165	2862
Ⅲ	新疆东部荒漠区	68.9	7.8	13.6	3.9	3591	-11.5	23.7	178	3180
Ⅳ	柴达木盆地荒漠区	61.4	3.4	9.8	4.6	1900	-11.5	16.7	128	3215
Ⅴ	河西走廊荒漠区	104.0	7.4	6.7	5.9	3144	-9.4	22.1	172	3131
Ⅵ	阿拉善高原荒漠区	117.0	8.1	6.4	6.4	3509	-10.2	24.5	178	3221
Ⅶ	鄂尔多斯高原荒漠区	251.8	6.3	2.5	15.2	3013	-11.4	22.0	165	3081
Ⅷ	东北西部及内蒙古东部荒漠区	290.3	3.4	1.9	21.9	2717	-17.2	21.7	150	3017

年平均气温塔里木盆地荒漠区最高，为 10.1℃；其次为阿拉善高原荒漠区，为 8.1℃；柴达木盆地荒漠区和东北西部及内蒙古东部荒漠区最低，为 3.4℃。1月准噶尔盆地荒漠区平均气温最低，低于-15℃，塔里木盆地荒漠区平均气温最高，为-7.8℃。7月柴达木盆地荒漠区平均气温最低。

干燥指数是反映气候干燥程度的指标，也叫干燥度，我国常用日平均气温≥10℃期间内的积温和降水量来计算（见 2.13），其值越大表示越干燥。我国荒漠地区的干燥指数见表 9-1，塔里木盆地荒漠区最干燥，干燥指数为 15.8；其次是新疆东部荒漠区，干燥指数为 13.6；干燥指数最小的是东北西部及内蒙古东部荒漠。八大荒漠区干燥指数排序是：塔里木盆地荒漠区>新疆东部荒漠区>柴达木盆地荒漠区>河西走廊荒漠区>阿拉善高原荒漠区>准噶尔盆地荒漠区>鄂尔多斯高原荒漠区>东北西部及内蒙古东部荒漠区。

湿润指数是反映气候湿润程度的指标，也叫湿润度，湿润指数用年降水量和年平均气温来计算（见 2.13），其值越大表示越湿润。按湿润指数从小到大的排序是：塔里木盆地荒漠区<新疆东部荒漠区<柴达木盆地荒漠区<河西走廊荒漠区<阿拉善高原荒漠区<准噶尔盆地荒漠区<鄂尔多斯高原荒漠区<东北西部及内蒙古东部荒漠区。可以看出，干燥指数和湿润指数所反映的干湿程度排序是一致的。

≥10℃的活动积温反映了一个地区的气候对农作物所能提供的热量条件，是农业生产的一个重要参照指标。从表 9-1 看出，活动积温最高的是塔里木盆地荒漠区，最低的是柴达木盆地荒漠区，不足 2000℃，不到塔里木盆地荒漠区的一半。≥10℃的天数可以近似地反映无霜期，无霜期越长，对植物生长越有利。无霜期最长的是塔里木盆地荒漠区，接近200 天；最短的是柴达木盆地荒漠区，不到 130 天。

（1）降水量

从图 9-1 可以看出，自 20 世纪 50 年代到 21 世纪初的近 60 年来，Ⅰ区降水量呈增加趋势，线性相关性较高（表 9-2）；Ⅱ区降水量略有增加趋势，但不如Ⅰ区明显［图 9-1

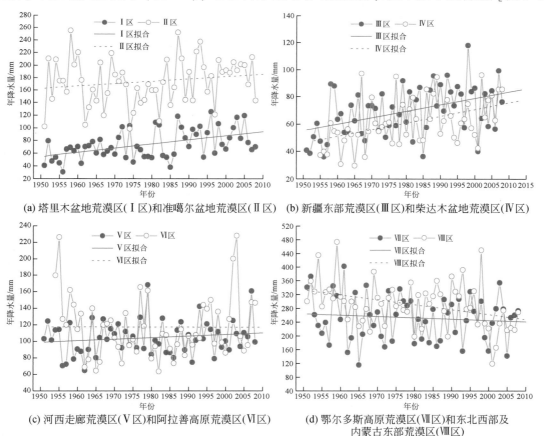

(a) 塔里木盆地荒漠区(Ⅰ区)和准噶尔盆地荒漠区(Ⅱ区)　　(b) 新疆东部荒漠区(Ⅲ区)和柴达木盆地荒漠区(Ⅳ区)

(c) 河西走廊荒漠区(Ⅴ区)和阿拉善高原荒漠区(Ⅵ区)　　(d) 鄂尔多斯高原荒漠区(Ⅶ区)和东北西部及内蒙古东部荒漠区(Ⅷ区)

图 9-1　我国八大荒漠区自 20 世纪 50 年代以来年降水量变化

（a）]。Ⅲ区降水量呈增加趋势，Ⅳ区降水量增加趋势与Ⅲ区相同［图9-1（b）]。Ⅴ区降水量趋势与Ⅱ区类似，Ⅵ区降水量基本保持平稳［图9-1（c）]。Ⅶ区降水量呈减少的趋势，Ⅷ区年降水量有明显的减少趋势［图9-1（d）]。可以看出，Ⅰ区到Ⅴ区降水量有增加的趋势，越干旱的地区增加趋势越明显；Ⅶ区到Ⅷ区降水量呈减少的趋势，越湿润减少越明显。分析几个变化显著的区域，塔里木盆地荒漠区20世纪50年代平均年降水量为54.9mm，21世纪第一个10年平均年降水量为86.9mm，平均增长速率为0.6mm/a。新疆东部荒漠区20世纪50年代平均年降水量为55.0mm，21世纪第一个10年平均年降水量为72.0mm，平均增长速率为0.3mm/a。柴达木盆地荒漠区20世纪50年代平均年降水量为45.9mm，21世纪第一个10年平均年降水量为71.9mm，平均增长速率为0.4mm/a。东北西部及内蒙古东部荒漠区20世纪50年代和21世纪第一个10年平均年降水量分别为349.4mm和251.1mm，平均减少速率为1.7mm/a。

表 9-2　我国荒漠地区 20 世纪 50 年代以来年降水量变化趋势分析

序号	名称	线性拟合方程	相关系数 r	显著性 P
Ⅰ	塔里木盆地荒漠区	$y = -1214.01 + 0.65x$	0.48	<0.001
Ⅱ	准噶尔盆地荒漠区	$y = -590.92 + 0.39x$	0.18	0.18
Ⅲ	新疆东部荒漠区	$y = -868.70 + 0.47x$	0.44	<0.001
Ⅳ	柴达木盆地荒漠区	$y = -918.04 + 0.49x$	0.45	<0.001
Ⅴ	河西走廊荒漠区	$y = -268.17 + 0.19x$	0.16	0.25
Ⅵ	阿拉善高原荒漠区	$y = 136.49 - 0.01x$	0.00	0.98
Ⅶ	鄂尔多斯高原荒漠区	$y = 1014.94 - 0.39x$	-0.10	0.46
Ⅷ	东北西部及内蒙古东部荒漠区	$y = 3100.80 - 1.42x$	-0.36	<0.01

（2）气温

从图9-2可以看出，20世纪50年代以来，Ⅰ区年平均气温呈增加趋势；Ⅱ区年平均气温增加趋势非常明显，线性相关性高［图9-2（a），（表9-3）]。Ⅲ区年平均匀气温增加趋势和Ⅱ区一样，很明显；Ⅳ区年平均气温线性增加非常明显［图9-2（b）]，线性相关系数达到0.9（表9-3）。Ⅴ、Ⅵ区年平均气温线性增加也很明显［图9-2（c）]，Ⅶ、Ⅷ区线性拟合和Ⅳ区一样，年平均气温增加非常明显［图9-2（d）]。总体来看，只有塔里木盆地荒漠区增加趋势最小，年平均气温增长幅度为0.1℃/10a；柴达木盆地荒漠区年平均气温增加趋势的线性相关性最高，年平均气温增加幅度为0.4℃/10a；鄂尔多斯高原荒漠区年平均气温增加幅度也达到0.4℃/10a；东北西部及内蒙古东部荒漠区增加幅度为0.3℃/10a。

从年平均气温变化来看，不论是干旱荒漠区还是半干旱荒漠区，都呈现增加趋势，总体干旱荒漠区的升温幅度小于半干旱荒漠区。干旱荒漠区的柴达木盆地荒漠区升温幅度最大，与半干旱荒漠区相近。从近60年的降水和气温变化趋势看，随着全球气候变暖，我国东部半干旱荒漠向着高温干旱的干旱荒漠发展。

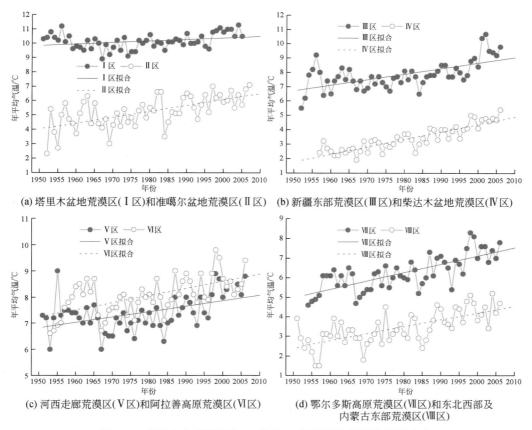

(a) 塔里木盆地荒漠区(Ⅰ区)和准噶尔盆地荒漠区(Ⅱ区)　　(b) 新疆东部荒漠区(Ⅲ区)和柴达木盆地荒漠区(Ⅳ区)

(c) 河西走廊荒漠区(Ⅴ区)和阿拉善高原荒漠区(Ⅵ区)　　(d) 鄂尔多斯高原荒漠区(Ⅶ区)和东北西部及
内蒙古东部荒漠区(Ⅷ区)

图 9-2　我国八大荒漠区自 20 世纪 50 年代以来年平均气温变化

表 9-3　我国荒漠地区 20 世纪 50 年代以来气温变化趋势分析

序号	名称	线性拟合方程		相关系数 r	显著性 P
Ⅰ	塔里木盆地荒漠区	年平均气温	$y=-11.52+0.01x$	0.32	<0.05
		1 月平均气温	$y=-66.10+0.03x$	0.27	<0.05
		7 月平均气温	$y=27.30-0.002x$	-0.03	0.85
Ⅱ	准噶尔盆地荒漠区	年平均气温	$y=-77.07+0.04x$	0.63	<0.0001
		1 月平均气温	$y=-98.26+0.04x$	0.28	<0.05
		7 月平均气温	$y=-41.32+0.03x$	0.39	0.003
Ⅲ	新疆东部荒漠区	年平均气温	$y=-68.96+0.04x$	0.62	<0.0001
		1 月平均气温	$y=-75.18+0.03x$	0.25	0.07
		7 月平均气温	$y=-46.31+0.04x$	0.38	0.004
Ⅳ	柴达木盆地荒漠区	年平均气温	$y=-100.06+0.05x$	0.88	<0.0001
		1 月平均气温	$y=-160.35+0.08x$	0.60	<0.0001
		7 月平均气温	$y=-56.58+0.04x$	0.41	0.003

续表

序号	名称	线性拟合方程		相关系数 r	显著性 P
V	河西走廊荒漠区	年平均气温	$y=-34.22+0.02x$	0.50	<0.0001
		1月平均气温	$y=-57.73+0.02x$	0.26	0.05
		7月平均气温	$y=-8.34+0.02x$	0.23	0.09
VI	阿拉善高原荒漠区	年平均气温	$y=-45.78+0.03x$	0.60	<0.0001
		1月平均气温	$y=-64.41+0.03x$	0.25	0.07
		7月平均气温	$y=-38.40+0.03x$	0.42	0.002
VII	鄂尔多斯高原荒漠区	年平均气温	$y=-77.96+0.04x$	0.74	<0.0001
		1月平均气温	$y=-53.09+0.02x$	0.14	0.30
		7月平均气温	$y=-87.83+0.06x$	0.50	0.0002
VIII	东北西部及内蒙古东部荒漠区	年平均气温	$y=-66.46+0.04x$	0.67	<0.0001
		1月平均气温	$y=-69.06+0.03x$	0.22	0.10
		7月平均气温	$y=-34.91+0.03x$	0.36	0.007

我国北方地区1月是最冷的月份，7月是最热的月份。由图9-3可以看出，Ⅰ区1月的气温呈缓慢增加趋势，7月的气温变化趋势不明显；Ⅱ区1月的气温也呈缓慢增加趋势，7月的增温趋势明显 [图9-3（a），表9-3]。Ⅲ区1月增温不明显，7月增温趋势明显；

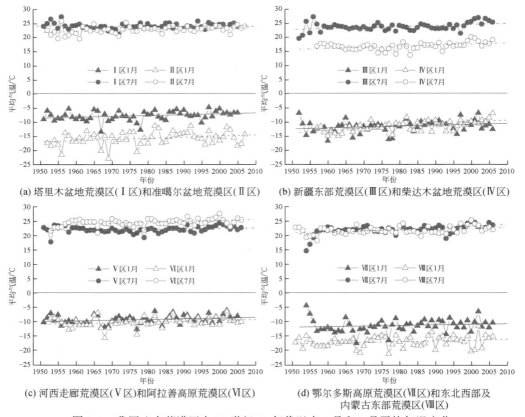

(a) 塔里木盆地荒漠区(Ⅰ区)和准噶尔盆地荒漠区(Ⅱ区)

(b) 新疆东部荒漠区(Ⅲ区)和柴达木盆地荒漠区(Ⅳ区)

(c) 河西走廊荒漠区(Ⅴ区)和阿拉善高原荒漠区(Ⅵ区)

(d) 鄂尔多斯高原荒漠区(Ⅶ区)和东北西部及内蒙古东部荒漠区(Ⅷ区)

图9-3　我国八大荒漠区自20世纪50年代以来1月和7月平均气温变化

Ⅳ区 1 月和 7 月增温趋势都很明显 [图 9-3 （b）]。Ⅴ区 1 月和 7 月温度变化没有Ⅳ区明显；Ⅵ区 1 月增温不明显，7 月明显 [图 9-3 （c）]。Ⅶ区 1 月的气温基本保持不变，7 月气温增加明显；Ⅷ区 1 月的气温和Ⅶ区一样，气温变化不大，7 月增温较明显 [图 9-3 （d）]。

（3）日照时数

从图 9-4 和表 9-4 可以看出，新疆东部荒漠区和柴达木盆地荒漠区年日照时数下降极为明显 [图 9-4 （b）]，鄂尔多斯高原荒漠区下降明显 [图 9-4 （d）]，准噶尔盆地荒漠区下降也达到显著水平。河西走廊荒漠区和阿拉善高原荒漠区年日照时数没有减小。从总体来看，随着全球气候变暖，荒漠区年日照时数呈下降趋势。

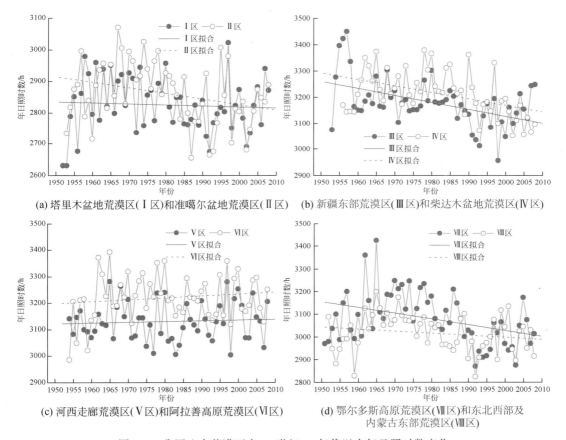

图 9-4　我国八大荒漠区自 20 世纪 50 年代以来年日照时数变化

表 9-4　我国荒漠地区 20 世纪 50 年代以来日照时数变化趋势分析

序号	名称	线性拟合方程	相关系数 r	显著性 P
Ⅰ	塔里木盆地荒漠区	$y = 3466.25 - 0.32x$	−0.06	0.65
Ⅱ	准噶尔盆地荒漠区	$y = 6368.01 - 1.77x$	−0.29	<0.05
Ⅲ	新疆东部荒漠区	$y = 8450.78 - 2.66x$	−0.47	<0.001

序号	名称	线性拟合方程	相关系数 r	显著性 P
Ⅳ	柴达木盆地荒漠区	$y = 8102.45 - 2.47x$	-0.44	<0.001
Ⅴ	河西走廊荒漠区	$y = 2582.11 + 0.28x$	0.06	0.66
Ⅵ	阿拉善高原荒漠区	$y = 1787.31 + 0.72x$	0.14	0.32
Ⅶ	鄂尔多斯高原荒漠区	$y = 8102.20 - 2.54x$	-0.37	0.004
Ⅷ	东北西部及内蒙古东部荒漠区	$y = 4822.06 - 0.91x$	-0.18	0.17

（4）干燥指数和湿润指数

由图9-5和表9-5可以看出，塔里木盆地荒漠区干燥指数呈减小趋势，也就是说自20世纪50年代以来，空气变得越来越湿润；准噶尔盆地荒漠区干燥指数也呈下降趋势，但没有塔里木盆地荒漠区那样明显 [图9-5（a）]。新疆东部荒漠区干燥指数下降也很明显；柴达木盆地荒漠区下降趋势不如新疆东部荒漠区，但也达到显著水平 [图9-5（b）]。河西走廊荒漠区下降趋势与准噶尔盆地荒漠区类似，阿拉善高原荒漠区有越来越干燥的变化趋势 [图9-5（c）]。鄂尔多斯高原荒漠区变干的趋势比阿拉善高原荒漠区更明显，东北西部及

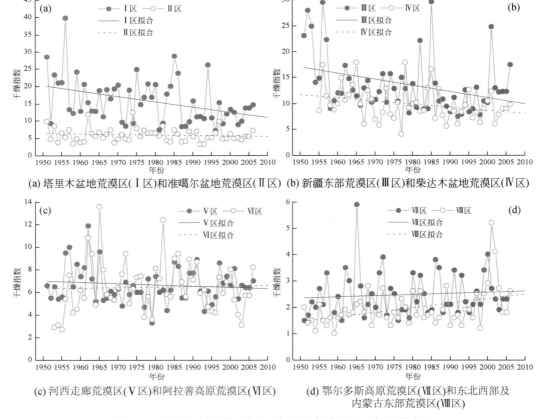

(a) 塔里木盆地荒漠区(Ⅰ区)和准噶尔盆地荒漠区(Ⅱ区)　(b) 新疆东部荒漠区(Ⅲ区)和柴达木盆地荒漠区(Ⅳ区)

(c) 河西走廊荒漠区(Ⅴ区)和阿拉善高原荒漠区(Ⅵ区)

(d) 鄂尔多斯高原荒漠区(Ⅶ区)和东北西部及
内蒙古东部荒漠区(Ⅷ区)

图9-5　我国八大荒漠区自20世纪50年代以来干燥指数变化

内蒙古东部荒漠区变干的趋势非常明显［图 9-5（d）］，达到极显著水平。通过比较可以看出，Ⅰ～Ⅴ区自 20 世纪 50 年代以来，干燥指数越来越小，也就是气候变的越来越湿润；Ⅵ～Ⅷ区干燥指数呈增加趋势，也就是气候变的越来越干燥。

表 9-5　我国荒漠地区 20 世纪 50 年代以来干燥指数变化趋势分析

序号	名称	线性拟合方程	相关系数 r	显著性 P
Ⅰ	塔里木盆地荒漠区	$y = 325.17 - 0.16x$	-0.39	0.003
Ⅱ	准噶尔盆地荒漠区	$y = 37.17 - 0.02x$	-0.13	0.33
Ⅲ	新疆东部荒漠区	$y = 245.31 - 0.12x$	-0.34	<0.01
Ⅳ	柴达木盆地荒漠区	$y = 132.28 - 0.06x$	-0.30	<0.05
Ⅴ	河西走廊荒漠区	$y = 29.37 - 0.01x$	-0.12	0.38
Ⅵ	阿拉善高原荒漠区	$y = -1.93 + 0.004x$	0.03	0.83
Ⅶ	鄂尔多斯高原荒漠区	$y = -6.02 + 0.004x$	0.08	0.53
Ⅷ	东北西部及内蒙古东部荒漠区	$y = -32.41 + 0.02x$	0.40	0.002

由图 9-6 和表 9-6 看出，湿润指数反映结果和干燥指数结果总体一致。但对比降水资料可以看出（图 9-1，表 9-2），用我国学者使用的干燥指数（干燥度）反映干湿状况比湿润指数更准确［计算公式见式（2-13）］。

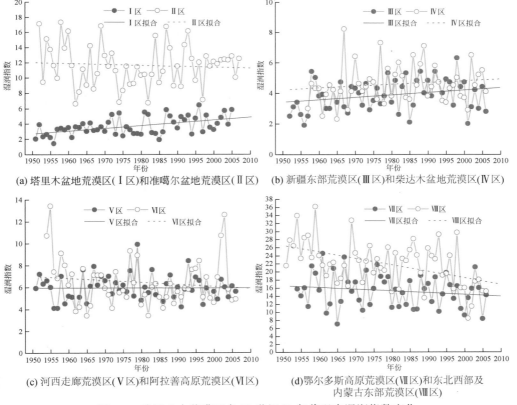

(a) 塔里木盆地荒漠区(Ⅰ区)和准噶尔盆地荒漠区(Ⅱ区)

(b) 新疆东部荒漠区(Ⅲ区)和柴达木盆地荒漠区(Ⅳ区)

(c) 河西走廊荒漠区(Ⅴ区)和阿拉善高原荒漠区(Ⅵ区)

(d)鄂尔多斯高原荒漠区(Ⅶ区)和东北西部及
内蒙古东部荒漠区(Ⅷ区)

图 9-6　我国八大荒漠区自 20 世纪 50 年代以来湿润指数变化

表 9-6　我国荒漠地区 20 世纪 50 年代以来湿润指数变化趋势分析

序号	名称	线性拟合方程	相关系数 r	显著性 P
I	塔里木盆地荒漠区	$y = -68.38 + 0.04x$	0.50	<0.001
II	准噶尔盆地荒漠区	$y = 36.55 - 0.01x$	-0.08	0.58
III	新疆东部荒漠区	$y = -27.64 + 0.02x$	0.25	0.06
IV	柴达木盆地荒漠区	$y = -18.62 + 0.01x$	0.14	0.34
V	河西走廊荒漠区	$y = 6.91 - 0.0005x$	-0.007	0.96
VI	阿拉善高原荒漠区	$y = 42.77 - 0.02x$	-0.13	0.35
VII	鄂尔多斯高原荒漠区	$y = 100.32 - 0.04x$	-0.16	0.24
VIII	东北西部及内蒙古东部荒漠区	$y = 340.01 - 0.16x$	-0.47	0.0002

9.4　我国荒漠区土壤特征

将荒漠划分为砾质荒漠（gravel desert）、沙质荒漠（sand desert）和壤质荒漠（silt desert）三大类，砾质荒漠通常叫戈壁（Gobi），沙质荒漠通常叫沙漠，壤质荒漠介于戈壁和沙漠之间（苏培玺等，2018）。在内陆河流域，戈壁分为山前戈壁、中游戈壁和下游戈壁，沙漠包括中游沙漠和下游沙漠，壤质荒漠包括山前壤质荒漠、中游壤质荒漠和下游壤质荒漠。

荒漠区土壤主要以地带性土壤中的荒漠土和干旱土，非地带性土壤中的盐碱土、风沙土和草甸土为代表。地带性土壤指土壤在空间上随气候、生物条件的变化呈带状分布特征的土壤。非地带性土壤指主要由局部性成土因素（如地形、水文地质等）作用形成的、呈斑块状镶嵌于地带性土壤之中的土壤。

土壤因子包括空气、水分和矿质元素等，土壤矿物质与有机成分、导水率、离子交换能力、pH、微生物和气候共同决定了植物对土壤中水分和矿质营养的利用率和利用效率。

9.4.1　土壤物理性质

土壤通过它的水分有效性、元素循环和土壤温度影响植被。测定土壤样品养分之前的水为土壤吸湿水，土壤吸湿水是土壤从大气中吸收的水分，风干土壤中吸湿水含量的测定是进行土壤各项分析结果计算的基础。土壤吸湿水含量达到最大值时的土壤含水量称最大吸湿水。土壤有效含水量指田间持水量与凋萎系数之间的土壤含水量。

我国常用的土壤机械组成的分级标准如表 9-7 所示，美国农业部制定的美国制分类标准也与此相同。黏土含量是指土壤颗粒直径 $d<0.002$ mm 的土壤黏粒（clay）含量；壤土含量是指 $0.002 \leqslant d < 0.05$ mm 之间的土壤粉粒（silt）含量；沙土含量是指 $0.05 \leqslant d < 2.0$ mm 之间的土壤沙粒（sand）含量；砾石含量是指 $d \geqslant 2$ mm 的石砾（gravel）含量。

表 9-7　土壤颗粒组成分级标准

土壤颗粒		分级标准
砾石		≥2mm
沙粒	极粗沙	1～2mm
	粗沙	0.5～1mm
	中沙	0.25～0.5mm
	细沙	0.10～0.25mm
	极细沙	0.05～0.10mm
粉粒	粗粉粒	0.02～0.05mm
	细粉粒	0.002～0.02mm
黏粒		<0.002mm

　　沙粒主要成分为原生矿物，如石英、长石、云母等，比表面积小，养分少，保水保肥性差，通透性强。黏粒主要成分是黏土矿物，比表面积大，养分含量高，保肥保水能力强，但通透性差。粉粒介于沙粒和黏粒之间。

　　土壤容重可以表明土壤的松紧程度及孔隙状况，反映土壤的透水性、通气性和植物根系的阻力状况，是表征土壤物理性质的一个重要指标。对内陆黑河流域荒漠土壤容重进行比较可以看出（图9-7），表层 0～20cm 戈壁最大，平均为 1.64g/cm³；沙漠为 1.60g/cm³；壤质荒漠最小，为 1.31g/cm³。在 1m 深土层内，沙漠的土壤容重基本一致，壤质荒漠随深度增加而增加，但差异不显著。

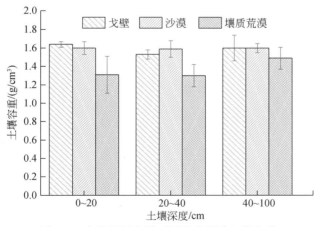

图 9-7　内陆黑河流域不同类型荒漠土壤容重

　　生长季典型荒漠环境下的土壤质量含水量，0～20cm、20～40cm 和 40～100cm 土层戈壁分别为 1.2%、1.6% 和 3.2%，沙漠分别为 1.1%、1.5% 和 2.3%，壤质荒漠分别为 2.3%、5.0% 和 5.5%，都随深度增加而增加；戈壁和沙漠相近，含水量都很低，相比较壤质荒漠较高（苏培玺等，2018）。

土壤机械组成（颗粒组成）是保持土壤质量的一个自然属性，合适比例的土壤机械组成有利于植物根系活动以及从土壤中吸收水分和养分。3 种不同类型荒漠的颗粒组成，都是沙粒含量最高，反映了荒漠的沙土总体特征（图 9-8），因此，将荒漠叫沙漠不足为过。颗粒组成中石砾含量，戈壁最高，表层 0～20cm 为 26%，1m 深土层平均达 28%。沙粒含量沙漠最高，表层 0～20cm 和 1m 深土层均达到 95%。粉粒含量壤质荒漠最高，表层 0～20cm 为 26%，1m 深土层平均达 29%；沙漠最少，0～20cm 只占 1%。黏粒含量在不同类型荒漠中的分布规律和粉粒含量一致。

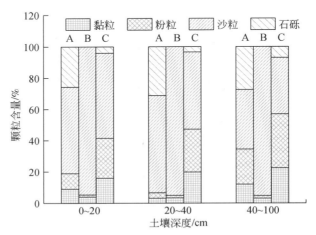

图 9-8　内陆黑河流域不同类型荒漠土壤颗粒组成
A. 戈壁；B. 沙漠；C. 壤质荒漠

戈壁直径 ≥2mm 的石砾含量较高，砾石含量在 25% 以上，表面硬结。沙漠直径 0.05～2.0mm 的沙粒含量较高，沙土含量在 95% 以上，表面活动。壤质荒漠直径 0.002～0.05mm 的粉粒含量较高，壤土含量在 25% 以上。沙粒、粉粒和黏粒含量分别表示沙土、壤土和黏土所占份额。从图 9-8 可以看出，沙漠沙土含量最高，壤质荒漠壤土含量最高。黏土含量壤质荒漠最高，在 15% 以上；沙漠最低，在 5% 以下；戈壁介于 5%～15%。

土壤水分影响土壤的生物过程和物理过程，干旱荒漠区土壤水分受降水影响，不同年份不同季节变化很大。从图 9-9 可以看出，沙拐枣生长地不同年份不同月份土壤含水量变化很大，降水正常年高于降水偏少年（降水量多少的判定标准见 7.8），7 月下旬高温强光期明显低于 8 月下旬适宜环境期，这是河西走廊中部荒漠区的普遍规律。降水偏少年表层 0～20cm 土壤含水量高温强光期为适宜环境期的 41%，0～100cm 土层平均含水量高温强光期与适宜环境期分别为 1.5% 和 2.5%，二者之间存在极显著差异 ［图 9-9（a）］。

降水正常年表层 0～20cm 土壤质量含水量高温强光期和适宜环境期分别为 2.0% 和 3.3%，前者是后者的 61%；0～100cm 土层平均含水量分别为 2.3% 和 3.5%，二者之间存在极显著差异 ［图 9-9（b）］。

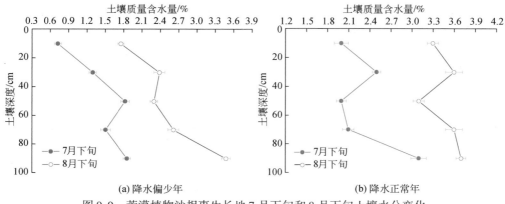

(a) 降水偏少年   (b) 降水正常年

图 9-9 荒漠植物沙拐枣生长地 7 月下旬和 8 月下旬土壤水分变化

9.4.2 土壤化学性质

（1）pH 和盐分

黑河流域不同类型荒漠 pH 比较接近，为 7.5 ~ 8.0；不同类型相比较，戈壁和沙漠的 pH 较高，1m 深土层平均为 7.8，壤质荒漠为 7.6，不同类型荒漠均表现为表土层与下层相差不大。

对不同类型荒漠土壤总含盐量进行比较可以看出（图 9-10），壤质荒漠最高，戈壁次之，沙漠最小，表层 0 ~ 20cm 分别为 11.2g/kg、8.0g/kg 和 1.5g/kg。同一类型不同区域比较，壤质荒漠、戈壁、沙漠总含盐量都是下游最高，但差异不显著。

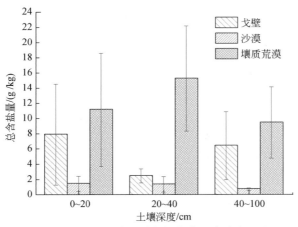

图 9-10 黑河流域不同类型荒漠土壤总含盐量

对 pH 比较可以看出，壤质荒漠含盐量最高，但 pH 接近中性。不同类型荒漠盐分以中性盐为主。

当土壤表层中的中性盐含量>0.2% 时，就会对大多数农作物产生不同程度的危害；当土壤表层含盐量在 0.6% ~ 1.0% 时，即为重度盐碱地；当含盐量在 1.0% ~ 2.0% 时，即为盐土。在河西走廊中部黑河流域，这 3 种不同类型的荒漠只有沙漠从含盐量角度适宜作物生长，戈壁和壤质荒漠不适合农作物生长，只有耐盐野生植物才能生长。

（2）有机质和养分

土壤有机质指以各种形态和状态存在于土壤中的各种含碳有机化合物，包括土壤中的动物、植物及微生物残体的不同分解、合成阶段的各种产物。

土壤养分含量的变化直接反映土壤质量和土地生产力的变化。磷主要取决于成土母质，生物的富集迁移是地层土壤中的磷素在表层土壤累积的主要因素，也是全磷在土壤剖面中分布发生变化的主要驱动力。

植物通过根系吸收土壤中的硝态氮（NO_3^-）和铵态氮（NH_4^+）两种氮素形态的无机氮。土壤脲酶可将土壤中的有机含氮化合物水解为铵态氮供植物吸收利用，土壤脲酶对土壤氮素循环起着重要作用。土壤磷酸酶在土壤磷素循环中起着重要作用，其活性可以用来评价土壤磷素转化的强度。土壤蔗糖酶直接参与土壤有机质的代谢过程，其活性可以作为评价土壤熟化程度和土壤肥力水平的一个指标，一般情况下，土壤有机质含量越高，蔗糖酶活性越强。土壤过氧化氢酶能酶促水解过氧化氢分解为水和氧的反应，解除过氧化氢对植物的毒害作用，可以用来表征土壤有机质的转化速率。土壤多酚氧化酶可以促进土壤腐殖质组分中芳香族化合物的转化作用，常用来表征土壤腐殖质的含量。

不同类型荒漠土壤有机碳（SOC）含量壤质荒漠>戈壁>沙漠（图 9-11）。SOC 含量壤质荒漠随土壤深度增加减少趋势明显（图 9-11），1m 深土层比较，戈壁、沙漠和壤质荒漠 SOC 含量平均分别为 1.4g/kg、0.5g/kg 和 2.9g/kg，不同类型荒漠差异不显著，平均为 1.6g/kg。与沙漠比较，戈壁和壤质荒漠 SOC 含量分别增加 0.9g/kg 和 2.4g/kg。

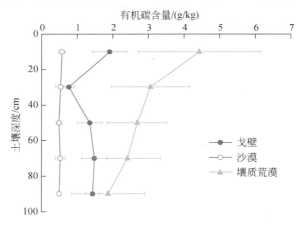

图 9-11　不同类型荒漠土壤有机碳含量变化

9.4.3　土壤有机、无机碳密度和碳储量

（1）土壤无机碳含量

大气中的 CO_2 溶解在雨水、地表径流水和土壤水中成为碳酸，碳酸与土壤阳离子结合反

应可生成碳酸盐,不同碳酸盐根据水热条件变化,附着于土壤颗粒或淋溶沉积于土壤深层,形成固相无机碳储存(图 9-12)。不同类型荒漠土壤无机碳(SIC)含量壤质荒漠>戈壁>沙漠(图 9-13)。SIC 含量戈壁和壤质荒漠表现出表层 0~20cm 要高于其下 20~40cm,再往下,随着土壤深度增加有增加的趋势(图 9-13),1m 深土层比较,戈壁、沙漠和壤质荒漠 SIC 含量平均分别为 8.0g/kg、5.4g/kg 和 9.2g/kg,不同类型荒漠平均值为 7.5g/kg。与沙漠比较,戈壁和壤质荒漠 SIC 含量分别增加了 2.6g/kg 和 3.8g/kg,无机碳增量显著大于有机碳增量。

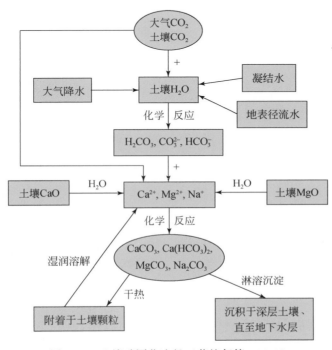

图 9-12 土壤碳同化途径(苏培玺等,2018)

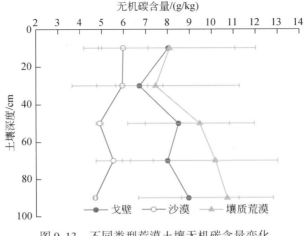

图 9-13 不同类型荒漠土壤无机碳含量变化

不论从荒漠类型比较，还是从荒漠总体平均值比较，都是荒漠无机碳含量显著高于有机碳含量。

（2）土壤有机、无机碳密度和储量

陆地生态系统通过植物碳同化有机固定CO_2，通过土壤碳同化无机固定CO_2，高寒生态系统以有机固碳占绝对优势，干旱生态系统以无机固碳为主，无机碳是荒漠生态系统的主要库存形式（苏培玺等，2018）。

土壤有机和无机碳密度是指单位面积单位深度土体中土壤有机和无机碳质量，国际上通常是以1m深度来计算，单位为kg C/m²；土壤碳储量是指区域范围内1m深度的土壤碳总质量（Janzen，2004）。为了和高寒区30cm厚草毡层及土壤耕作层进行比较，同时计算表层0~30cm的碳密度和碳储量。

土壤有机碳密度计算公式为（Wu et al.，2003；Yang et al.，2010；Hoffmann et al.，2014）：

$$D_{soc} = \sum_{i=1}^{n} C_i \times D_i \times T_i \times (1 - G_i)/100 \tag{9-5}$$

式中，D_{soc}为土壤有机碳密度（kg C/m²）；C_i为第i层土壤有机碳含量（g/kg）；D_i为第i层土壤容重（g/cm³）；T_i为第i层土层厚度（cm）；G_i为第i层土壤中直径大于2mm的石砾含量（g/g）；n为土层数目；i为第i土层。

土壤有机碳储量计算公式为

$$R_{soc} = D_{soc} \times S \tag{9-6}$$

式中，R_{soc}为土壤有机碳储量（t），S为面积（hm²）。

土壤无机碳密度和储量计算同式（9-5）和式（9-6）。

0~30cm表土层有机碳（SOC）和无机碳（SIC）密度及碳储量见图9-14，有机碳密度戈壁、沙漠和壤质荒漠分别为0.5kgC/m²、0.3kgC/m²和1.4kgC/m²，壤质荒漠最大［图9-14（a）］。不同类型荒漠差异不显著，有机碳密度平均值为0.7kg C/m²，有机碳储量为7t C/hm²。

0~30cm表土层无机碳密度戈壁、沙漠和壤质荒漠分别为2.5kg C/m²、2.8kg C/m²和3.0kg C/m²，差异不显著［图9-14（b）］；不同类型荒漠无机碳密度平均为2.8kg C/m²，无机碳储量为28t C/hm²。

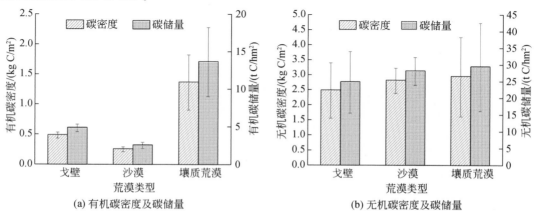

（a）有机碳密度及碳储量　　　　　　　　（b）无机碳密度及碳储量

图9-14　0~30cm荒漠表土层有机和无机碳密度及碳储量比较

从图 9-15 （a） 可以看出，不同类型荒漠 1m 深土壤有机碳密度，壤质荒漠最高，沙漠最低，戈壁是沙漠的 2 倍，壤质荒漠是沙漠的 4.5 倍。不同类型荒漠差异不显著，土壤平均有机碳密度为 2.0kg C/m²，碳储量为 20t C/hm²。

从图 9-15 （b） 可以看出，不同类型荒漠无机碳含量变化规律与有机碳类似，也是壤质荒漠最高，沙漠最低，土壤无机碳密度分别为 12.1kg C/m² 和 8.6kg C/m²；戈壁高于沙漠，为 9.7kg C/m²。不同类型荒漠土壤平均无机碳密度为 10.1kg C/m²，碳储量为 101t C/hm²。

有机碳和无机碳是土壤碳固存的两种形式，有机碳的矿化作用可形成无机碳，有机碳的分解速率可用来表征土壤有机碳的稳定性。干旱区由于高温和干燥等气候特点，有机碳含量本来低下，且矿化速率高。荒漠区无机碳密度占总碳密度的 80% 以上，相比较，高寒区有机碳密度占总碳密度的 90% 以上。

我国西北干旱区土壤无机碳库是有机碳库的 2 ~ 5 倍，占全国土壤无机碳库的 60% 以上。我国农田土壤的有机碳密度为 8kg C/m²（Wu et al., 2003），荒漠区无机碳密度为 10kg C/m²，可见我国荒漠区的无机固碳潜力巨大。

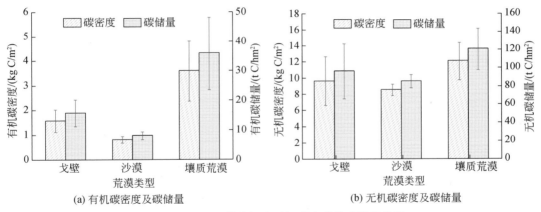

(a) 有机碳密度及碳储量　　　　　　(b) 无机碳密度及碳储量

图 9-15　1m 深土壤有机和无机碳密度及碳储量比较

9.5　荒漠区植物群落种类组成

气候条件和植物–水分的相互作用及其互馈决定了土壤水分空间分布、植物生长、群落演替、植被格局形成及景观分异等主要过程。

9.5.1　黑河流域植物群落

黑河流域上、中、下游植物群落变化明显，优势种山前戈壁为珍珠（*Salsola passerina*）和红砂，总盖度为 23%；中游戈壁为小果白刺（*Nitraria sibirica*）和红砂，总盖度为 28%；下游戈壁为红砂，总盖度为 2%。山前荒漠为合头草（*Sympegma regelii*），总盖度为 58%；中游荒漠为红砂，总盖度为 46%；下游荒漠为黑果枸杞（*Lycium* ruthenicum），总盖度为33%。沙漠为流动沙丘，包括丘间低地，总盖度<5%（表9-8）。

表9-8 黑河流域不同区域不同类型荒漠植物群落总盖度及种类组成

类别	优势种高度/cm	优势种冠幅/(cm×cm)	总盖度/%	植物种类组成 优势种	常见种
山前戈壁	26	33×28	23	珍珠（Salsola passerina）、红砂（Reaumuria songarica）	合头草（Sympegma regelii）、蝎虎驼蹄瓣（Zygophyllum mucronatum）、紫菀木（Asterothamnus alyssoides）
中游戈壁	29	68×66	28	小果白刺（Nitraria sibirica）、红砂（R. songarica）	泡泡刺（Nitraria sphaerocarpa）、白茎盐生草（Halogeton arachnoideus）、驼蹄瓣（Zygophyllum fabago）、刺沙蓬（Salsola ruthenica）
下游戈壁	20	59×50	2	红砂（R. songarica）	沙拐枣（C. mongolicum）、膜果麻黄（Ephedra przewalskii）、霸王（Sarcozygium xanthoxylon）、梭梭（Haloxylon ammodendron）
中游沙漠	87	130×112	<5	沙拐枣（Calligonum mongolicum）	河西沙拐枣（C. potanini）、沙蓬（Agriophyllum squarrosum）、雾冰藜（Bassia dasyphylla）、沙蒿（Artemisia desertorum）
下游沙漠	204	384×441	<5	多枝柽柳（Tamarix ramosissima）	骆驼蓬（Peganum harmala）、骆驼蒿（Peganum nigellastrum）、苦豆子（Sophora alopecuroides）
山前荒漠	20	34×33	58	合头草（Sympegma regelii）	红砂（R. songarica）、珍珠（S. passerina）、黄毛头（Kalidium cuspidatum var. sinicum）、紫菀木（A. alyssoides）、芨芨草（Achnatherum splendens）
中游荒漠	31	38×35	46	红砂（R. songarica）	小果白刺（N. sibirica）、黄花补血草（Limonium aureum）、画眉草（Eragrostis pilosa）、蒙古韭（Allium mongolicum）、霸王（S. xanthoxylon）、灌木亚菊（Ajania fruticulosa）、白刺（Nitraria tangutorum）、梭梭（H. ammodendron）
下游荒漠	25	37×35	33	黑果枸杞（L. ruthenicum）	花花柴（Karelinia caspia）、红砂（R. songarica）、多枝柽柳（T. ramosissima）、骆驼刺（Alhagi sparsifolia）、霸王（S. xanthoxylon）、苦豆子（S. alopecuroides）

注：冠幅为南北×东西

9.5.2　河西走廊植物群落

（1）群落的种类组成

河西走廊地区位于甘肃省黄河以西，在甘肃简称河西地区，与黄河以东的河东地区对应。该区东起乌鞘岭，西至甘新交界，南有祁连山与青海省相邻，北至内蒙古自治区和蒙古国边界，位于北纬 37°17′~42°48′，东经 92°23′~104°12′，总面积 21.5 万 km^2。河西走廊为南部的祁连山脉与北部的北山（龙首山、合黎山和马鬃山的总称）之间的狭长荒漠地带，绿洲分布其中，占 6% 左右，为典型的干旱区。其中中部为平原区，属于温带干旱荒漠气候，本区光热资源丰富、气温高、年较差大。本区年平均气温为 5~10℃，年日照时数长达 3000~4000h，年太阳总辐射量为 504~630kJ/cm^2。相对湿度约为 50%，年蒸发皿蒸发量（也叫蒸发能力）在 2000mm 以上。光照充足，日照时数长，昼夜温差大，是农业生产的理想区域，但水分条件是制约该区发展的关键生态因子。北部为干旱荒漠区，气候温冷，干燥缺水，年降水量在 100mm 以下，相对湿度<40%，年蒸发皿蒸发量达 3000mm 以上，戈壁、荒漠是本区主要地理景观，生态环境极端脆弱，生态条件严酷，植被稀少，是河西走廊经济发展的制约性生态区和荒漠植被保育区。

河西走廊地区生态地域复杂，植被具有多样性特点，平原荒漠区和山区植物区系不同，平原荒漠区含 65 科 146 属 250 余种植物，集中了中生、旱生、超旱生植物，由藜科、蒺藜科、柽柳科、麻黄科、豆科、菊科和蔷薇科等科组成。而山区植被则以金露梅灌丛、鬼箭锦鸡儿灌丛、高山柳灌丛、杜鹃灌丛为主，这些灌丛在水土保持、涵养水源等生态服务中有重要作用。

河西走廊从东南向西北植物群落种类组成如下。

乌鞘岭山地，海拔 3000m，为嵩草-金露梅群落，共有 20 科 39 种。莎草科：嵩草（*C. kobresia* spp.）、甘肃薹草（*Carex kansuensis*）；蔷薇科：小叶金露梅（*Potentilla parvifolia*）、二裂委陵菜（*Potentilla bifurca*）、雪白委陵菜（*Potentilla nivea*）、鹅绒委陵菜（*Potentilla anserina*）；白花丹科：耳叶补血草（*Limonium otolepis*）；百合科：沙葱（*Allium* spp.）；唇形科：白花枝子花（*Dracocephalum heterophyllum*）；豆科：黄花棘豆（*Oxytropis ochrocephala*）、花苜蓿（*Medicago ruthenica*）；禾本科：发草（*Deschampsia caespitosa*）、鹅冠草（*Roegneria* spp.）、醉马草（*Achnatherum inebrians*）、碱茅（*Puccinellia distans*）；堇菜科：堇菜（*Viola* spp.）；菊科：蒿草（*Artemisia* spp.）、乳白香青（*Anaphalis lactea*）、冷蒿（*Artemisia frigida*）、蒲公英（*Taraxacum mongolicum*）、丝毛飞廉（*Carduus crispus*）；藜科：驼绒藜（*Ceratoides latens*）；蓼科：珠牙蓼（*Polygonum viviparum*）、萹蓄（*Polygonum aviculare*）；龙胆科：龙胆（*Gentiana* spp.）；牻牛儿苗科：老鹳草（*Geranium* spp.）；毛茛科：毛茛（*Rannuculus* spp.）、唐松草（*Thalictrum* spp.）、露蕊乌头（*Aconitum gymnandrum*）、单花翠雀花（*Delphinium candelabrum* var. *monanthum*）；茜草科：猪殃殃（*Galium* spp.）；瑞香科：狼毒（*Stellera chamaejasme*）；十字花科：蚓果芥（*Torularia humilis*）、独行菜（*Lepidium* spp.）；石竹科：卷耳（*Cerastium* spp.）、禾叶繁缕（*Stellaria* graminea）；玄参科：马先蒿（*Pedicularis* spp.）、藓生马先蒿（*Pedicularis muscicola*）；鸢尾科：马蔺（*Iris lactea* var. *chinensis*）。

古浪山前荒漠，海拔1870m，为冷蒿–骆驼蓬群落，共计8科18种。菊科：冷蒿、中华小苦荬（*Ixeridium chinense*）、砂蓝刺头（*Echinops gmelini*）；蒺藜科：骆驼蓬（*Peganum harmala*）、蝎虎驼蹄瓣（*Zygophyllum mucronatum*）；柽柳科：红砂（*Reaumuria songarica*）；豆科：狭叶锦鸡儿（*Caragana stenophylla*）；禾本科：醉马草、狗尾草（*Setaria viridis*）、虎尾草（*Chloris virgata*）、针茅（*Stipa* spp.）、芨芨草（*Achnatherum splendens*）、画眉草（*Eragrostis pilosa*）；藜科：白茎盐生草（*Halogeton arachnoideus*）、猪毛菜（*Salsola* spp.）、雾冰藜（*Bassia dasyphylla*）；茄科：曼陀罗（*Datura stramonium*）；十字花科：独行菜（*Lepidium* spp.）。

山丹山前荒漠，海拔1900m，为珍珠群落，共有8科20种。藜科：珍珠（*Salsola passerina*）、白茎盐生草、猪毛菜、雾冰藜、盐爪爪（*Kalidium foliatum*）、短叶假木贼（*Anabasis brevifolia*）、盐生草（*Halogeton glomeratus*）；蒺藜科：蝎虎驼蹄瓣、蒺藜（*Tribulus terrester*）、合头草（*Sympegma regelii*）；车前科：小车前（*Plantago minuta*）；柽柳科：红砂；豆科：锦鸡儿（*Caragana* spp.）；禾本科：醉马草、虎尾草、芨芨草、画眉草、三芒草（*Aristida adscensionis*）；菊科：内蒙古旱蒿（*Artemisia xerophytica*）；十字花科：独行菜。

临泽山前荒漠，海拔1440m，为盐生草–合头草群落，共有8科16种。藜科：盐生草、合头草、白茎盐生草、猪毛菜、雾冰藜、木本猪毛菜（*Salsola arbuscula*）；百合科：沙葱；柽柳科：红砂；蒺藜科：蝎虎驼蹄瓣、蒺藜、泡泡刺（*Nitraria sphaerocarpa*）、霸王（*Sarcozygium xanthoxylon*）、白刺（*Nitraria tangutorum*）；菊科：中亚紫菀木（*Asterothamnus centraliasiaticus*）；麻黄科：中麻黄（*Ephedra intermedia*）；毛茛科：铁线莲（*Clematis* spp.）。

高台中游戈壁，海拔1390m，为红砂–泡泡刺群落，共有7科11种。柽柳科：红砂；蒺藜科：泡泡刺、蒺藜；车前科：小车前；豆科：小花棘豆（*Oxytropis glabra*）；禾本科：画眉草；菊科：蒿属（*Artemisia* spp.）、刺儿菜（*Cirsium setosum*）；藜科：猪毛菜、刺沙蓬（*Salsola ruthenica*）、盐生草。

玉门中游戈壁，海拔1760m，为珍珠–红砂群落，共有5科7种。藜科：珍珠、木本猪毛菜、刺沙蓬；柽柳科：红砂；禾本科：戈壁针茅（*Stipa tianschanica* var. *gobica*）；蒺藜科：白刺；菊科：油蒿（*Artemisia ordosica*）。

瓜州东中游戈壁，海拔1380m，为红砂群落，共有2科2种。柽柳科：红砂，蒺藜科：泡泡刺。

瓜州西山前戈壁，海拔1130m，为红砂–泡泡刺群落，共有6科6种，柽柳科：红砂；蒺藜科：泡泡刺；禾本科：合头草；藜科：盐生草；蓼科：沙拐枣（*Calligonum* spp.）；麻黄科：膜果麻黄（*Ephedra przewalskii*）。

敦煌东中游戈壁，海拔1110m，为泡泡刺群落，共有2科2种。蒺藜科：泡泡刺；藜科：盐生草。

敦煌西中游戈壁,海拔 1250m,为盐生草群落,只有 1 科 1 种。藜科:盐生草(陈宏彬等,2007)。

从总的趋势来看,从东南向西北延伸,植物种类逐渐越少,从东南部乌鞘岭山地的 20 科 39 种减少到西北部敦煌西面戈壁的 1 科 1 种。乌鞘岭年降水量达到 430mm(表 9-9),气候相对湿润,物种丰富。古浪县西的山前荒漠草地,气候干旱,狭叶锦鸡儿和红砂分布在雨水冲积沟里,缓坡上主要是冷蒿和骆驼蓬。在瓜州至敦煌的山前戈壁,相对于瓜州至敦煌的远离山区的中游戈壁,可以更多地汇集山上流下的雨水,因而植物种类要比中游戈壁丰富。在敦煌东中游戈壁,植被稀疏,泡泡刺和盐生草幼苗沿冲积沟呈带状分布。在敦煌西南戈壁,雨季有盐生草生长,平时为光戈壁。

表 9-9　调查样地所在区域的气候因子

位置	年降水量/mm	相对湿度/%	年均温/℃	活动积温/℃
乌鞘岭	430	57	8.4	863
古浪	180	46	8.2	3100
山丹	209	47	7.6	3007
临泽	117	46	7.6	3085
高台	108	45	8.6	3364
玉门	62	44	8.0	3223
瓜州东	44	42	9.6	3817
瓜州西	44	42	9.6	3817
敦煌东	47	44	10.5	3993
敦煌西	47	44	10.5	3993

在这些群落中,植物种类出现最多的是藜科,第二是蒺藜科,排在第三的是禾本科,柽柳科红砂在河西走廊分布较广;菊科在乌鞘岭山地到玉门中游戈壁出现,再往西就很少出现。

(2) 群落的外貌、重要值及总密度

群落外貌(physiognomy)是指植物群落的外部形态或表相,它是群落中生物与生物、生物与环境相互作用的综合反映,是由组成群落的植物种类形态及其生活型(life form)所决定的。

重要值(importance value,IV)是以综合数值表示植物物种在群落中相对重要性的指标,计算乔木、灌木和草本重要值的指标较多,如相对多度、相对密度、相对频度、相对显著度、相对盖度、相对高度等,重要值越大的种,在群落结构中就越重要。具体可用以下公式计算:

对于乔木:

$$IV = (相对密度 + 相对频度 + 相对显著度)/3$$

对于灌木和草本:

$$IV = (相对密度 + 相对频度 + 相对盖度)/3$$

$$密度 = 某样方内某种植物的个体数/样方面积$$

相对密度 = (某种植物的密度/全部植物的总密度)×100%，即：相对密度 = (某种植物的个体数/全部植物的个体数)×100%

$$乔木显著度（优势度）= 样方内某种乔木的胸高断面积/样方面积$$

相对显著度（相对优势度）= (样方中该种个体胸高断面积之和/样方中
全部个体胸高断面积总和)×100%

$$灌木和草本盖度 = (植物地上部分垂直投影的面积/样方面积)×100%$$

$$相对盖度 = (某种植物的盖度/全部植物的分盖度总和)×100%$$

$$频度 = (某种植物出现的样方数目/全部样方数目)×100%$$

$$相对频度 = (某种的频度/所有种的频度总和)×100%$$

从表9-10可以看出，灌木（包括半灌木）在荒漠区占有很大的比例，其重要值在高台以西的荒漠中达到100（短命植物除外），从植物种来看，红砂、珍珠和泡泡刺的重要值都较高。乌鞘岭高山草地，优势种是多年生草本嵩草，而小灌木小叶金露梅的相对密度小，地上生物量较小。草本占优势的群落，灌木的生物量较小。从高台往西，灌木的地上总生物量呈递减趋势。多年生草本只在水分条件较好的山地和山前荒漠中分布较多。敦煌西戈壁只在降雨季节才会有一年生草本盐生草生长，盐生草有少量降雨即可迅速生长，完成生活史，为短命植物。

表 9-10 河西走廊植物群落特征

样地地点	群落类型	优势种和主要常见种	生活型	重要值	总密度/(株/m²)	灌木地上生物量/(g/m²)
乌鞘岭	嵩草–金露梅	嵩草（*C. kobresia* spp.）	多年生草本	37	14.54±2.35	39.5±2.8
		小叶金露梅（*Potentilla parvifolia*）	灌木	32	—	—
		乳白香青（*Anaphalis lactea*）	多年生草本	21	—	—
		甘肃苔草（*Carex kansuensis*）	多年生草本	10	—	—
古浪	冷蒿–骆驼蓬	冷蒿（*Artemisia frigida*）	多年生草本	58	0.41±0.08	0
		骆驼蓬（*Peganum harmala*）	多年生草本	42	—	—
山丹	珍珠	珍珠（*Salsola passerina*）	半灌木	80	3.28±0.15	347.3±22.5
		蝎虎驼蹄瓣（*Zygophyllum mucronatum*）	多年生草本	12	—	—
		红砂（*Reaumuria songarica*）	灌木	8	—	—
临泽	盐生草–合头草	盐生草（*Halogeton glomeratus*）	一年生草本	48	0.30±0.06	16.8±1.5
		合头草（*Sympegma regelii*）	半灌木	25	—	—
		白茎盐生草（*Halogeton arachnoideus*）	一年生草本	16	—	—
		白刺（*Nitraria tangutorum*）	灌木	11	—	—

续表

样地地点	群落类型	优势种和 主要常见种	生活型	重要值	总密度 /(株/m²)	灌木地上生 物量/(g/m²)
高台	红砂–泡泡刺	红砂（*R. songarica*)	灌木	78	0.96±0.10	305.8±18.4
		泡泡刺（*Nitraria sphaerocarpa*)	灌木	22	—	—
		盐生草（*H. glomeratus*)	一年生草本	0	—	—
		小画眉草（*Eragrostis minor*)	一年生草本	0	—	—
玉门	珍珠–红砂	珍珠（*S. passerina*)	半灌木	53	1.52±0.12	104.3±7.4
		红砂（*R. songarica*)	灌木	20	—	—
		白刺（*N. tangutorum*)	灌木	15	—	—
		油蒿（*Artemisia ordosica*)	半灌木	12	—	—
瓜州东	红砂	红砂（*R. songarica*)	灌木	83	0.15±0.05	18.5±1.9
		泡泡刺（*N. sphaerocarpa*)	灌木	17	—	—
瓜州西	红砂–泡泡刺	红砂（*R. songarica*)	灌木	35	0.06±0.02	7.5±0.7
		泡泡刺（*N. sphaerocarpa*)	灌木	33	—	—
		膜果麻黄（*Ephedra przewalskii*)	灌木	16	—	—
		合头草（*S. regelii*)	半灌木	16	—	—
		盐生草（*H. glomeratus*)	一年生草本	0	—	—
敦煌东	泡泡刺	泡泡刺（*N. sphaerocarpa*)	灌木	100	0.01	2.8±0.2
敦煌西	盐生草	盐生草（*H. glomeratus*)	一年生草本	100	0.62±0.07	0

9.5.3 河西走廊植物群落与气候关系

河西走廊荒漠生态系统结构简单，功能脆弱，因极端干旱而易失调、衰退，对环境条件的变化十分敏感。植被既是生态环境的重要组成部分，又是整个资源与环境状况的重要标志。决定植被分布的是气候条件，主要是热量和水分。

在河西走廊地区，从东南向西北热量逐渐升高，而降水却逐渐降低。植物种类和总密度在走廊的东南→西北方向上呈递减趋势，即从东部乌鞘岭的 20 科 39 种减少到敦煌西戈壁的 1 科 1 种，总密度从东部乌鞘岭的 14.54 株/m² 减少到敦煌东戈壁的 0.01 株/m²。其中植物科、种数量随着东经度的增大而增加，呈正相关，相关系数分别为 0.78 和 0.86；随着北纬度的增加而减少，呈负相关，相关系数分别为 −0.84 和 −0.91。在 ≥10℃ 的活动积温 >3200℃ 的荒漠地区，灌木在群落中占有绝对优势，其重要值达到了 100。当活动积温在 3000℃ 左右时，群落往往是一些过渡类型，以多年生草本（骆驼蓬、冷蒿）或一年生草本（盐生草）为优势种，伴生种为半灌木（合头草）或灌木（白刺）；或以半灌木（珍珠）为优势种，多年生草本（蝎虎驼蹄瓣）为伴生种。

灌木和草本对环境条件的适应性不同，其差异主要取决于对资源利用的策略、竞争能力和生理特征。灌木因有比草本更强大的根系，可以利用不同深度的土壤水分。而浅根系的草本植物仅能利用因某次降水而短期贮存于浅层土壤中的水分，因而相对于木本植物而言，它们对环境变化更加敏感。在河西走廊地区，植物的种类组成取决于环境梯度，其荒漠植物种类与年降水量之间有高度线性关系（$P<0.001$），相关系数为 0.95。在年降水量110mm 以上的荒漠区，物种以藜科、禾本科、菊科、蒺藜科为主，生活型主要为半灌木或多年生草本，优势种有珍珠、合头草、骆驼蓬和冷蒿等，常见种有红砂、白刺、蝎虎驼蹄瓣等；在降水量 110mm 以下荒漠区，物种以柽柳科、蒺藜科、藜科和菊科为主，生活型主要为小灌木或一年生草本，优势种有红砂、珍珠、泡泡刺和盐生草等。在高台以西的荒漠群落中，灌木的重要值及地上生物量占绝对优势，其地上生物量与年降水量呈显著线性正相关（$P<0.0001$），相关系数达到 0.99。与之相反，在乌鞘岭和古浪地区，灌木的重要值及地上生物量均很低，这主要是与较丰富的降水和较好的水分条件密切相关，使得草本的迅速生长抑制了灌木的生长。在山丹山前荒漠群落中，半灌木珍珠因为有较高的水分利用效率、生长迅速而成为优势种，其他灌木很难入侵。

在河西走廊地区，由于降水稀少，加上人类活动的干扰和破坏，灌木的生长和扩展受到限制，因而它们的生物量都很低。河西走廊西北的敦煌西部光戈壁地区，只有在雨季时才会有盐生草生长。总之，该地区荒漠生态系统植被稀疏，生物量小，对气候因子，特别是降水变化敏感，对其保育显得尤为重要（Su et al., 2008）。

9.6　荒漠地区 C₄ 植物的发生数量

9.6.1　C₄ 植物发生的科属

C₄ 植物仅见于被子植物（Angiosperm），在单子叶植物（Monocotyledon）和双子叶植物（Dictyledon）中都有（Downton，1971），大约在 20 科中发现有 C₄ 植物（Cerling et al., 1993），但主要存在于 16 个维管植物科（Ehleringer et al., 1997；Pyankov et al., 2000；Hatch，2002）（表9-11），双子叶植物有 14 科，即爵床科（Acanthaceae）、番杏科（Aizoaceae）、苋科（Amaranthaceae）、紫草科（Boraginaceae）、石竹科（Caryophyllaceae）、藜科（Chenopodiaceae）、菊科（Compositae）、旋花科（Convolvulaceae）、大戟科（Euphorbiaceae）、紫茉莉科（Nyctaginaceae）、蓼科（Polygonaceae）、马齿苋科（Portulacaceae）、玄参科（Scrophulariaceae）、蒺藜科（Zygophyllaceae）。单子叶植物有 2 科，即禾本科（Gramineae）和莎草科（Cyperaceae），简称禾草（grasses）和莎草（sedges），其他还有：萝藦科（Asclepiadaceae）、牻牛儿苗科（Geraniaceae）、远志科（Polygalaceae）、毛茛科（Rannunculaceae）（殷立娟和李美荣，1997）等。在 10 000 种禾草植物中有大约一半具有 C₄ 光合作用（Hattersley and Watson，1992），相反，在 165 000 种双子叶植物中或许有 1000 种植物具有 C₄ 光合作用（Ehleringer et al., 1997）。

目前已有 1700 多种植物被鉴定为具有 C₄ 光合途径，但是估计仍仅为全球 C₄ 植物种总数的 1/3，估计全世界约有 5000~6000 种 C$_4$ 植物，包括半数的禾本科植物和 1000 多种双子叶植物（Ehleringer et al., 1997；Wang, 2002）。Sage 等（1999）报道 C$_4$ 植物约有 7600 种。

表 9-11　具有 C$_4$ 光合作用的植物科、属

科	属
双子叶植物纲（Dicotyledonae）	—
爵床科（Acanthaceae）	*Blepharis*
番杏科（Aizoaceae）	*Cypselea*，针晶粟草属（*Gisekia*），*Trianthema*，*Zalaeya*
苋科（Amaranthaceae）	*Acanthochiton*，白花苋属（*Aerva*），莲子草属（*Alteranthera*），苋属（*Amaranthus*），*Brayulinea*，*Froelichia*，千日红属（*Gomphrena*），*Gossypianthus*，*Lithophila*，*Tidestromia*
紫草科（Boraginaceae）	天芥菜属（*Heliotropium*）
石竹科（Caryophyllaceae）	白鼓丁属（*Polycarpaea*）
藜科（Chenopodiaceae）	*Anabis*，新疆藜属（*Aellenia*），假木贼属（Anabasis），节节木属（*Arthrophytum*），滨藜属（*Atriplex*），雾冰藜属（*Bassia*），*Bienerta*，樟味藜属（*Camphorosma*），*Chenolea*，*Climacoptera*，*Comulaca*，*Cytobasis*，*Echinopsilon*，*Gamanthus*，对叶盐蓬属（*Girgensohnia*），*Halanthium*，盐蓬属（*Halimocnemis*），*Halocharis*，盐生草属（*Halogeton*），*Halostigmaria*，梭梭属（*Haloxylon*），*Hammada*，对节刺属（*Horaninovia*），*Hypocyclix*，戈壁藜属（Iljinia），地肤属（*Kochia*），绒藜属（*Londesia*），*Noaea*，兜藜属（*Panderia*），叉毛蓬属（*Petrosimonia*），猪毛菜属（*Salsola*），*Seidlitzia*，碱蓬属（*Suaeda*），*Theleophyton*，*Traganum*
菊科（Compositae[①]）	*Flaveria*，*Glossocordia*，鹿角草属（*Glossogyne*），*Isostigma*，*Pectis*
旋花科（Convolvulaceae）	土丁桂属（*Evolvulus*）
大戟科（Euphorbiaceae）	*Chamaesyce*，大戟属（*Euphorbia*）
紫茉莉科（Nyctaginaceae）	*Allionia*，黄细心属（*Boerhaavia*），*Okenia*
蓼科（Polygonaceae）	沙拐枣属（*Calligonum*）
马齿苋科（Portulacaceae）	马齿苋属（*Portulaca*）
玄参科（Scrophulariaceae）	*Anticharis*
蒺藜科（Zygophyllaceae）	*Kallstroemia*，蒺藜属（*Tribulus*），霸王属（*Zygophyllum*）
单子叶植物纲（Monocotyledonae）	—
莎草科（Cyperaceae）	*Ascolepis*，球柱草属（*Bulbostylis*），*Crosslandia*，莎草属（*Cyperus*），*Eleocharis*，飘拂草属（*Fimbristylis*），水蜈蚣属（*Kyllinga*），湖瓜草属（*Lipocarpha*），穿鱼草属（*Mariscus*），扁莎草属（*Pycreus*），刺子莞属（*Rhynchospora*）
禾本科（Gramineae[②]）	毛颖草属（*Alloteropsis*），须芒草属（*Andropogon*），野古草属（*Arundinella*），垂穗草属（*Bouteloua*），狗牙根属（*Cynodon*），稗属（*Echinochloa*），千金子属（*Leptochloa*），小幕草属（*Microstegium*），黍属（*Panicum*），雀稗属（*Paspalum*），狗尾草属（*Setaria*），蜀黍属（*Sorghum*），大米草属（*Spartina*），鼠尾粟属（*Sporobolus*），玉蜀黍属（*Zea*），等

注：① Ehleringer 等（1997）称作 Asteraceae，我国只有紫菀属（*Aster*）和紫菀族（Astereae），译为菊科（Compositae）。
② Ehleringer 等（1997）称作 Poaceae，我国只有早熟禾属（*Poa*）和狐茅族（Festuceae），译为禾本科（Gramineae）

系统的广泛分布于热带和亚热带地区的植物趋向于 C_4 光合作用，从北极和温带地区起源的植物趋向于 C_3 光合作用。

蒙古国植被在 8 个科中 C_4 植物较多（Pyankov et al., 2000），分别是：苋科、藜科、大戟科、禾本科、蓼科、马齿苋科、蒺藜科和粟米草科（Molluginaceae）等，大部分集中在藜科、禾本科和蓼科 3 个科，狗尾草属（*Setaria*）、稗属（*Echinochloa*）、画眉草属（*Eragrostis*）、黍属（*Panicum*）和虎尾草属（*Chloris*）的 C_4 植物几乎在蒙古国所有的植物地理区都有。在蒙古国的猪毛菜属（*Salsola*）植物中，大部分是 C_4 植物，而且主要呈灌木状。蓼科的沙拐枣属植物生长在极端干旱的荒漠里，它的气候分布范围与藜科的灌木类似。蒙古国植被草本植物中隐子草属（*Cleistogenes*）、三芒草属（*Aristida*）、獐毛属（*Aeluropus*）、锋芒草属（*Tragus*）和画眉草属（*Eragrostis*）的 C_4 植物在自然生态系统中有着重要作用，其他 C_4 草本植物在自然生态系统的发生主要依赖于降水，因此它们在生态系统的作用远不如 C_4 木本植物。

我国东北草原 C_4 植物主要存在于禾本科、莎草科、藜科和苋科，内蒙古地区的 C_4 植物主要集中在前 3 个科，生活型以一年生草本植物居多，水分生态型总体偏旱，为喜热、耐旱的类群。

9.6.2　我国荒漠地区 C_4 植物的数量

爵床科、番杏科、紫茉莉科植物在我国荒漠地区没有分布。我国荒漠地区在苋科、藜科、菊科、旋花科、远志科、蓼科、马齿苋科、毛茛科、蒺藜科，以及莎草科、禾本科、眼子菜科等 9 个双子叶植物科和 3 个单子叶植物科中有 C_4 植物（表 9-12），其中藜科、蓼科和莎草科、禾本科 C_4 植物较多。与表 9-11 比较看出，国外研究结果中的 C_4 植物科、属（Ehleringer et al., 1997；Pyankov et al., 2000；Hatch, 2002），有的在我国荒漠地区有分布，但没有 C_4 植物种，如藜科的节节木属，蒺藜科的霸王属。我国荒漠地区 C_4 植物的发生数量见表 9-13。

表 9-12　我国荒漠地区具有 C_4 植物的科、属

科	属
双子叶植物纲	—
苋科（Amaranthaceae）	苋属（*Amaranthus*）
藜科（Chenopodiaceae）	新疆藜属（*Aellenia*），假木贼属（*Anabasis*），滨藜属（*Atriplex*），轴藜属（*Axyris*），雾冰藜属（*Bassia*），异子蓬属（*Borszczowia*），樟味藜属（*Camphorosma*），藜属（*Chenopodium*），单刺蓬属（*Cornulaca*），对叶盐蓬属（*Girgensohnia*），盐蓬属（*Halimocnemis*），盐生草属（*Halogeton*），梭梭属（*Haloxylon*），戈壁藜属（*Iljinia*），地肤属（*Kochia*），绒藜属（*Londesia*），叉毛蓬属（*Petrosimonia*），猪毛菜属（*Salsola*），碱蓬属（*Suaeda*）

科	属
菊科（Compositae）	蒿属（*Artemisia*）
旋花科（Convolvulaceae）	菟丝子属（*Cuscuta*）
远志科（Polygalaceae）	远志属（*Polygala*）
蓼科（Polygonaceae）	沙拐枣属（*Calligonum*）
马齿苋科（Portulacaceae）	马齿苋属（*Portulaca*）
毛茛科（Rannunculaceae）	唐松草属（*Thalictrum*）
蒺藜科（Zygophyllaceae）	蒺藜属（*Tribulus*）
单子叶植物纲	—
莎草科（Cyperaceae）	扁穗草属（*Blysmus*），莎草属（*Cyperus*），飘拂草属（*Fimbristylis*），水莎草属（*Juncellus*），扁莎草属（*Pycreus*）
禾本科（Gramineae）	獐毛属（*Aeluropus*），三芒草属（*Aristida*），荩草属（*Arthraxon*），野古草属（*Arundinella*），孔颖草属（*Bothriochloa*），虎尾草属（*Chloris*），隐子草属（*Cleistogenes*），隐花草属（*Crypsis*），狗牙根属（*Cynodon*），马唐属（*Digitaria*），稗属（*Echinochloa*），画眉草属（*Eragrostis*），蔗茅属（*Erianthus*），牛鞭草属（*Hemarthria*），茅香属（*Hierochloe*），白茅属（*Imperata*），芒属（*Miscanthus*），狼尾草属（*Pennisetum*），狗尾草属（*Setaria*），大油芒属（*Spodiopogon*），锋芒草属（*Tragus*）
眼子菜科（Potamogetonaceae）	眼子菜属（*Potamogaton*）

由表 9-12 和表 9-13 可以看出，我国荒漠地区植物在 12 科中有 C$_4$ 植物，其中除了藜科、莎草科和禾本科外，其他科中只有 1 个属有 C$_4$ 植物。双子叶植物中，藜科 C$_4$ 植物最多，有 19 属 62 种，其中猪毛菜属（*Salsola*）、碱蓬属（*Suaeda*）、滨藜属（*Atriplex*）、樟味藜属（*Camphorosma*）C$_4$ 植物众多。单子叶植物中禾本科 C$_4$ 植物最多，有 21 属 36 种，莎草科有 5 属 10 种，分别称为 C$_4$ 禾草和 C$_4$ 莎草。

表 9-13　我国荒漠地区 C$_4$ 植物的发生数量

科	属的数量		种的数量	
	总数	C$_4$ 植物属数	总数	C$_4$ 植物种数
双子叶植物纲	—	—	—	—
苋科（Amaranthaceae）	1	1	5	5
藜科（Chenopodiaceae）	34	19	137	62
菊科（Compositae）	83	1	281	3
旋花科（Convolvulaceae）	3	1	17	4
远志科（Polygalaceae）	1	1	1	1
蓼科（Polygonaceae）	5	1	59	26
马齿苋科（Portulacaceae）	1	1	1	1
毛茛科（Rannunculaceae）	15	1	39	1

续表

科	属的数量		种的数量	
	总数	C₄植物属数	总数	C₄植物种数
蒺藜科（Zygophyllaceae）	5	1	28	1
小计	148	27	568	104
单子叶植物纲	—	—	—	—
莎草科（Cyperaceae）	11	5	53	10
禾本科（Gramineae）	54	21	120	36
眼子菜科（Potamogetonaceae）	2	1	6	2
小计	67	27	179	48
合计	215	54	747	152

我国北方荒漠地区双子叶植物中 C₄ 植物属为 27 个，占总属数的 18.2%；C₄ 植物种为 104 个，占总种数的 18.3%。在单子叶植物中 C₄ 植物属占总属数的 40.3%，C₄ 植物种占总种数的 26.8%。从种类发生的总数量来看，双子叶植物中 C₄ 植物明显高于单子叶植物，双子叶 C₄ 植物是单子叶 C₄ 植物的 2.2 倍。但从发生比例来看，单子叶植物中 C₄ 植物比例明显高于双子叶植物，高出 46%。总体分析可以得出，我国荒漠地区具有 C₄ 植物的属占总属数的 25%，C₄ 植物种占总种数的 20%。

在我国东北西部及内蒙古东部荒漠区有 3 种植物具有 CAM 光合途径（王仁忠，2004），分别是景天科瓦松属的钝叶瓦松（*Orostachys malacophylla*）、瓦松（*Orostachys fimbriatus*）和景天属的费菜（*Sedum aizoon*）。

我国荒漠地区有 C₄ 木本植物 45 种，包括半木本植物，占我国荒漠植物总种数的 6%，集中在藜科和蓼科，分别为 19 种和 26 种。C₄ 草本植物共计 107 种，其中单子叶植物 48 种，双子叶植物 59 种。我国 C₄ 木本植物主要分布在贺兰山以西的西北干旱荒漠区。C₄ 草本植物的耐旱性和抗旱能力不如 C₄ 木本植物，主要分布在荒漠地区地下水位较高，水分条件较好的区域，在绿洲边缘广泛分布（苏培玺等，2011）。

有报道雾冰藜（*Bassia dasyphylla*）为 C₄ 植物，Pyankov 等（2000）证明它是 C₃ 植物，$\delta^{13}C$ 值为 −24.8‰。黑河中游雾滨藜的 $\delta^{13}C$ 值为 −27.6‰。大戟科的地锦（*Euphorbia humifusa*）为 C₄ 植物（唐海萍和刘书润，2001），其 $\delta^{13}C$ 值为 −12.76‰，Voznesenskaya 和 Gamaley（1986）也报道蒙古国的地锦有 C₄ 综合特征，但是 Pyankov 等（2000）测定得到它的 $\delta^{13}C$ 值为 −26.3‰，为 C₃ 植物。有一些植物，从少数几个 C₄ 生理生化指标证明是 C₄ 植物，需要慎重，特别是没有经过稳定碳同位素分析和解剖结构观察的植物，需要深入研究。

我国沙漠地区的梭梭属有两种，梭梭和白梭梭。沙拐枣属有 18 种（中国科学院兰州沙漠研究所，1985）以上，分别是：沙拐枣（*Calligonum mongolicum*）、泡果沙拐枣（*C. junceum*）、无叶沙拐枣（*C. aphyllum*）、白皮沙拐枣（*C. leucocladum*）、红皮沙拐枣（*C. rubicundum*）、奇台沙拐枣（*C. klementzii*）、头状沙拐枣（*C. caput-medusae*）、阿拉善沙拐枣（*C. alaschanicum*）、乔木状沙拐枣（*C. arborescens*）、戈壁沙拐枣（*C. gobicum*）、青海沙拐枣（*C. kozlovi*）、甘肃沙拐枣（*Calligonum chinense*）、小果沙拐枣（*C. pumilum*）、若羌沙拐枣（*C. juochiangense*）、精河沙拐枣（*C. ebi-nuricum*）、昆仑沙拐枣（*C. roborowskii*）、河西沙拐枣（*C. potanini*）和柴达木沙拐枣（*C. zaidamense*）等。梭梭和沙拐枣的 C₄ 特征，可分别代表梭梭属和沙拐枣属的 C₄ 植物基本特征。

9.7　荒漠地区的 C₄ 木本植物种类及其分布

种群内个体的空间分布方式或配置特点，称为分布格局。分布格局是由种的生物学特性、种内关系和环境因素的综合影响决定的。

植物种群的空间分布有随机分布、均匀分布和集群分布等。

我国西北广大荒漠地区为冬季寒冷、夏季炎热的典型大陆性气候，各区域具有明显不同的气候和植被特征，由于冬季极端的低温，CAM 植物稀少，草本植物只是荒漠植被的次要组分，因此，木本植物，特别是 C₄ 灌木，在荒漠生态系统中具有重要的生态功能和环境指示作用（Su，2010）。

我国荒漠地区 C₄ 木本植物种类及其分布见表 9-14，双子叶植物的藜科和蓼科有 C₄ 木本植物，包括半木本植物，共计 45 种，其中藜科 19 种，蓼科 26 种。由表 9-13 看出，我国荒漠地区有 C₄ 植物的 9 个双子叶植物科有荒漠植物 568 种（中国科学院兰州沙漠研究所，1985；1987；1992），我国荒漠地区 C₄ 木本植物占双子叶具有 C₄ 植物科荒漠植物总数的 7.9%，占双子叶和单子叶具有 C₄ 植物科荒漠植物总数的 6.0%。

表 9-14　我国荒漠地区的 C₄ 木本植物种类和分布

植物名称	花环结构	δ¹³C/‰	生活型	分布区
藜科				
新疆藜（*Aellenia glauca*）	K	−12.5	半灌木	Ⅱ
无叶假木贼（*Anabasis aphylla*）	K	−14.5	半灌木	Ⅰ～Ⅲ
短叶假木贼（*A. brevifolia*）	K	−12.9	半灌木	Ⅰ～Ⅲ，Ⅴ，Ⅵ
高枝假木贼（*A. elatior*）	—	−13.5	半灌木	Ⅱ
毛足假木贼（*A. eriopoda*）	K	−13.0	半灌木	Ⅱ
粗糙假木贼（*A. pelliotii*）	—	—	半灌木	Ⅰ
盐生假木贼（*A. salsa*）	K	−13.2	半灌木	Ⅰ～Ⅲ
展枝假木贼（*A. truncate*）	—	—	半灌木	Ⅱ
白滨藜（*Atriplex cana*）		−13.9	半灌木	Ⅱ
同齿樟味藜（*Camphorosma lessingii*）	K	−13.1	半灌木	Ⅱ
樟味藜（*C. monspeliaca*）	K	−12.9	半灌木	Ⅱ
梭梭（*Haloxylon ammodendron*）	K	−14.3	灌木、小乔木	Ⅰ～Ⅶ

续表

植物名称	花环结构	δ¹³C/‰	生活型	分布区
白梭梭（*H. persicum*）	K	−13.8	灌木	Ⅱ，Ⅴ
戈壁藜（*Iljinia regelii*）	K	−11.9	半灌木	Ⅰ～Ⅲ
木地肤（*Kochia prostrata*）	K	−13.4	半灌木	Ⅰ～Ⅲ，Ⅴ～Ⅷ
木本猪毛菜（*Salsola arbuscula*）	K	−14.3	灌木	Ⅰ～Ⅲ，Ⅴ～Ⅶ
东方猪毛菜（*S. orientalis*）	—	−14.3	半灌木	Ⅱ
珍珠（*S. passerina*）	—	−14.8	半灌木	Ⅳ～Ⅷ
木碱蓬（*Suaeda dendroides*）	—	−13.3	半灌木	Ⅱ，Ⅵ
蓼科	—	—	—	—
阿拉善沙拐枣（*Calligonum alaschanicum*）	—	−15.7	灌木	Ⅵ，Ⅶ
乔木状沙拐枣（*C. arborescens*）	—	−14.2	灌木	Ⅲ，Ⅴ
无叶沙拐枣（*C. aphyllum*）	—	—	—灌木	Ⅱ
头状沙拐枣（*C. caput-medusae*）	—	−15.2	灌木	Ⅴ
甘肃沙拐枣（*C. chinense*）	—	−14.4	灌木	Ⅴ
褐色沙拐枣（*C. colubrinum*）	—	—	灌木	Ⅰ
心形沙拐枣（*C. cordatum*）	—	−14.3	灌木	Ⅲ
密刺沙拐枣（*C. densum*）	—	−14.7	灌木	Ⅲ
精河沙拐枣（*C. ebi-nuricum*）	—	−14.6	灌木	Ⅲ
戈壁沙拐枣（*C. gobicum*）	—	−13.0	灌木	Ⅴ
吉木乃沙拐枣（*C. jimunaicum*）	—	—	灌木	Ⅰ
泡果沙拐枣（*C. junceum*）	—	−15.1	灌木	Ⅲ
若羌沙拐枣（*C. juochiangense*）	—	−14.4	小灌木	Ⅰ
新疆沙拐枣（*C. klementzii*）	—	−15.1	灌木	Ⅱ，Ⅴ
青海沙拐枣（*C. kozlovi*）	—	−14.4	灌木	Ⅳ
库尔勒沙拐枣（*C. kuerlese*）	—	—	灌木	Ⅰ
白皮沙拐枣（*C. leucocladum*）	—	−15.2	灌木	Ⅱ
沙拐枣（*C. mongolicum*）	K	−13.5	灌木	Ⅰ～Ⅷ
河西沙拐枣（*C. potanini*）	—	−13.6	灌木	Ⅴ
小果沙拐枣（*C. pumilum*）	—	−14.7	小灌木	Ⅲ
昆仑沙拐枣（*C. roborowski*）	—	−14.9	灌木	Ⅰ，Ⅴ
红皮沙拐枣（*C. rubicundum*）	—	−15.1	灌木	Ⅱ
粗糙沙拐枣（*C. squarrosum*）	—	—	灌木	Ⅲ
三列沙拐枣（*C. trifarium*）	—	—	灌木	Ⅲ
英吉沙沙拐枣（*C. yingisaricum*）	—	—	灌木	Ⅲ
柴达木沙拐枣（*C. zaidamense*）	—	−15.3	灌木	Ⅳ，Ⅴ

注：Ⅰ. 塔里木盆地荒漠区；Ⅱ. 准噶尔盆地荒漠区；Ⅲ. 新疆东部荒漠区；Ⅳ. 柴达木盆地荒漠区；Ⅴ. 河西走廊荒漠区；Ⅵ. 阿拉善高原荒漠区；Ⅶ. 鄂尔多斯高原荒漠区；Ⅷ. 东北西部及内蒙古东部荒漠区

藜科的新疆藜属、假木贼属、滨藜属、樟味藜属、戈壁藜属、地肤属和碱蓬属有 C₄ 半灌木；梭梭属的 2 个种均为 C₄ 植物，为灌木或小乔木，其生活型随环境条件而异，适宜环境下可长成小乔木甚至乔木；猪毛菜属有 C₄ 灌木和半灌木。半灌木木地肤（*Kochia prostrata*）和同齿樟味藜（*Camphorosma lessingii*）在半荒漠地区和山区生产力较高。

蓼科的沙拐枣属植物是我国荒漠区自然生态系统中的主要木本植物成分，该属植物种均为 C₄ 植物，$\delta^{13}C$ 为 −16‰ ~ −13‰，生活型为小灌木或灌木，水分生态类型为旱生或超旱生，主要分布在西北荒漠区，其中新疆有 22 种。

新疆没有的阿拉善沙拐枣产腾格里沙漠和库布齐沙漠，青海沙拐枣（*C. kozlovi*）为青海柴达木盆地特有种，河西沙拐枣产甘肃河西走廊安西、临泽一带，柴达木沙拐枣（*C. zaidamense*）产青海柴达木盆地格尔木。

9.8 荒漠地区的 C₄ 草本植物种类及其分布

我国荒漠地区 C₄ 草本植物种类及其分布见表 9-15，共计 107 种，其中单子叶植物 48 种，双子叶植物 59 种。单子叶植物中 C₄ 莎草科 10 种，C₄ 禾本科 36 种，另外，眼子菜科有 2 种。双子叶植物中藜科 43 种，苋科 5 种，旋花科 4 种，菊科 3 种，远志科、马齿苋科、毛茛科、蒺藜科各 1 种。C₄ 草本植物的耐旱性和抗旱能力不如 C₄ 木本植物，主要分布在荒漠地区潜水埋深较浅，水分条件较好的区域，在绿洲边缘广泛分布。

表 9-15　我国荒漠地区的 C₄ 草本植物种类和分布

植物名称	花环结构	$\delta^{13}C$/‰	生活型/生态类型	分布区
单子叶植物	—	—	—	—
莎草科	—	—	—	—
华扁穗草（*Blysmus sinocompressus*）	—	−12.1	多年生	Ⅰ，Ⅴ ~ Ⅷ
油莎草（*Cyperus esculentus* var. *sativus*）	—	−12.5	多年生	Ⅵ ~ Ⅷ
头状穗莎草（*C. glomeratus*）	K	−13.3	一年生/湿生	Ⅱ，Ⅷ
三轮草（*C. orthostachyus*）	—	−14.4	一年生/湿生	Ⅷ
两歧飘拂草（*Fimbristylis dichotoma*）	K	−9.9	一年生/湿生	Ⅰ
花穗水莎草（*Juncellus pannonicus*）	—	−10.3	多年生/湿中生	Ⅰ，Ⅱ，Ⅴ ~ Ⅷ
水莎草（*J. serotinus*）	—	−11.1	多年生/湿生	Ⅰ，Ⅱ，Ⅵ ~ Ⅷ
球穗扁莎（*Pycreus globosus*）	K	—	多年生/湿生	Ⅶ，Ⅷ
槽铃扁莎（*P. korshinskyi*）	—	−14.6	一年生/湿生	Ⅰ ~ Ⅲ，Ⅶ
多枝扁莎（*P. polystachyus*）	—	−12.5	多年生/湿生	Ⅷ
禾本科	—	—	—	—
小獐毛（*Aeluropus pungens*）	—	—	多年生/中生	Ⅰ，Ⅱ，Ⅴ，Ⅵ
小花獐毛（*A. littoralis* var. *micrantherus*）	—	−13.1	多年生/中生	Ⅰ，Ⅵ
獐毛（*A. sinensis*）	—	−12.4	多年生/中生	Ⅰ ~ Ⅲ，Ⅴ，Ⅵ

续表

植物名称	花环结构	δ¹³C/‰	生活型/生态类型	分布区
三芒草（*Aristida adscensionis*）	K	−12.0	一年生/旱生	Ⅰ～Ⅲ，Ⅵ～Ⅷ
荩草（*Arthraxon hispidus*）	K	−14.7	一年生/中生	Ⅰ～Ⅷ
野古草（*Arundinella anomala*）	K	−12.5	多年生/旱中生	Ⅶ，Ⅷ
白羊草（*Bothriochloa ischaemum*）	—	−14.1	多年生/中旱生	Ⅰ～Ⅲ，Ⅴ～Ⅶ
虎尾草（*Chloris virgata*）	K	−13.5	一年生/旱生	Ⅰ～Ⅷ
丛生隐子草（*Cleistogenes caespitosa*）	—	−13.2	多年生/中旱生	Ⅵ～Ⅷ
无芒隐子草（*C. songorica*）	K	−14.7	多年生/旱生	Ⅰ，Ⅱ，Ⅳ，Ⅴ～Ⅶ
糙隐子草（*C. squarrosa*）	K	−16.4	多年生/中旱生	Ⅱ，Ⅶ，Ⅷ
隐花草（*Crypsis aculeata*）	—	−12.8	一年生/中生	Ⅵ～Ⅷ
蔺状隐花草（*C. schoenoides*）	—	—	一年生	Ⅱ，Ⅲ，Ⅴ～Ⅶ
狗牙根（*Cynodon dactylon*）	—	—	多年生/中生	Ⅰ～Ⅷ
毛马唐（*Digitaria chrysoblephara*）	—	−13.3	一年生/中生	Ⅰ，Ⅲ，Ⅷ
止血马唐（*D. ischaemum*）	—	−13.7	一年生/中生	Ⅰ～Ⅷ
马唐（*D. sanguinalis*）	K	−13.1	一年生/中生	Ⅰ～Ⅷ
长芒稗（*Echinochloa caudata*）	—	—	一年生	Ⅵ～Ⅷ
稗（*E. crusgalli*）	K	−16.2	一年生/湿生	Ⅰ～Ⅲ，Ⅴ～Ⅷ
旱稗（*E. hispidula*）	—	—	一年生	Ⅷ区
无芒稗（*E. crusgalli* var. mitis）	—	—	一年生/湿生	Ⅰ～Ⅲ，Ⅴ～Ⅷ
大画眉草（*Eragrostis cilianensis*）	K	−13.8	一年生/中生	Ⅰ～Ⅷ
画眉草（*E. pilosa*）	—	−13.3	一年生/中生	Ⅰ～Ⅷ
无毛画眉草（*E. pilosa* var. imberbis）	—	−14.2	一年生/中生	Ⅰ～Ⅷ
小画眉草（*E. minor*）	—	—	一年生/中生	Ⅰ～Ⅷ
沙生蔗茅（*Erianthus ravennae*）	—K	—	多年生	Ⅰ
牛鞭草（*Hemarthria altissima*）	—	−14.1	多年生/中生	Ⅶ，Ⅷ
光稃香草（*Hierochloe glabra*）	—	—	多年生	Ⅵ～Ⅷ
白茅（*Imperata cylindrica*）	—	−12.0	多年生/中生	Ⅵ～Ⅷ
荻（*Miscanthus sacchariflorus*）	—	−14.8	多年生/中生	Ⅷ
白草（*Pennisetum centrasiaticum*）	—	−12.5	多年生/中旱生	Ⅰ～Ⅷ
金色狗尾草（*Setaria glauca*）	K	−12.7	一年生/中生	Ⅰ～Ⅷ
狗尾草（*S. viridis*）	K	−13.2	一年生/中生	Ⅰ～Ⅷ
大油芒（*Spodiopogon sibiricus*）	K	−12.3	多年生/旱中生	Ⅰ～Ⅷ
虱子草（*Tragus berteronianus*）	—	−13.6	一年生/中生	Ⅵ～Ⅷ
锋芒草（*Tragus racemosus*）	—	—	一年生/旱生	Ⅴ～Ⅷ
眼子菜科	—	—	—	—

植物名称	花环结构	$\delta^{13}C/‰$	生活型/生态类型	分布区
光叶眼子菜（*Potamogeton lucens*）	—	—	多年生/水生	I，Ⅶ
穿叶眼子菜（*P. perfoliatus*）	—	—	多年生/水生	I，Ⅳ，Ⅶ
双子叶植物	—	—	—	—
苋科	—	—	—	—
白苋（*Amaranthus albus*）	—	—	一年生/中生	Ⅱ
北美苋（*A. blitoides*）	—	−14.9	一年生/中生	Ⅶ，Ⅷ
凹头苋（*A. lividus*）	—	—	一年生	I
反枝苋（*A. retroflexus*）	—	−13.7	一年生/中生	Ⅱ，Ⅵ～Ⅷ
腋花苋（*A. roxburghianus*）	—	—	一年生	Ⅱ，Ⅵ，Ⅶ
藜科	—	—	—	—
中亚滨藜（*Atriplex centralasiatica*）	—	−12.7	一年生/耐盐中生	Ⅵ～Ⅷ
犁苞滨藜（*A. dimorphostegia*）	K	−13.1	一年生/耐盐中生	Ⅱ
光滨藜（*A. laevis*）	K	−13.0	一年生	Ⅱ，Ⅵ～Ⅷ
西伯利亚滨藜（*A. sibirica*）	K	−14.4	一年生/旱中生	I～Ⅷ
鞑靼滨藜（*A. tatarica*）	K	−12.5	一年生	I～Ⅷ
轴藜（*Axyris amaranthoides*）	—	−11.4	一年生/旱中生	I～Ⅷ
钩刺雾冰藜（*Bassia hyssopifolia*）	K	−13.4	一年生/耐盐中生	Ⅱ．Ⅲ．Ⅴ～Ⅶ
异子蓬（*Borszczowia aralocaspica*）	—	−12.4	一年生	Ⅱ
尖头叶藜（*Chenopodium acuminatum*）	—	−11.4	一年生/旱中生	I～Ⅷ
藜（*C. album*）	—	−11.5	一年生/中生	I～Ⅷ
刺藜（*C. aristatum*）	—	−14.2	一年生/旱中生	I～Ⅷ
灰绿藜（*C. glaucum*）	—	−12.4	一年生/中旱生	I～Ⅷ
杂配藜（*C. hybridum*）	—	−12.4	一年生/中生	I～Ⅷ
小藜（*C. serotinum*）	—	−11.9	一年生/中生	I～Ⅷ
阿拉善单刺蓬（*Cornulaca alaschanica*）	—	—	一年生/旱生	Ⅵ
对叶盐蓬（*Girgensohnia oppositiflora*）	K	−12.8	一年生	Ⅱ
柔毛盐蓬（*Halimocnemis villosa*）	—	—	一年生	Ⅱ
白茎盐生草（*Halogeton arachnoideus*）	—	—	一年生/旱生	I～Ⅷ
盐生草（*H. glomeratus*）	K	−14.6	一年生/旱生	I～Ⅲ，Ⅴ
西藏盐生草（*H. glomeratus var tibeticus*）	K	—	一年生	I，Ⅳ，Ⅴ
伊朗地肤（*Kochia iranica*）	K	−13.9	一年生	I～Ⅲ，Ⅴ
全翅地肤（*K. krylovii* Litv.）	—	−13.3	一年生/旱中生	Ⅱ，Ⅵ
毛花地肤（*K. laniflora*）	—	−13.0	一年生/旱生	Ⅱ
黑翅地肤（*K. melanoptera*）	K	−12.4	一年生/旱生	Ⅱ，Ⅳ～Ⅵ

续表

植物名称	花环结构	δ¹³C/‰	生活型/生态类型	分布区
地肤 (*K. scoparia*)	K	−14.5	一年生	I～Ⅷ
碱地肤 (*K. scoparia* var. *sieversiana*)	—		一年生	I～Ⅷ
绒藜 (*Londesia eriantha*)	K	—	一年生	Ⅱ
平卧叉毛蓬 (*Petrosimonia litwinowii*)	—	—	一年生	Ⅱ
叉毛蓬 (*P. sibirica*)	—	—	一年生	Ⅱ
紫翅猪毛菜 (*Salsola affinis*)		−12.7	一年生/旱生	Ⅴ，Ⅵ
散枝猪毛菜 (*S. brachiata*)		−13.4	一年生	Ⅱ
猪毛菜 (*S. collina*)	K	−13.9	一年生/旱生	I～Ⅷ
蒙古猪毛菜 (*S. ikonnikovvi*)	—	−13.4	一年生/旱生	Ⅱ，Ⅴ，Ⅵ
短柱猪毛菜 (*S. lanata*)	K	−12.2	一年生	Ⅱ
长刺猪毛菜 (*S. paulsenii*)	K	−12.8	一年生	I，Ⅱ，Ⅴ
薄翅猪毛菜 (*S. pellucida*)	K	−11.3	一年生/中生	Ⅴ，Ⅵ
早熟猪毛菜 (*S. praecox*)	K	−13.7	一年生	I
蔷薇猪毛菜 (*S. rosacea*)	—	—	一年生	Ⅱ
刺沙蓬 (*S. ruthenica*)		−12.8	一年生/旱生	I～Ⅷ
刺毛碱蓬 (*Suaeda acuminata*)		−12.8	一年生	Ⅱ
高碱蓬 (*S. altissima*)	K	−13.4	一年生	I
阿拉善碱蓬 (*S. przewalskii*)		−14.3	一年生/盐中生	Ⅴ，Ⅵ
纵翅碱蓬 (*S. pterantha*)		−13.2	一年生/旱生	Ⅵ
菊科	—	—	—	—
碱蒿 (*Artemisia anethifolia* Web. ex Stechm.)	K	−16.9	一、二年生/盐中生	I～Ⅷ
狭叶青蒿 (*A. dracunculus* var. *inodora*)	K	−13.9	多年生/中生	I，Ⅱ，Ⅵ，Ⅷ
大籽蒿 (*A. sieversiana*)	—	—	一、二年生/中生	I～Ⅷ
旋花科	—	—	—	—
南方菟丝子 (*Cuscuta australis*)		−13.1	一年生寄生/中生	I
菟丝子 (*C. chinensis*)		−13.1	一年生寄生/中生	I～Ⅲ，Ⅴ，Ⅶ，Ⅷ
欧洲菟丝子 (*C. europaea*)		−14.3	一年生寄生/中生	I～Ⅴ
金灯藤 (*C. japonica* Choisy)		−13.6	一年生寄生/中生	I～Ⅲ，Ⅶ，Ⅷ
远志科				
远志 (*Polygala tenuifolia*)		—	多年生	Ⅴ～Ⅷ
马齿苋科				
马齿苋 (*Portulaca oleracea*)		−12.2	一年生肉质/中生	I～Ⅷ
毛茛科				
展枝唐松草 (*Thalictrum squarrosum*)		—	多年生肉质/中生	Ⅶ，Ⅷ
蒺藜科				
蒺藜 (*Tribulus terrester*)	K	−11.6	一年生/中生	I～Ⅷ

注：Ⅰ. 塔里木盆地荒漠区；Ⅱ. 准噶尔盆地荒漠区；Ⅲ. 新疆东部荒漠区；Ⅳ. 柴达木盆地荒漠区；Ⅴ. 河西走廊荒漠区；Ⅵ. 阿拉善高原荒漠区；Ⅶ. 鄂尔多斯高原荒漠区；Ⅷ. 东北西部及内蒙古东部荒漠区

锋芒草（*Tragus racemosus*）（中国科学院《中国植物志》编委会，1990），一年生草本，在我国科尔沁、阿拉善等地有分布，为 C$_4$ 植物（唐海萍和刘书润，2001）。我国《中国沙漠植物志》（第一卷）将 *Tragus mongolorum* 译为锋芒草，一年生草本，生于道旁、田边、河岸、石质干山坡、沙地，产科尔沁沙地、毛乌素沙地、库布齐沙漠、腾格里沙漠、河西走廊沙地。Pyankov 等（2000）介绍了 *T. mongolorum* 为 C$_4$ 植物。这是 2 个种，还是 1 个种有待进一步考证。对一些中文名易混淆的植物，本书以《中国植物志》全文电子版进行统一。

还有很多植物种被判定为 C$_4$ 植物。如莎草科的扁荆三棱（*Bolboschoenus maritimus*），PEPCase/RuBPCase 活性比为 1.520，牻牛儿苗科的牻牛儿苗（*Erodium stephanianum*）PEPCase/RuBPCase 活性比为 1.129，具有 C$_4$ 光合作用途径（殷立娟和王萍，1997）。有报道禾本科的芨芨草（*Achnatherum splendens*）δ^{13}C 为 −11.8‰，我们测定为 −26.1‰，唐海萍和刘书润（2001）也测定得到的是 C$_3$ 植物，不是 C$_4$ 植物。有报道蔷薇科的多年生匍匐草本鹅绒委陵菜为 C$_4$ 植物，我们测定的不同生境 δ^{13}C 为 −27‰ ~ −29‰，平均为 −28.0‰，不是 C$_4$ 植物。浑善达克沙地分布有 *Carex pediformis*、*Digitaria lineis*、*Setaria arenaria* 和 *Agriophyllum pungens*，以及豆科的多年生草本植物披针叶野决明（*Thermopsis lanceolata*）为 C$_4$ 植物（王仁忠，2004）。一年生旱生草本植物 *Agriophyllum pungens* 为 C$_4$ 植物，小灌木松叶猪毛菜（*Salsola laricifolia*）为 C$_4$ 植物（殷立娟和王萍，1997；唐海萍和刘书润，2001），但解剖观察没有发现花环结构，其叶片 δ^{13}C 值为 −23.1‰（Pyankov et al., 2000），不是 C$_4$ 植物。也有报道灌木蒿叶猪毛菜（*Salsola abrotanoides*）δ^{13}C 值为 −11.36‰，是 C$_4$ 植物，但 Pyankov 等（2000）认为可能是 C$_3$ 植物。菊科的风毛菊（*Saussurea japonica*）为 C$_4$ 植物（殷立娟和李美荣，1997），藜科的合头草（*Sympegma regelii*）为 C$_4$ 植物（Pyankov et al., 2000），这些需要进一步研究来明确。

盘果碱蓬（*Suaeda heterophylla*）为一年生草本植物，生于湿盐碱地、沙丘间低地、湖边、河滩，在我国分布于宁夏、甘肃、青海、新疆等地；在蒙古国生于湖泊低谷、戈壁等地，分布于 Sain-Ust、Saidshan-Obo、Dalanzagdad、Bogd、Tooroi 等地；适于盐沼生境，在中亚到欧洲都有分布。Pyankov 等（2000）认为盘果碱蓬是 C$_4$ 植物，花环结构为碱蓬属类，生物化学类型上属苹果酸酶（NAD-ME）类型，并说明花环结构和 C$_4$ 循环的酶活性（enzyme activity of C$_4$ cycle）是引用文献 Pyankov 等（1992）和 Fisher 等（1997），没有提供 δ^{13}C 值。但是，Voznesenskaya 等（2001）证明它是 C$_3$ 植物，它的核酮糖−1，5−二磷酸羧化酶/加氧酶（Rubisco）活性是 7.07μmol/（mg chl · min），磷酸烯醇式丙酮酸羧化酶（PEPCase）活性是 0.3μmol/（mg chl · min），苹果酸酶（NAD-ME）活性为 2.8μmol/（mg chl · min），丙酮酸磷酸双激酶（PPDK）活性为 0.25μmol/（mg chl · min）；C$_4$ 植物落叶松状猪毛菜（*Salsola laricina*）的相应值分别为 1.13μmol/（mg chl · min）、20.5μmol/（mg chl · min）、12.7μmol/（mg chl · min）和 10.33μmol/（mg chl · min）。盘果碱蓬叶片解剖结构显示没有花环结构，δ^{13}C 值为 −25.34‰，Stichler 提供的 δ^{13}C 值为 −27.28‰（Voznesenskaya et al., 2001）。

瓦松（*Orostachys fimbriatus*）叶片 δ^{13}C 为 −15.64‰，有学者将其判定为 C$_4$ 植物。它属

于景天科的瓦松属，为 CAM 植物（王仁忠，2004）。

9.9　荒漠地区 C$_4$ 植物地理分布与气候的关系

环境条件决定着不同光合类型植物的地理分布范围和区域。大部分 C$_4$ 植物分布在温暖、湿润和高光强的热带或亚热带平原地区，它们的适生类型为中生植物类型；但是，也有许多植物分布在温带和高山地区，处在冷凉环境；有些则生长在干旱、炎热、高寒地区、盐碱地、湿地甚至水中。这些植物的分布一般认为是热带起源的中生植物扩散分布的结果，但也不能排除有些 C$_4$ 植物有不同起源的可能性，有些 C$_4$ 植物则是为适应极端环境其光合途径发生了根本变化。

温度和水分是影响植物生长和地理分布的两个最重要的生态因子，水分是影响干旱区植物分布的主导因子，水分的可获取性严重制约着植物的分布和覆盖度，影响着荒漠地区的生态环境。在我国温带荒漠，没有像南美洲热带荒漠生长的仙人掌那样体形高大的肉质旱生植物，但也有一些光合器官肉质化程度较高的体形矮小的旱生植物，如霸王、泡泡刺、油蒿和籽蒿等多浆汁旱生植物，这些植物具有高度发育的贮水组织。

9.9.1　C$_4$ 植物分布的气候特征

在北美，C$_4$ 植物在禾本科、莎草科和双子叶植物中出现的概率与 7 月平均温度、7 月最低温度、温度高于 32℃ 的天数等气候指标高度正相关（Teeri and Stowe，1976；Teeri et al.，1980）。在美国索诺兰沙漠（Sonoran）里，C$_4$ 双子叶植物能达到的最大多度为 4.4%，随着干旱指数的减小，C$_4$ 双子叶植物在植物区系中的多度也减少（Wentworth，1983）。在亚热带地区，如佛罗里达州 C$_4$ 双子叶植物在植物区系中只占 2.5%，得克萨斯州只占 2.8%（Collins and Jones，1986）。在澳大利亚、日本和阿根廷 C$_4$ 植物的分布与温度的关系也表现出类似结果（Hattersley，1983）。通过对世界 C$_4$ 双子叶植物和 C$_4$ 单子叶植物的分布格局分析，在澳大利亚、南非、北非和北美洲的荒漠地区植被组成区别很大（Ehleringer et al.，1997），但都是禾本科草本 C$_4$ 植物占优势，藜科 C$_4$ 植物不丰富。藜科和蓼科中的一些 C$_4$ 植物，在中亚地区荒漠生境下，能够经受一年长期的远低于冰点以下的低温（Winter，1981）。

C$_4$ 植物种类在蒙古国随着地理纬度的减小和从北向南的温度变化而增多，分布的北界是 7 月最低温度不低于 7.5℃ 和大于 10℃ 积温不小于 1200℃ 的地区。草本植物和藜科植物对气候的响应不同，草本植物出现在人工扰动和荒漠绿洲区，藜科 C$_4$ 植物与干旱紧密相关。C$_4$ 灌木和半灌木，如梭梭、戈壁藜、猪毛菜属和假木贼属的种类它们具有高的抗干旱能力，能够生长在年降水量不足 100mm 的沙漠、戈壁，它们的相对多度与干旱呈显著正相关，与降水量呈显著负相关。沙拐枣属 C$_4$ 植物出现在非常干旱的荒漠地区，其中沙拐枣地理分布广泛，它们的气候分布范围和藜科灌木种类似，依赖于干旱和温暖的气候。大部分一年生藜科 C$_4$ 植物是盐土植物和多汁植物，它们分布在盐碱、干旱的草原和荒漠地区

（Pyankov et al., 2000）。C_4 灌木和藜科分别比草本和禾本科在干旱荒漠地区占优势，具有高的抵抗干旱的能力。C_4 木本植物丰度与干旱紧密相关，C_4 草本植物丰度随着湿润条件的增加而增加。

干旱程度越高，C_4 植物能达到的海拔也越高（Sage et al., 1999）。Das 等（1993）认为 C_4 植物在高海拔地区可能占优势，因为在那里大气 CO_2 浓度较低。C_4 植物进化和显著增加与大气 CO_2 大的变化有关（Moore, 1994）。Sage 等（1999）认为，C_4 植物在植被中所占的比例有随海拔升高而减少的趋势，其主要占据低海拔的地区，而高海拔地区以 C_3 植物为主，二者的转换带发生在 1500～3000m。在持续寒冷干燥的沙漠和高海拔的平地并没有发现 C_4 植物（Sage et al., 1999），C_4 草本植物能在湿润的热带或干旱的热带气候下占优势（Schulze et al., 1996），印度次大陆的 C_4 禾草出现的概率与年降水量呈显著负相关（Takeda et al., 1985）。

中国 C_4 植物具有广阔的地理分布，C_4 植物种类数，尤其是禾本科和莎草科，随着大气温度与水分增高而增加。然而，藜科的 C_4 植物种数随着大气温度与水分增高而减少，丰度与干旱紧密相关，在寒温带也有一定数量的分布。C_4 草本植物的分布更多地依赖于温度，C_4 藜科植物在干旱和低温条件下比 C_4 禾草和莎草在地理分布方面都具有优势。我国东北草原植物中 C_4 植物的生境多为干草原和盐碱草地，耐旱性和耐盐性强于 C_3 植物（殷立娟和王萍，1997）。

我国荒漠地区 C_4 木本植物集中在蓼科和藜科，水分生态类型为旱生或超旱生，禾本科 C_4 草本植物在绿洲区分布广泛。沙地的 C_4 植物多为沙化演替的先锋物种，C_4 植物数量和 C_4/C_3 值基本随沙化演替的进行而增加，尤其在弃耕地和流动沙丘阶段 C_4 植物比率高，体现了 C_4 植物抗逆性强的生物学特点。

9.9.2 我国 C_4 荒漠植物分布与气候的关系

从我国各荒漠区 C_4 植物种数可以看出（表 9-16），最多的是准噶尔盆地荒漠区，达 92 种，占荒漠地区 C_4 植物总种数的 61%；该区自 1951 年以来多年的平均降水量为 174mm，≥10℃的活动积温在 3100℃以上（表 9-1），平均海拔为 739m。C_4 植物种类总数柴达木盆地荒漠区最少，占荒漠地区 C_4 植物总数的 26%；该区降水量最少，为 61mm，≥10℃的活动积温也最低，为 1900℃，平均海拔为 2914m，属高寒干旱荒漠区。塔里木盆地荒漠区日平均气温 ≥10℃的活动积温在 3900℃以上，≥10℃的天数接近 200 天，年平均气温 10℃以上，是我国无霜期最长、温度最高的荒漠区，属暖温带干旱荒漠区，有 C_4 植物 72 种。

表 9-16 我国不同荒漠地区 C_4 植物的种类数量

序号	名称	木本植物			草本植物					总数
		藜科	蓼科	小计	莎草科	禾本科	藜科	其他	小计	
I	塔里木盆地荒漠区	8	6	14	5	22	18	13	58	72
II	准噶尔盆地荒漠区	17	5	22	4	21	32	13	70	92

序号	名称	木本植物			草本植物					总数
		藜科	蓼科	小计	莎草科	禾本科	藜科	其他	小计	
Ⅲ	新疆东部荒漠区	7	10	17	1	19	15	8	43	60
Ⅳ	柴达木盆地荒漠区	2	3	5	0	14	14	7	35	40
Ⅴ	河西走廊荒漠区	6	9	15	2	22	23	8	55	70
Ⅵ	阿拉善高原荒漠区	6	2	8	4	28	22	9	63	71
Ⅶ	鄂尔多斯高原荒漠区	4	2	6	6	29	15	14	64	70
Ⅷ	东北西部及内蒙古东部荒漠区	2	1	3	8	29	14	16	67	70

将不同荒漠区的 C_4 植物数量和相应气候因子进行分析，从表 9-17 可以看出，C_4 木本植物分布与年降水量呈负相关，在我国贺兰山以西的西北干旱荒漠区分布明显多于以东的半干旱荒漠区，在干旱荒漠区有着重要的生态地位和作用。C_4 草本植物分布与年降水量呈正相关，而且达到了显著水平（$P<0.05$），与干燥指数呈负相关，在湿润环境下较多。我国荒漠地区 C_4 木本植物种类数随干旱指数增加而增加，C_4 草本植物种类数随湿润指数增加而增加。荒漠 C_4 木本植物对干旱环境有重要指示作用。

表 9-17 我国荒漠地区 C_4 植物分布与主要气候因子的关系

气候因子	C_4 木本植物种数		C_4 草本植物种数	
	相关系数 r	显著性 P	相关系数 r	显著性 P
年降水量	−0.3950	0.3328	0.7126	0.0473 *
年平均气温	0.4291	0.2887	0.0600	0.8879
干燥指数	0.4270	0.2910	−0.5788	0.1328
湿润指数	−0.4236	0.2956	0.6432	0.0853
≥10℃的活动积温	0.5402	0.1669	0.3612	0.3793
1 月平均气温	0.0950	0.8229	−0.3909	0.3384
7 月平均气温	0.4427	0.2721	0.5556	0.1528
≥10℃的天数	0.5195	0.1870	0.3319	0.4219

* 表示线性相关显著（$P<0.05$）

我国荒漠地区分布最广的两种 C_4 木本植物是梭梭和沙拐枣，白梭梭的分布范围相对较小，梭梭为强旱生、盐生植物（图 9-16），在八大荒漠区除东北西部及内蒙古东部荒漠区外，在其他荒漠区均有分布。在准噶尔盆地有大面积分布，自然更新良好。在内蒙古生于荒漠区的湖盆低地外缘固定、半固定沙丘，沙砾质、碎石沙地，砾石戈壁以及干河床；在阿拉善地区多与地下潜水相联系，形成高大灌丛，为盐湿荒漠的重要建群种；在额济纳以西分布在平坦的碎石戈壁滩上，形成地带性的群落，植株矮小，仅 1m 左右，大部分为小灌木；也以伴生成分进入其他荒漠群落。在青海生于海拔 3000m 以下的半荒漠和荒漠地区沙漠中，其生境多为潜水埋深较浅的丘间低地、干河床、湖盆边缘、山前平原或砾石地。

图 9-16　生长在河西走廊中部荒漠绿洲过渡带的梭梭

仅依靠降水维持生命的梭梭为灌木或小灌木，群落盖度一般不到 20%。如果有地下水补给，可生长为小乔木，群落盖度达到 30%～40%，可发展成梭梭林。

梭梭分布区年降水量为 60～250mm。在年降水量 100mm 以上，日平均气温 ≥10℃的活动积温在 3000℃以上的荒漠地区分布较多。塔里木盆地荒漠区年降水量 <100mm，≥10℃的活动积温接近 4000℃，只在塔克拉玛干沙漠边缘有分布。柴达木盆地降水稀少，≥10℃的活动积温不足 2000℃，年平均气温也很低，与东北西部及内蒙古东部荒漠区相近，梭梭很少，而且植株矮小，为小灌木。准噶尔盆地和河西走廊荒漠区梭梭生长良好，有些生境可长成小乔木。

此外，梭梭根部寄生着一种珍贵的中药材植物——肉苁蓉（*Cistanche deserticola*），肉苁蓉是多年生肉质草本寄生植物，茎肉质圆柱形，高 40～160cm，大部分地下生，具有"滋肾壮阳，补益精血，润肠通便"之功效。肉苁蓉种子椭圆形或近卵形，人工种植是在梭梭的根部人工播种肉苁蓉种子，经过两年的生长即可获得肉苁蓉。

白梭梭与梭梭类似，为灌木或小乔木（图 9-17），产自新疆古尔班通古特沙漠，该区在西北干旱荒漠区是降水量最多的区域，年降水量接近 180mm，干燥度指数 11.6，是西北干旱荒漠区最湿润的区域，年平均气温 5℃，≥10℃的活动积温在 3100℃以上，1 月平均气温 -15℃，7 月平均气温 22℃，≥10℃的天数在 160d 以上，日照时数 2800h 以上。白梭梭在甘肃河西走廊含盐量较低的荒漠地区长势良好，灌木高可达 5m 以上［图 9-17（b）］。

(a) 新疆准噶尔盆地荒漠区　　　　　　(b) 甘肃河西走廊中部荒漠绿洲过渡带

图 9-17　生长在不同生境下的白梭梭

　　沙拐枣属植物主要分布于亚洲、欧洲南部和非洲北部，在我国主要分布于新疆（精河、奇台、霍城、库尔勒、南疆、轮台等）、甘肃（临泽、敦煌、高台、安西、玉门等）、宁夏、内蒙古和青海柴达木盆地，有 26 种以上，其中新疆最多，在 22 种以上；甘肃省有11 种，其中 6 种为引进栽培，分布于河西走廊；内蒙古和青海各有 3 种。沙拐枣属植物是荒漠植被中的重要建群种之一，又是防风固沙的优良植物。

　　沙拐枣为沙生强旱生小灌木或灌木（图 9-18），广泛分布于荒漠地带和荒漠草原地带的流动、半流动沙地，覆沙戈壁、砂质或沙砾质坡地和干河床上，在我国八大荒漠区均有分布，为沙质荒漠的重要建群种，也经常散生或群生于蒿类群落和梭梭群落中，为常见伴生种，是我国荒漠 C_4 木本植物中分布最广的种。沙拐枣在青海生于海拔 3000m 左右的砾质沙地、沙丘，形成稀疏的单生种群，在冲积扇边缘轻度盐化的壤土上，也有少量植株生长。

　　沙拐枣既可种子繁殖，又可无性繁殖，根蘖能力很强，根系发达，能适应条件极端严酷的干旱荒漠区，在沙地上能丛生许多新枝条，形成灌丛 ［图 9-18（a）］；生命力强，抗干旱、耐瘠薄、抗风蚀、耐沙埋 ［图 9-18（e）］，生长的速度超过沙埋的速度。沙拐枣主要依赖降水生存，表层水平根系发达，可延伸 20～30m 长，以扩大水分和养分吸收范围，即增加水分营养面积 ［图 9-18（b）、（c）、（d）］。生长在沙漠环境下的沙拐枣，风蚀常常导致表层根系裸露 ［图 9-18（c）］。水平根系延伸的同时萌蘖长出许多新植株 ［图 9-18（d）］。生长在戈壁环境下的沙拐枣，水平根系往往分布在 30～50cm 深度的土层 ［图 9-18（b）］，这样一方面避免夏季高温灼伤，另一方面曲折水平延伸可以广泛收集降雨入渗水分。由于生境差异大，沙拐枣在各荒漠区形成了不同的生态型，从小灌木到大灌木都有，水分条件差时，为小灌木，高 0.3～1.0m。水分条件好时，为灌木，有时可达 3m 以上，形成沙拐枣灌木林。

(a) 黑河中游荒漠区小灌木

(b) 黑河下游荒漠区小灌木，根系在30~50 cm
深度水平曲折生长

(c) 黑河中游荒漠区灌木，风蚀导致表层根系裸露

(d) 黑河中游荒漠区灌木，5 cm深度上下表层水平
根系上萌蘖长出幼苗

(e) 黑河中游流沙掩埋生长的小灌木

(f) 黑河中游荒漠绿洲过渡带半固定沙丘上生长的灌木

图 9-18　生长在不同生境下的沙拐枣

    沙拐枣分布区的主要气候特征为，年降水量为 60～300mm，年均气温为 3～10℃，干燥指数为 2～16，≥10℃ 的活动积温为 2000～3900℃，1 月平均气温为 −17～−8℃，7 月平均气温为 17～25℃，年日照时数为 2800～3200h。

    在我国，梭梭分布在年降水量小于 250mm 的荒漠地区，沙拐枣对荒漠环境的适应性强于梭梭，对 ≥10℃ 活动积温的要求低于梭梭，分布更广泛。

参 考 文 献

白彦真，谢英荷，陈灿灿，等．2012．铅对 14 种本土草本植物根系生长及根系活力的影响．灌溉排水学报，31（3）：75-77．

北京林学院．1983．气象学．北京：中国林业出版社．

曹彬，许承德．1993．概率论与数理统计．哈尔滨：哈尔滨工业大学出版社．

陈宏彬，苏培玺，严巧娣，等．2007．河西走廊植物群落特征及其与气候的关系初探．西北植物学报，27（5）：1008-1016．

陈世苹，白永飞，韩兴国．2002．稳定性碳同位素技术在生态学研究中的应用．植物生态学报，26（5）：549-560．

陈晓德．1998．植物种群与群落结构动态量化分析方法研究．生态学报，18（2）：214-217．

陈亚宁，王强，李卫红，等．2006．植被生理生态学数据表征的合理地下水位研究——以塔里木河下游生态恢复过程为例．科学通报，51（S1）：7-13．

陈莹婷，许振柱．2014．植物叶经济谱的研究进展．植物生态学报，38（10）：1135-1153．

方精云，郭兆迪，朴世龙，等．2007．1981～2000 年中国陆地植被碳汇的估算．中国科学：D 辑，37（6）：804-812．

高清竹，万运帆，李玉娥，等．2007．基于 CASA 模型的藏北地区草地植被净第一性生产力及其时空格局．应用生态学报，18（11）：2526-2532．

高琼，喻梅，张新时，等．1997．中国东北样带对全球变化响应的动态模拟——一个遥感信息驱动的区域植被模型．植物学报，39（9）：800-810．

高松，苏培玺，严巧娣，等．2009．C_4 荒漠植物猪毛菜与木本猪毛菜的叶片解剖结构及光合生理特征．植物生态学报，33（2）：347-354．

韩家懋，王国安，刘东生．2002．C_4 植物的出现与全球环境变化．地学前缘，9（1）：233-243．

韩宁，綦翠华，丁同楼，等．2005．植物膜 Ca^{2+} 运输系统与逆境应答．植物生理学通讯，41（5）：577-582．

侯彩霞，周培之．1997．水分胁迫下超旱生植物梭梭的结构变化．干旱区研究，14（4）：23-25．

黄振英，吴鸿，胡正海．1997．30 种新疆沙生植物的结构及其对沙漠环境的适应．植物生态学报，21（6）：521-530．

蒋高明，何维明．1999．毛乌素沙地若干植物光合作用、蒸腾作用和水分利用效率种间及生境间差异（英文）．植物学报，41（10）：1114-1124．

蒋高明，林光辉．1996．几种荒漠植物与热带雨林植物在不同 CO_2 浓度下光合作用对光照强度的反应．植物学报，38（12）：972-981．

蒋高明，林光辉．1997．生物圈二号内生长在很高 CO_2 浓度下的几种植物光合能力的变化．科学通报，42（4）：434-438．

蒋高明，朱桂杰．2001．高温强光环境条件下 3 种沙地灌木的光合生理特点．植物生态学报，25（5）：525-531．

江仁官．1994．概率论引论．北京：北京大学出版社．

康绍忠，熊运章，王振镒．1990．土壤—植物—大气连续体水分运移力能关系的田间试验研究．水利学报，(7)：1-9．

李吉跃，翟洪波．2000．木本植物水力结构与抗旱性．应用生态学报，11 (2)：301-305．

李美荣．1993．C₄ 光合作用植物名录．植物生理学通讯，29 (2)：148-159．

李善家，苏培玺，张海娜，等．2013．荒漠植物叶片水分和功能性状特征及其相互关系．植物生理学报，49 (2)：153-160．

李卫华，郝乃斌，戈巧英，等．1999．C₃ 植物中 C₄ 途径的研究进展．植物学通报，16 (2)，97-106．

李彦，许皓．2008．梭梭对降水的响应与适应机制—生理、个体与群落水平碳水平衡的整合研究．干旱区地理，31 (3)：313-323．

李正理，李荣敖．1981．我国甘肃九种旱生植物同化枝的解剖观察．植物学报，23 (3)：181-185．

林光辉．2013．稳定同位素生态学．北京：高等教育出版社．

林植芳．1990．稳定性碳同位素在植物生理生态研究中的应用．植物生理学通讯，3：1-6．

刘昌明．1986．土壤—植物—大气水势转移理论及应用．北京：气象出版社．

刘昌明．1997．土壤—植物—大气系统水分运行的界面过程研究．地理学报，52 (4)：366-373．

刘家琼，邱明新，蒲锦春，等．1982．我国荒漠典型超旱生植物——红砂．植物学报，24 (5)：485-488．

刘家琼．1982．我国荒漠不同生态类型植物的旱生结构．植物生态学与地植物学丛刊，6 (4)：314-319．

刘晓娟，马克平．2015．植物功能性状研究进展．中国科学：生命科学，45 (4)：325-339．

罗秀英，邓彦斌．1986．新疆几种旱生植物叶（同化枝）的解剖结构观察．新疆大学学报（自然科学版），(1)：77-78．

罗耀华，林光辉．1992．稳定同位素分析及其在生态学研究中的应用．//刘建国．当代生态学博论．北京：中国科学技术出版社．

马鹏里，杨兴国，陈端生，等．2006．农作物需水量随气候变化的响应研究．西北植物学报，26 (2)：348-353．

孟婷婷，倪健，王国宏．2007．植物功能性状与环境和生态系统功能．植物生态学报，31 (1)：150-165．

牛书丽，蒋高明，高雷明，等．2003．内蒙古浑善达克沙地97种植物的光合生理特征（英文）．植物生态学报，27 (3)：318-324．

潘瑞炽．2001．植物生理学（第4版）．北京：高等教育出版社．

潘瑞炽．2012．植物生理学（第7版）．北京：高等教育出版社．

施雅风．2003．中国西北气候由暖干向暖湿转型问题评估．北京：气象出版社．

宋建民，田纪春，赵世杰．1998．植物光合碳和氮代谢之间的关系及其调节．植物生理学通讯，34 (3)：230-238．

苏波，韩兴国，李凌浩，等．2000．中国东北样带草原区植物 δ¹³C 值及水分利用效率对环境梯度的响应．植物生态学报，24 (6)：648-655．

苏培玺，陈怀顺，李启森．2003．河西走廊中部沙漠植物 δ¹³C 值的特点及其对水分利用效率的指示．冰川冻土，25 (5)：597-602．

苏培玺，解婷婷，周紫鹃．2011．我国荒漠植被中的 C₄ 植物种类分布及其与气候的关系．中国沙漠，31 (2)：267-276．

苏培玺，严巧娣．2006．C₄ 荒漠植物梭梭和沙拐枣在不同水分条件下的光合作用特征．生态学报，26 (1)：75-82．

苏培玺，严巧娣．2008．内陆黑河流域植物稳定碳同位素变化及其指示意义．生态学报，28 (4)：

1616-1624.

苏培玺, 赵爱芬, 张立新, 等. 2002a. 沙漠及绿洲不同覆被下大气 CO_2 浓度的梯度变化. 中国沙漠, 22（4）: 377-382.

苏培玺, 杜明武, 赵爱芬, 等. 2002b. 荒漠绿洲主要作物及不同种植方式需水规律研究. 干旱地区农业研究, 20（2）: 79-85.

苏培玺, 张立新, 杜明武, 等. 2003. 胡杨不同叶形光合特性、水分利用效率及其对加富 CO_2 的响应. 植物生态学报, 27（1）: 34-40.

苏培玺, 安黎哲, 马瑞君, 等. 2005. 荒漠植物梭梭和沙拐枣的花环结构及 C_4 光合特征. 植物生态学报, 29（1）: 1-7.

苏培玺, 周紫鹃, 张海娜, 等. 2013. 荒漠植物沙拐枣群体光合作用及土壤呼吸研究. 北京林业大学学报, 35（3）: 56-64.

苏培玺, 王秀君, 解婷婷, 等. 2018. 干旱区荒漠无机固碳能力及土壤碳同化途径. 科学通报, 63（8）: 755-765.

孙谷畴, 林植芳, 林桂珠, 等. 1993. 亚热带人工林松树 $^{13}C/^{12}C$ 比率和水分利用效率. 应用生态学报, 4（3）: 325-327.

唐海萍, 刘书润. 2001. 内蒙古地区的 C_4 植物名录. 内蒙古大学学报（自然科学版）, 32（4）: 431-438.

王德梅, 于振文, 许振柱. 2009. 高产条件下不同小麦品种耗水特性和水分利用效率的差异. 生态学报, 29（12）: 6552-6560.

王萍, 殷立娟, 李建东. 1997. 东北草原区 C_3、C_4 植物的生态分布及其适应盐碱环境的生理特性. 应用生态学报, 8（4）: 407-411.

王仁忠. 2004. 浑善达克沙化草地 C_4 植物资源及其与植被演替的关系. 生态学报, 24（10）: 2225-2229.

王涛, 赵哈林, 肖洪浪. 1999. 中国沙漠化研究的进展. 中国沙漠, 19（4）: 299-311.

王勋陵, 王静. 1989. 植物的形态结构与环境. 兰州: 兰州大学出版社.

解婷婷, 苏培玺, 周紫鹃, 等. 2014. 荒漠绿洲过渡带沙拐枣种群结构及动态特征. 生态学报, 34（15）: 4272-4279.

许大权, 徐宝基, 沈允钢. 1990. C_3 植物光合效率的日变化. 植物生理学报, 16（1）: 1-5.

许皓, 李彦. 2005. 3 种荒漠灌木的用水策略及相关的叶片生理表现. 西北植物学报, 25（7）: 1309-1316.

许皓, 李彦, 谢静霞, 等. 2010. 光合有效辐射与地下水位变化对柽柳属荒漠灌木群落碳平衡的影响. 植物生态学报, 34（4）: 375-386.

严昌荣, 韩兴国, 陈灵芝, 等. 1998. 暖温带落叶阔叶林主要植物叶片中 $\delta^{13}C$ 值的种间差异及时空变化. 植物学报, 40（9）: 853-859.

严巧娣, 苏培玺. 2006. 植物含晶细胞的结构与功能. 植物生理学通讯, 42（4）: 761-766.

严巧娣, 苏培玺, 陈宏彬, 等. 2008. 五种 C_4 荒漠植物光合器官中含晶细胞的比较分析. 植物生态学报, 32（4）: 873-882.

阎成仕, 李德全, 张建华. 2000. 冬小麦旗叶旱促衰老过程中氧化伤害与抗氧化系统的响应. 西北植物学报, 20（4）: 568-576.

杨启良, 张富仓, 李志军. 2007. 用高压流速仪测定植物的水分传导. 灌溉排水学报, 26（4）: 53-56.

叶子飘, 于强. 2008. 光合作用光响应模型的比较. 植物生态学报, 32（6）: 1356-1361.

殷立娟, 李美荣. 1997. 中国 C_4 植物的地理分布与生态学研究. I. 中国 C_4 植物及其与气候环境的关系. 生态学报, 17（4）: 350-363.

殷立娟，王萍．1997．中国东北草原植物中的 C_3 和 C_4 光合作用途径．生态学报，17（2）：113-123．

余绍文，孙自永，周爱国，等．2012．用 D、^{18}O 同位素确定黑河中游戈壁地区植物水分来源．中国沙漠，32（3）：717-723．

余叔文，汤章城．1998．植物生理与分子生物学（第二版）．北京：科学出版社．

张俊环，张国强，刘悦萍，等．2006．温度逆境交叉适应过程中葡萄幼苗质膜 Ca^{2+}-ATPase 的细胞化学定位与活性变化．中国农业科学，39（8）：1617-1625．

张海娜，苏培玺，李善家，等．2013．荒漠区植物光合器官解剖结构对水分利用效率的指示作用．生态学报，33（16）：4909-4918．

张林，罗天祥．2004．植物叶寿命及其相关叶性状的生态学研究进展．植物生态学报，28（6）：844-852．

张其德，卢从明，刘丽娜，等．1997．CO_2 倍增对不同基因型大豆光合色素含量和荧光动力学参数的影响．植物学报，39（10）：946-950．

赵翠仙，黄子琛．1981．腾格里沙漠主要旱生植物旱性结构的初步研究．植物学报，23（4）：283-286．

郑和祥，郭克贞，史海滨，等．2010．锡林郭勒草原饲草料作物需水量计算方法比较及相关性分析．干旱地区农业研究，28（6）：51-57．

郑永飞，陈江峰．2000．稳定同位素地球化学．北京：科学出版社．

中国科学院《中国植物志》编委会．1990．中国植物志．第10（1）卷．北京：科学出版社．

中国科学院《中国自然地理》编辑委员会．1984．中国自然地理——气候篇．北京：科学出版社．

中国科学院兰州沙漠研究所．1985．中国沙漠植物志．第1卷．北京：科学出版社．

中国科学院兰州沙漠研究所．1987．中国沙漠植物志．第2卷．北京：科学出版社．

中国科学院兰州沙漠研究所．1992．中国沙漠植物志．第3卷．北京：科学出版社．

中国科学院上海植物生理研究所，上海市植物生理学会．1999．现代植物生理学实验指南．北京：科学出版社．

周紫鹃，苏培玺，解婷婷，等．2014．不同生境下红砂的生理生化特征及适应性．中国沙漠，34（4）：1007-1014．

朱美君，陈珊，王学臣．2000．玉米根细胞质膜水孔蛋白的鉴别、分布及其功能．科学通报，45（4）：407-411．

朱震达，吴正，刘恕，等．1980．中国沙漠概论．北京：科学出版社．

Taiz L，Zeiger E．2015．植物生理学．第5版．宋纯鹏，王学路，周云译．北京：科学出版社．

Abràmoff M D，Magalhães P J，Ram S J．2004．Image processing with ImageJ．Biophotonics International，11（7）：36-42．

Adams H D，Germino M J，Breshears D D，et al．2013．Nonstructural leaf carbohydrate dynamics of *Pinus edulis* during drought-induced tree mortality reveal role for carbon metabolism in mortality mechanism．New Phytologist，197（4）：1142-1151．

Aebi H．1984．Catalase in vitro．Methods in Enzymology，105：121-126．

Aerts R，Chapin III F S．1999．The mineral nutrition of wild plants revisited：A re-evaluation of processes and patterns．Advances in Ecological Research，30：1-67．

Agarie S，Kai M，Takatsuji H，et al．1997．Expression of C_3 and C_4 photosynthetic characteristics in the amphibious plant *Eleocharis vivipara*：Structure and analysis of the expression of isogenes for pyruvate，orthophosphate dikinase．Plant Molecular Biology，34（2）：363-369．

Agastian P，Kingsley S J，Vivekanandan M．2000．Effect of salinity on photosynthesis and biochemical characteristics in mulberry genotypes．Photosynthetica，38（2）：287-290．

Ågren G I. 2008. Stoichiometry and nutrition of plant growth in natural communities. Annual Review of Ecology, Evolution, and Systematics, 39: 153-170.

Ågren G I. 2004. The C：N：P stoichiometry of autotrophs-theory and observations. Ecology Letters, 7 (3): 185-191.

Aguiar M R, Paruelo J M, Sala O E, et al. 1996. Ecosystem response to changes in plant functional types composition: An example from the Patagonian steppe. Journal of Vegetation Science, 7 (3): 381-390.

AlamilloJ M, Bartels D. 2001. Effects of desiccation on photosynthesis pigments and the ELIP-like dsp 22 protein complexes in the resurrection plant Craterostigma plantagineum. Plant Science, 160 (6): 1161-1170.

Alia, Mohanty P, Matysik J. 2001. Effects of proline on the production of singlet oxygen. Amino Acids, 21 (2): 195-200.

Allen R G, Smith M, Perrier A, et al. 1994. An update for the definition of reference evapotranspiration. ICID Bulletin, 43 (2): 1-34.

Allen R G, Pereira L S, Raes D, et al. 1998. Crop evapotranspiration—Guidelines for computing crop water requirements. Rome: FAO Irrigation and Drainage Paper 56.

Allison S D, Chang B, Randolph T W, et al. 1999. Hydrogen bonding between sugar and protein is responsible for inhibition of dehydration-induced protein unfolding. Archives of Biochemistry and Biophysics, 365 (2): 289-298.

Aravind P, Prasad M N V. 2003. Zinc alleviates cadmium-induced oxidative stress in Ceratophyllum demersum L.: A free floating freshwater macrophyte. Plant Physiology and Biochemistry, 41 (4): 391-397.

Arendt J D. 1997. Adaptive intrinsic growth rates: an integration across taxa. The Quarterly Review of Biology, 72 (2): 149-177.

Armas C, Rodríguez-Echeverría S, Pugnaire F I. 2011. A field test of the stress-gradient hypothesis along an aridity gradient. Journal of Vegetation Science, 22 (5): 818-827.

Arndt S K, Wanek W. 2002. Use of decreasing foliar carbon isotope discrimination during water limitation as a carbon tracer to study whole plant carbon allocation. Plant, Cell & Environment, 25 (5): 609-616.

Ashraf M, Harrisb P J C. 2004. Potential biochemical indicators of salinity tolerance in plants. Plant Science, 166 (1): 3-16.

Babula P, Adam V, Opatrilova R, et al. 2008. Uncommon heavy metals, metalloids and their plant toxicity: A review. Environmental Chemistry Letters, 6 (4): 189-213.

Bai Y F, Wu J G, Clark C M, et al. 2010. Tradeoffs and thresholds in the effects of nitrogen addition on biodiversity and ecosystem functioning: Evidence from inner Mongolia Grasslands. Global Change Biology, 16 (1): 358-372.

Baly E C C. 1935. The kinetics of photosynthesis. Proceedings of the Royal Society of London, Series B (Biological Sciences), 117 (804): 218-239.

Bassman J H, Zwier J C. 1991. Gas exchange characteristics of Populus trichocarpa, Populus deltoides and Populus trichocarpa × P. deltoides clones. Tree Physiology, 8 (2): 145-159.

Bender M M. 1968. Mass spectrometric studies of carbon-13 variations in corn and other grasses. Radiocarbon, 10 (2): 468-472.

Bender M M. 1971. Variations in the $^{13}C/^{12}C$ ratios of plants in relation to the pathway of photosynthetic carbon dioxide fixation. Phytochemistry, 10 (6): 1239-1244.

Berman-Frank I, Dubinsky Z. 1999. Balanced growth in aquatic plants: Myth or reality? Phytoplankton use the imbalance between carbon assimilation and biomass production to their strategic advantage. Bioscience, 49（1）：29-37.

Berry J A. 1989. Studies of mechanisms affecting the fractionation of carbon isotopes in photosynthesis. In：Rundel P W, Ehleringer J R, Nagy K A. Stable Isotope in Ecological Research. New York：Springer-Verlag.

Berry J A, Downton W J S. 1982. Environmental regulation of photosynthesis. In：Govindjee T D. Photosynthesis （Vol. Ⅱ）. New York：Academic Press.

Bertness M D, Callaway R. 1994. Positive interactions in communities. Trends in Ecology & Evolution, 9（5）：191-193.

Bhagsari A S, Brown R H. 1986. Leaf photosynthesis and its correlation with leaf area. Crop Science, 26（1）：127-132.

Blonder B, Violle C, Enquist B J. 2013. Assessing the causes and scales of the leaf economics spectrum using venation networks in *Populus tremuloides*. Journal of Ecology, 101（4）：981-989.

Boutton T W, Harrison A T, Smith B N. 1980. Distribution of biomass of species differing in photosynthetic pathway along an altitudinal transect in Southeastern Wyoming grassland. Oecologia, 45（3）：287-298.

Bradford M M. 1976. A rapid and sensitive method for the quantitation of microgram quantities of protein utilizing the principle of protein-dye binding. Analytical Biochemistry, 72（1-2）：248-254.

Brooker R W, Maestre F T, Callaway R M, et al. 2008. Facilitation in plant communities：The past, the present, and the future. Journal of Ecology, 96（1）：18-34.

Bucci S J, Goldstein G, Meinzer F C, et al. 2004. Functional convergence in hydraulic architecture and water relations of tropical savanna trees：From leaf to whole plant. Tree Physiology, 24（8）：891-899.

Bugmann H K M, Fischlin A. 1996. Simulating forest dynamics in a complex topography using gridded climatic data. Climatic Change, 34（2）：201-211.

Buracco S, Peracino B, Cinquetti R, et al. 2015. Dictyostelium Nramp1, which is structurally and functionally similar to mammalian DMT1 transporter, mediates phagosomal iron efflux. Journal of Cell Science, 128（17）：3304-3316.

Burkart S, Manderscheid R, Weigel H J. 2007. Design and performance of a portable gas exchange chamber system for CO_2- and H_2O- flux measurements in crop canopies. Environmental and Experimental Botany, 61（1）：25-34.

Cabrera-Bosquet L, Albrizio R, Araus J L, et al. 2009. Photosynthetic capacity of field-grown durum wheat under different N availabilities：A comparative study from leaf to canopy. Environmental and Experimental Botany, 67（1）：145-152.

Caldwell M M, Dawson T E, Richards J H. 1998. Hydraulic lift：Consequences of water efflux from the roots of plants. Oecologia, 113（2）：151-161.

Caldwell M M, Richards J H. 1989. Hydraulic lift：Water efflux from upper roots improves effectiveness of water uptake by deep roots. Oecologia, 79（1）：1-5.

Callaway R M, Brooker R W, Choler P, et al. 2002. Positive interactions among alpine plants increase with stress. Nature, 417（6891）：844-848.

Callaway R M. 1997. Positive interactions in plant communities and the individualistic-continuum concept. Oecologia, 112（2）：143-149.

Calvin M. 1989. Forty years of photosynthesis and related activities. Photosynthesis Research, 21（1）：3-16.

Canadell J, López-Soria L. 1998. Lignotuber reserves support regrowth following clipping of two Mediterranean shrubs. Functional Ecology, 12 (1): 31-38.

Carolin R C, Jacobs S W L, Vesk M. 1978. Kranz cells and mesophyll in Chenopodiaceae. Australian Journal of Botany, 26 (5): 683-698.

Cavalcanti F R, Oliveira J T A, Martins-Miranda A S, et al. 2004. Superoxide dismutase, catalase and peroxidase activities do not confer protection against oxidative damage in salt- stressed cowpea leaves. New Phytologist, 163 (3): 563-571.

Cavieres L A, Badano E I, Sierra-Almeida A, et al. 2006. Positive interactions between alpine plant species and the nurse cushion plant *Laretia acaulis* do not increase with elevation in the Andes of central Chile. New Phytologist, 169 (1): 59-69.

Cerasoli S, Maillard P, Scartazza A, et al. 2004. Carbon and nitrogen winter storage and remobilisation during seasonal flush growth in two-year-old cork oak (*Quercus suber* L.) saplings. Annals of Forest Science, 61 (7): 721-729.

Cerling T E, Wang Y, Quade J. 1993. Expansion of C_4 ecosystems as an indicator of global ecological change in the late Miocene. Nature, 361 (6410): 344-345.

Chaves M M, Maroco J P, Pereira J S. 2003. Understanding plant responses to drought- from genes to the whole plant. Functional Plant Biology, 30 (3): 239-264.

Chaves M M, Pereira J S, Maroco J, et al. 2002. How plants cope with water stress in the field? Photosynthesis and growth. Annals of Botany, 89 (7): 907-916.

Chen S P, Bai Y F, Han X G. 2003. Variations in composition and water use efficiency of plant functional groups based on their water ecological groups in the Xilin river basin. Acta Botanica Sinica, 45 (10): 1251-1260.

Chen W M, Wu C H, James E K, et al. 2008. Metal biosorption capability of *Cupriavidus taiwanensis* and its effects on heavy metal removal by nodulated *Mimosa pudica*. Journal of Hazardous Materials, 151 (2-3): 364-371.

Chen Y N, Li W H, Xu C C, et al. 2015. Desert riparian vegetation and groundwater in the lower reaches of the Tarim River basin. Environmental Earth Sciences, 73 (2): 547-558.

Chimner R A, Cooper D J. 2004. Using stable oxygen isotopes to quantify the water source used for transpiration by native shrubs in the San Luis Valley, Colorado, USA. Plantand Soil, 260 (1-2): 225-236.

Choler P, Michalet R, Callaway R M. 2001. Facilitation and competition on gradients in alpine plant communities. Ecology, 82 (12): 3295-3308.

Chowdhury A, Maiti S K. 2016. Identification of metal tolerant plant species in mangrove ecosystem by using community study and multivariate analysis: A case study from Indian Sunderban. Environmental Earth Sciences, 75 (9): 744-765.

Collins R P, Jones M B. 1986. The influence of climatic factors on the distribution of C_4 species in Europe. Vegetatio, 64 (2-3): 121-129.

Comstock J P, Ehleringer J R. 1992. Correlating genetic variation in carbon isotopic composition with complex climatic gradients. Proceedings of the National Academy of Sciences of the USA, 89 (16): 7747-7751.

Conant R T, Klopatek J M, Klopatek C C. 2000. Environmental factors controlling soil respiration in three semiarid ecosystems. Soil Science Society of America Journal, 64 (1): 383-90.

Cooper P J M, Gregory P J, Tully D, et al. 1987. Improving water use efficiency of annual crops in the rainfed farming systems of West Asia and North Africa. Experimental Agriculture, 23 (2): 113-158.

Cornelissen J H C, Cerabolini B, Castro-Díez P, et al. 2003a. Functional traits of woody plants: Correspondence of species rankings between field adults and laboratory-grown seedlings? Journal of Vegetation Science, 14 (3): 311-322.

Cornelissen J H C, Lavorel S, Garnier E, et al. 2003b. A handbook of protocols for standardised and easy measurement of plant functional traits worldwide. Australian Journal of Botany, 51 (4): 335-380.

Cornwell W K, Ackerly D D. 2009. Community assembly and shifts in plant trait distributions across an environmental gradient in coastal California. Ecological Monographs, 79 (1): 109-126.

Cornic G. 2000. Drought stress inhibits photosynthesis by decreasing stomatal aperture- not by affecting ATP synthesis. Trends in Plant Science, 5 (5): 187-188.

Cralle H T, Bovey R W. 1996. Total nonstructural carbohydrates and regrowth in honey mesquite (*Prosopsis glandulosa*) following hand defoliation or clopyralid treatment. Weed Science, 44 (3): 566-569.

Crowe J H, Carpenter J F, Crowe L M. 1998. The role of vitrification in anhydrobiosis. Annual Review of Physiology, 60 (1): 73-103.

Crowe J H, Hoekstra F A, Nguyen K H N, et al. 1996. Is vitrification involved in depression of the phase transition temperature in dry phospholipids. Biochimica et Biophysica Acta- Biomembranes, 1280 (2): 187-196.

Cuesta B, Villar-Salvador P, Puértolas J, et al. 2010. Facilitation of *Quercus ilex* in Mediterranean shrubland is explained by both direct and indirect interactions mediated by herbs. Journal of Ecology, 98 (3): 687-696.

Cure J D, Acock B. 1986. Crop response to carbon dioxide doubling: a literature survey. Agricultural and Forest Meteorology, 38 (1-3): 127-145.

DaMatta F M, Chaves A R M, Pinheiro H A, et al. 2003. Drought tolerance of two field-grown clones of *Coffea canephora*. Plant Science, 164 (1): 111-117.

Dankwerts J E, Gordon A J. 1989. Long-term partitioning, storage and remobilization of ^{14}C assimilated by *Trifolium repens* (cv. Blanca). Annals of Botan, 64 (5): 533-544.

Das V, Vats S, Rama-Das V. 1993. A Himalayan monsoon location exhibiting unusually high preponderance of C₄ grasses. Photosynthetica, 28 (1): 91-97.

David M M, Coelho D, Barrote I, et al. 1998. Leaf age effects on photosynthetic activity and sugar accumulation in droughted and rewatered *Lupinus albus* plants. Australian Journal of Plant Physiology, 25 (3): 299-306.

Delgado-Baquerizo M, Maestre F T, Gallardo A, et al. 2013. Decoupling of soil nutrient cycles as a function of aridity in global drylands. Nature, 502 (7473): 672-676.

Demmig-Adams B, Adams III W W, Barker D H, et al. 1996. Using chlorophyll fluorescence to assess the fraction of absorbed light allocated to thermal dissipation of excess excitation. Physiologia Plantarum, 98 (2): 253-264.

Demming-Adams B, AdamsIii W W. 1992. Photoprotection and other response of plants to high light stress. Annual Review of Plant Physiology and Plant Molecular Biology, 43 (1): 599-622.

Depuydt S, Trenkamp S, Fernie A R, et al. 2009. An integrated genomics approach to define niche establishment by *Rhodococcus fascians*. Plant Physiology, 149 (3): 1366-1386.

Devitt D A, Sala A, Smith S D, et al. 1998. Bowen ratio estimates of evapotranspiration for *Tamarix ramosissima* stands on the Virgin River in southern Nevada. Water Resources Research, 34 (9): 2407-2414.

Díaz S, Cabido M. 2001. Vive la différence: Plant functional diversity matters to ecosystem processes. Trends in Ecology & Evolution, 16 (11): 646-655.

Dodds W K. 1997. Interspecific interactions: Constructing a general neutral model for interaction type. Oikos,

78 (2): 377-383.

Dong X J, Zhang X S. 2001. Some observations of the adaptations of sandy shrubs to the arid environment in the Mu Us Sandland: leaf water relations and anatomic feature. Journal of Arid Environments, 48 (1): 41-48.

Donovan L A, Ehleringer J R. 1994. Water stress and use of summer precipitation in a Great Basin shrub community. Functional Ecology, 8 (3): 289-297.

Downton W J S, Tregunna E B. 1968. Carbon dioxide compensation- its relation to photosynthetic carboxylation reaction, systematics of Gramineae, and leaf anatomy. Canadian Journal of Botany, 46 (3): 207-215.

Downton W J S. 1971. Check list of C_4 species. In: Hatch M D, Osmond C B, Slatyer R O. Photosynthesis and Photorespiration. New York: Wiley- Interscience.

Drake B G, Gonzàlez- Meler M A, Long S P. 1997. More efficient plants: A consequence of rising atmospheric CO_2? Annual Review of Plant Biology, 48 (1): 609-639.

Eagleson P S. 1982. Ecological optimality in water-limited natural soil-vegetation systems. Water Resources Research, 18 (2): 325-354.

Eamus D, Zolfaghar S, Villalobos- Vega R, et al. 2015. Groundwater-dependent ecosystems: Recent insights from satellite and field- based studies. Hydrology and Earth System Sciences, 19 (10): 4229-4256.

Ehleringer J R, Cerling T E, Helliker B R. 1997. C_4 photosynthesis, atmospheric CO_2, and climate. Oecologia, 112 (3): 285-299.

Ehleringer J R, Cooper T A. 1988. Correlations between carbon isotope ratio and microhabitat in desert plants. Oecologia, 76 (4): 562-566.

Ehleringer J R, Field C B, Lin Z, et al. 1986. Leaf carbon isotope and mineral composition in subtropical plants along an irradiance cline. Oecologia, 70 (4): 520-526.

Ehleringer J R, Sage R F, Flanagan L B, et al. 1991. Climate change and the evolution of C_4 photosynthesis. Trends in Ecology & Evolution, 6 (3): 95-99.

Ehleringer J R. 1978. Implications of quantum yield differences on the distribution of C_3 and C_4 grasses. Oecologia, 31 (3): 255-267.

Ehleringer J R. 1991. $^{13}C/^{12}C$ fractionation and its utility in terrestrial plant studies. In: Coleman D C, Fry B. Carbon Isotope Techniques. California: Academic Press.

Elser J J, Nagy J D, Kuang Y. 2003. Biological stoichiometry: An ecological perspective on tumor dynamics. Bio-Science, 53 (11): 1112-1120.

Elser J J, Fagan W F, Denno R F, et al. 2000a. Nutritional constraints in terrestrial and fresh water food webs. Nature, 408 (6812): 578-580.

Elser J J, Sterner R W, Gorokhova E, et al. 2000b. Biological stoichiometry from genes to ecosystems. Ecology Letters, 3 (6): 540-550.

Elser J J, Fagan W F, Kerkhoff A J, et al. 2010. Biological stoichiometry of plant production: Metabolism, scaling and ecological response to global change. New Phytologist, 186 (3): 593-608.

Enquist B J, Kerkhoff A J, Stark S C, et al. 2007. A general integrative model for scaling plant growth, carbon flux, and functional trait spectra. Nature, 449 (7159): 218-222.

Evans J R. 1983. Nitrogen and photosynthesis in the flag leaf of wheat (*Triticum aestivum* L.). Plant Physiology, 72 (2): 297-302.

Evenari M. 1985. Adaptations of plants and animals to the desert environment. In: Evenari M, Noy- Meir I, Goodall D W. Hot Deserts and Arid Shrublands. Ecosystems of the World 12A. Amsterdam: Elsevier.

Fang C, Moncrieff J B. 1998. An open-top chamber for measuring soil respiration and the influence of pressure difference on CO$_2$ efflux measurement. Functional Ecology, 12 (2): 319-325.

Farquhar G D, Hubick K T, Condon A G, et al. 1989a. Carbon isotope fractionation and plant water-use efficiency. In: Rundel P W, Ehleringer J R, Nagy K A. Stable Isotope in Ecological Research. New York: Springer-Verlag.

Farquhar G D, Ehleringer J R, Hubick K T. 1989b. Carbon isotope discrimination and photosynthesis. Annual Review of Plant Physiology and Plant Molecular Biology, 40 (1): 503-537.

Farquhar G D, O'Leary M H, Berry J A. 1982. On the relationship between carbon isotope discrimination and the intercellular carbon dioxide concentration in leaves. Australian Journal of Plant Physiology, 9 (2): 121-137.

Farquhar G D, Richards R A. 1984. Isotopic composition of plant carbon correlates with water-use efficiency of wheat genotypes. Australian Journal of Plant Physiology, 11 (6): 539-552.

Farquhar G D, Sharkey T D. 1982. Stomatal conductance and photosynthesis. Australian Journal of Plant Physiology, 33 (1): 317-345.

Farquhar G D. 1983. On the nature of carbon isotope discrimination in C$_4$ species. Australian Journal of Plant Physiology, 10 (2): 205-226.

Field C, Mooney H A. 1983. Leaf age and seasonal effects on light, water, and nitrogen use efficiency in a California shrub. Oecologia, 56 (2-3): 348-355.

Fire A, Xu S Q, Montgomery M K, et al. 1998. Potent and specific genetic interference by double-stranded RNA in Caenorhabditis elegans. Nature, 391 (6669): 806-811.

Fisher D D, Schenk H J, Thorsch J A, et al. 1997. Leaf anatomy and subgeneric affiliations of C$_3$ and C$_4$ species of Suaeda (Chenopodiaceae) in North America. American Journal of Botany, 84 (9): 1198-1210.

Flexas J, Bota J, Escalona J M, et al. 2002. Effects of drought on photosynthesis in grapevines under field conditions: An evaluation of stomatal and mesophyll limitations. Functional Plant Biology, 29 (4): 461-471.

Forseth I N, Wait D A, Casper B B. 2001. Shading by shrubs in a desert system reduces the physiological and demographic performance of an associated herbaceous perennial. Journal of Ecology, 89 (4): 670-680.

Fortmeier R, Schubert S. 1995. Salt tolerance of maize (Zea mays L.): The role of sodium exclusion. Plant, Cell & Environment, 18 (9): 1041-1047.

Foster A S. 1956. Plant idioblasts: Remarkable examples of cell particles from photosynthetic tissue. II. Oxidative decarboxylation of oxalic acid. Physiologia Plantarum, 7: 614-624.

Foyer C H, Noctor G. 2005. Oxidant and antioxidant signalling in plants: A re-evaluation of the concept of oxidative stress in a physiological context. Plant, Cell & Environment, 28 (8): 1056-1071.

Franceschi V R, Horner H T. 1980. Calcium oxalate crystals in plants. The Botanical Review, 46 (4): 361-427.

Francey R J, Farquhar G D. 1982. An explanation of ^{13}C/^{12}C variation in tree rings. Nature, 297 (5861): 28-31.

Franklin J, Serra-Diaz J M, Syphard A D, et al. 2016. Global change and terrestrial plant community dynamics. Proceedings of the National Academy of Sciences of the USA, 113 (14): 3725-3734.

Franks J, Farquhar G D. 1999. A relationship between humidity response, growth form and photosynthetic operating point in C$_3$ plants. Plant, Cell & Environment, 22 (11): 1337-1349.

Fridovich I. 1975. Superoxide dismutase. Annual Review of Biochemistry, 44 (1): 147-159.

Funk J L, Cornwell W K. 2013. Leaf traits within communities: Context may affect the mapping of traits to function. Ecology, 94 (9): 1893-1897.

Galmés J, Ribas-Carbó M, Medrano H, et al. 2007. Response of leaf respiration to water stress in Mediterranean species with different growth forms. Journal of Arid Environments, 68 (2): 206-222.

Gamaley Y V, Shirevdamba T. 1988. The structure of plants of Trans-Altai Gobi. In: Gamaley Y V et al. Deserts of Trans-Altai Gobi. Characteristics of Dominant Plants. Leningrad: Nauka.

Gao S, Su P X, Yan Q D, et al. 2010. Canopy and leaf gas exchange of *Haloxylon ammodendron* under different soil moisture regimes. Science China-Life Sciences, 53 (6): 718-728.

Garbulsky M F, Peñuelas J, Gamon J, et al. 2011. The photochemical reflectance index (PRI) and the remote sensing of leaf, canopy and ecosystem radiation use efficiencies: A review and meta-analysis. Remote Sensing of Environment, 115 (2): 281-297.

Garnier E, Shipley B, Roumet C, et al. 2001. Standardized protocol for the determination of specific leaf area and leaf dry matter content. Functional Ecology, 15 (5): 688-695.

Garten G T J, Taylor G E J. 1992. Foliar $\delta^{13}C$ within a temperate deciduous forest: Spatial, temporal, and species source of variation. Oecologia, 90 (1): 1-7.

Giannopolitis C N, Ries S K. 1977. Superoxide dismutases I. Occurrence in higher plants. Plant Physiology, 59 (2): 309-314.

Giasson P, Jaouich A, Cayer P, et al. 2006. Enhanced phytoremediation: A study of mycorrhizoremediation of heavy metal-contaminated soil. Remediation Journal, 17 (1): 97-110.

Gilmore A M. 1997. Mechanistic aspects of xanthophyll cycle-dependent photoprotection in higher plant chloroplasts and leaves. Physiologia Plantarum, 99 (1): 197-209.

Giri S, Mukhopadhyay A, Hazra S, et al. 2014. A study on abundance and distribution of mangrove species in Indian Sundarban using remote sensing technique. Journal of Coastal Conservation, 18 (4): 359-367.

Gitelson A A, Gamon J A. 2015. The need for a common basis for defining light-use efficiency: Implications for productivity estimation. Remote Sensing of Environment, 156: 196-201.

Glenn E P, Nagler P L. 2005. Comparative ecophysiology of *Tamarix ramosissima* and native trees in western U. S. riparian zones. Journal of Arid Environments, 61 (3): 419-446.

Göhre V, Paszkowski U. 2006. Contribution of the arbuscular mycorrhizal symbiosis to heavy metal phytoremediation. Planta, 223 (6): 1115-1122.

Gornish E S, Prather C M. 2014. Foliar functional traits that predict plant biomass response to warming. Journal of Vegetation Science, 25 (4): 919-927.

Grechi I, Vivin P H, Hilbert G, et al. 2007. Effect of light and nitrogen supply on internal C : N balance and control of root-to-shoot biomass allocation in grapevine. Environmental and Experimental Botany, 59 (2): 139-149.

Grime J P. 1998. Benefits of plant diversity to ecosystems: Immediate, filter and founder effects. Journal of Ecology, 86 (6): 902-910.

Güsewell S. 2004. N: P ratios in terrestrial plants: Variation and functional significance. New Phytologist, 164 (2): 243-266.

Gutiérrez M V, Meinzer F C. 1994. Carbon isotope discrimination and photosynthetic gas exchange in coffee hedgerows during canopy development. Australian Journal of Plant Physiology, 21 (2): 207-219.

Hacker S D, Bertness M D. 1999. Experimental evidence for factors maintaining plant species diversity in a New England salt marsh. Ecology, 80 (6): 2064-2073.

Hall A E. 1990. Physiological ecology of crops in relation to light, water, and temperature. In: Carroll C R, Vandermeer J H, Rosset P. Agroecology. New York: McGraw Hill Publishing Company.

Han W X, Fang J Y, Guo D L, et al. 2005. Leaf nitrogen and phosphorus stoichiometry across 753 terrestrial plant species in China. New Phytologist, 168 (2): 377-385.

Hastings S J, Oechel W C, Muhlia-Melo A. 2005. Diurnal, seasonal and annual variation in the net ecosystem CO₂ exchange of a desert shrub community (Sarcocauleseent) in Baja California, Mexico. Global Change Biology, 11 (6): 927-939.

Hatch M D, Slack C R. 1966. Photosynthesis by sugar-cane leaves: A new carboxylation reaction and the pathway of sugar formation. Biochemical Journal, 101 (1): 103-111.

Hatch M D. 2002. C₄ photosynthesis: discovery and resolution. Photosynthesis Research, 73: 251-256.

Hattersley P W, Watson L. 1992. Diversification of photosynthesis. In: Chapman G P. GrassEvolution and Domestication. Cambridge: Cambridge University Press.

Hattersley P W. 1982. δ¹³C values of C₄ types in grasses. Australian Journal of Plant Physiology, 9 (2): 139-154.

Hattersley P W. 1983. The distribution of C₃ and C₄ grasses in Australia in relation to climate. Oecologia, 57 (1-2): 113-128.

Hayes J M. 1982. Fractionation: An introduction to isotopic measurements and terminology. Spectra, 8 (4): 3-8.

He J S, Wang L, Flynn D F B, et al. 2008. Leaf nitrogen: Phosphorus stoichiometry across Chinese grassland biomes. Oecologia, 155 (2): 301-310.

Heschel M S, Riginos C. 2005. Mechanisms of selection for drought stress tolerance and avoidance in *Impatiens capensis* (Balsaminaceae). American Journal of Botany, 92 (1): 37-44.

Hikosaka K, Kato M C, Hirose T. 2004. Photosynthetic rate and partitioning of absorbed light energy in photoinhibited leaves. Physiologia Plantarum, 121 (4): 699-708.

Hikosaka K, Osone Y. 2009. A paradox of leaf-trait convergence: why is leaf nitrogen concentration higher in species with higher photosynthetic capacity? Journal of Plant Research, 122 (3): 245-251.

Hileman D R, Huluka G, Kenjige P K, et al. 1994. Canopy photosynthesis and transpiration of field-grown cotton exposed to free-air CO₂ enrichment (FACE) and differential irrigation. Agricultural and Forest Meteorology, 70 (1-4): 189-207.

Hoffmann U, Hoffmann T, Jurasinski G, et al. 2014. Assessing the spatial variability of soil organic carbon stocks in an alpine setting (Grindelwald, Swiss Alps). Geoderma, 232-234: 270-283.

Hölscher D, Leuschner C, Bohman K, et al. 2006. Leaf gas exchange of trees in old-growth and young secondary forest stands in Sulawesi, Indonesia. Trees-Structure and Function, 20 (3): 278-285.

Hooper D U, Vitousek P M. 1997. The effects of plant composition and diversity on ecosystem processes. Science, 277 (5330): 1302-1305.

Horton P, Ruban A V, Walters R G. 1996. Regulation of light harvesting in green plants. Annual Review of Plant Physiology and Plant Molecular Biology, 47 (1): 655-684.

Hu Z M, Yu G R, Fu Y L, et al. 2008. Effects of vegetation control on ecosystem water use efficiency within and amongst four grassland ecosystems in China. Global Change Biology, 14 (7): 1609-1619.

Hui D F, Luo Y Q, Cheng W X, et al. 2001. Canopy radiation- and water-use efficiencies as affected by elevated CO₂. Global Change Biology, 7 (1): 75-91.

Hunter A F, Aarssen L W. 1988. Plants helping plants. BioScience, 38 (1): 34-40.

Huntley L B, Doley D J, Yates D J, et al. 1997. Water balance of an Australian subtropical rainforest at altitude: the ecological and physiological significance of intercepted cloud and fog. Australian Journal of Botany, 45 (2): 311-329.

Ingram J, Bartels D. 1996. The molecular basis of dehydration tolerance in plants. Annual Review of Plant Physiology and Plant Molecular Biology, 47 (1): 377-403.

Janzen H H. 2004. Carbon cycling in earth systems-a soil science perspective. Agriculture, Ecosystems & Environment, 104 (3): 399-417.

Jeong S, Moon H S, Nam K, et al. 2012. Application of phosphate-solubilizing bacteria for enhancing bioavailability and phytoextraction of cadmium (Cd) from polluted soil. Chemosphere, 88 (2): 204-210.

Jeyasingh P D, Weider L J, Sterner R W. 2009. Genetically-based trade-offs in response to stoichiometric food quality influence competition in a keystone aquatic herbivore. Ecology Letters, 12 (11): 1229-1237.

Jobbágy E G, Paruelo J M, León R J C. 1996. Vegetation heterogeneity and diversity in flat and mountain landscapes of Patagonia (Argentina). Journal of Vegetation Science, 7 (4): 599-608.

John Jr S, Campbell W H. 1983. Heavy metal inactivation and chelator stimulation of higher plant nitrate reductase. Biochimica et Biophysica Acta-Protein Structure and Molecular Enzymology, 742 (3): 435-445.

Jones H G. 1992. Plants and microclimate: a quantitative approach to environmental plant physiology. Cambridge: Cambridge University Press.

Jones H G. 1998. Stomatal control of photosynthesis and transpiration. Journal of Experimental Botany, 49: 387-398.

Juneau K J, Tarasoff C S. 2012. Leaf area and water content changes after permanent and temporary storage. PLoS One, 7 (8): e42604.

Kabata-Pendias A, Pendias H. 2001. Trace elements in soils and plants. 3rd ed. London: CRC Press.

Kaiser W M. 1987. Effects of water deficit on photosynthetic capacity. Physiologia Plantarum, 71 (1): 142-149.

Kaldenhoff R, Fischer M. 2006. Aquaporins in plants. Acta Physiologica, 187 (1-2): 169-176.

Kang E S, Cheng G D, Song K C, et al. 2005. Simulation of energy and water balance in Soil-Vegetation-Atmosphere Transfer system in the mountain area of Heihe River Basin at Hexi Corridor of northwest China. Science China-Earth Sciences, 48 (4): 538-548.

Karimi R, Folt C L. 2006. Beyond macronutrients: Element variability and multielement stoichiometry in freshwater invertebrates. Ecology Letters, 9 (12): 1273-1283.

Kattge J, Ogle K, Bönisch G, et al. 2011a. A generic structure for plant trait databases. Methods in Ecology and Evolution, 2 (2): 202-213.

Kattge J, Diaz S, Lavorel S, et al. 2011b. TRY-a global database of plant traits. Global Change Biology, 17 (9): 2905-2935.

Kautsky H, Hirsch A. 1931. Neue versuche zur kohlensäureassimilation. Naturwissenschaften, 19 (48): 964.

Keeling C D. 1958. The concentration and isotopic abundances of carbon dioxide in rural areas. Geochimica et Cosmochimica Acta, 13 (4): 322-334.

Khan A R, Ullah I, Khan A L, et al. 2015. Improvement in phytoremediation potential of *Solanum nigrum* under cadmium contamination through endophytic-assisted *Serratia* sp. RSC-14 inoculation. Environmental Science and Pollution Research, 22 (18): 14032-14042.

Kikvidze Z, Khetsuriani L, Kikodze D, et al. 2006. Seasonal shifts in competition and facilitation in subalpine plant communities of the central Caucasus. Journal of Vegetation Science, 17 (1): 77-82.

Kim S H, Sicher R C, Bae H, et al. 2006. Canopy photosynthesis, evapotranspiration, leaf nitrogen, and transcription profiles of maize in response to CO_2 enrichment. Global Change Biology, 12 (3): 588-600.

Kloeppel B D, Gower S T, Treichel I W, et al. 1998. Foliar carbon isotope discrimination in *Larix* species and sympatric evergreen conifers: A global comparison. Oecologia, 114 (2): 153-159.

Kobe R K. 1997. Carbohydrate allocation to storage as a basis of interspecifc variation in sapling survivorship and growth. Oikos, 80 (2): 226-233.

Kolchevskii K G, Kocharyan N I, Koroleva O. 1995. Effect of salinity on photosynthetic characteristics and ion accumulation in C_3 and C_4 plants of Ararat plain. Photosynthetica, 31 (2): 277-282.

Körner C, Farquhar G D, Roksandic Z. 1988. A global survey of carbon isotope discrimination in plants from high altitude. Oecologia, 74 (4): 623-632.

Körner C, Farquhar G D, Wong S C. 1991. Carbon isotope discrimination by plants follows latitudinal and altitudinal trends. Oecologia, 88 (1): 30-40.

Kortschak H P, Hartt C E, Burr G O. 1965. Carbon dioxide fixation in sugarcane leaves. Plant Physiology, 40 (2): 209-213.

Koster K L. 1991. Glass formation and desiccation tolerance in seeds. Plant Physiology, 96 (1): 302-304.

Kostman T A, Franceschi V R, Nakata P A. 2003. Endoplasmic reticulum sub-compartments are involved in calcium sequestration within raphide crystal idioblasts of *Pistia stratiotes* L.. Plant Science, 165 (1): 205-212.

Kovács B, Puskás-Preszner A, Huzsvai L, et al. 2015. Effect of molybdenum treatment on molybdenum concentration and nitrate reduction in maize seedlings. Plant Physiology and Biochemistry, 96: 38-44.

Kozlowski T T. 1992. Carbohydrate sources and sinks in woody plants. The Botanical Review, 58 (2): 107-222.

Kramer P J, Kozlowski T T. 1979. Physiology of woody plants. New York: Academic Press.

Kranner I, Beckett R P, Wornik S, et al. 2002. Revival of a resurrection plant correlates with its antioxidant status. The Plant Journal, 31 (1): 13-24.

Krause G H, Weise E. 1991. Chlorophyll fluorescence and photosynthesis: The basics. Annual Review of Plant Physiology and Plant Molecular Biology, 42 (1): 313-349.

Kristina A, Schierenbeck G, John D M. 1993. Seasonal and diurnal patterns of photosynthetic gas exchange for *Lonicera serrrerurens* and *L. japonica* (Caprifoliaceae). American Journal of Botany, 80: 1292-1299.

Laan P, Blom C W P M. 1990. Growth and survival responses of *Rumex* species to flooded and submerged conditions: the importance of shoot elongation, underwater photosynthesis and reserve carbohydrates. Journal of Experimental Botany, 41 (7): 775-783.

Lacointe A, Kajji A, Daudet F A, et al. 1993. Mobilization of carbon reserves in young walnut trees. Acta Botanica Gallica, 140 (4): 435-441.

Lajtha K, Michener R H. 1994. Stable Isotopes in Ecology and Environmental Science. London: Blackwell Scientific Publications.

Lal A, Ku M S B, Edwards G E. 1996. Analysis of inhibition of photosynthesis due to water stress in the C_3 species *Hordeum vulgare* and *Vicia faba*: electron transport, CO_2 fixation and carboxylation capacity. Photosynthesis Research, 49 (1): 57-69.

Lamontagne S, Cook P G, O'Grady A, et al. 2005. Groundwater use by vegetation in a tropical savanna riparian zone (Daly River, Australia). Journal of Hydrology, 310 (1-4): 280-293.

Larcher W. 1995. Physiological Plant Ecology: Ecophysiology and Stress Physiology of Functional Groups. 3rd ed.

Berlin, Heidelberg, New York: Springer-Verlag.

Lasat M M, Baker A J M, Kochian L V. 1996. Physiological characterization of root Zn^{2+} absorption and translocation to shoots in Zn hyperaccumulator and nonaccumulator species of *Thlaspi*. Plant Physiology, 112 (4): 1715-1722.

Lavorel S. 2013. Plant functional effects on ecosystem services. Journal of Ecology, 101 (1): 4-8.

Law B E, Falge E, Gu L, et al. 2002. Environmental controls over carbon dioxide and water vapor exchange of terrestrial vegetation. Agricultural and Forest Meteorology, 113 (1-4): 97-120.

Lawlor D W, Cornic G. 2002. Photosynthetic carbon assimilation and associated metabolism in relation to water deficits in higher plants. Plant, Cell & Environment, 25 (2): 275-294.

Lazár D. 2006. The polyphasic chlorophyll a fluorescence rise measured under high intensity of exciting light. Functional Plant Biology, 33 (1): 9-30.

Ledford H. 2009. Forest growth studies begin to turn up the heat. Nature, 460 (7255): 559.

Leegood R C, Sharkey T D, von Caemmerer S. 2000. Photosynthesis: Physiology and Metabolism. Netherlands: Kluwer Academic.

Leffler A J, Peek M S, Ryel R J, et al. 2005. Hydraulic redistribution through the root systems of senesced plants. Ecology, 86 (3): 633-642.

Leung H M, Ye Z H, Wong M H. 2006. Interactions of mycorrhizal fungi with *Pteris vittata* (As hyperaccumulator) in As-contaminated soils. Environmental Pollution, 139 (1): 1-8.

Levitt J. 1972. Responses of plants to environmental stresses. New York: Academic Press.

Li M. 1993a. Distribution of C_3 and C_4 species of Cyperus in Europe. Photosynthetica, 28 (1): 119-126.

Li M. 1993b. Leaf photosynthetic nitrogen use efficiency of C_3 and C_4 Cyperus species. Photosynthetica, 29 (1): 117-130.

Li K, Ramakrishna W. 2011. Effect of multiple metal resistant bacteria from contaminated lake sediments on metal accumulation and plant growth. Journal of Hazardous Materials, 189 (1-2): 531-539.

Li S J, Su P X, Zhang H N, et al. 2018. Hydraulic conductivity characteristics of desert plant organs: Coping with drought tolerance strategy. Water, 10 (8): 1036.

Li X Y, Liu L Y, Gao S Y, et al. 2008. Stemflow in three shrubs and its effect on soil water enhancement in semiarid loess region of China. Agricultural and Forest Meteorology, 148 (10): 1501-1507.

Li Y, Xu H, Cohen S. 2005. Long-term hydraulic acclimation to soil texture and radiation load in cotton. Plant, Cell & Environment, 28 (4): 492-499.

Lichtenthaler H K. 1987. Chlorophylls and carotenoids: Pigments of photosynthetic biomembranes. Methods in Enzymology, 148: 350-382.

Lichtenthaler H K. 1988. Application of Chlorophyll Fluorescence in Photosynthetic Research, Stress Physiology, Hydrobiology and Remote Sensing. Dordrecht: Kluwer Academic.

Litchman E, Klausmeier C A. 2008. Trait-based community ecology of phytoplankton. Annual Review of Ecology, Evolution, and Systematics, 39 (1): 615-639.

Litton C M, Raich J W, Ryan M G. 2007. Carbon allocation in forest ecosystems. Global Change Biology, 13 (10): 2089-2109.

Liu R X, Kuang J, Gong Q, et al. 2003. Principal component regression analysis with SPSS. Computer Methods and Programs in Biomedicine, 71 (2): 141-147.

Liu Y B, Zhang T G, Li X R, et al. 2007. Protective mechanism of desiccation tolerance in *Reaumuria* soongorica: Leaf abscission and sucrose accumulation in the stem. Science China- Life Sciences, 50 (1): 15-21.

Lloret F, López- Soria L. 1993. Resprouting of Erica multiflora after experimental fire treatments. Journal of Vegetation Science, 4 (3): 367-374.

Lloyd J, Bloomfield K, Domingues T F, et al. 2013. Photosynthetically relevant foliar traits correlating better on a mass vs an area basis: Of ecophysiological relevance or just a case of mathematical imperatives and statistical quicksand? New Phytologist, 199 (2): 311-321.

Ludlow M M. 1976. Ecophysiology of C_4 grasses. In: Lange O L, Kappen L, Schulze E D. Water and Plant Life: Problems and Modern Approaches. Berlin, Heidelberg, New York: Springer- Verlag.

Luyssaert S, Inglima I, Jung M, et al. 2007. CO_2 balance of boreal, temperate, and tropical forests derived from a global database. Global Change Biology, 13 (12): 2509-2537.

Ma J J, Ji C J, Han M, et al. 2012. Comparative analyses of leaf anatomy of dicotyledonous species in Tibetan and Inner Mongolian grasslands. Science China- Life Sciences, 55 (1): 68-79.

Ma X L, Huete A, Yu Q, et al. 2014. Parameterization of an ecosystem light- use- efficiency model for predicting savanna GPP using MODIS EVI. Remote Sensing of Environment, 154: 253-271.

Ma Z Q, Guo D, Xu X, et al. 2018. Evolutionary history resolves global organization of root functional traits. Nature, 555 (7694): 94-97.

Maestre F T, Cortina J. 2004. Do positive interactions increase with abiotic stress? A test from a semi-arid steppe. Proceedings of the Royal Society B: Biological Sciences, 271 (5): 331-333.

Manousaki E, Kalogerakis N. 2011. Halophytes—an emerging trend in phytoremediation. International Journal of Phytoremediation, 13 (10): 959-969.

Maroco J P, Pereira J S, Chaves M M. 2000. Growth, photosynthesis and water- use efficiency of two C_4 Sahelian grasses subjected to water deficits. Journal of Arid Environments, 45 (2): 119-137.

Maron J L, Connors P G. 1996. A native nitrogen- fixing shrub facilitates weed invasion. Oecologia, 105 (3): 302-312.

Marshall J D, Zhang J W. 1994. Carbon isotope discrimination and water- use efficiency in native plants of the North- Central Rockies. Ecology, 75 (7): 1887-1895.

Martinelli L A, Devol A H, Victoria R L, et al. 1991. Stable carbon isotope variation in C_3 and C_4 plants along the Amazon River. Nature, 353 (6339): 57-59.

Masinde P W, Stutzel H, Agong S G, et al. 2005. Plant growth, water relations, and transpiration of spiderplant [Gynandropsis gynandra (L.) Briq.] under water- limited conditions. Journal of the American Society Horticultural Science, 130 (3): 469-477.

Masle J, Farquhar G D, Wong S C. 1992. Transpiration ratio and plant mineral content are related among genotypes of a range of species. Australian Journal of Plant Physiology, 19 (6): 709-721.

Maxwell K, Johnson G N. 2000. Chlorophyll fluorescence—a practical guide. Journal of Experimental Botany, 51 (345): 659-668.

May L H, Milthorpe F L. 1962. Drought resistance of crop plants. Field Crop Abstracts, 15 (3): 171-179.

McDowell N G. 2011. Mechanisms linking drought, hydraulics, carbon metabolism, and vegetation mortality. Plant Physiology, 155 (3): 1051-1059.

Mcgill B J, Enquist B J, Weiher E, et al. 2006. Rebuilding community ecology from functional traits. Trends in Ecology & Evolution, 21 (4): 178-185.

Medhurst J, Parsby J, Linder S. 2006. A whole-tree chamber system for examining tree-level physiological responses of field- grown trees to environmental variation and climate change. Plant, Cell & Environment, 29 (9): 1853-1869.

Mediavilla S, Esudero A, Heilmeier H. 2001. Internal leaf anatomy and photosynthetic resource-use efficiency: Interspecific and intraspecific comparisons. Tree Physiology, 21 (4): 251-259.

Medina E, Minchin P. 1980. Stratification of $\delta^{13}C$-values of leaves in forests as an indication of reassimilated CO_2 from the soil. Oecologia, 45 (3): 377-378.

Meier S et al. 2012. Phytoremediation of metal- polluted soils by arbuscular mycorrhizal fungi. Critical Reviews in Environmental Science and Technology, 42 (7): 741-775.

Melillo J M, Field C B, Moldan B. 2003. Interactions of the Major Biogeochemical Cycles: Global Change and Human Impacts. Washington D. C. : Island Press.

Melillo J M, Mcguire A D, Kicklighter D W, et al. 1993. Global climate change and terrestrial net primary production. Nature, 363 (6426): 234-240.

Merah O, Deléens E, Souyris I, et al. 2001. Ash content might predict carbon isotope discrimination and grain yield in durum wheat. New Phytologist, 149 (2): 275-282.

Michaletz S T, Weiser M D, Mcdowell N G, et al. 2016. The energetic and carbon economic origins of leaf thermoregulation. Nature Plants, DOI: 10. 1038/nplants. 2016. 129.

Mitchell P J, Veneklaas E J, Lambers H, et al. 2008. Leaf water relations during summer water deficit: Differential responses in turgor maintenance and variation in leaf structure among different plant communities in south-western Australia. Plant, Cell & Environment, 31 (12): 1791-1802.

Mittler R, Merquiol E, Hsllsk-Herr E, et al. 2001. Living under a 'dormant' canopy: A molecular acclimation mechanism of the desert plant *Retama raetam*. The Plant Journal, 25 (4): 407-416.

Monclus R, Dreyer E, Villar M, et al. 2006. Impact of drought on productivity and water use efficiency in 29 genotypes of *Populus deltoides×Populus nigra*. New Phytologist, 169 (4): 765-777.

Monje P V, Baran E J. 2002. Characterization of calcium oxalates generated as biominerals in cacti. Plant Physiology, 128 (2): 707-713.

Monson R K Prater M R, Hu J, et al. 2010. Tree species effects on ecosystem water- use efficiency in a high-elevation, subalpine forest. Oecologia, 162 (2): 491-504.

Monteith J L. 1972. Solar radiation and productivity in tropical ecosystems. Journal of Applied Ecology, 9 (3): 747-766.

Mooney H A, Pearcy R W, Ehleringer J. 1987. Plant physiological ecology today. BioScience, 37 (1): 18-20.

Moore P D. 1994. High hopes for C_4 plants. Nature, 367 (6461): 322-323.

Müller J, Eschenröder A, Diepenbrock W. 2009. Through- flow chamber CO_2/H_2O canopy gas exchange system-construction, microclimate, errors, and measurements in a barley (*Hordeum vulgare* L.) field. Agricultural and Forest Meteorology, 149 (2): 214-229.

Müller P, Li X P, Niyogi K K. 2001. Non- photochemical quenching: A response to excess light energy. Plant Physiology, 125 (4): 1558-1566.

Nakata P A. 2003. Advances in our understanding of calcium oxalate crystal formation and function in plants. Plant Science, 164 (6): 901-909.

Neill S J, Desikan R, Clarke A, et al. 2002. Nitric oxide is a novel component of abscisic acid signaling in stomatal guard cells. Plant physiology, 128 (1): 13-16.

Newingham B A, Vanier C H, Charlet T N, et al. 2013. No cumulative effect of 10 years of elevated CO_2 on perennial plant biomass components in the Mojave Desert. Global Change Biology, 19 (7): 2168-2181.

Newton A. 2008. Sandy storehouse. Nature Reports Climate Change, 2: 50-51.

Niinemets Ü. 2007. Photosynthesis and resource distribution through plant canopies. Plant, Cell & Environment, 30 (9): 1052-1071.

Nijs I, Ferris R, Blum H, et al. 1997. Stomatal regulation in a changing climate: A field study using free air temperature increase (FATI) and free air CO_2 enrichment (FACE). Plant, Cell & Environment, 20 (8): 1041-1050.

Noctor G, Foyer C H. 1998. Ascorbate and glutathione: Keeping active oxygen under control. Annual Review of Plant Biology, 49 (1): 249-279.

Ntanos D A, Koutroubas S D. 2002. Dry matter and N accumulation and translocation for Indica and Japonica rice Mediterranean conditions. Field Crop Research, 74 (1): 93-101.

O'Connor T G, Haines L M, Snyman H A. 2001. Influence of precipitation and species composition on phytomass of a semi-arid African grassland. Journal of Ecology, 89 (5): 850-860.

Öquist G, Chow W S, Anderson J M. 1992. Photoinhibition of photosynthesis represents a mechanism for the long-term regulation of photosystem II. Planta, 186 (3): 450-460.

Osmond C B, Winter K, Powles S B. 1980. Adaptive significance of carbon dioxide cycling during photosynthesis in water stressed plants. In: Turner N C, Kramer P J. Adaptation of Plants to Water and High Temperature Stress. New York: Wiley.

Osmond C B, Winter K, Ziegler H. 1982. Functional significance of different pathways of CO_2 fixation in photosynthesis. In: Encyclopedia of Plant Physiology. New Series, 12B. Berlin, Heidelberg, New York: Springer-Verlag.

Osnas J L D, Lichstein J W, Reich P B, et al. 2013. Global leaf trait relationships: Mass, area, and the leaf economics spectrum. Science, 340 (6133): 741-744.

Osório J, Pereira J S. 1994. Genotypic difference in water use efficiency and ^{13}C discrimination in *Eucalyptus globulus*. Tree Physiology, 14 (7-9): 871-882.

Ott J C, Clarke J, Johnson B G. 1999. Regulation of the photosynthetic electron transport chain. Planta, 209 (2): 250-258.

Oves M, Khan M S, Zaidi A. 2013. Chromium reducing and plant growth promoting novel strain *Pseudomonas aeruginosa* OSG41 enhance chickpea growth in chromium amended soils. European Journal of Soil Biology, 56: 72-83.

Pagani M, Freeman K H, Arthur M A. 1999. Late Miocene atmospheric CO_2 concentrations and the expansion of C₄ grasses. Science, 285 (5429): 876-879.

Pearcy R W, Calkin H C. 1983. Carbon dioxide exchange of C₃ and C₄ tree species in the understory of a Hawaiian forest. Oecologia, 58 (1): 26-32.

Pearcy R W, Troughton J. 1975. C₄ photosynthesis in tree form *Euphorbia* species from Hawaiian rainforest sites. Plant Physiology, 55 (6): 1054-1056.

Pearcy R W, Tumosa N, Williams K. 1981. Relationships between growth, photosynthesis and comperetive interactions for a C₃ and a C₄ plant. Oecologia, 48 (3): 371-376.

Pearcy R W. 1983. The light environment and growth of C₃ and C₄ tree species in the understory of a Hawaiian forest. Oecologia, 58 (1): 19-25.

Peláez D V, Bóo R M. 1987. Plant water potential for shrubs in Argentina. Journal of Range Management, 40 (1): 6-9.

Penuelas J, Filella I, Llusia J, et al. 1998. Comparative field study of spring and summer leaf gas exchange and photobiology of the Mediterranean trees *Quercus ilex* and *Phillyrea latifolia*. Journal of Experimental Botany, 49 (319): 229-238.

Pérez-Ramos I M, Roumet C, Cruz P, et al. 2012. Evidence for a 'plant community economics spectrum' driven by nutrient and water limitations in a Mediterranean rangeland of southern France. Journal of Ecology, 100 (6): 1315-1327.

Phoenix G K, Gwynn-Jones D, Callaghan T V, et al. 2001. Effects of global change on a sub-Arctic heath: Effects of enhanced UV-B radiation and increased summer precipitation. Journal of Ecology, 89 (2): 256-267.

Pignocchi C, Fletcher J M, Wilkinson J E, et al. 2003. The function of ascorbate oxidase in tobacco. Plant Physiology, 132 (3): 1631-1641.

Poni S, Bernizzoni F, Civardi S, et al. 2009. Performance and water-use efficiency (single-leaf vs. whole-canopy) of well-watered and half-stressed split-root *Lambrusco grapevines* grown in Po Valley (Italy). Agriculture, Ecosystems & Environment, 129 (1): 97-106.

Prado C H B A, de Moraes J A P V D. 1997. Photosynthetic capacity and specific leaf mass in twenty woody species of Cerrado vegetation under field conditions. Photosynthetica, 33 (1): 103-112.

Pregitzer K S, Kubiske M E, Yu C K, et al. 1997. Relationships among roof branch order, carbon, and nitrogen in four temperate species. Oecologia, 111 (3): 302-308.

Pregitzer K S, Deforest J L, Burton A J, et al. 2002. Fine root architecture of nine North American trees. Ecological Monographs, 72 (2): 293-309.

Prychid C J, Rudall P J. 1999. Calcium oxalate crystals in monocotyledons: A review of their structure and systematics. Annals of Botany, 84 (6): 725-739.

Pugnaire F I, Haase P, Puigdefabregas J. 1996. Facilitation between higher plant species in a semiarid environment. Ecology, 77 (5): 1420-1426.

Pyankov V I, Black C C, Artyusheva E G, et al. 1999. Features of photosynthesis in *Haloxylon* species of Chenopodiaceae that are dominant plants in central Asian deserts. Plant and Cell Physiology, 40 (2): 125-134.

Pyankov V I, Gunin P D, Tsoog S, et al. 2000. C_4 plants in the vegetation of Mongolia: Their natural occurrence and geographical distribution in relation to climate. Oecologia, 123 (1): 15-31.

Pyankov V I, Kuzmin A N, Demidov E D, et al. 1992. Diversity of biochemical pathways of CO_2 fixation in plants of the families Poaceae and Chenopodiaceae from arid zone of Central Asia. Soviet Plant Physiology, 39 (4): 411-420.

Pyankov V I, Vakhrusheva D V, Seidova R D. 1994. Structure of the assimilation apparatus of plants of the genus *Calligonum* in relation to ecological conditions and uses for phytoamelioration in the arid zone. Problems of Desert Development, 1: 41-49.

Ramachandra R A, Chaitanya K V, Jutur P P, et al. 2004. Differential antioxidative responses to water stress among five mulberry (*Morus alba* L.) cultivars. Environmental and Experimental Botany, 52 (1): 33-42.

Rao M V, Paliyath G, Ormrod D P. 1996. Ultraviolet-B and ozone-induced biochemical changes in antioxidant enzymes of Arabidopsis thaliana. Plant Physiology, 110 (1): 125-136.

Read Q D, Moorhead L C, Swenson N G, et al. 2014. Convergent effects of elevation on functional leaf traits within and among species. Functional Ecology, 28 (1): 37-45.

Reich P B, Oleksyn J. 2004. Global patterns of plant leaf N and P in relation to temperature and latitude. Proceedings of the National Academy of Sciences of the USA, 101 (30): 11001-11006.

Reich P B, Tjoelker M G, Machado J L, et al. 2006. Universal scaling of respiratory metabolism, size and nitrogen in plants. Nature, 439 (7095): 457-461.

Reichstein M, Tenhunen J D, Roupsard O et al. 2002. Severe drought effects on ecosystem CO₂ and H₂O fluxes at three Mediterranean evergreen sites: Revision of current hypotheses? Global Change Biology, 8 (10): 999-1017.

Ribaut J M, Pilet P E. 1994. Water stress and indol-3yl-acetic acid content of maize roots. Planta, 193 (4): 502-507.

Richards J H, Caldwell M M. 1987. Hydraulic lift: substantial nocturnal water transport between soil layers by *Artemisia tridentata* roots. Oecologia, 73 (4): 486-489.

Richards R A, Rebetzke G J, Condon A G, et al. 2002. Breeding opportunities for increasing the efficiency of water use and crop yield in temperate cereals. Crop Science, 42 (1): 111-121.

Rieger M, Bianco R L, Okie W R. 2003. Responses of *Prunus ferganensis*, *Prunus persica* and two interspecific hybrids to moderate drought stress. Tree Physiology, 23 (1): 51-58.

Rossa B, von Willert D J. 1999. Physiological characteristics of geophytes in semi-arid Namaqualand, South Africa. Plant Ecology, 142 (1-2): 121-132.

Roy Chowdhury S, Choudhuri M A. 1985. Hydrogen peroxide metabolism as an index of water stress tolerance in jute. Physiologia Plantarum, 65 (4): 476-480.

Ruttkay-Nedecky B, Nejdl L, Gumulec J, et al. 2013. The role of metallothionein in oxidative stress. International Journal of Molecular Sciences, 14 (3): 6044-6066.

Sacala E, Demczuk A, Grzys E, et al. 2002. The effects of salt stress on growth and biochemical parameters in two maize varieties. Acta Societatis Botanicorum Poloniae, 71 (2): 101-107

Sage R F, Li M R, Monson R K. 1999. The taxonomic distribution of C₄ photosynthesis. In: Sage R F, Monson R K. C₄ Plant Biology. San Diego: Academic Press.

Sage R F, Wedin D A, Li M R. 1999. The biogeography of C₄ photosynthesis patterns and controlling factors. In: Sage R F, Monson R K. C₄ Plant Biology. San Diego: Academic Press.

Saith K, Kikuirl M, Ishihara K. 1995. Relationship between leaf movement of trifoliolate compound leaf and environmental factors in the soybean canopy. Japanese Journal of Crop Science, 64: 259-265.

Saunders C J, Megonigal J P, Reynolds J F. 2006. Comparison of belowground biomass in C₃- and C₄-dominated mixed communities in a Chesapeake Bay brackish marsh. Plant and Soil, 280 (1-2): 305-322.

Saylan L, Bernhofer C. 1993. Using the Penman-Monteith approach to extrapolate soybean evapotranspiration. Theoretical and Applied Climatology, 46 (4): 241-246.

Scanlon T M, Albertson J D. 2004. Canopy scale measurements of CO₂ and water vapor exchange along a precipitation gradient in southern Africa. Global Change Biology, 10 (3): 329-341.

Schlesor G H, Jayasekera R. 1985. δ¹³C-variations of leaves in forests as an indication of reassimilated CO₂ from the soil. Oecologia, 65 (4): 536-542.

Schreiber U, Bilger W, Neubauer C. 1994. Chlorophyll fluorescence as a nonimrusive indicator for rapid assessment of in vivo photosynthesis. In: Schulze E D, Caldwell M M. Ecophysiology of Photosynthesis. Beilin: Springer Verlag.

Schulze E D, Ellis R, Schulze W, et al. 1996. Diversity, metabolic types and δ¹³C carbon isotope ratios in the grass flora of Namibia in relation to growth form, precipitation and habitat conditions. Oecologia, 106 (3): 352-369.

Schuster W S F, Sandquist D R, Phillips S L, et al. 1992. Comparisons of carbon isotope discrimination in population of arid land plant species differing in lifespan. Oecologia, 91 (3): 332-337.

Schwinning S, Ehleringer J R. 2001. Water use trade-offs and optimal adaptations to pulse-driven arid ecosystems. Journal of Ecology, 89 (3): 464-480.

Scott R L, Huxman T E, Williams D G, et al. 2006. Ecohydrological impacts of woody-plant encroachment: Seasonal patterns of water and carbon dioxide exchange within a semiland riparian environment. Global Change Biology, 12 (2): 311-324.

Seel W E, Hendry G A F, Lee J A. 1992. Effects of desiccation on some activated oxygen processing enzymes and antioxidants in mosses. Journal of Experimental Botany, 43 (8): 1031-1037.

Sellers P J, Bounoual L, Collatz G J, et al. 1996. Comparison of radiative and physiological effects of doubled atmospheric CO_2 on climate. Science, 271 (5254): 1402-1406.

Sendall K M, Reich P B. 2013. Variation in leaf and twig CO_2 flux as a function of plant size: A comparison of seedlings, saplings and trees. Tree Physiology, 33 (7): 713-729.

Seppänen M M, Colemman G D. 2003. Characterization of genotypic variation in stress gene expression and photosynthetic parameters in potato. Plant, Cell & Environment, 26 (3): 401-410.

Sevanto S, Mcdowell N G, Dickman L T, et al. 2014. How do trees die? A test of the hydraulic failure and carbon starvation hypotheses. Plant, Cell & Environment, 37 (1): 153-161.

Shao H B, Chu L Y, Wu G, et al. 2007. Changes of some anti-oxidative physiological indices under soil water deficits among 10 wheat (*Triticum aestivum* L.) genotypes at tillering stage. Colloids and Surfaces B-Biointerfaces, 54 (2): 143-149.

Sharma A, Gontia I, Pradeep K A, et al. 2010. Accumulation of heavy metals and its biochemical responses in Salicornia brachiata, an extreme halophyte. Marine Biology Research, 6 (5): 511-518.

Sharma P, Dubey R S. 2005. Drought induced oxidative stress and enhances the activities of antioxidant enzymes in growing rice seedlings. Plant Growth Regulation, 46 (3): 209-221.

Shen Z G, Zhao F J, Mcgrath S P. 1997. Up take and transport of zinc in the hyperaccumulator *Thlaspi caerulescens* and the non-hyperaccumlator *Thlaspi ochroleucum*. Plant, Cell & Environment, 20 (7): 898-906.

Shipley B, Lechowicz M J, Reich W P B, et al. 2006. Fundamental trade-offs generating the worldwide leaf economics spectrum. Ecology, 87 (3): 535-541.

Silvertown J W. 1987. Introduction to Plant Population Ecology. Essex England: Longman Scientific & Technical.

Singh J S, Gupta S R. 1997. Plant decomposition and soil respiration in terrestrial ecosystems. Botanical Review, 43 (4): 449-528.

Singh D P, Peters D B, Singh P, et al. 1987. Diurnal patterns of canopy photosynthesis, evapotranspiration and water use efficiency in chickpea (*Cicer arietinum* L.) under field conditions. Photosynthesis Research, 11 (1): 61-69.

Sinhababu A, Kumar Kar R. 2003. Comparative responses of three fuel wood yielding plants to PEG-induced water stress at seedling stage. Acta Physiologiae Plantarum, 25 (4): 403-409.

Smirnoff N, Wheeler G L. 2000. Ascorbic acid in plants: Biosynthesis and function. Critical Reviews in Plant Sciences, 35 (4): 291-314.

Smith B N, Brown W V. 1973. The kranz syndrome in the Gramineae as indicated by carbon isotopic ratios.

American Journal of Botany, 60 (6), 505-513.

Smith B N, Epstein S. 1971. Two categories of $^{13}C/^{12}C$ ratios for higher plants. Plant Physiology, 47 (3): 380-384.

Smith G S, Cornforth I S, Henderson H V. 1984. Iron requirements of C_3 and C_4 plants. New Phytologist, 97 (4): 543-556.

Sobrado M A, Ehleringer J R. 1997. Leaf carbon isotope ratios from a tropical dry forest in Venezuela. Flora, 192 (2): 121-124.

Sobrado M A. 2000. Relation of water transport to leaf gas exchange properties in three mangrove species. Trees-Structure and Function, 14 (5): 258-262.

Soliz D E, Glenn E P, Seaman R, et al. 2011. Water consumption, irrigation efficiency and nutritional value of *Atriplex lentiformis* grown on reverse osmosis brine in a desert irrigation district. Agriculture, Ecosystems & Environment, 140 (3): 473-483.

Sparks J P, Ehleringer J R. 1997. Leaf carbon isotope discrimination and nitrogen content for riparian trees along elevational transects. Oecologia, 109 (3): 362-367.

Srivalli B, Sharma G, Khanna C R. 2003. Antioxidative defense system in an upland rice cultivar subjected to increasing intensity of water stress followed by recovery. Physiologia Plantarum, 119 (4): 503-512.

Steduto P, Katerji N, Puertos-Molina H, et al. 1997. Water-use efficiency of sweet sorghum under water stress conditions gas exchange investigations at leaf and canopy scales. Field Crop Research, 54 (2-3): 221-234.

Steduto P, Çetinkökü Ö, Albrizio R, et al. 2002. Automated closed-system canopy-chamber for continuous field-crop monitoring of CO_2 and H_2O fluxes. Agricultural and Forest Meteorology, 111 (3): 171-186.

Steduto P, Albrizio R. 2005. Resource use efficiency of field-grown sunflower, sorghum, wheat and chickpea. II: Water use efficiency and comparison with radiation use efficiency. Agricultural and Forest Meteorology, 130 (3-4), 269-281.

Sternberg L, DeNiro M J, Johnson H B. 1986. Oxygen and hydrogen isotope ratios of water from photosynthetic tissues of CAM and C_3 plants. Plant Physiology, 82 (2): 428-431.

Sterner R W, Elser J J. 2002. Ecological Stoichiometry: The Biology of Elements from Molecules to the Biosphere. Princeton: Princeton University Press.

Sterner R W, George N B. 2000. Carbon, nitrogen, and phosphorus stoichiometry of cyprinid fishes. Ecology, 81 (1): 127-140.

Sterner R W, Hessen D O. 1994. Algal nutrient limitation and the nutrition of aquatic herbivores. Annual Review of Ecology Evolution and Systematics, 25 (1): 1-29.

Streb P, Shang W, Feierabend J, et al. 1998. Divergent strategies of photoprotection in high-mountain plants. Planta, 207 (2): 313-324.

Stuiver M. 1978. Atmospheric carbon dioxide and carbon reservoir changes. Science, 199 (4326): 253-255.

Su P X, Liu X M, Zhang L X, et al. 2004. Comparison of $\delta^{13}C$ values and gas exchange of assimilating shoots of desert plants *Haloxylon ammodendron* and *Calligonum mongolicum* with other plants. Israel Journal of Plant Sciences, 52 (2): 87-97.

Su P X, Chen G D, Yan Q D, et al. 2007. Photosynthetic regulation of C_4 desert plant *Haloxylon ammodendron* under drought stress. Plant Growth Regulation, 51 (2): 139-147.

Su P X, Yan Q D, Xie T T, et al. 2012. Associated growth of C_3 and C_4 desert plants helps the C_3 species at the cost of the C_4 species. Acta Physiologiae Plantarum, 34 (6): 2057-2068.

Su P X, Li S J, Zhou Z J, et al. 2016. Partitioning evapotranspiration of desert plants under different water regimes in the inland Heihe River Basin, Northwestern China. Arid Land Research and Management, 30 (2): 138-152.

Su P X, Shi R, Zhou Z J, et al. 2018. Characteristics and relationships of foliar element content and specific leaf volume of alpine plant functional groups. International Journal of Agriculture and Biology, 20 (7): 1663-1671.

Su P X, Chen H S, An L Z. 2004. Carbon assimilation characteristics of plants in oasis-desert ecotone and their response to CO_2 enrichment. Science China-Earth Sciences, 47 (S1): 39-49.

Su P X, Chen H B, Yan Q D. 2008. Plant community characteristics and their relationships with climate in the Hexi Corridor region of northwestern China. Frontiers of Forestry in China, 3 (4): 393-400.

Su P X, Yan Q D, Gao S. 2009. Photosynthetic characteristics of desert plant *Hedysarum scoparium* and its indicating significances on environment. In: Theophanides M, Theophanides T. Environmental Engineering and management. Greece: Athens Institute for Education and Research.

Su P X. 2010. Photosynthesis of C_4 desert plants. In: Ramawat K G. Desert Plants: Biology and Biotechnology. Berlin, Heidelberg: Springer-Verlag.

Sun Z J, Livingston N J, Guy R D, et al. 1996. Stable carbon isotopes as indicators of increased water use efficiency and productivity in white spruce (*Picea glauca* (Moench) Voss) seedlings. Plant, Cell & Environment, 19 (7): 887-894.

Syranidou E, Christofilopoulos S, Gkavrou G, et al. 2016. Exploitation of endophytic bacteria to enhance the phytoremediation potential of the wetland helophyte *Juncus acutus*. Frontiers in Microbiology, DOI: 10.3389/fmicb.2016.01016.

Takeda T, Tanikawa T, Agata W. 1985. Studies on the ecology and geographical distribution of C_3 and C_4 grasses. I. Taxonomic and geographical distribution of C_3 and C_4 grasses in Japan with special reference to climate conditions. Japanese Journal of Crop Science, 54 (1): 54-62.

Tang T T, Zhao L S. 2006. Characteristics of water relations in seedling of *Machilus yunnanensis* and *Cinnamomum camphora* under soil drought condition. Journal of Forestry Research, 17 (4): 281-284.

Tardieu F, Davies W J. 1993. Integration of hydraulic and chemical signaling in the control of stomatal conductance and water status of drought plants. Plant, Cell & Environment, 16 (4): 341-349.

Tardieu F, Katerji N, Bethenod O, et al. 1991. Maize stomatal conductance in the field: Its relationship with soil and plant water potentials, mechanical constraints and ABA conductance in the xylem sap. Plant, Cell & Environment, 14 (1): 121-126.

Taylor D R, Aarssen L W. 1989. On the density dependence of replacement series competition experiments. Journal of Ecology, 77 (4): 975-988.

Teeri J A, Stowe L G, Livingston D A. 1980. The distribution of C_4 species of the *Cyperacceae* in North America in relation to climate. Oecologia, 47 (3): 307-310.

Teeri J A, Stowe L G. 1976. Climatic patterns and the distribution of C_4 grasses in North America. Oecologia, 23 (1): 1-12.

Teng Y, Wang X M, Li L, et al. 2015. Rhizobia and their bio-partners as novel drivers for functional remediation in contaminated soils. Frontiers in Plant Science, 6 (32): 1-11.

Thomas H. 1997. Drought resistance in plants. In: Basra A S, Basra R K. Mechanisms of Environmental Stress Resistance in Plants. Florida: the Chemical Rubber Company Press.

Thornley J H M. 1976. Mathematical Models in Plant Physiology. London: Academic Press.

Tielbörger K, Kadmon R. 2000. Temporal environmental variation tips the balance between facilitation and interference in desert plants. Ecology, 81 (6): 1544-1553.

Tieszen L L, Hein D, Qvortrup S A, et al. 1979. Use of δ^{13}C values to determine vegetation selectivity in East African herbivores. Oecologia, 37 (3): 351-359.

Tilman D. 1982. Resource competition and community structure. Princeton: Princeton University Press.

Tong X J, Li J, Yu Q, et al. 2009. Ecosystem water use efficiency in an irrigated cropland in the North China Plain. Journal of Hydrology, 374 (3-4): 329-337.

Troughton J H, Card K A, Hendy C H. 1974. Photosynthetic pathways and carbon isotope discrimination by plants. Carnegie Institution Yearbook, 73: 768-780.

Tsialtas J T, Handley L L, Kassioumi M T, et al. 2001. Interspecific variation in potential water use efficiency and its relation to plant species abundance in a water limited grassland. Functional Ecology, 15 (5): 605-614.

Turner N C. 1979. Drought resistance and adaptation to water deficits in crop plants. In: Mussel H, Staples R C. Stress Physiology in Crop Plants. New York: Wiley.

Turner N C. 1986. Crop water deficits: A decade of progress. Advances in Agronomy, 39: 1-51.

Tyree M T, Sinclair B, Lu P, et al. 1993. Whole shoot hydraulic resistance in Quercus species measured with a new high-pressure flowmeter. Annales des Sciences Forestières, 50 (5): 417-423.

Tyree M T, Patiño S, Bennink J, et al. 1995. Dynamic measurements of roots hydraulic conductance using a high-pressure flowmeter in the laboratory and field. Journal of Experimental Botany, 46 (1): 83-94.

Ueda Y, Nishihara S, Tomita H, et al. 2000. Photosynthetic response of Japanese rose species *Rosa bracteata* and *Rosa rugosa* to temperature and light. Scientia Horticulturae, 84 (3-4): 365-371.

Ueno O, Samejima M, Muto S. 1988. Photosynthetic characteristics of an amphibious plant Eleocharis vivipara: Expression of C_4 and C_3 modes in contrasting environments. Proceedings of the National Academy of Sciences of the USA, 85 (18): 6733-6737.

Valladares F, Gianoli E, Gómez J M. 2010. Ecological limits to plant phenotypic plasticity. New Phytologist, 176 (4): 749-763.

Van der Heyden F, Stock W D. 1996. Regrowth of a semiarid shrub following simulated browsing: The role of reserve carbon. Functional Ecology, 10 (5): 647-653.

Van Kooten O, Snel J F H. 1990. The use of chlorophyll fluorescence nomenclature in plant stress physiology. Photosynthesis Research, 25 (3): 147-150.

Vellend M. 2008. Effects of diversity on diversity: consequences of competition and facilitation. Oikos, 117 (7): 1075-1085.

Vendramini F, DÃaz S, Gurvich D E, et al. 2002. Leaf traits as indicators of resource -use strategy in floras with succulent species. New Phytologist, 154 (1): 147-157.

Venterink H O, Wassen M J, Verkroost A W M, et al. 2003. Species richness-productivity patterns differ between N-, P-, and K-limited wetlands. Ecology, 84 (8): 2191-2199.

Vitousek P M, Hooper D U. 1993. Biological diversity and terrestrial ecosystem biogeochemistry. In: Schulze E D, Mooney H A. Biodiversity and Ecosystem Function. Berlin: Springer-Verlag.

Voikmar K M, Hu Y, Steppuhn H. 1998. Physiological responses of plant salinity. Canadian Journal of Plant Science, 78 (1): 19-27.

Volk G M, Lynch-Holm V J, Kostman T A, et al. 2002. The role of druse and raphide calcium oxalate crystals in tissue calcium regulation in *Pistia stratiotes* leaves. Plant Biology, 4 (1): 34-45.

Von Caemmerer S V, Farquhar G D. 1981. Some relationships between the biochemistry of photosynthesis and the gas exchange of leaves. Planta, 153 (4): 376-387.

Von Felten S, Hättenschwiler H, Saurer M, et al. 2007. Carbon allocation in shoots of alpine treeline conifers in a CO_2 enriched environment. Trees-Structure and Function, 21 (3): 283-294.

Voznesenskaya E V, Franceschi V R, Kiirats O, et al. 2001. Kranz anatomy is not essential for terrestrial C_4 plant photosynthesis. Nature, 414 (6863): 543-546.

Voznesenskaya E V, Gamaley Y V. 1986. Ultrastructural characteristics of leaf types with Kranz anatomy. Botanicheskii Zhurnal, 16 (2): 160-165.

Waldhoff D, Furch B, Junk W J. 2002. Fluorescence parameters, chlorophyll concentration, and anatomical features as indicators for flood adaptation of an abundant tree species in Central Amazonia: Symmeria paniculata. Environmental and Experimental Botany, 48 (3): 225-235.

Wand S J E, Midgley G F, Jones M H, et al. 1999. Responses of wild C_4 and C_3 grass (Poaceae) species to elevated atmospheric CO_2 concentration: A meta-analytic test of current theories and perceptions. Global Change Biology, 5 (6): 723-741.

Wang J W, Li Y, Zhang Y X, et al. 2013. Molecular cloning and characterization of a Brassica juncea yellow stripe-like gene, BjYSL7, whose overexpression increases heavy metal tolerance of tobacco. Plant Cell Reports, 32 (5): 651-662.

Wang Q C, Niu Y Z, Xu Q Z, et al. 1995. Relationship between plant type and canopy apparent photosynthesis in maize (Zea mays L.). Biologia Plantarum, 37 (1): 85-91.

Wang R Z, Liu X Q, Bai Y F. 2006. Photosynthetic and morphological functional types for native species from mixed prairie in Southern Saskatchewan. Photosynthetica, 44 (1): 17-25.

Wang R Z. 2002. Photosynthetic pathways and life forms in different grassland types from North China. Photosynthetica, 40 (2): 243-250.

Wang X C, Wang C K, Yu G R. 2008. Spatio-temporal patterns of forest carbon dioxide exchange based on global eddy covariance measurements. Science China-Earth Sciences, 51 (8): 1129-1143.

Ward D, Spiegel M, Saltz S. 1997. Gazelle herbivory and interpopulation differences in calcium oxalate content of leaves of a desert lily. Journal of Chemical Ecology, 23 (2): 333-347.

Ward J K, Tissue D T, Thomas R B, et al. 1999. Comparative responses of model C_3 and C_4 plants to drought in low and elevated CO_2. Global Change Biology, 5 (8): 857-867.

Wells R, Meredith J W R, Williford J R. 1986. Canopy photosynthesis and its relationship to plant productivity in near-isogenic cotton lines differing in leaf morphology. Plant Physiology, 82 (2): 635-640.

Wentworth T R. 1983. Distributions of C_4 plants along environmental and compositional gradients in southeastern Arizona. Vegetation, 52 (1): 21-34.

Weyens N, Thijs S, Popek R, et al. 2015. The role of plant-microbe interactions and their exploitation for phytoremediation of air pollutants. International Journal of Molecular Sciences, 16 (10): 25576-25604.

Whiting S N, Leake J R, Mcgrath S P, et al. 2000. Positive responses to Zn and Cd by roots of the Zn and Cd hyperaccumulator Thlaspi caerulescens. New Phytologist, 145 (2): 199-210.

Wijesinghe D K, Whigham D F. 1997. Costs of producing clonal offspring and the effects of plants size on population dynamics of the woodland herb Uvularia perfoliata (Liliaceae). Journal of Ecology, 85 (6): 907-919.

Wilcox C S, Ferguson J W, Fernandez G C J, et al. 2004. Fine root growth dynamics of four Mojave Desert shrubs as related to soil moisture and microsite. Journal of Arid Environments, 56 (1): 129-148.

Wiley E, Huepenbecker S, Casper B B, et al. 2013. The effects of defoliation on carbon allocation: Can carbon limitation reduce growth in favour of storage? Tree Physiology, 33 (11): 1216-1228.

Wilson P J, Thompson K, Hodgson J G. 1999. Specific leaf area and leaf dry matter content as alternative predictors of plant strategies. New Phytologist, 143 (1): 155-162.

Winter K, Smith J A C. 1996. Crassulacean Acid Metabolism. New York: Springer Verlag.

Winter K. 1981. C_4 plants of high biomass in arid regions of Asia- occurrence of C_4 photosynthesis in Chenopodiaceae and Polygonaceae from the Middle East and USSR. Oecologia, 48 (1): 100-106.

Wohlfahrt G, Fenstermaker L F, Arnone Ⅲ J A. 2008. Large annual net ecosystem CO_2 uptake of a Mojave Desert ecosystem. Global Change Biology, 14 (7): 1475-1487.

Woodward F I, Cramer W. 1996. Plant functional types and climatic changes: Introduction. Journal of Vegetation Science, 7 (3): 306-308.

Wright G C, Hubick K T, Farquhar G D. 1988. Discrimination in carbon isotopes of leaves correlates with water use efficiency of field- grown peanut cultivars. Functional Plant Biology, 15 (6): 815-825.

Wright I J, Reich P B, Westoby M, et al. 2004. The worldwide leaf economics spectrum. Nature, 428 (6985): 821-827.

Wright I J, Reich P B, Cornelissen J H C, et al. 2005. Assessing the generality of global leaf trait relationships. New Phytologist, 166 (2): 485-496.

Wu H B, Guo Z T, Peng C H. 2003. Distribution and storage of soil organic carbon in China. Global Biogeochemical Cycles, 17 (2): 1048-1058.

Wu T G, Yu M K, Wang G G, et al. 2012. Leaf nitrogen and phosphorus stoichiometry across forty- two woody species in Southeast China. Biochemical Systematics & Ecology, 44 (10): 255-263.

Wyssling A F. 1981. Crystallography of the two hydrates of crystalline calcium oxalate in plants. American Journal of Botany, 68 (1): 130-141.

Xu S J, An L Z, Feng H Y, et al. 2002. The seasonal effects of water stress on *Ammopiptanthus mongolicus* in a desert environment. Journal of Arid Environments, 51 (3): 437-447.

Xu H, Li Y. 2006. Water use strategy of three central Asian desert shrubs and their responses to rain pulse events. Plant and Soil, 285 (1-2): 5-17.

Yanai J, Zhao F J, Mcgrath S P, et al. 2006. Effect of soil charac-teristics on Cd uptake by the hyperaccumulator *Thlaspi caerulescens*. Environmental Pollution, 139 (1): 167-175.

Yang J C, Zhang J H, Wang Z Q, et al. 2001. Hormonal changes in the grains of rice subjected to water stress during grain filling. Plant Physiology, 127 (1): 315-323.

Yang Y H, Zhang J H, Wang Z Q, et al. 2010. Soil carbon stock and its changes in northern China's grasslands from 1980s to 2000s. Global Change Biology, 16 (11): 3036-3047.

Ye Z P, Suggett D J, Robakowski P, et al. 2013. A mechanistic model for the photosynthesis-light response based on the photosynthetic electron transport of photosystem II in C_3 and C_4 species. New Phytologist, 199 (1): 110-120.

Yu G R, Song X, Wang Q F, et al. 2008. Water- use efficiency of forest ecosystems in eastern China and its relations to climatic variables. New Phytologist, 177 (4): 927-937.

Yu G R, Zhuang J, Yu Z L. 2001. An attempt to establish a synthetic model of photosynthesis-transpiration based on stomatal behavior for maize and soybean plants grown in field. Journal of Plant Physiology, 158 (7):

861-874.

Yu Q, Chen Q S, Elser J J, et al. 2010. Linking stoichiometric homoeostasis with ecosystem structure, functioning and stability. Ecology Letters, 13 (11) : 1390-1399.

Yu X, Li Y X, Li Y M, et al. 2017. *Pongamia pinnata inoculated* with *Bradyrhizobium liaoningense* PZHK₁ shows potential for phytoremediation of mine tailings. Applied Microbiology and Biotechnology, 101 (4): 1739-1751.

Yuan W P, Cai W W, Xia J Z, et al. 2014. Global comparison of light use efficiency models for simulating terrestrial vegetation gross primary production based on the LaThuile database. Agricultural and Forest Meteorology, 192 (7): 108-120.

Yuste J C, Baldocchi D D, Gershenson A, et al. 2007. Microbial soil respiration and its dependency on carbon inputs, soil temperature and moisture. Global Change Biology, 13 (9): 1-8.

Zhao B Z, Kondo M, Maeda M, et al. 2004. Water-use efficiency and carbon isotope discrimination in two cultivars of upland rice during different developmental stages under three water regimes. Plant and Soil, 261 (1-2): 61-75.

Zhou Z J, Su P X, González-Paleo L, et al. 2014. Trade-off between leaf turnover and biochemical responses related to drought tolerance in desert woody plants. Journal of Arid Environments, 103: 107-113.

Zhu J T, Yu J J, Wang P, et al. 2013. Distribution patterns of groundwater-dependent vegetation species diversity and their relationship to groundwater attributes in northwestern China. Ecohydrology, 6 (2): 191-200.

Ziegler H. 1995. Stable isotopes in plant physiology and ecology. In: Behnke H D et al. Progress in Botany (56). Berlin, Heidelberg, Germany: Springer-Verlag.

索　引

植物名录（汉拉对照）

A

阿拉善单刺蓬	*Cornulaca alaschanica* Tsien et G. L. Chu
阿拉善碱蓬	*Suaeda przewalskii* Bunge
阿拉善沙拐枣	*Calligonum alaschanicum* A. Los.
凹头苋	*Amaranthus lividus* L.

B

霸王	*Sarcozygium xanthoxylon* Bunge
白滨藜	*Atriplex cana* C. A. Mey.
白草	*Pennisetum centrasiaticum* Tzvel.
白刺	*Nitraria tangutorum* Bobr.
白花枝子花	*Dracocephalum heterophyllum* Benth.
白茎盐生草	*Halogeton arachnoideus* Moq.
白茅	*Imperata cylindrica*（L.）Beauv.
白皮沙拐枣	*Calligonum leucocladum*（Schrenk）Bge.
白梭梭	*Haloxylon persicum* Bge.
白苋	*Amaranthus albus* L.
白羊草	*Bothriochloa ischaemum*（L.）Keng
稗	*Echinochloa crusgalli*（L.）Beauv.
薄翅猪毛菜	*Salsola pellucida* Litv.
北美苋	*Amaranthus blitoides* S. Wats.
萹蓄	*Polygonum aviculare* L.
扁荆三棱	*Bolboschoenus maritimus*（L.）Palla

C

糙隐子草	*Cleistogenes squarrosa*（Trin.）Keng
槽铃扁莎	*Pycreus korshinskyi*（Meinsh.）Krecz.
叉毛蓬	*Petrosimonia sibirica*（Pall.）Bunge
叉子圆柏	*Sabina vulgaris* Ant.
柴达木沙拐枣	*Calligonum zaidamense* A. Los.

柽柳	*Tamarix chinensis* Lour.
穿叶眼子菜	*Potamogeton perfoliatus* L.
垂柳	*Salix babylonica* L.
刺儿菜	*Cirsium setosum*（Willd.）MB.
刺槐	*Robinia pseudoacacia* L.
刺藜	*Chenopodium aristatum* L.
刺毛碱蓬	*Suaeda acuminata*（C. A. Mey.）Moq.
刺沙蓬	*Salsola ruthenica* Iljin
丛生隐子草	*Cleistogenes caespitosa* Keng
粗糙假木贼	*Anabasis pelliotii* Danguy
粗糙沙拐枣	*Calligonum squarrosum* N. Pavl.
长刺猪毛菜	*Salsola paulsenii* Litv.
长芒稗	*Echinochloa caudata* Roshev.

D

鞑靼滨藜	*Atriplex tatarica* L.
大车前	*Plantago major* L.
大画眉草	*Eragrostis cilianensis*（All.） Link. ex Vignclo-Lutati.
大麻槿	*Hibiscus cannabinus* L.
大黍	*Panicum maximum* Jacq.
大油芒	*Spodiopogon sibiricus* Trin.
大籽蒿	*Artemisia sieversiana* Ehrhar ex Willd.
单花翠雀花	*Delphinium candelabrum* Ostf. var. *monanthum*（Hand. - Mazz.）W. T. Wang
荻	*Miscanthus sacchariflorus*（Maxim.）Hack
地肤	*Kochia scoparia*（L.）Schrad
地锦	*Euphorbia humifusa* Willd. ex Schlecht.
东方猪毛菜	*Salsola orientalis* S. G. Gmel.
短尖灯心草	*Juncus acutus* L.
短叶假木贼	*Anabasis brevifolia* C. A. Mey.
短柱猪毛菜	*Salsola lanata* Pall.
对叶盐蓬	*Girgensohnia oppositiflora*（Pall.）Fenzl.
钝叶瓦松	*Orostachys malacophylla*（Pall.）Fisch.
多枝扁莎	*Pycreus polystachyus*（Rottb.）P. Beauv.
多枝柽柳	*Tamarix ramosissima* Ledeb.

E

鹅绒委陵菜	*Potentilla anserina* L.

耳叶补血草   *Limonium otolepis*（Schrenk）Ktze.

二白杨   *Populus gansuensis* C. Wang et H. L. Yang

二裂委陵菜   *Potentilla bifurca* L.

F

发草   *Deschampsia caespitosa*（L.）Beauv.

反枝苋   *Amaranthus retroflexus* L.

费菜   *Sedum aizoon* L.

风毛菊   *Saussurea japonica*（Thunb.）D. C.

锋芒草   *Tragus racemosus*（L.）All.

G

甘肃柽柳   *Tamarix gansuensis* H. Z. Zhang

甘肃沙拐枣   *Calligonum chinense* A. Los.

甘肃薹草   *Carex kansuensis* Nelmes

高碱蓬   *Suaeda altissima*（L.）Pall.

高枝假木贼   *Anabasis elatior*（C. A. Mey.）Schischk.

戈壁藜   *Iljinia regelii*（Bunge）Korov.

戈壁沙拐枣   *Calligonum gobicum*（Bge. ex Meisn.）A. Los.

戈壁针茅   *Stipa tianschanica* Roshev. var. *gobica*（Roshev.）P. C. Kuo

钩刺雾冰藜   *Bassia hyssopifolia*（Pall.）Kuntze

狗尾草   *Setaria viridis*（L.）Beauv.

狗牙根   *Cynodon dactylon*（L.）Pers.

灌木亚菊   *Ajania fruticulosa*（Ledeb.）Poljak.

光滨藜   *Atriplex laevis* C. A. Mey.

光稃香草   *Hierochloe glabra* Trin.

光叶眼子菜   *Potamogeton lucens* L.

H

含羞草   *Mimosa pudica* L.

旱稗   *Echinochloa hispidula*（Retz.）Nees

旱雀麦   *Bromus tectorum* L.

蒿叶猪毛菜   *Salsola abrotanoides* Bge.

禾叶繁缕   *Stellaria graminea* L.

合头草   *Sympegma regelii* Bunge

河西沙拐枣   *Calligonum potanini* A. Los.

褐色沙拐枣   *Calligonum colubrinum* Borszcz.

黑翅地肤	*Kochia melanoptera* Bunge
黑果枸杞	*Lycium ruthenicum* Murr.
黑梭梭	*Haloxylon aphyllum*（Minkw.）Iljin
红皮沙拐枣	*Calligonum rubicundum* Bge.
红砂	*Reaumuria songarica*（Pall.）Maxim.
红松	*Pinus koraiensis* Sieb. et Zucc.
胡桃	*Juglans regia* L.
胡杨	*Populus euphratica* Oliv.
虎尾草	*Chloris virgata* Sw.
花花柴	*Karelinia caspia*（Pall.）Less.
花苜蓿	*Medicago ruthenica*（L.）Trautv.
花穗水莎草	*Juncellus pannonicus*（Jacq.）C. B. Clarke
华扁穗草	*Blysmus sinocompressus* Tang et Wang
画眉草	*Eragrostis pilosa*（L.）Beauv.
荒漠锦鸡儿	*Caragana roborovskyi* Kom.
黄花补血草	*Limonium aureum*（L.）Hill
黄花棘豆	*Oxytropis ochrocephala* Bunge
黄毛头	*Kalidium cuspidatum*（Ung. –Sternb.）Grub. var. *sinicum* A. J. Li
灰绿藜	*Chenopodium glaucum* L.
灰栒子	*Cotoneaster acutifolius* Turcz.
灰叶铁线莲	*Clematis canescens*（Turcz.）W. T. Wang et M. C. Chang
火殃勒	*Euphorbia antiquorum* L.

J

芨芨草	*Achnatherum splendens*（Trin.）Nevski
吉拉柳	*Salix gilashanica* C. Wang et P. Y. Fu
吉木乃沙拐枣	*Calligonum jimunaicum* Z. M. Mao.
蒺藜	*Tribulus terrester* L.
尖头叶藜	*Chenopodium acuminatum* Willd.
碱地肤	*Kochia scoparia*（L.）Schrad. var. *sieversiana*（Pall.）Ulbr. ex Aschers et Graebn.
碱蒿	*Artemisia anethifolia* Web. ex Stechm.
碱茅	*Puccinellia distans*（L.）Parl.
芥菜	*Brassica juncea*（L.）Czern. et Coss.
金灯藤	*Cuscuta japonica* Choisy
金露梅	*Potentilla fruticosa* L.
金色狗尾草	*Setaria glauca*（L.）Beauv.

荩草   *Arthraxon hispidus*（Thunb.）Makino

精河沙拐枣   *Calligonum ebi-nuricum* Ivanova ex Soskov

具槽秆荸荠   *Heleocharis valleculosa* Ohwi

K

苦豆子   *Sophora alopecuroides* L.

库尔勒沙拐枣   *Calligonum kuerlese* Z. M. Mao

昆仑沙拐枣   *Calligonum roborowskii* A. Los.

L

犁苞滨藜   *Atriplex dimorphostegia* Kar. et Kir.

两歧飘拂草   *Fimbristylis dichotoma*（L.）Vahl

狼毒   *Stellera chamaejasme* L.

冷蒿   *Artemisia frigida* Willd.

藜   *Chenopodium album* L.

蔺状隐花草   *Crypsis schoenoides*（L.）Lam.

龙葵   *Solanum nigrum* L.

芦苇   *Phragmites australis*（Cav.）Trin. ex Steud.

露蕊乌头   *Aconitum gymnandrum* Maxim.

骆驼刺   *Alhagi sparsifolia* Shap.

骆驼蒿   *Peganum nigellastrum* Bunge

骆驼蓬   *Peganum harmala* L.

落叶松状猪毛菜   *Salsola laricina* Pall.

M

马齿苋   *Portulaca oleracea* L.

马蔺   *Iris lactea* Pall. var. *chinensis*（Fisch.）Koidz.

马唐   *Digitaria sanguinalis*（L.）Scop.

马尾松   *Pinus massoniana* Lamb.

曼陀罗   *Datura stramonium* L.

牻牛儿苗   *Erodium stephanianum* Willd.

毛花地肤   *Kochia laniflora*（S. G. Gmel.）Borb.

毛马唐   *Digitaria chrysoblephara* Fig.

毛足假木贼   *Anabasis eriopoda*（Schrenk）Benth. ex Volkens

蒙古韭   *Allium mongolicum* Regel

蒙古岩黄耆   *Hedysarum fruticosum* Pall. var. *mongolicum*（Turcz.）Turcz. ex B. Fedtsch.

蒙古猪毛菜　　　　　*Salsola ikonnikovvi* Iljin
密刺沙拐枣　　　　　*Calligonum densum* Borszcz.
棉花　　　　　　　　*Gossypium hirsutum* L.
膜果麻黄　　　　　　*Ephedra przewalskii* Stapf
木本猪毛菜　　　　　*Salsola arbuscula* Pall.
木地肤　　　　　　　*Kochia prostrata*（L.）Schrad.
木碱蓬　　　　　　　*Suaeda dendroides*（C. A. Mey.）Moq.
美丽茶藨子　　　　　*Ribes pulchellum* Turcz.

N

南方菟丝子　　　　　*Cuscuta australis* R. Br.
内蒙古旱蒿　　　　　*Artemisia xerophytica* Krasch.
柠条　　　　　　　　*Caragana korshinskii* Kom.
牛鞭草　　　　　　　*Hemarthria altissima*（Poir.）Stapfet C. E. Hubb.

O

欧洲赤松　　　　　　*Pinus sylvestris* L.
欧洲黑松　　　　　　*Pinus nigra* Arn.
欧洲菟丝子　　　　　*Cuscuta europaea* L.

P

盘果碱蓬　　　　　　*Suaeda heterophylla*（Kar. et Kir.）Bunge
泡果沙拐枣　　　　　*Calligonum junceum*（Fisch. et Mey.）Litv.
泡泡刺　　　　　　　*Nitraria sphaerocarpa* Maxim.
披碱草　　　　　　　*Elymus dahuricus* Turcz.
披针叶野决明　　　　*Thermopsis lanceolata* R. Br.
平卧叉毛蓬　　　　　*Petrosimonia litwinowii* Korsh.
蒲公英　　　　　　　*Taraxacum mongolicum* Hand. -Mazz.

Q

祁连圆柏　　　　　　*Sabina przewalskii* Kom.
奇台沙拐枣　　　　　*Calligonum Klementzii* A. Los.
蔷薇猪毛菜　　　　　*Salsola rosacea* L.
乔木状沙拐枣　　　　*Calligonum arborescens* Litv.
青海沙拐枣　　　　　*Calligonum kozlovi* A. Los.
青海云杉　　　　　　*Picea crassifolia* Kom.
苘麻　　　　　　　　*Abutilon theophrasti* Medicus

| 球穗扁莎 | *Pycreus globosus*（All.）Reichb. |
| 全翅地肤 | *Kochia krylovii* Litv. |

R

绒藜	*Londesia eriantha* Fish. et Mey.
柔毛盐蓬	*Halimocnemis villosa* Kar. et Kir.
肉苁蓉	*Cistanche deserticola* Ma
乳白香青	*Anaphalis lactea* Maxim.
若羌沙拐枣	*Calligonum juochiangense* Liouf.

S

三齿蒿	*Artemisia tridentate* Nutt.
三列沙拐枣	*Calligonum trifarium* Z. M. Mao.
三轮草	*Cyperus orthostachyus* Franch. et Savat.
三芒草	*Aristida adscensionis* L.
散枝猪毛菜	*Salsola brachiata* Pall.
沙拐枣	*Calligonum mongolicum* Turcz.
沙蒿	*Artemisia desertorum* Spreng. Syst. Veg.
沙蓬	*Agriophyllum squarrosum*（L.）Moq.
沙生冰草	*Agropyron desertorum*（Fisch.）Schult.
沙枣	*Elaeagnus angustifolia* Linn.
沙生蔗茅	*Erianthus ravennae*（L.）Beauv.
砂蓝刺头	*Echinops gmelini* Turcz.
山杨	*Populus davidiana* Dode
虱子草	*Tragus berteronianus* Schult.
水黄皮	*Pongamia pinnata*（L.）Pierre
水莎草	*Juncellus serotinus*（Rottb.）C. B. Clarke
丝毛飞廉	*Carduus crispus* L.
松叶猪毛菜	*Salsola laricifolia* Turcz. ex Litv.
梭梭	*Haloxylon ammodendron*（C. A. Mey.）Bunge

T

同齿樟味藜	*Camphorosma lessingii* Litv.
头状穗莎草	*Cyperus glomeratus* L.
头状沙拐枣	*Calligonum caput-medusae* Schrenk
菟丝子	*Cuscuta chinensis* Lam.
驼绒藜	*Ceratoides latens*（J. F. Gmel.）Reveal et Holmgren

驼蹄瓣　　　　　　　*Zygophyllum fabago* L.

W

瓦松　　　　　　　　*Orostachys fimbriatus*（Turcz.）Berger

乌柳　　　　　　　　*Salix cheilophila* Schneid.

无茎粟米草　　　　　*Mollugo nudicaulis* Lam.

无芒稗　　　　　　　*Echinochloa crusgalli*（L.）Beauv. var. *mitis*（Pursh）Peterm.

无芒隐子草　　　　　*Cleistogenes songorica*（Roshev.）Ohwi

无毛画眉草　　　　　*Eragrostis pilosa*（L.）Beauv. var. *imberbis* Franch.

无叶假木贼　　　　　*Anabasis aphylla* L.

无叶沙拐枣　　　　　*Calligonum aphyllum*（Pall.）Gurke

雾冰藜　　　　　　　*Bassia dasyphylla*（Fisch. et C. A. Mey.）Kuntze

X

西北沙柳　　　　　　*Salix psammophila* C. Wang et Ch. Y. Yang

西伯利亚滨藜　　　　*Atriplex sibirica* L.

西藏盐生草　　　　　*Halogeton glomeratus*（Bieb）：C. A. Mey. var *tibeticus*（Bunge）Grub.

细枝岩黄耆　　　　　*Hedysarum scoparium* Fisch. et Mey.

狭叶锦鸡儿　　　　　*Caragana stenophylla* Pojark.

狭叶青蒿　　　　　　*Artemisia dracunculus* var. inodora Bess.

仙人掌　　　　　　　*Opuntia stricta*（Haw.）Haw. var. *dillenii*（Ker-Gawl.）Benson

鲜黄小檗　　　　　　*Berberis diaphana* Maxin.

藓生马先蒿　　　　　*Pedicularis muscicola* Maxim.

苋　　　　　　　　　*Amaranthus tricolor* L.

小车前　　　　　　　*Plantago minuta* Pall.

小果白刺　　　　　　*Nitraria sibirica* Pall.

小果沙拐枣　　　　　*Calligonum pumilum* A. Los.

小花棘豆　　　　　　*Oxytropis glabra*（Lam.）DC.

小花獐毛　　　　　　*Aeluropus littoralis*（Gouan）Parl. var. *micrantherus*（Tzvel.）K. L. Chang

小画眉草　　　　　　*Eragrostis minor* Host

小藜　　　　　　　　*Chenopodium serotinum* L.

小叶金露梅　　　　　*Potentilla parvifolia* Fisch. A p. Lehm.

小叶杨　　　　　　　*Populus simonii* Carr.

小獐毛　　　　　　　*Aeluropus pungens*（M. Bieb.）C. Koch

蝎虎驼蹄瓣　　　　　*Zygophyllum mucronatum* Maxim.

心形沙拐枣　　　　　*Calligonum cordatum* E. Kor. ex N. Pavl.

新疆藜 　　　　　　*Aellenia glauca*（Bieb.）Aellen

新疆杨 　　　　　　*Populus alba* var. *pyramidalis* Bge.

新麦草 　　　　　　*Psathyrostachys juncea*（Fisch.）Nevski

雪白委陵菜 　　　　*Potentilla nivea* L.

Y

烟草 　　　　　　　*Nicotiana tabacum* L.

盐生草 　　　　　　*Halogeton glomeratus*（Bieb.）C. A. Mey.

盐生假木贼 　　　　*Anabasis salsa*（C. A. Mey.）Benth. ex Volkens

盐爪爪 　　　　　　*Kalidium foliatum*（Pall.）Moq.

羊茅 　　　　　　　*Festuca ovina* L.

野古草 　　　　　　*Arundinella anomala* Steud.

腋花苋 　　　　　　*Amaranthus roxburghianus* Kung

伊朗地肤 　　　　　*Kochia iranica* Litv. ex Bornm.

异子蓬 　　　　　　*Borszczowia aralocaspica* Bunge

银露梅 　　　　　　*Potentilla glabra* Lodd.

银杉 　　　　　　　*Cathaya argyrophylla* Chun et Kuang

蚓果芥 　　　　　　*Torularia humilis*（C. A. Mey.）O. E. Schulz

隐花草 　　　　　　*Crypsis aculeata*（L.）Ait.

英吉沙沙拐枣 　　　*Calligonum yingisaricum* Z. M. Mao

鹰嘴豆 　　　　　　*Cicer arietinum* L.

油蒿 　　　　　　　*Artemisia ordosica* Krasch

油莎草 　　　　　　*Cyperus esculentus* Linnaeus var. *sativus* Boeckeler

油松 　　　　　　　*Pinus tabuliformis* Carr.

玉米 　　　　　　　*Zea mays* L.

圆柱披碱草 　　　　*Elymus cylindricus*（Franch.）Honda

远志 　　　　　　　*Polygala tenuifolia* Willd.

Z

杂配藜 　　　　　　*Chenopodium hybridum* L.

早熟猪毛菜 　　　　*Salsola praecox* Litv.

展枝假木贼 　　　　*Anabasis truncate*（Shrenk）Bunge

展枝唐松草 　　　　*Thalictrum squarrosum* Steph. ex Willd.

獐毛 　　　　　　　*Aeluropus* sinensis（Debeaux）Tzvel.

樟味藜 　　　　　　*Camphorosma monspeliaca* L.

珍珠 　　　　　　　*Salsola passerina* Bunge

止血马唐 　　　　　*Digitaria ischaemum* Schreb. ex Muhl.

中华小苦荬	*Ixeridium chinense*（Thunb.）Tzvel.
中麻黄	*Ephedra intermedia* Schrenk ex Mey.
中亚滨藜	*Atriplex centralasiatica* Iljin
中亚紫菀木	*Asterothamnus centraliasiaticus* Novopokr.
轴藜	*Axyris amaranthoides* L.
珠芽蓼	*Polygonum viviparum* L.
猪毛菜	*Salsola collina* Pall.
籽蒿	*Artemisia sphaerocephala* Krasch.
紫翅猪毛菜	*Salsola affinis* C. A. Mey.
紫菀木	*Asterothamnus alyssoides*（Turcz.）Novopokr.
纵翅碱蓬	*Suaeda pterantha*（Kar. et Kir.）Bunge
醉马草	*Achnatherum inebrians*（Hance）Keng